Advance Barber & Beauty

응용 남성이·미용 커트

메디시인

머리말

사회의 끊임 없는 변화로 유행에 민감한 10~40대 남성들은 다양한 헤어스타일을 통해 외모를 관리하고 자유로운 감성과 개성을 추구하고 있습니다. 뿐만아니라 자신의 이미지 관리를 위한 방법으로 선호하고 있습니다.

오늘날 미(美)의 관심은 여성 중심에서 벗어나 남성들도 많은 관심을 쏟고 있습니다. 우리 이·미용인은 빠른 트랜드 변화에 흐름을 읽고 창의·융합적인 디자인 테크닉으로 향상시켜야 할 것입니다.

이 책을 통해 응용 이·미용 남성 커트를 보다 쉽게 이해할 수 있습니다. 이 책은 디자인 커트 이론 지식의 체계를 단계별로 정리하였으며, 실기 테크닉도 사진과 함께 설명하여 현실적으로 미용 전문가들이 이해하고 활용할 수 있는데 도움을 드리고자 노력하였습니다.

응용 이·미용 남성 커트를 공부하는 학생은 물론, 관련 산업 전문가 및 강의하시는 강사들에게 실질적인 도움을 드리고, 좋은 자료로 활용되길 바라는 마음입니다.

미용 분야의 새로운 학습의 변화나 다양한 모듈의 제시에 대하여 창의와 연구를 게을리하지 않을 것을 약속드리며, 아울러 선배, 동료 선생님들과 교수님들의 지도와 많은 성원을 부탁 드립니다.

끝으로 출간을 위해 적극적으로 참여해 주신 선생님들과 편집 디자인 및 출판을 위해 애써 주신 메디시언 임직원분들께도 심심한 감사의 말씀을 드립니다.

임인년 흑호해

필자 대표 박 은 준

차례

PART I 이·미용 기초 이론

Chapter 01 이·미용의 역사

Chapter 02 응용 남성 커트의 이해

Contents

Chapter 03 남성 커트의 기본 테크닉

Chapter 04 남성 커트 질감 처리

차례

Contents

PART II 남성 이용 응용 커트 실기

Chapter 08 남성 이용 응용 커트 스타일

차례

PART III 남성 미용 응용 커트 실기

Chapter 09 남성 미용 커트 응용 스타일

1. 교과목 Profile

대분류	중분류	소분류	세분류
숙박·여행·오락	이·미용	이·미용 서비스	이용, 미용
능력 단위 수준	3·4 수준		
능력 단위 명칭	혼합형 이발 〈1201010520_18v3〉 쇼트 헤어 커트〈1201010133_17v4〉		
교과목표	1. 이용 역사와 이발술의 기초를 통해 이발의 기본기를 완성하는 능력을 함양한다. 2. 고객의 요구사항과 트렌드를 반영하여 두발을 자르거나 깎고 다듬는 응용 기술로써 다양한 헤어 스타일을 완성할 수 있는 능력을 함양한다. 3. 다양한 커트 도구와 커트 기법을 사용하여 모발을 짧게 커트하는 능력이다.		

능력 단위 명칭	단원명 〈능력 단위 요소명〉	교과내용
기초 이발 〈1201010561_18v3〉	이용역사 설명하기 〈1201010561_18v3.1〉	1.1 문화사에 따른 이용 발전과정을 설명할 수 있다. 1.2 이발술의 발달에 따른 이발 도구의 변천사를 설명할 수 있다. 1.3 이발의 변천사를 형태와 기법으로 설명할 수 있다.
	기초 이발하기 〈1201010561_18v3.2〉	2.1 이발 도구인 가위, 틴닝 가위, 레이저, 바리캉, 빗 등의 구조와 사용 방법을 설명할 수 있다. 2.2 이발 도구에 따른 자르기 기본 기법을 실행할 수 있다. 2.3 이발 작업에 필요한 기초이론 지식을 적용할 수 있다. 2.4 이발의 기본절차를 수행할 수 있다.
혼합형 이발 〈1201010520_18v3〉	혼합형 이발 분석하기 〈1201010520_18v3.1〉	1.1 이발에 요구되는 기본 지식인 이용사로서 관찰, 사고, 형의 특성, 형태 분석, 디자인 결정 등을 설명할 수 있다. 1.2 다양한 스타일의 형태선, 특징 등을 도식화하여 디자인에 접목시킬 수 있다.
	혼합형 이발 작업하기 〈1201010520_18v3.2〉	2.1 비대칭, 대칭, 커넥션, 디스 커넥션 스타일의 형태선, 특징 등을 도식화하여 자르거나 깎을 수 있다. 2.2 레이저를 이용한 에칭, 아킹, 로테이션, 테이퍼링 기법으로 자를 수 있다. 2.3 가위를 이용한 롱, 미디엄, 쇼트 스트로크 기법으로 자를 수 있다. 2.4 이발 작업 후 고객 만족도를 파악하여 필요한 경우 수정, 보완하며 홈 케어를 위해 조언할 수 있다.

<table>
<tr><td rowspan="3">쇼트 헤어 커트
〈1201010133_17v4〉</td><td>장가위 헤어 커트하기
〈1201010133_17v4.1〉</td><td>1.1 싱글링 커트를 위해 모발의 수분함량을 조절할 수 있다.
1.2 싱글링 커트 스타일에 따른 블로킹, 섹션, 빗질의 방향과 각도를 조절할 수 있다.
1.3 빗과 장가위를 사용하여 싱글링 테크닉과 트리밍 테크닉을 활용하여 커트할 수 있다.
1.4 헤어 디자인에 따라 다양한 방법으로 모량을 조절할 수 있다.</td></tr>
<tr><td>클리퍼 헤어 커트하기
〈1201010133_17v4.2〉</td><td>2.1 클리퍼 커트를 위해 모발의 수분함량을 조절할 수 있다.
2.2 클리퍼 디자인에 따라 블로킹, 섹션, 빗질의 방향, 각도를 조절할 수 있다.
2.3 커트 빗과 클리퍼를 정확하게 사용하여 올바른 동작으로 클리퍼 커트를 할 수 있다.
2.4 고객의 모량과 헤어 디자인에 따라 다양한 방법으로 모량을 조절할 수 있다.
2.5 클리퍼를 사용하여 아웃 라인을 정리할 수 있다.</td></tr>
<tr><td>쇼트 헤어 커트
마무리 하기
〈1201010133_17v4.3〉</td><td>3.1 고객의 얼굴과 목 등의 머리카락을 제거할 수 있다.
3.2 커트 종료 후 고객 만족도를 파악하여 필요한 경우 수정 및 보정 커트를 할 수 있다.
3.3 헤어 커트 도구를 정리하고 주변을 즉시 정돈할 수 있다.
3.4 헤어 스타일 도구와 제품을 사용하여 마무리할 수 있다.</td></tr>
</table>

<table>
<tr><th>능력 단위 명칭</th><th>단원명
〈능력 단위 요소명〉</th><th>교과 내용</th></tr>
<tr><td>교육 방법</td><td colspan="2">강의법, 실험 실습법, AI교수법, 문제 해결식 수업</td></tr>
<tr><td>평가 시
고려사항</td><td>기초 이발
〈1201010561_18v3〉</td><td>① 수행 준거에 제시되어 있는 내용을 성공적으로 수행할 수 있는지를 평가해야 한다.
② 평가자는 다음 사항을 평가해야 한다.
• 수행 준거에 따른 지식·기술·태도의 습득 능력
• 이용의 유래와 시대별 발전과정 이해 여부
• 이발 도구 변천사 이해 여부
• 헤어 스타일의 변천사 이해 여부
• 올바르게 도구를 조작하는 능력
• 숙련도 있게 모발을 빗질하고 섹셔닝하는 능력
• 숙련도 있게 모발을 핀셋 처리하는 능력
• 올바른 작업 절차 이해 여부
• 이발 기법 숙련도 여부</td></tr>
</table>

<table>
<tr><th>능력 단위 명칭</th><th>단원명
〈능력 단위 요소명〉</th><th>교과 내용</th></tr>
<tr><td rowspan="2"></td><td>혼합형 이발
〈1201010520_18v3〉</td><td>① 수행 준거에 제시되어 있는 내용을 성공적으로 수행할 수 있는지를 평가해야 한다.
② 평가자는 다음 사항을 평가해야 한다.
• 수행 준거에 따른 지식·기술·태도의 습득 능력
• 스타일의 형태 분석 능력
• 이발 기법 숙련도 여부
• 스타일에 따라 이발 기법을 다르게 적용하는 능력
• 커트 스타일에 따른 올바른 작업 순서 및 방법의 이해 여부
• 커트 스타일의 완성도</td></tr>
<tr><td>쇼트 헤어 커트
〈1201010133_17v4〉</td><td>① 수행 준거에 제시되어 있는 내용을 성공적으로 수행할 수 있는지를 평가해야 한다.
② 평가자는 다음 사항을 평가해야 한다.
• 수행 준거에 따른 지식·기술·태도의 습득 능력
• 쇼트 헤어 커트 연출을 위한 커트 방법 기법
• 블로킹, 섹션, 슬라이스, 각도 등의 개념
• 올바른 쇼트 헤어커트 자세
• 주변 정리·정돈 상태</td></tr>
<tr><td>평가 방법</td><td colspan="2">A. 포트폴리오　B. 문제해결 시나리오　C. 서술형 시험　D. 논술형 시험　E. 사례연구
F. 평가자 질문　G. 평가자 체크 리스트　H. 피평가자 체크 리스트　I. 일지/저널
J. 역할연기　K. 구두발표　L. 작업장평가　M. 기타</td></tr>
<tr><td>작업기초능력</td><td colspan="2">• 의사 소통 능력 (경청 능력, 기초 외국어 능력, 문서 이해 능력, 문서 작성 능력, 의사 표현능력)
• 문제 해결 능력 (문제처리 능력, 사고력)
• 수리 능력 (기초연산 능력, 기초통계 능력, 도표분석 능력, 도표작성 능력)
• 자기 개발 능력 (경력개발 능력, 자기관리 능력, 자아 인식 능력)
• 자원 관리 능력 (물적 자원 관리 능력, 시간 자원 관리 능력, 인적자원 관리 능력)
• 대인 관계 능력 (갈등관리 능력, 고객 서비스 능력, 리더십 능력, 팀워 능력, 협상 능력)
• 기술 능력 (기술선택 능력, 기술이해 능력, 기술적용 능력)
• 직업윤리 (공동체 윤리, 근로 윤리)</td></tr>
</table>

2. NCS 기반 강의계획서

능력단위명〈코드〉	혼합형 이발 〈1201010520_18v3〉 쇼트 헤어 커트〈1201010133_17v4〉		
이수구분	이수시간	학점	학년/학기
		3학점	
강의실		요일	
담당교수	(인)	연구실	
연락처		E-mail	
학습환경	헤어 실습실	학습자료	교재
인력양성유형	남성 헤어 디자이너	관련 자격증	
교과목표	1. 이용 역사와 이발술의 기초를 통해 이발의 기본기를 완성하는 능력을 함양한다. 2. 고객의 요구사항과 트렌드를 반영하여 두발을 자르거나 깎고 다듬는 응용 기술로써 다양한 헤어 스타일을 완성할 수 있는 능력을 함양한다. 3. 다양한 커트 도구와 커트 기법을 사용하여 모발을 짧게 커트하는 능력이다.		
실습 장비 및 재료	홀더(탁상용, 스탠드용), 위그(마네킹과 가발), 블런트 가위(장가위 또는 미니가위), 틴닝 가위, 바리캉(클리퍼), 레이져, 넥 페이퍼, 헤어 핀셋, 빗, 브러시, 이발 의자, 이발 앞장, 거울, 분무기, 헤어 드라이어, 샴푸제, 린스제, 스프레이, 왁스, 포마드		

교재 및 참고도서	구분	교재명	저자	출판사	출판년도
	주교재				
	참고도서				

수업진행 방식	이론강의	실습	발표	토론	팀 프로젝트	현장 견학	코·티칭 등 기타
	✓	✓					

평가방법	A	B	C	D	E	F	G	H	I	J	K	L	M	출석	계%

A. 포트폴리오 B. 문제해결 시나리오 C. 서술형 시험 D. 논술형 시험 E. 사례연구
F. 평가자 질문 G. 평가자 체크리스트 H. 피평가자 체크리스트
I. 일지/저널·역할연기 K. 구두발표 L. 작업장평가 M. 기타

능력 단위 명칭〈코드〉	단위명 (능력 단위 요소명)	수행준거 (평가내용)
기초 이발〈1201010561_18v3〉	이용역사 설명하기〈1201010561_18v3.1〉	1.1 문화사에 따른 이용 발전과정을 설명할 수 있다. 1.2 이발술의 발달에 따른 이발 도구의 변천사를 설명할 수 있다. 1.3 이발의 변천사를 형태와 기법으로 설명할 수 있다.
	기초 이발하기〈1201010561_18v3.2〉	2.1 이발 도구인 가위, 틴닝 가위, 레이저, 바리캉, 빗 등의 구조와 사용방법을 설명할 수 있다. 2.2 이발 도구에 따른 자르기 기본 기법을 실행할 수 있다. 2.3 이발 작업에 필요한 기초 이론 지식을 적용할 수 있다. 2.4 이발의 기본절차를 수행할 수 있다.
혼합형 이발〈1201010520_18v3〉	혼합형 이발 분석하기〈1201010520_18v3.1〉	1.1 이발에 요구되는 기본 지식인 이용사로서 관찰, 사고, 형의 특성, 형태분석, 디자인 결정 등을 설명할 수 있다. 1.2 다양한 스타일의 형태선, 특징 등을 도식화하여 디자인에 접목시킬 수 있다.
	혼합형 이발 작업하기〈1201010520_18v3.2〉	2.1 비대칭, 대칭, 커넥션, 디스커넥션 스타일의 형태선, 특징 등을 도식화하여 자르거나 깎을 수 있다. 2.2 레이저를 이용한 에칭, 아킹, 로테이션, 테이퍼링 기법으로 자를 수 있다. 2.3 가위를 이용한 롱, 미디엄, 쇼트 스트로크 기법으로 자를 수 있다. 2.4 이발 작업 후 고객 만족도를 파악하여 필요한 경우 수정, 보완하며 홈 케어를 위해 조언할 수 있다.
쇼트 헤어 커트〈1201010133_17v4〉	장가위 헤어 커트하기〈1201010133_17v4.1〉	1.1 싱글링 커트를 위해 모발의 수분함량을 조절할 수 있다. 1.2 싱글링 커트 스타일에 따른 블로킹, 섹션, 빗질의 방향과 각도를 조절할 수 있다. 1.3 빗과 장가위를 사용하여 싱글링 테크닉과 트리밍 테크닉을 활용하여 커트할 수 있다. 1.4 헤어디자인에 따라 다양한 방법으로 모량을 조절할 수 있다.
	클리퍼 헤어 커트하기〈1201010133_17v4.2〉	2.1 클리퍼 커트를 위해 모발의 수분함량을 조절할 수 있다. 2.2 클리퍼 디자인에 따라 블로킹, 섹션, 빗질의 방향, 각도를 조절할 수 있다. 2.3 커트 빗과 클리퍼를 정확하게 사용하여 올바른 동작으로 클리퍼 커트를 할 수 있다. 2.4 고객의 모량과 헤어디자인에 따라 다양한 방법으로 모량을 조절할 수 있다. 2.5 클리퍼를 사용하여 아웃 라인을 정리할 수 있다.

	쇼트 헤어 커트 마무리 하기 〈1201010133_17v4.3〉	3.1 고객의 얼굴과 목 등의 머리카락을 제거할 수 있다. 3.2 커트 종료 후 고객 만족도를 파악하여 필요한 경우 수정 및 보정 커트를 할 수 있다. 3.3 헤어 커트 도구를 정리하고 주변을 즉시 정돈할 수 있다. 3.4 헤어 스타일 도구와 제품을 사용하여 마무리할 수 있다.

능력 단위 명칭 〈코드〉	관련 지식(K), 기술(S), 태도(A)	
기초 이발 〈1201010561_18v3〉	지식(K)	• 이용의 유래에 관한 지식 • 이발 도구의 변천사에 관한 지식 • 이발술의 변천사에 관한 지식 • 자르기 절차에 요구되는 필요지식과 수행 준거에 관한 지식 • 헤어 스타일의 변천사에 관한 지식 • 도구 종류에 따른 구조와 사용방법에 관한 지식 • 자르기 절차에 요구되는 필요지식과 수행 준거에 관한 지식
	기술(S)	• 카테고리별 분류할 수 있는 능력 • 커트 도구를 목적에 맞게 사용할 수 있는 기술 • 커트 도구 종류에 따라 기본 기법으로 자를 수 있는 기술 • 이발의 기본기로써 자르거나 깎을 수 있는 기술
	태도(A)	• 이발 기초 이론을 이해하려고 노력하는 자세 • 도구 사용법을 정확히 이해하고 올바르게 사용하려는 자세
혼합형 이발 〈1201010520_18v3〉	지식(K)	• 이용사로서의 관찰과 사고에 관한 지식 • 디자인에 따른 형의 특성에 관한 지식 • 머리 형태 분석에 관한 지식 • 디자인 결정에 관한 지식 • 도해도에 관한 지식 • 테이퍼링 기법에 관한 지식 • 가위 스트로크 기법에 관한 지식 • 커트 스타일별 홈 케어에 관한 지식
	기술(S)	• 이용사로서 관찰할 수 있는 능력 • 고객 요구사항을 반영할 수 있는 능력 • 형태선, 특징 등을 도식화할 수 있는 능력 • 도식화된 디자인으로 커트할 수 있는 능력 • 작업에 필요한 도구를 선정할 수 있는 능력 • 작업에 필요한 기법을 선정할 수 있는 능력 • 레이저를 사용하여 테이퍼링을 할 수 있는 기술

		• 레이저를 사용하여 아킹을 할 수 있는 기술 • 가위를 이용하여 롱, 미디움, 쇼트 스트로크 기법을 할 수 있는 기술 • 이펙트, 롤링 기법을 할 수 있는 기술
	태도(A)	• 다양한 형태와 특징들을 관찰하고 분석하기 위해 노력하는 태도 • 다양한 고객의 욕구를 파악하기 위해 노력하는 태도 • 스타일을 이해하고 목적에 따라 응용 테크닉을 적용하려는 자세 • 응용 테크닉 향상에 적극적으로 노력하는 자세 • 스타일의 형태를 유지하도록 재방문 시기를 조언하는 자세 • 고객의 취미, 관심사 등을 기억하여 고객카드에 기록하는 자세
쇼트 헤어 커트 〈1201010133_17v4〉	지식(K)	• 싱글링의 개념과 커트 방법 • 쇼트 헤어 스타일 트렌드에 대한 지식 • 장가위, 틴닝 가위의 사용 방법 • 도해도를 이해하고 분석하는 지식 • 커트에 필요한 블로킹, 섹션, 각도에 관한 지식 • 클리퍼 사용 방법 • 클리퍼 커트에 필요한 도구 활용 방법 • 도해도를 이해하고 분석할 수 있는 지식 • 모량을 조절하고 질감을 처리하는 방법 • 보정 커트와 드라이 커트 방법 • 쇼트 스타일에 어울리는 다양한 연출 방법 • 헤어 커트 도구별 관리와 보관 방법 • 헤어 커트 디자인과 스타일링에 대한 개념 • 헤어 스타일 제품 사용 방법
	기술(S)	• 싱글링에 필요한 가위와 도구의 활용 능력 • 도해도를 분석하고 작성하는 능력 • 쇼트 헤어스타일 트렌드 연출 기술 • 모량을 조절할 수 있는 기술 • 싱글링 및 트리밍 커트 기술 • 도해도 작성 능력 • 클리퍼 사용 능력 • 모량조절과 질감처리 기술 • 다양한 커트기법의 활용 능력 • 다양한 커트 도구를 활용한 스타일 수정·보완 기술 • 쇼트 헤어 스타일 연출 능력 • 고객과 커뮤니케이션 능력 • 주변 정돈과 헤어 커트 도구 관리 능력

	태도(A)	• 신속하고 정확하게 서비스하는 태도 • 헤어 커트 도구 사용의 숙련도를 높이려는 노력 • 고객의 요구를 충족시키려는 전문가적인 자세 • 싱글링과 트리밍의 숙련도를 높이기 위한 노력 • 신속하고 정확하게 서비스하는 태도 • 헤어 커트 도구 사용의 숙련도를 높이려는 노력 • 고객의 요구를 충족시키려는 전문가적인 자세 • 클리퍼 커트를 정확하게 서비스하기 위한 노력 • 클리퍼 커트의 숙련도를 높이기 위한 노력 • 정확한 결과를 확인하는 태도 • 고객 만족을 위해 노력하는 자세 • 고객의 불편을 확인하고 대처하는 태도 • 주변을 정돈하고 도구를 청결하게 정리하는 자세

3. 주차별 강의 계획서

1. 이용 응용 강의 계획서

주차	학습내용 (단원명)	수업(수행) 목표	수업 방식	수업 매체 및 자료	평가
1	이·미용 역사	• 문화사에 따른 이용 발전 과정을 설명할 수 있다. • 이발의 변천사를 형태와 기법으로 설명할 수 있다. • 이발술의 발달에 따른 이발 도구의 변천사를 설명할 수 있다.	강의	교재	
2	이발 기초 이론 및 이발 도구	• 이발 작업에 필요한 기초 이론 지식을 적용할 수 있다. • 이발의 기본 절차를 수행할 수 있다. • 이발 도구인 가위, 틴닝 가위, 레이저, 이발기, 빗 등의 구조와 사용 방법을 설명할 수 있다. • 이발 도구에 따른 자르기 기본 기법을 실행할 수 있다.	강의	교재	
3	헤어 커트 디자인의 분석	• 이발에 요구되는 기본 지식으로 관찰, 사고, 형의 특성, 형태 분석, 디자인 결정 등을 설명할 수 있다. • 얼굴형, 신체, 모류 방향 등을 파악 후 디자인을 할 수 있다.	강의	교재	
4	남성 기본 커트 1 하중발	• 형태 분석에 따른 남성 기본 스타일 1의 종류 및 형태선, 특징 등을 도식화하여 설명할 수 있다. • 남성 기본 스타일 1을 이발하기 위한 커트 절차를 설명할 수 있다. • 남성 기본 스타일 1을 이발하기 위한 이발 기법을 수행할 수 있다.	강의	교재	
5	남성 기본 커트 2 중상고	• 천정부와 상단부의 두발을 지간 깎기를 할 수 있다. • 상단부 아래 영역의 두발을 거칠게 깎기를 할 수 있다. • 이발기를 이용하여 측면과 후면의 발제선부터 하단부까지 그라데이션하여 깎을 수 있다. • 이발기로 깎은 후 싱글링하여 상단부의 두발과 자연스럽게 연결할 수 있다. • 틴닝 가위를 사용하여 질감 처리를 할 수 있다. • 장가위를 사용하여 수정·보완할 수 있다. • 높은 그레쥬에이션의 도해도와 커트 절차를 수행할 수 있다.	강의	교재	

주차	학습내용 (단원명)	수업(수행) 목표	수업 방식	수업 매체 및 자료	평가
6	울프 스타일	• 남성 울프 스타일 커트 실습을 수행할 수 있다. • 커넥션, 디스커넥션 스타일의 형태 선, 특징 등을 도식화하여 자르거나 깎을 수 있다. • 고객의 얼굴형과 모류의 방향, 두상의 형태를 고려하여 작업을 수행할 수 있다. • 혼합형 이발 형태 작업의 완성도 여부를 수행할 수 있다. • 헤어 커트 유형별 적합한 스타일링 도구 선택 방법, 스타일링 기법, 제품 사용 방법을 수행할 수 있다.	강의	교재	
7	샤기 스타일	• 남성 샤기 스타일 커트 실습을 수행할 수 있다. • 커넥션, 디스커넥션 스타일의 형태 선, 특징 등을 도식화하여 자르거나 깎을 수 있다. • 고객의 얼굴형과 모류의 방향, 두상의 형태를 고려하여 작업을 수행할 수 있다. • 혼합형 이발 형태 작업의 완성도 여부를 수행할 수 있다. • 헤어 커트 유형별 적합한 스타일링 도구 선택 방법, 스타일링 기법, 제품 사용 방법을 수행할 수 있다.	강의	교재	
8	댄디 스타일	• 남성 댄디 스타일 커트 실습을 수행할 수 있다. • 비대칭, 대칭, 커넥션, 디스커넥션 스타일의 형태 선, 특징 등을 도식화하여 자르거나 깎을 수 있다. • 고객의 얼굴형과 모류의 방향, 두상의 형태를 고려하여 작업을 수행할 수 있다. • 혼합형 이발 형태 작업의 완성도 여부를 수행할 수 있다. • 헤어 커트 유형별 적합한 스타일링 도구 선택 방법, 스타일링 기법, 제품 사용 방법을 수행할 수 있다.	강의	교재	1차 (서술형 시험)
9	비대칭 스타일	• 남성 비대칭 스타일 커트 실습을 수행할 수 있다. • 커넥션, 디스커넥션 스타일의 형태 선, 특징 등을 도식화하여 자르거나 깎을 수 있다. • 고객의 얼굴형과 모류의 방향, 두상의 형태를 고려하여 작업을 수행할 수 있다. • 혼합형 이발 형태 작업의 완성도 여부를 수행할 수 있다. • 헤어 커트 유형별 적합한 스타일링 도구 선택 방법, 스타일링 기법, 제품 사용 방법을 수행할 수 있다.	강의	교재	

주차	학습내용 (단원명)	수업(수행) 목표	수업 방식	수업 매체 및 자료	평가
10	리젠트 스타일	• 남성 리젠트 스타일 커트 실습을 수행할 수 있다. • 커넥션, 디스커넥션 스타일의 형태 선, 특징 등을 도식화하여 자르거나 깎을 수 있다. • 고객의 얼굴형과 모류의 방향, 두상의 형태를 고려하여 작업을 수행할 수 있다. • 혼합형 이발 형태 작업의 완성도 여부를 수행할 수 있다. • 헤어 커트 유형별 적합한 스타일링 도구 선택 방법, 스타일링 기법, 제품 사용 방법을 수행할 수 있다.	강의	교재	
11	스왓 스타일	• 남성 스왓 스타일 커트 실습을 수행할 수 있다. • 커넥션, 디스커넥션 스타일의 형태 선, 특징 등을 도식화하여 자르거나 깎을 수 있다. • 고객의 얼굴형과 모류의 방향, 두상의 형태를 고려하여 작업을 수행할 수 있다. • 혼합형 이발 형태 작업의 완성도 여부를 수행할 수 있다. • 헤어 커트 유형별 적합한 스타일링 도구 선택 방법, 스타일링 기법, 제품 사용 방법을 수행할 수 있다.	강의	교재	
12	인디 스타일	• 남성 인디 스타일 커트 실습을 수행할 수 있다. • 커넥션, 디스커넥션 스타일의 형태 선, 특징 등을 도식화하여 자르거나 깎을 수 있다. • 고객의 얼굴형과 모류의 방향, 두상의 형태를 고려하여 작업을 수행할 수 있다. • 혼합형 이발 형태 작업의 완성도 여부를 수행할 수 있다. • 헤어 커트 유형별 적합한 스타일링 도구 선택 방법, 스타일링 기법, 제품 사용 방법을 수행할 수 있다.	강의	교재	
13	투 블럭 스타일	• 남성 투 블럭 스타일 커트 실습을 수행할 수 있다. • 커넥션, 디스커넥션 스타일의 형태 선, 특징 등을 도식화하여 자르거나 깎을 수 있다. • 고객의 얼굴형과 모류의 방향, 두상의 형태를 고려하여 작업을 수행할 수 있다. • 혼합형 이발 형태 작업의 완성도 여부를 수행할 수 있다. • 헤어 커트 유형별 적합한 스타일링 도구 선택 방법, 스타일링 기법, 제품 사용 방법을 수행할 수 있다.	강의	교재	

주차	학습내용 (단원명)	수업(수행) 목표	수업 방식	수업 매체 및 자료	평가
14	포마드 스타일	• 남성 포마드 스타일 커트 실습을 수행할 수 있다. • 커넥션, 디스커넥션 스타일의 형태 선, 특징 등을 도식화하여 자르거나 깎을 수 있다. • 고객의 얼굴형과 모류의 방향, 두상의 형태를 고려하여 작업을 수행할 수 있다. • 혼합형 이발 형태 작업의 완성도 여부를 수행할 수 있다. • 헤어 커트 유형별 적합한 스타일링 도구 선택 방법, 스타일링 기법, 제품 사용 방법을 수행할 수 있다.	강의	교재	3차 (포트폴리오)
15	모히칸 스타일	• 남성 모히칸 스타일 커트 실습을 수행할 수 있다. • 커넥션, 디스커넥션 스타일의 형태 선, 특징 등을 도식화하여 자르거나 깎을 수 있다. • 고객의 얼굴형과 모류의 방향, 두상의 형태를 고려하여 작업을 수행할 수 있다. • 혼합형 이발 형태 작업의 완성도 여부를 수행할 수 있다. • 헤어 커트 유형별 적합한 스타일링 도구 선택 방법, 스타일링 기법, 제품 사용 방법을 수행할 수 있다.	강의	교재	2차 (평가자 체크 리스트)

2. 미용 응용 강의 계획서

주차	학습내용(단원명)	수업(수행) 목표	수업 방식	수업 매체 및 자료	평가
1	이·미용 역사	• 문화사에 따른 이용 발전 과정을 설명할 수 있다. • 남자 헤어 스타일의 변천사를 형태와 기법으로 설명할 수 있다. • 남자 커트의 발달에 따른 남성 커트 도구의 변천사를 설명할 수 있다.	강의	교재	
2	남성커트 기초 이론 및 도구	• 남성 커트 작업에 필요한 기초 이론 지식을 적용할 수 있다. • 남성 커트의 기본 절차를 수행할 수 있다. • 남성커트 도구인 가위, 틴닝 가위, 레이저, 클리퍼, 빗 등의 구조와 사용 방법을 설명할 수 있다. • 남성 커트 도구에 따른 자르기 기본 기법을 실행할 수 있다.	강의	교재	
3	헤어 커트 디자인의 분석	• 남성 커트에 요구되는 기본 지식으로 관찰, 사고, 형의 특성, 형태 분석, 디자인 결정 등을 설명할 수 있다. • 얼굴형, 신체, 모류 방향 등을 파악 후 디자인을 할 수 있다.	강의	교재	
4	남성 기본 커트 1 하중발	• 형태 분석에 따른 남성 기본 스타일 1의 종류 및 형태선, 특징 등을 도식화하여 설명할 수 있다. • 남성 기본 스타일 1을 커트하기 위한 절차를 설명할 수 있다. • 남성 기본 스타일 1을 커트하기 위한 기법을 수행할 수 있다.	강의	교재	
5	남성 기본 커트 2 중상고	• 천정부와 상단부의 모발을 커트할 수 있다. • 상단부 아래 영역의 모발을 커트할 수 있다. • 클리퍼를 이용하여 사이드와 백 부분의 경계선부터 하단부까지 그라데이션하여 커트할 수 있다. • 클리퍼 커트 후 싱글링하여 상단부의 모발과 자연스럽게 연결할 수 있다. • 틴닝 가위를 사용하여 질감 처리를 할 수 있다. • 장가위를 사용하여 수정·보완할 수 있다. • 높은 그레쥬에이션의 도해도와 커트 절차를 수행할 수 있다.	강의	교재	

주차	학습내용 (단원명)	수업(수행) 목표	수업 방식	수업 매체 및 자료	평가
6	울프 스타일	• 남성 울프 스타일 커트 실습을 수행할 수 있다. • 커넥션, 디스커넥션 스타일의 형태선, 특징 등을 도식화하여 커트할 수 있다. • 고객의 얼굴형과 모류의 방향, 두상의 형태를 고려하여 작업을 수행할 수 있다. • 혼합형 이발 형태 작업의 완성도 여부를 수행할 수 있다. • 헤어 커트 유형별 적합한 스타일링 도구 선택 방법, 스타일링 기법, 제품 사용 방법을 수행할 수 있다.	강의	교재	
7	샤기 스타일	• 남성 샤기 스타일 커트 실습을 수행할 수 있다. • 커넥션, 디스커넥션 스타일의 형태선, 특징 등을 도식화하여 커트할 수 있다. • 고객의 얼굴형과 모류의 방향, 두상의 형태를 고려하여 작업을 수행할 수 있다. • 혼합형 남성커트 형태 작업의 완성도 여부를 수행할 수 있다. • 헤어 커트 유형별 적합한 스타일링 도구 선택 방법, 스타일링 기법, 제품 사용 방법을 수행할 수 있다.	강의	교재	
8	댄디 스타일	• 남성 댄디 스타일 커트 실습을 수행할 수 있다. • 비대칭, 대칭, 커넥션, 디스커넥션 스타일의 형태선, 특징 등을 도식화하여 커트할 수 있다. • 고객의 얼굴형과 모류의 방향, 두상의 형태를 고려하여 작업을 수행할 수 있다. • 혼합형 이발 형태 작업의 완성도 여부를 수행할 수 있다. • 헤어 커트 유형별 적합한 스타일링 도구 선택 방법, 스타일링 기법, 제품 사용 방법을 수행할 수 있다.	강의	교재	1차 (서술형 시험)
9	비대칭 스타일	• 남성 비대칭 스타일 커트 실습을 수행할 수 있다. • 커넥션, 디스커넥션 스타일의 형태선, 특징 등을 도식화하여 커트할 수 있다. • 고객의 얼굴형과 모류의 방향, 두상의 형태를 고려하여 작업을 수행할 수 있다. • 혼합형 이발 형태 작업의 완성도 여부를 수행할 수 있다. • 헤어 커트 유형별 적합한 스타일링 도구 선택 방법, 스타일링 기법, 제품 사용 방법을 수행할 수 있다.	강의	교재	

주차	학습내용 (단원명)	수업(수행) 목표	수업 방식	수업 매체 및 자료	평가
10	리젠트 스타일	• 남성 리젠트 스타일 커트 실습을 수행할 수 있다. • 커넥션, 디스커넥션 스타일의 형태선, 특징 등을 도식화하여 커트할 수 있다. • 고객의 얼굴형과 모류의 방향, 두상의 형태를 고려하여 작업을 수행할 수 있다. • 혼합형 이발 형태 작업의 완성도 여부를 수행할 수 있다. • 헤어 커트 유형별 적합한 스타일링 도구 선택 방법, 스타일링 기법, 제품 사용 방법을 수행할 수 있다.	강의	교재	
11	스왓 스타일	• 남성 스왓 스타일 커트 실습을 수행할 수 있다. • 커넥션, 디스커넥션 스타일의 형태선, 특징 등을 도식화하여 커트할 수 있다. • 고객의 얼굴형과 모류의 방향, 두상의 형태를 고려하여 작업을 수행할 수 있다. • 혼합형 이발 형태 작업의 완성도 여부를 수행할 수 있다. • 헤어 커트 유형별 적합한 스타일링 도구 선택 방법, 스타일링 기법, 제품 사용 방법을 수행할 수 있다.	강의	교재	
12	인디 스타일	• 남성 인디 스타일 커트 실습을 수행할 수 있다. • 커넥션, 디스커넥션 스타일의 형태선, 특징 등을 도식화하여 커트할 수 있다. • 고객의 얼굴형과 모류의 방향, 두상의 형태를 고려하여 작업을 수행할 수 있다. • 혼합형 이발 형태 작업의 완성도 여부를 수행할 수 있다. • 헤어 커트 유형별 적합한 스타일링 도구 선택 방법, 스타일링 기법, 제품 사용 방법을 수행할 수 있다.	강의	교재	
13	투 블럭 스타일	• 남성 투 블럭 스타일 커트 실습을 수행할 수 있다. • 커넥션, 디스커넥션 스타일의 형태선, 특징 등을 도식화하여 커트할 수 있다. • 고객의 얼굴형과 모류의 방향, 두상의 형태를 고려하여 작업을 수행할 수 있다. • 혼합형 이발 형태 작업의 완성도 여부를 수행할 수 있다. • 헤어 커트 유형별 적합한 스타일링 도구 선택 방법, 스타일링 기법, 제품 사용 방법을 수행할 수 있다.	강의	교재	

주차	학습내용(단원명)	수업(수행) 목표	수업 방식	수업 매체 및 자료	평가
14	포마드 스타일	• 남성 포마드 스타일 커트 실습을 수행할 수 있다. • 커넥션, 디스커넥션 스타일의 형태선, 특징 등을 도식화하여 커트할 수 있다. • 고객의 얼굴형과 모류의 방향, 두상의 형태를 고려하여 작업을 수행할 수 있다. • 혼합형 이발 형태 작업의 완성도 여부를 수행할 수 있다. • 헤어 커트 유형별 적합한 스타일링 도구 선택 방법, 스타일링 기법, 제품 사용 방법을 수행할 수 있다.	강의	교재	3차 (포트폴리오)
15	모히칸 스타일	• 남성 모히칸 스타일 커트 실습을 수행할 수 있다. • 커넥션, 디스커넥션 스타일의 형태선, 특징 등을 도식화하여 커트할 수 있다. • 고객의 얼굴형과 모류의 방향, 두상의 형태를 고려하여 작업을 수행할 수 있다. • 혼합형 이발 형태 작업의 완성도 여부를 수행할 수 있다. • 헤어 커트 유형별 적합한 스타일링 도구 선택 방법, 스타일링 기법, 제품 사용 방법을 수행할 수 있다.	강의	교재	2차 (평가자 체크리스트)

PART Ⅰ
이·미용 기초 이론

1. 이·미용의 역사
2. 응용 남성 커트의 이해
3. 남성 커트의 기본 테크닉
4. 남성 커트 질감 처리
5. 얼굴형에 따른 남성 헤어 스타일
6. 체형에 따른 남성 헤어 스타일
7. 남성 헤어 스타일의 개념 및 정의

Chapter 1

이 · 미용의 역사

1. 서양의 이·미용[1)2)3)4)5)6)]

1. 고대 문명 B.C. 3,000년~A.D. 3세기

(1) 고대 이집트 시대

청결 관념이 강하고 강한 열기를 견뎌야 했던 이집트인들은 머리카락을 바짝 자르거나 밀어버리고 가발을 쓰는 관습이 있었으며 실내에서는 청결함과 시원함을 느꼈으며 실외에서는 위엄을 주고 햇빛을 차단해 주는 역할을 하였다.

그림 1-1 이집트 시대 헤어 스타일[7)8)9)10)11)12)]

고분에서 발견된 가발은 사람의 머리카락이나 식물 추출물과 양모나 말에서 나온 털 등을 사용하였고 B.C. 1069년~1552년 사이에 지배했던 신생왕국에서는 가발을 겹쳐 착용한 이중 가발 스타일도 엿볼 수 있었다. 이집트 시대에 면도칼은 매우 중요한 의미를 부여하고, 금, 은, 구리 등으로 만들어졌으며 모발을 자르거나 숱을 치는데 사용된 것으로 추측된다.

고대 왕국에는 왕의 자손은 보통 청년에 의해 구별되었으며 귀 위로 도출된 거대한 변발을 하고 있는 것으로 표현되었고 신분의 표시는 제국 시대 동안 계속 되었지만 장식적인 모발이 변발을 대신하였다. 다른 젊은이들은 한쪽으로 늘어뜨린 머리를 한 소수 외에는 대부분 머리를 깎았다.

(2) 그리스 시대

B.C. 1100년 경~B.C. 700년까지 약 400년간은 그리스의 문명 형성기였다. 그리스는 이집트와 달리 남·녀 모두 머리를 길렀으며, 남자들은 머리 모양에 관심이 많았다. 남자들은 머리나 수염에, 여성들은 모발에 컬을 형성하기 위해 2개의 금속 파이프를 사용하였고 그리스인들은 상중에는 머리를 짧게 잘랐으며, 노인과 노예들은 단발短髮을 하였다. 또한, 신부들은 결혼하는 날 진실과 겸손의 의미로 자신의 머리를 잘라 여신에게 봉납捧納하였다.

그림 1-2 그리스 시대 헤어 스타일[13][14][15][16][17][18]

그리스 여성들은 금발이 신의 은총이라 여겨 금발의 컬이 있는 머리를 선호하여 잿물이나 노란색 꽃을 우려낸 물에 머리를 감고 온종일 햇볕에 앉아 있기도 하였다. 그리스인 모발의 일반적인 특징은 아름다운 컬이다.

그리스에서 이발사와 미용사들의 업무는 확실히 알려지지 않았지만, 미용사를 포함한 다수 이발사들은 고객을 의자에 앉혀 놓고 커트를 하기 위해 목둘레를 천으로 덮고 두 손가락으로 큰 가위를 들고 머리카락에 층이 나도록 잘랐고 헤어 스타일을 시술뿐만 아니라 부역으로써 곡물을 나르기도 하였다. 이발사들이 사용하는 핀셋이나 거울, 연고, 천, 집게 등은 스스로 제작하였으며, 그리스의 작업장에서 최초로 고안된 것으로 알려진 거울은 2세기부터 조상 대대로 전해 내려오고 있다.

(3) 로마 시대

람세이는 로마 유물에 대한 책자에서 일찍이 B.C. 300년 시칠리아로부터 이발사가 왔고 젊은 스키피오 장군약 B.C. 200년이 매일 면도한 첫 번째 사람이었다고 전하였다.

제국 시대 동안 하드리아누스가 턱수염을 기르는 관습을 다시 유행시켜 이발소가 인기 있는 장소가 되었으며, 손톱 손질, 발톱 정리, 털과 구취를 제거, 턱수염을 깎기 위해서 칼과 면도칼이 있었고 가위, 빗, 족집게, 지짐 인두, 거울, 타월, 가운도 있었다.

그림 1–3 로마 시대 헤어 스타일[19][20][21][22][23][24]

이러한 면도 풍습은 2세기 동안 일정하게 유지되었고 특히 고위층 남성들의 수염을 정성 들여 손질했으며 수염은 남성이라는 하나의 상징으로 인식되기도 했다.

여자는 앞가르마를 타고 양쪽 머리를 곱슬거리게 늘어뜨리거나 머리 전체를 짧게 컬을 만드는 단순한 스타일이었다. 또한, 남·녀 모두 염색 가발이 성행하였고 상류 사회의 여성들은 금발을 좋아하여 황색으로 염색을 하였으며, 남성들은 검은색으로 염색을 시술하였다.

B.C. 30년 로마 시대부터 이발사의 흔적을 찾아 볼 수 있는데 이발소는 최신 정보나 친구를 만나고, 사무를 처리하는 장소로 이용되었으며 이발사들은 고객들의 흥밋거리나 가십거리를 제공해 주기도 했다. 이발소에서의 시설물은 고객이 앉을 수 있는 의자와 어깨 망토, 벽에 매달린 커다란 거울 등이 비품의 전부였고 그 밖에 회전 기구와 빗, 수건, 연고, 가위를 가는 숫돌을 갖추고 있었다. 훈련받은 연습생들은 경험을 쌓은 후 부유층의 전용 이발사로 보내졌다.

(4) 바빌로니아

함무라비 왕 재위 B.C. 1792~B.C. 1750 이 제정했던 함무라비 법전에 '이용을 업으로 하는 사람'이 의사의 보조자로서 외과 수술이나 이齒의 치료를 직접 했다는 기록이 있다.

2. 중세 시대 5~15세기

8세기~12세기까지 고위층 기독교인, 주교, 수도원장은 일반적으로 법률에 의해 주로 짧은 머리 스타일 Short Style 을 하였고 교회의 통치에 복종 의미로 삭발이 시행되었다. 가느다란 머리카락과 대머리 Baldness 를 대단한 불행으로 간주하여 머리카락을 자라나게 하거나 좋아지게 되는 다양한 탈모 예방 방법과 발모제에 대한 연구가 성행하였다.

머릿속의 이를 없애기 위한 참빗은 화장대의 여러 도구 중 매우 중요했으며 멧돼지 털이나 고슴도치 털로 만들어진 헤어 브러시 hair brush 를 사용하였다.

13세기 남자들은 짧은 단발머리 형태가 주류를 이루었고 거울이 보편화 되어 널리 사용되었다. 14세기 초반엔 긴 머리와 턱수염을 기른 사람도 있었으나 보통의 사람들에게는 깨끗하게 면도하고 턱까지 내려오는 웨이브 wave 머리나 둥글게 끝을 말아 올린 형태의 헤어 스타일이 유행하면서 이 시기부터 아이롱이 이용되었다.

15세기는 중세와 근세의 과도기였고 머리를 짧게 자르기 시작했다. 이마에서 머리 뒷 부분까지 귀 위로 똑바로 잘라 빗질하기 쉬운 스타일인 일명 바가지 커트Badin Cut와 함께 앞머리를 이마에 내리던 스타일이 시작되었으며 남성의 헤어 스타일이 점점 여성화 되어 가기 시작했다. 금발과 검정색의 유행으로 남자들도 머리를 염색하거나 표백하였다.

그림 1-4 중세 시대 헤어 스타일[25)26)27)28)29)30)]

3. 르네상스 시대 14~16세기

이탈리아를 중심으로 번성하기 시작한 르네상스 시대의 남성들의 머리 형태는 단발형이거나 짧은 머리형으로 보닛Bonnet이나 캡 형태의 모자를 즐겨 착용하였다. 근엄한 수염이 사라지고 모발은 어깨선까지 길렀으며 여성들의 머리 형태는 중세 말기의 머리 전체에 착용한 장식이 없어지자 황금색과 적색 컬러의 염색을 시술하고 머리 분을 사용하여 향기 나고 반짝거리게 하였으며 계급이 낮은 하류 계급은 청색 컬러를 시술하였다.

이용업은 15세기에 접어들면서 마사지와 샴푸, 목욕에 이르기까지 영역을 넓혀 나갔으며, 중세 이후 페스트pest가 만연하면서 공중 목욕탕이 금지되고 입욕의 습관이 사라지면서 상류층에서만 사용한 향수가 체취 제거를 위한 향수로써 보급되기 시작했다.

16세기 전기에는 남자 헤어 스타일이 대부분 단발이었으나 후기에는 머리를 길게 기르거나 앞에서 뒤로 빗어 넘긴 스타일로 현대와 비슷한 짧은 머리 스타일이었다. 1637년 12월 이발사와 가발 제조자의 협동 조합이 파리에서 결성되었으며 가발의 수요가 지속적으로 증가하였다.

그림 1-5 르네상스 시대 헤어 스타일[31)32)33)34)35)36)]

이 시대의 가발은 짐승 가죽에 인모 머리카락을 사용하여 바느질을 해서 사용하였으나 그 후엔 부드러운 이마포를 사용하였다. 프랑스 루이 15세의 정부였던 퐁파두르 Pompadour는 화려한 의상과 머리형태, 화장법을 유행시켰으며 가발을 사용한 뒤부터 가발 자체가 장식품이 아닌 왕조의 권위를 갖춘 헤어 스타일 자체로서 일반인과 차별화 시킬 수 있는 고귀한 사치품이 되었다.

4. 바로크 시대 17세기

바로크 시대의 남성머리 형태는 가장 여성스럽고 풍성한 모양을 하였고 루이 13세 시대에 젊은 왕이 대머리라는 것을 감추기 위해 사용하면서 프랑스 상류층에서 가발이 유행하였다.

17세기 전반에는 깨끗이 면도를 하는 것이 일반적이었으나 1630년대 이후에는 콧수염과 턱수염을 길렀다. 1637년 12월 이발사와 가발 제조사인 협동조합이 파리에서 결성되면서 파리 최초의 헤어 드레서인 '상파뉴'는 파리의 궁전에서 그 명성을 떨쳤다. 여성들은 루이 13세 시대에 머리 형태는 기교적으로 양옆으로 크게 부풀렸던 과장된 머리형이 사라지고 점차 자연스러워졌으며 머리 위에는 '퐁타주Fontanges'라고 하는 새로운 형태의 작고 둥근 캡으로 착용하였다.

그림 1-6 바로크 시대 헤어 스타일[37][38][39][40][41][42]

17세기 후반에 접어 들면서 화려한 의상과 더불어 화려한 형태로 변화하였고 가발의 재료는 자신의 모발이나 염소 털 등을 사용하였으며 모발에 각종 분을 뿌려 갈색이나 연두색, 회색을 띤 흰색으로 착색하여 이를 포마드로 고정시키고 향수를 뿌렸다.

5. 로코코 시대 18세기

18세기 초에는 바로크 시대처럼 가발을 착용하였고 여성들의 머리 형태는 바로크 시대에 유행한 퐁파두르Pompadour 헤어 스타일이 유행하였다. 가발의 형태에 따라 다양한 이름이 붙여졌으며 이름을 다 열거하기 힘들 정도로 많은 스타일의 가발이 있었고 흰색이나 회색 가루를 뿌렸으며 가발의 재료는 사람의 머리털이나 말, 소, 염소 털, 송아지 꼬리, 여우 꼬리와 모 헤어 털실, 철사 등이 이용되었으며 세기 말인 프랑스 혁명 후에는 남자들의 가발이 없어지고 짧은 머리 형태로 변하였다.

그림 1-7 로코코 시대 헤어 스타일[43][44][45][46][47][48]

1760년대 '로코코의 여왕'이라 불리는 마리 앙투아네트 시대에는 머리 형태에 많은 변화가 나타나 점차 머리 형태가 높아지고 그 위에 화려한 장식을 하였다. 여성들은 머리형을 공들여 치장하는데 오랜 시간이 걸리자 중급 계급의 여인들은 3개월, 상류계층은 10일간 머리를 빗지 않고 그대로 두었으며 로코코 시대의 화장품 제조는 1770년 영국에서 최초의 비누와 화장수 회사가 생겨났고 1774년 프랑스에서는 향수와 화장품 가게가 생기기 시작했다.

18세기 후반에는 남성들의 머리 형태에 가장 큰 변화는 가발이었고 경쾌하고 우아한 모습의 머리 모양을 꾸몄으며 가발의 형태는 높이를 줄이고 길이가 짧아져서 좀 더 편리한 가발의 형태로 변했다.

6. 근세 19세기

(1) 엠파이어 시대 1789~1825

나폴레옹이 황제에 즉위하여 프랑스를 다스렸던 10년의 기간으로 남자들의 머리 형태는 가장 자연스럽고 편리한 형태인 단발머리로 앞머리를 짧게 커트해서 컬을 하거나 뒤에는 머리를 어깨선까지 길게 늘어뜨린 스타일인 티투스 스타일Titus style과 프시케 스타일Psyche style이 유행하였다.

그림 1-8 엠파이어 시대 헤어 스타일 49)50)51)52)53)

남자들은 로마인같이 보이려고 브르스터 커트와 앞머리를 짧게 자른 뱅 스타일을 주로 하였으며, 크라운이 높은 검정이나 회색 모자를 착용하였으며 여자들은 로코코 시대의 귀족 사회의 과장된 실루엣Silhouette과 화려한 장식에서 벗어나 고전주의 영향으로 인간 본연의 자연스러움을 갈망하여 자연스럽게 머리를 늘어뜨리는 헤어 스타일을 하였다.

(2) 로맨틱 시대 1800~1850

루이 18세가 즉위하는 시기로 영국은 빅토리아 시대가 개막하게 되었으며 남성들은 실크 해트를 즐겨 썼는데 크라운의 높이가 굴뚝처럼 높아졌다. 사회의 급진적인 변화를 겪으면서 감성 중심의 낭만주의가 시작되었다. 1818년 외과 의사인 쟈크 테나르Jacques Thenard에 의해 발견된 과산화수소는 1860년과 1865년 탈색에 사용되었으며 이용사와 의사를 겸직하던 1804년 프랑스인 장 바버Jean barber, 최초의 이용사가 외과와 이용원을 완전히 분리시켜 세계 최초의 이용원을 개원하였다.

현재도 이용원은 그의 이름을 붙여 '바버숍Barber Shop'으로 불리고 있다. 이용원의 사인보드Sign Board는 이용원과 외과에서 사용하던 청색정맥, 적색동맥, 백색붕대의 사인볼을 외과가 아닌 이용원에서 현재까지도 사용되고 있다.

그림 1-9 로맨틱 시대 헤어 스타일[54][55][56][57][58][59]

(3) 크리놀린Crinoline 시대 1850~1870

프랑스의 루이 나폴레옹 3세가 황제로 즉위한 1850년부터 1870년까지의 20년을 말하고 과학기술의 획기적인 발달과 생활 수준의 향상은 낭만주의에서 리얼리즘Realism으로 이행시키는 요인이 되었다.

남자들의 머리 형태는 짧고 단정하게 정돈된 스타일이 주를 이루었고 모발이 뒷목에 닿지 않을 정도로 짧게 자르고 콧수염과 볼 수염을 길렀다. 또한, 중절모자와 굴뚝처럼 높은 실크 해트Silk Hat, 크라운Crown이 낮고 챙이 넓은 모자도 유행하였다.

1860년대 여성들 사이에서는 크리놀린이 유행하였는데 이 시대 여성들의 이상적인 허리 사이즈는 14~16인치로 빈혈로 기절하는 사람들이 많아졌고 맨 아래 늑골을 제거하는 성형수술이 성행하였다. 루이 나폴레옹 3세와 결혼한 스페인 출신 유제니 왕비의 헤어 스타일이 유행하였는데 유제니 왕비와 같은 붉은 갈색을 만들기 위해 염색제와 탈색제를 사용하였고 쟈크 테나르Jacques Thenard에 의해 발견된 과산화수소를 이용하여 처음으로 탈색을 하였으며 1864년에는 호프만이 페닐렌디아민Phenylenediamine을 발견하고 1883년 케라틴Keratin을 염색하기 위해 사용하였으며 파리의 모네가 P.P.D 파라페닐렌디아민 : Para Phenylene Diamine를 이용한 모발 염색의 기초를 마련했다.

그림 1-10 크리놀린 시대 헤어 스타일[60][61][62][63][64][65]

(4) 버슬 시대 1870~1914

평온하던 시대로 남자들의 머리 길이는 더욱 짧아지고 콧수염과 턱수염을 기르는 것이 일반적 경향이 되었고 콧 수염 양 끝을 위로 말아 올린 카이젤 스타일에 염색을 하거나 왁스를 바르는 등 손질을 하였다.

1872년 독일의 토트나우Todtnau에서 태어난 칼 루드비히 네슬러Karl Ludwig Nessler는 처음에 지방 마을에서 한 이발사의 도제徒弟로 있다가 스위스로 옮겨온 후에 이발업을 시작했다. 그의 이름을 영국식 이름인 찰스 네슬러Charles Nestler로 바꾼 후 최초의 전기 히터 파마를 창안하였고 퍼머넌트 웨이브Permanent Wave를 만들기 위한 방법을 연구하였으며 다양한 기구를 가지고 모발에 대한 시험을 시작했다.

1901년 네슬러Nestle는 런던 레스터 광장Leicester Square의 뷰티 살롱Beauty Salon에서 일했지만 고객에게 마르셀 웨이브Marcel wave: 물결 웨이브 대신 펌Perm으로서 연구한 웨이브Wave를 시도하려 했던 것이 발각되어 해고를 당한 후 좌절하지 않고 1902년 자신의 런던 미용실을 개업하고 거대한 전기 히터 기계를 이용한 펌을 시도했다.

그림 1-11 버슬 시대 헤어 스타일66)67)68)69)70)

7. 현대 20세기

1900년대는 권위적이고 우월적인 이미지가 강한 댄스 스타일의 옷차림과 자연스럽게 가르마가 없는 올백으로 넘긴 스타일, 가르마를 5:5로 나누어 달라붙게 하는 아비용 스타일이 유행하였다. 이 시대에는 이마를 모두 드러내고 모발에 피마자유를 도포한 다음 정갈하게 정리한 헤어 스타일이 유행하였고 빈틈없고 냉철한 이미지를 표현하였다.

1907년 프랑스의 젊은 화학자 유젠슈엘르Euge'ne schueller가 모발의 합성 염모제를 개발하였으며, 1925년에는 산화염료를 주 원료로 하는 염색약들이 개발되면서 과학적인 염색법이 시작되었고 1936년에는 크림 타입의 염모제가 출시되었다.

1937년에 헨 켈Han Kel은 견습생들에게 마르셀 웨이브의 기술로서 2가지의 원인을 제공했다. 마르셀 웨이브의 테크닉은 미용사만이 할 수 있는 특별한 기능이 되었으며, 아름다운 웨이브wave를 형성시키기 위해서는 머리Head에 대한 구조를 익히게 할 뿐만 아니라, 모발Hair를 어떻게 조절할 것인가 학습을 해야 했다. 즉 머리면에 대한 굴곡인 두상의 형태를 이용 머리카락의 길이로서 volume up or down 시키며 머리 라인Head Line을 보완시키는 고도의 테크닉인 미학적 관념으로서의 작업인 마르셀 웨이브를 만들기 위해 꾸준하고 끈기 있는 완성된 연습시간의 필요에 따른 표현되는 미 자체가 예술art 인 것을 처음으로 표출시켰다.

그림 1-12 1900년대 헤어 스타일[71)72)73)74)75)]

시술 시에 따르는 많은 주의 모발 분배와 웨이브와 정확성의 결과를 요구하는 헤어 스타일Hair Style을 만들기 위한 미적美的인 시각을 위한 미용사Beauty Hair Dresser와 이발사Baeber Hair Dresser를 구별하기 위한 기술 중의 하나로 분류시키기 시작하였다.

1950년대 염색이 세계적으로 알려지기 시작하면서 미국의 세계적인 슈퍼스타 엘비스 프레슬리Elvis Aron Presley의 뒤로 빗는 덕 테일Duck Tail스타일, 옆머리를 붙이고 윗머리를 올리는 헤어 스타일이 유행하였으며, 영화 '이유없는 반항'에서 제임스 딘James Dean의 머리에서 변형된 상고머리는 젊은이들 사이에서 유행하였다. 퍼머넌트 웨이브Permanent Wave가 활성화 되었던 시기로 남자 스타일 역시 웨이브 스타일이 대세를 이루었다. 미국인 버나드 아즈 구로Bernard Az Guro라는 뉴욕의 미용사가 모발을 짧게 잘라 얼굴을 완전히 드러나게 하는 독특한 스타일을 창작하여 미국뿐만 아니라 세계적으로 유행하였다.

그림 1-13　1950년대 헤어 스타일[76][77][78][79][80]

1960년대에는 경제 발달과 소비, 부, 여가로 인해 미국은 문화적 전성기를 맞이하여 문화와 패션의 아이콘으로 비틀즈The Beatles를 최고로 뽑으며 장발 스타일이 다시 유행하게 되었다.

그림 1-14　1960년대 헤어 스타일[81][82][83][84][85]

60년대 대표 디자이너 비달사순Vidal Sassoon의 등장으로 기하학적인 커트 선을 기반으로 지금까지 끊임없이 유행하고 모방하는 대표적인 스타일인 앞쪽이 길고 무거운 긴 단발머리 스타일과 머쉬룸Mushroom 스타일이 나타났다.

1970년대 초반에는 기존 세대에 반기를 든 히피족이 생겨났다. 청년층을 주체로 시작된 히피 문화는 탈 사회적 행동을 하는 사람들을 일컬으며 기존 헤어 스타일Hair Style에 구속받지 않으려는 자연스러움을 강조하기 위해 주로 장발을 하는 히피 스타일Hippie Style이 남자들에게 유행하였다. 1970년대 후반에는 여성들의 사회 진출이 확산되어 주로 젊은 층이 트랜드Trend의 주도권을 잡아가면서 펑크Punk, 글램룩Glam Look, 히피Hippie, 밀리터리Military 등 양성적인 모습들이 유행하였고 히피 문화를 뒤쫓아 청소년 하위문화 스타일로 펑크족이 새롭게 탄생하였다.

젊은 세대들로 구축된 펑크족은 현란한 컬러 염색과 머리 형태는 불규칙한 길이의 머리를 빳빳하게 세운 스파이키 스타일Spike Style, 옆머리를 자르지 않은 채 머리 가운데 부분으로 머리를 모아 젤이나 무스를 사용하여 부채살 모양으로 세운 폴큐핀 스타일Porcupine style, 머리의 양 옆은 면도를 하거나 짧게 자르고 앞 이마부터 뒷 목둘레까지 기르는 독특한 모호크 스타일Mohawk Style이 유행하였다.

그림 1–15 1970년 헤어 스타일[86][87][88][89][90][91]

1980년대는 자기 관리에 대한 관심이 높아져 다양한 컬러가 유행을 하였고 1981년 프랑스의 기계 제작 회사인 바리캉 마르Barriquand et Marre 제작소에서 바리캉이 발명되었고, 바리캉이 발명되면서 남성들 사이에서 앞머리는 귀가 보이도록 짧고 뒷머리 길이만 길게 기른 레이어 커트 스타일인 일명 맥가이버 헤어 스타일이 세련되고 멋스러운 트랜드 스타일로 많은 남성이 선망하는 스타일이었고, 여자들처럼 볼륨감 있는 과장된 헤어 스타일이 유행하였다.

그림 1-16 1980년대 헤어 스타일[92][93][94][95][96][97]

1990년대에는 스윙, 댄스, 복고, 운동과 더불어 긴 앞머리와 바짝 깎아 올린 뒷머리는 1930년대와 1940년대 스타일이 재창조 되었고, 헤어 커트 외에도 다양한 컬러의 등장과 화려한 색감이 미용계의 염색이라는 매뉴얼이 다양화되기 시작하면서 하이라이트, 부분 염색과 원색 컬러 역시 주류를 이루었다.

그림 1-17 1990년대 헤어 스타일[98][99][100][101][102][103]

2000년대에는 뉴 밀레니엄New Millennium이 시작되면서 새로운 시대가 시작되었다. 정신적 건강을 추구하고 동양의 선과 맞물리며 웰빙Well-Being, 오리엔탈리즘Orientalism이 대두되는 시기로 꾸민 듯 안 꾸민 듯 자연스러움을 추구하였다. 개인의 개성을 표현하는 다양한 커트 스타일과 매직 스트레이트Magic Straight, 셋팅 웨이브Setting Wave, 샤기 커트Shaggy Cut, 댄디 커트Dandy Cut, 투 블럭 커트Two Block Cut 등의 유행과 흐름이 빠르게 진행 되었다.

그림 1-18 2000년대 헤어 스타일[104][105][106][107][108][109]

2. 한국의 이·미용[110)111)112)113)114)115)116)]

1. 고대

(1) 상고 시대 BC 10세기경

상고 시대의 머리 형태는 긴 모발을 그대로 늘어뜨리는 피발被髮상태 속에서 모발을 위로 치올려 상투를 튼 속발束髮, 모발을 뒤쪽으로 길게 땋아서 늘어뜨린 편발編髮 등 단순한 형태로 변모變貌하였다. 여성은 개인의 미적욕구와 표현기능의 역할을 수행하였으며 가계加髢만으로 미혼녀와 기혼녀의 구분을 판별할 수 있었다. 한치윤의 해동역사海東繹史에 람방위조선시선藍方威朝鮮詩選을 보면 다음과 같은 기록이 있다.

"삼한의 부인은 반발盤髮인 일종의 얹은머리를 하였는데 모두 아발鴉髮을 지었고, 남은 머리카락은 늘어뜨렸으며, 미혼모는 말아서 뒤로 처지게 늘어트렸다." 이는 출가녀出嫁女는 반발盤髮의 형태를 이루고, 미가녀未嫁女는 변발수후辯髮鬚後한 것을 알 수 있다. 이러한 땋은 머리 모양과 말아 올리는 형태는 큰 기교는 없고 단순하나 농경과 수렵생활에서 오는 생활 방식으로 인하여 의도적으로 단정하게 한 사람은 많지 않았다.

그림 1-19 상고 시대 헤어 스타일[117)118)119)120)121)]

(2) 삼국 시대

고구려, 백제, 신라로 나뉘어졌던 삼국 시대는 머리 형태로 귀천의 차이를 나타냈으며 기혼이나 미혼을 구분하기 위하여 모발을 땋거나 상투를 틀었다. 관례冠禮를 하지 않은 사내는 모발을 땋아 늘어뜨린 형태의 변발辮髮을 한 다음 검정 댕기를 사용하여 끝을 묶었고, 기혼의 남자들은 상투를 틀었다.

여자머리의 경우 쪽의 위치가 높고 길게 내려오는 북계머리와 오른쪽으로 드리운머리, 반발盤髮의 일종인 얹은머리하여 아계丫髻를 찌고 나머지 머리를 서린머리, 전체적으로 정수리에 올린머리 등이 나타났다. 오른쪽으로 드리운머리의 형태는 둥근 모양으로 서린머리와 땋아서 드리운머리가 나타났다. 특히, 삼국 시대 머리 모양의 특성으로 문헌상으로만 알려져 있고 실제 모습을 알 수 없었던 결혼한 여자의 머리 모양인 아계丫髻를 찌고 나머지 머리를 서린머리가 조형 유물에서 나타났다.

① 고구려

남자들은 보편적으로 상투머리가 많았으며 집에서는 좌·우의 이마 가까이에 두 개의 상투를 틀어 올린 쌍상투를 하였다. 쌍상투는 머리숱이 많은 장년과 노년들 모두 즐겨 하였고 고구려의 고분벽화를 보면 무용총의 수박희手博戲: 두 사람이 맞붙어 손으로 쳐서 상체를 쓰러뜨리는 겨루기와 삼실총三室塚에서 상투가 묶여져 있는 것을 볼 수 있었다.

그림 1-20 고구려 시대 헤어 스타일[122)123)124)125)126)127)]

여인의 머리에 건귁을 착용했으며 이것은 부녀자의 쓰개였다. 귁은 궤䕲라고 쓰기도 하여 머릿수건을 뜻하였고, 부인들의 머릿수건 착용은 중북부뿐 아니라 남부에서도 자주 볼 수 있었다. 가체를 이용한 고계高髻: 올림머리로 머리의 중앙을 높게 올려 중간에 장식 끈으로 장식을 하고 타원형의 테를 둘렀으며 두 가닥을 양볼 쪽으로 드리우게 하는 머리 모양을 하고 있다.

귀부인은 고계高髻: 올림머리에 환을 가로로 두 개를 하였고 일반 서민들은 한 개의 환을 하였으며 둥근 부분이 위쪽으로 향하게 하나만 하였는데 환의 끝자락에는 머리 단을 내려 한층 멋스럽게 장식하였다. 동수 부인과 시녀들의 머리 모양은 좌·우로 드리운 두 가닥의 유·무가 다를 뿐 같은 형태이다. 이처럼 환의 모양은 아주 비슷하나 환을 대는 방식과 숫자를 다르게 하여 신분에 따라 머리 모양이 다르다는 것을 알 수 있다.

② 백제

백제는 일본에 화장품 제조 기술과 화장법을 전수할 정도로 미의식이 발달했고 모발을 길고 아름답게 가꾸는 마한의 전통을 계승하였으며 정수리가 뾰족하게 솟도록 하는 수계식 상투머리를 틀었다. 여성은 혼인을 하기 전에는 두 갈래로 땋아서 댕기로 늘어뜨리고 부인들은 두 갈래로 땋아 틀어 올린 쪽머리를 하였다.

그림 1-21 백제 시대 헤어 스타일[128][129][130][131][132][133]

③ 신라

신라 시대에는 '아름다운 정신이 깃든다'는 영육일치사상의 영향으로 남·녀 모두 외모에 대한 관심이 높았으며 남자들은 고구려, 백제와 같이 정수리가 뾰족하게 솟도록 하는 수계식 상투와 쌍쌍투를 하거나 모발을 길러서 감고 검은 두건을 착용하기도 하였다.

또한 대인은 상투를, 소인은 결발結髮: 쪽을 찌거나 상투를 트는 머리형태을 하였다. 여자의 머리 형태는 얹은머리와 쪽진머리가 기본형으로 머리카락을 머리에 두르고 진주나 채색비단으로 장식했으며 가체를 사용한 얹은머리 형태를 한 것으로 보여진다. 머리 형태에 관심이 많았던 만큼 머리카락의 매매가 이루어졌으며 가체를 얹고 높게 올린 후 고계高髻: 올림머리 형식으로 하였고, 꽃과 보석으로 화려하게 꾸민 것을 화계化髻라 하였으며 신라 시대의 머리 형태는 높고 화려했다.[134)]

그림 1-22 신라, 통일 신라 시대 헤어 스타일[136)137)138)139)140)141)]

(3) 통일 신라 시대

통일 신라는 삼국의 문화가 융합되어 머리 형태가 다양하고 화려했으며, 신라와 같은 머리 모양을 하였다. 두발에 대한 금제는 없으나 두발 장식품인 소梳 : 머리빗와 채釵 : 머리꽂이 비녀에 대한 금령이 있었으며, 진골에서 평민까지 계급에 따라 규제하는 금령으로 이를 범하면 형벌로 다스렸다.[135]

(4) 고려 시대

고려 시대에는 관례冠禮 전 미혼 남·녀는 모발을 땋아 길게 늘어뜨린 후 여자는 홍라紅羅 : 붉은색 견직물, 남자는 흑승黑繩으로 묶었으며, 기혼 남성의 경우 상투를 틀었다. 몽골의 영향으로 충렬왕 4년 이후에 머리 모양이 바뀌었는데 일부 남자들은 개체변발開剃辮髮을 하였으며, 개체변발은 정수리 부분의 모발을 남겨 놓고 주변의 머리털을 깎아 나머지 모발을 땋아서 등 뒤로 늘어뜨린 형태로 몽골어로 겁구아怯仇兒라고 불렀고 공민왕 원년1389 이후 본래의 수발 양식인 상투와 얹은머리로 돌아왔다.

여성의 경우 신분과 나이에 따라 두발의 형태를 다르게 하였으며, 옥잠, 호도잠 등 비녀의 사용이 많아졌다. 머리 다발 중간을 틀어 상홍색의 갑사로 만든 댕기로 묶어 쪽진머리와 비슷한 모양을 하였다.[142]

그림 1-23 고려 시대 헤어 스타일[143][144][145][146][147][148]

(5) 조선 시대

조선 시대에는 신분제도에 따른 구분이 있었으며, 미혼자는 땋아 늘어뜨리는 댕기머리를 하였고 결혼을 한 성인 남자들의 경우 양반들은 상투를 틀어 갓을 쓴 모습을 하였고, 천민들은 상투를 틀었다. 상류층에서는 상투관과 탕건宕巾을 사용하였다. 상투관은 양반이나 원유관을 축소시킨 모양이 많았으며 뿔이나 나무, 종이, 가죽에 흑칠을 하여 만들고 머리 정리 정돈과 머리 장식품으로 사용하였다.

특히 머리숱이 적은 노인들이 쓸 때는 검은 종이나 베로 만들었다. 망건을 쓴 다음 상투관을 쓰며 비녀를 꽂아 상투를 고정시켰다. 탕건宕巾은 관직자가 평상시에 망건 위에 쓰는 관모로 속칭 '감투'라고도 하였다. 여자들의 경우 가체가 부녀자 머리 모양의 절대적인 조건이 되었고, 세조世祖 때 명나라 사신 윤봉이 큰머리 양식을 가져와 그대로 썼으며 일반 부녀의 머리 형태는 얹은머리를 하였다. 얹은머리는 다리를 곁들여 머리를 높고 크게 할수록 미를 상징하였으며 다리는 머리숱이 적은 사람에게 많아 보이게 하여 덧땋은머리로 가체加髢, 수체首髢, 월자月子, 다래, 달비 등으로 불리었다.

그림 1-24 조선 시대 헤어 스타일[150)151)152)153)154)155)]

체머리다리머리, 트레머리는 삼국시대부터 해온 얹은머리에 다리를 많이 넣어서 높고 크게 한 머리모양으로 체머리의 폐단은 날이 갈수록 극심하여 이를 금하기 위하여 조정에서 논의하기에 이르렀다. 1756년영조 32년 정월에는 사족 부녀의 체머리를 금하고 족두리로 대신하게 하였다. 1788년정조 12년 10월 국법으로 금하는 한편, 사대부 처첩 이하의 결발結髮 양식도 제정하였다.[149]

2. 현대

한국 남성 헤어 스타일이 본격적으로 변화되고 발달하기 시작한 시기로 일본에 의해 단발령이 강요되고 전통 머리 모양인 댕기머리와 상투머리는 점차 사라지고 서양식 헤어 스타일이 도입되었다. 개화를 시작하면서 사회, 문화적 관습이 빠르게 변화하고 이에 복식과 헤어 스타일도 변화하게 되었다.

(1) 1900~1930년대

1881년 신사유람단으로 일본에 건너간 '서광범'이 체류 중에 상투를 풀어 모발을 자른 것이 우리나라 이용의 시작이다. 1885년 갑신정변甲申政變 직후인 무렵에 일본 상인들이 남산 기슭에 자리 잡고 고관대작을 대상으로 이용업을 시작하였다.

1895년고종 32년 일본의 강요에 의해 고종에게 상투 풍속을 없애고 머리를 짧게 깎도록 강요하였고 11월 16일 고종은 '국민들에게 앞서 내가 먼저 단발하니 백성들은 내 뜻을 받아들여 만국과 병립할 수 있도록 대업을 성취케 하라.'는 단발령斷髮令을 공식적으로 공포하였다. 관리들은 칼이나 가위를 가지고 다니면서 거리나 성문에서 사람들의 머리를 강제로 잘랐다.

단발령 이후 신지식인들과 고위 관료들에게 유행한 하이 칼라 머리는 고도의 기술을 갖춘 이용사가 가위로 양옆과 뒤쪽을 치켜 깎고 윗머리를 자른 스타일로 가르마를 나누거나 올백머리 형태로 젊은 층에서는 가르마를 왼쪽으로 많이 탔다. 시간이 지나면서 가르마가 없는 올백머리가 유행하였다. 일반 국민들은 빡빡머리인 중머리를 하면서 상투머리는 점점 사라지게 되었다.

그림 1-25 단발령 헤어 스타일[156][157][158][159][160][161]

1901년 인사동 조선 극장 터에 유양호가 개업한 '동흥 이발소'가 영업을 시작하였다. 개업과 동시에 사람들의 입소문이 나기 시작하면서 인기가 많았다. 그 이후 안종호가 광화문 근처에 '태성 이발소'를 개원하였다. 1910년경 일본에서 수입한 바리캉Bariquand이 우리나라에 전파되었다.

우리나라 최초의 이발사 시험제도는 일본 강점기1923년에 '아마모토'라는 일본인이 주축이 되어 최초의 강습회를 시작하여 그해 가을 처음 국가에서 시행하는 이발사 자격시험을 실시하게 되었다. 시험 출제는 의학박사醫學博士 주방주의 저서인 『위생독본』이란 책에서 출제되었으며 위생법규, 생리 해부학, 소독법, 전염병학, 구술시험, 실기 시험 등을 치뤘다.

1924년 6월 16일에 조선 이발 연합회를 결성하여 각 지역별로 이발조합을 형성하고 휴일과 이발 요금, 위생교육, 내부조직 업무 등 이용업의 발전을 향상시켰다.

여성의 경우 1920년대 단발머리가 유행했으며, 1930년대는 웨이브가 있는 단발머리가 유행하는 등 단발의 형태에도 변화가 나타나기 시작했다.[162]

1930년대에는 기술학교를 설립하여 이발업과 기술자격을 홍보하여 지원자를 모집하고 1년 이상의 교육과정을 수료하면 이발 자격증을 부여하였다.

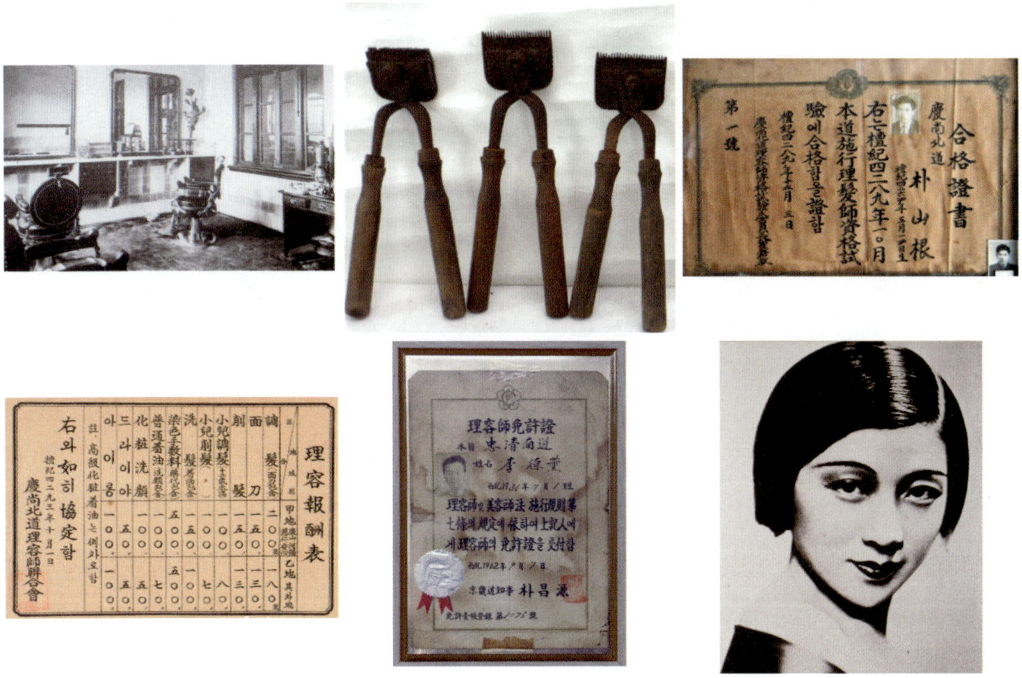

그림 1-26 1900~1930년대[163][164][165][166][167][168]

(2) 1940년대

1946년 한국 이용사 총연합회가 창립되면서 이용업이 더욱 활성화되었고 해방 이후 머리를 기를 수 있게 됨에 따라 다시 하이 칼라 스타일과 상고 스타일이 인기를 잇게 되었다. 일제강점기에 시행하던 시험제도를 그대로 유지하다가 광복 후 1948년 8월 16일 1회 이·미용업의 자격시험을 같이 시행하면서 자격 조건을 더욱 강화하였다. 내무부 산하 각 시, 도에서 이·미용법에 따라 한국직업인력 관리공단이 보사부保社部 : 보건 위생, 방역, 의정, 약정藥政, 구호, 자활 지도, 부녀, 아동과 가족계획에 관한 사무를 맡아보던 행정 각부의 하나[169]에서 제정한 공중위생법에 의거하여 실시하게 되었다.

또한, 서울시 위생과의 관리하에 미용사 자격시험이 제정되었고 그 이후로부터 오늘에 이르기까지 미용사 시험 합격증이 있어야만 미용실 개설의 자격이 주어진다.

일제 시대 말기에 금지 되었던 퍼머넌트 웨이브Permanent Wave가 다시 유행하여 일반 여성들도 퍼머나 세팅Setting 또는 아이롱으로 웨이브Wave를 내어 멋을 부렸다.

그림 1-27 1940년대 헤어 스타일[170][171][172][173][174][175]

(3) 1950년대

해방 직후 혼란스러웠던 사회, 경제, 정치, 문화 등 각 분야의 질서가 잡혀 다소 안정된 생활을 하던 차에 6·25전쟁이 일어났고 까까머리 스타일과 군인이 일상화 되었으며 1956년 5월 12일 우리나라 최초의 TV 방송국인 'HLKZ대한 방송 주식회사'가 종로에 개국되었다. 1955년 『춘향전』과 1956년 『자유부인』 등의 영화가 제작되고 잡지나 영화배우의 패션과 헤어 스타일을 따라 하기 시작했다.

남성의 머리 스타일은 일본의 잔재와 UN군의 영향으로 포마드를 발라 뒤로 넘긴 스타일과 스포츠 머리형, 중머리와 모판 머리가 유행하였다. 1950년대 남성 헤어 스타일은 강렬하면서도 반항적인 느낌의 이미지로 많은 남성이 선호하였는데 주로 포마드Pomade를 이용한 스타일을 많이 선호하였다.

여성의 헤어 스타일은 뒷머리가 짧은 오드리 헵번Audrey Hepburn의 짧은 쇼트 스타일과 수잔 헤이워드Susan Hayward, 리타 헤이워드Rita Hayworth의 웨이브 진 긴 머리 스타일이 유행하였고, 1950년대 미용실의 증가로 인하여 퍼머머리와 고대기로 생머리에 굵은 웨이브를 주어 손질하는 등 머리 모양이 일반화되었다. 1956년에는 S형의 웨이브를 만들어 귀를 덮고 볼륨을 주는 스타일이 인기가 있었으며, 한복이나 양장에 올림머리를 주로 하였다.[176)]

그림 1-28 1950년대 헤어 스타일[177)][178)][179)][180)][181)][182)]

(4) 1960년대

1960년의 4·19혁명과 1961년 5·16 군사 쿠데타는 사회 전반에 걸쳐 급격한 변화를 초래하였고 TV의 보급으로 인해 국민들의 의식주의 일부분이던 복식 문화가 자기를 표현하는 수단인 패션으로 변화하는 계기가 되었고 미국 가수로 활동 중이던 윤복희가 1967년 미니스커트를 입고 귀국하자 복식 문화뿐만 아니라 나라 전체가 사회적으로 커다란 충격을 주었다.

남성 헤어 스타일은 하이 칼라 머리의 연장선으로 바리깡bariquand 없이 자른 긴 스포츠 머리와 상고머리가 유행하였고 상고머리로 자른 남성들은 가르마를 나누거나 가르마 없이 뒤로 완전히 빗어 넘기는 올백 스타일을 하였다.

가르마를 나눌 경우 젊은 층은 왼쪽 가르마, 중년층은 가운데로 나누었으며, 헤어 스타일을 고정시키기 위해서는 두발 화장품인 '포마드Pomade'가 필수적이었으며, 모든 남성이 포마드를 가지고 다닐 정도로 인기가 높아 이 시기를 '포마드 전성시대'라고 불렀다.

그림 1-29 1960년대 헤어 스타일[184)185)186)187)188)189)]

여성의 경우 여러 형태의 머리 형태와 커트 기술의 발달로 인해 다양한 스타일이 유행되었다. 1960년대 초반에는 세슬 커트, 귀 양끝이 뾰족하게 뻗치는 형태인 로케트라인, 앞과 양 옆에 이중으로 볼륨을 주는 듀오라인일명 바가지머리과 이것이 변형된 백조라인이 유행을 하였고, 듀오라인과 백조라인은 크라운 봄 베이지 스타일이라고 하였다. 중반에는 납작한 뒤통수의 단점을 보완하기 위해 기하학적인 헤어 커트가 등장하였으며, 후반에는 뒷머리를 둥글게 단차를 둔 상고 단발의 형태가 유행되었다. 또한, 고전적인 모습의 올림머리와 고데기를 사용하여 머리의 형태를 살리고 장식적인 컬을 만들기도 하였다.[183)]

(5) 1970년대

새마을 운동이 추진되면서 농업사회에서 산업사회로 전환되는 시기였다. 히피 문화의 영향으로 장발과 미니 스커트, 블루진, 통기타 등이 유행하였고, 히피 문화를 군부정치에 대한 반항의 표출로 인식하면서 정부에서는 경범죄 처벌법이란 명목으로 장발과 미니 스커트를 규제하기 시작했다.

남자 대학생들은 히피문화의 영향으로 귀와 목을 덮을 정도의 장발로 기르는 것이 유행이었으며 단속 대상이 되어 길거리에서 장발 단속에 걸리기도 하였다. 장발 외에 상고머리, 스포츠머리, 바람머리 스타일도 유행하였다.

그림 1-30 1970년대 헤어 스타일[191)192)193)194)195)196)]

여성들은 1970년대 초반은 커트의 붐이 절정을 이루던 시기로 샤기기 커트Shaggy Cut 일명 거지 커트가 유행을 하였다. 펌 스타일도 바디 펌이 유행되었는데 자연스러운 웨이브와 간편한 손질을 특징으로 하는 머리 형태이다. 중반과 후반에는 머쉬룸Mushroom 버섯 형태의 머리 모양이 유행하였고 불균형적으로 정돈되지 않은 듯한 머리 모양이 등장하기 시작했다.[190)]

(6) 1980년대

1980년 12월 컬러 TV의 방영은 우리 생활 모든 면에서 '색채 혁명'을 낳았다. 1986년 아시안게임과 1988년 서울올림픽의 성공적인 개최와 더불어 외국 여행 자유화와 수입 자율화 등 국제교류는 외국 문화 접촉 기회를 증가시키는 계기가 되었다.

남성들은 교복 자율화와 두발 규제가 완화되면서 획기적인 머리 모양에서 스타일이 다양화되었고 히피 감성으로 중간 길이의 네츄럴한 웨이브나 양옆을 단정하게 빗어 넘기고 윗머리에 볼륨만 주는 스타일, 펑크 스타일이 인기가 있었다. 중반부터 남성들은 미용실에서 머리를 시술하기 시작했고 상고 스타일, 스포츠 스타일을 주로 많이 했으며, 핀컬 파마를 한 다음 컬과 볼륨을 강조한 웨이브 스타일을 하였다. 다소 인위적인 '닭 벼슬 머리'와 '자존심 머리' 등도 같이 유행하였다.

그림 1-31 1980년대 헤어 스타일[198)199)200)201)202)203)]

여성들은 중성적인 헤어 스타일의 유행으로 펑크 헤어, 디스코 머리가 유행하였으며, 1980년대 중반에는 가위와 바리깡bariquand의 부조화 디자인이 유행되었으며 헤어 디자인에 바리깡이 본격적으로 사용되었다. 자연스러운 물결치는 웨이브를 특징으로 하고 있는 보브 스타일이 유행하였다. 긴머리 스트레이트 스타일, 굵은 퍼머 스타일이 유행하였고, 후반에는 머리 염색에 있어 전체적인 염색보다는 부분적인 염색이 유행하였다.[197)]

(7) 1990년대

정치, 경제, 사회적 변화가 많았던 시기로 OECD경제협력개발기구에 가입함으로써 세계화, 국제화 시대의 발판을 마련하였다. 1992년 젊은층 문화는 힙합 패션과 랩이 유행하면서 개성을 중시하는 X세대 등장과 함께 힙합 스타일이 각광을 받았다.

남성 헤어 스타일에 있어 학생들은 바리캉Bariquand을 이용한 짧고 단정한 스타일과 레이저Razor를 사용하여 모발 끝 부분을 가볍게 하는 불규칙한 커트가 유행하였고 남성 고객들의 니즈Needs가 더욱 다양화 되고 밝은 컬러의 영구적인 염모제나 산성 염모제인 코팅 시술을 하였다. 1998년에는 남성 전용 미용실인 블루클럽과 Mr. 바리캉의 프랜차이즈 형태로 등장하여 남성 커트 전문점이 블루오션Blue Ocean으로 떠오르기 시작하였다.

여성 헤어 스타일은 복고풍으로 돌아가 크라운 부위에 부드럽게 볼륨을 살리면서 현대 감각에 맞게 재창조된 자연스러운 스타일이 유행하였으며 커트 형태는 주로 레이저를 사용하여 위쪽은 약간의 볼륨이 생기고 아래쪽은 자연스럽게 좁혀든 특징을 가진 헤어 스타일과 자연스러운 웨이브 흐름을 추구하면서 손을 이용하여 웨이브나 컬을 살릴 수 있는 형태가 유행하고, 밴드와 핀을 사용하여 포인트를 주는 경향이 나타났다.[204]

그림 1-32 1990년대 헤어 스타일[205)206)207)208)209)210]

다양한 컬러의 변화가 크게 작용하며 하이라이트의 부분 염색블리치 : Bleach과 원색컬러 시술이 주류를 차지하면서 미용 시장에서 염색이라는 매뉴얼이 필수적인 한 분야로 정착되었다.

(8) 2000년 이후

2000년대는 뉴 밀레니엄 시대의 개막과 동시에 유니섹스Unisex 스타일로 헤어 스타일은 커트와 파마, 염색의 전성시대로 커트의 비율과 질감, 다양한 염색의 컬러, 자연스러운 웨이브가 유행하기 시작하였다. 레이어드 커트가 남·녀 모두 좋아하는 스타일이 되었고 금발을 선호하여 염색에 대한 다양한 테크닉Technique들이 개발된 시기로 염색Dyeing, 블리치Bleach, 코팅Coating, 헤어 메니큐어Hair Manicure 등을 사용하여 다양한 혼합 기법을 활용하였다.

남성 헤어 스타일은 디스커넥션Disconnection 커트, 샤기 커트Shaggy Cut, 울프 커트Wolf Cut, 댄디 커트Dandy Cut 등으로 남성들의 라이프 스타일에도 변화를 가지고 왔으며 최근에는 복고 열풍으로 투 블럭 커트Two Block Cut와 비대칭 커트 스타일Asymmetry Cut Style이 다시 부활하여 대중적으로 많은 사랑을 받고 있다.

그림 1-33 2000년 이후 헤어 스타일[212][213][214][215][216][217]

여성 헤어 스타일은 짧은 머리에 층을 많이 내기도 하고, 일자 형태의 긴 생머리보다는 층이 많은 레이드 커트와 디스커넥션 커트 기법을 사용하여 층이 나면서도 실루엣을 갖는 다양한 길이의 커트가 인기를 끌었다. 다양한 앞머리가 자유로움과 자신감을 반영하였다. 복고풍 스타일이 현대적인 스타일로 재조명되어 히피와 펑키 스타일이 가미되기도 하였으며, 도시적이고 세련된 지적인 멋을 풍기는 스타일, 보이시한 스타일 등 세련미를 강조하고 중성적인 이미지를 연출하였다.[211)]

2013년 이용사 국가 자격 실기시험에 큰 변화가 있었으며, 실기시험 시술 시 모델은 사람에서 마네킹으로 바뀌게 되었고 학생들과 청년들이 이용에 관심을 갖게 되었다. 또한 한국 산업인력공단 NCS 학습 모듈의 이용 분야가 완성되어 각 대학교에서는 교과 과정에 남성 커트 수업이 진행되었다.

2019년 1월에는 이용사 국가 자격 실기시험에서 과제 및 세부 작업명이 NCS 및 현장 친화적인 용어를 기반으로 변경되었고, 과제명은 보통 조발에서 보통 머리, 장교형 조발에서 상고머리, 라운드 브로스 스타일에서 둥근 스포츠로 바뀌었다.

세부 작업명은 기구정비 및 소독술에서 이용기구 소독, 조발술에서 헤어 커트, 면체술에서 면도, 세발술에서 샴푸·트리트먼트, 정발술에서 정발, 아이론에서 아이론 펌으로 변경되었으며, 염색과 탈색이 추가되었다.

[교수 학습방법]

교수 방법
① 예술 정신과 훌륭한 기술을 갖추기 위해서는 이발사의 노력과 인내가 요구됨을 상기시킨다.
② 이용 역사를 살펴볼 수 있는 시각적 자료를 제시하며 설명한다.
③ 박물관 및 전시관 현장 방문을 계획하여 학습자가 이용 역사와 도구 변천사에 흥미를 갖도록 유도한다.
④ 시대별 커트 도구의 발달사를 스타일의 변천사와 연계하여 설명한다.
⑤ 이용의 역사를 인식하고 현재 바버 숍이 활성화되고 있음을 상기시킨다.
⑥ 모둠별로 바버 숍 성공 사례에 대해 조사하고 발표함으로써 다른 모둠의 학습자와 내용을 공유할 수 있도록 지도한다.

학습 방법
① 이용사로서 자신의 일에 자부심을 갖고 예술 정신과 훌륭한 기술을 연마하기 위해서 노력과 인내가 필요함을 숙지한다.
② 이용 역사에 대해 다양한 자료를 인터넷으로 검색하고 주요 내용을 정리한다.
③ 박물관 및 전시관의 현장 방문을 통해 이용 역사와 도구 변천사를 조사하여 정리한다.
④ 커트 도구의 발달과 스타일의 변천 과정을 연계지어 정리한다.
⑤ 바버 숍의 현황에 대해 검색하여 정리한다.
⑥ 다른 모둠의 발표 내용을 주의 깊게 청취하고 궁금한 점을 질문한다.

[평가 준거]

학습 내용	평가 항목	성취 수준		
		상	중	하
이용 역사 설명	1. 문화사에 따른 이용 발전 과정을 설명할 수 있다.			
	2. 이발술의 발달에 따른 커트 도구의 변천사를 설명할 수 있다.			
	3. 이발의 변천사를 형태와 기법으로 설명할 수 있다.			

[평가 방법]

① 서술형 시험

학습 내용	평가 항목	성취 수준		
		상	중	하
이용 역사 설명	1. 이용의 유래와 시대별 발전 과정에 대해 핵심 용어를 사용하여 기술하는 능력			
	2. 이용의 역사를 시대별로 구분지어 기술하는 능력			
	3. 도구의 발달 과정을 기술하는 능력			

② 구두 발표

학습 내용	평가 항목	성취 수준		
		상	중	하
이용 역사 설명	1. 문화사에 따른 이용 발전 과정을 조리있게 설명하는 능력			
	2. 이발술의 발전에 따른 형태와 기법을 시각적 자료를 활용하여 발표하는 능력			
	3. 이용 역사에 대한 자신의 생각을 표현하는 능력			

Chapter 2 응용 남성 커트의 이해

[218][219][220][221][222][223]

1. 남성 커트의 개념

남성의 모발을 대상으로 하는 커트를 남성 커트라 하며 주된 목적은 머리의 질감, 모류의 방향, 컬러Color, 웨이브Wave의 유·무를 정확하게 진단하여 필요한 기구와 기기를 이용하여 시대적 유행을 가미하고 고객의 생활 환경을 고려하여 변화를 창출한다. 고객의 개성에 맞는 헤어 스타일Hair Style을 만드는 데 목적이 있으며 모발의 길이 변화와 층의 변화를 주어 모양의 형태, 길이, 질감, 방향 등의 여러 요소들을 이용하여 헤어 스타일을 만들어 주며 시술을 용이하고 편안하게 손질하기 위해서 질감처리를 먼저 하는 경우가 있다.

이용은 복식 외에 여러 가지 방법으로 아름다움을 추구하는 방식이며, 물리적, 화학적 기교를 행하는 것으로 부용예술에 속하며 풍부한 지식과 기술을 습득하여 직업적, 인간적 자질을 갖추어 고객의 요구에 만족스러운 개성미를 나타내는 동시에 예술로서 화장품과 손질을 통해 개개인의 외적인 용모를 다루는 응용과학의 한 분야라고 할 수 있다.

남성 커트 종류에는 장발, 중발, 상고머리, 스포츠 머리 등이 있으며, 트랜드 커트는 현재 유행하고 있는 투 블럭 커트, 댄디 커트, 모히칸 커트, 울프 커트 등 다양한 커트가 있다.

이용의 정의는 다음과 같다.

① 이용이발이란 복식 외에 여러 가지 용모에 물리적, 화학적 기교를 행하여 미적 아름다움을 추구하는 수단이라고 할 수 있다.

② 이용업이란 손님의 머리카락 또는 수염 등을 깎거나 다듬는 방법 등으로 손님의 용모를 단정하게 하는 영업을 말한다.

③ 남성 헤어커트를 하기 위해서는 미적 감각을 위한 다양한 문화와 예술들을 이해하고 깊은 관심을 가져야 한다.

④ 이용사의 자세는 서비스업인 만큼 항상 친절하고 고객의 의견과 심리를 존중하고 구강 위생을 철저히 유지하며 기술적인 면에서도 끊임없이 연구가 개발되어야 한다.

2. 남성 커트와 여성 커트의 차이점

남성 커트나 여성 커트는 시술 대상자의 모발을 얼마만큼 잘라서 어떤 형태를 만들 것인가의 의미는 같다. 어떤 형태를 만드느냐에 따라 남성 커트와 여성 커트의 차이를 보이는데 이것은 신체 특성과 생리적 측면, 라이프 스타일Life Style이 영향을 미친다.

남성 커트는 높이Height를 중심으로 위치에 따라 커트 스타일의 이름을 지어내는 경우가 많았고, 여성 커트는 라인Line과 층Layer을 중심으로 위치나 형태에 따라 커트 스타일의 이름을 만들어 내는 특징을 보인다.

남성 커트 중 디자인 커트는 여성 커트의 짧은 커트 스타일과 상통하는 경우가 있고, 현재 젊은 사람들은 유니섹스Unisex적인 스타일과 성향에 의하여 남성 커트의 특징을 표현하는 커트 스타일보다는 여성스러운 커트 스타일인 디자인 커트 스타일을 선호하는 경우도 많다.

남성과 여성의 스타일을 구별하여 인식하고 시술 대상자의 단점을 보완하고 의견을 수렴하여 스타일을 완성할 수 있는 능력을 길러야 할 것이다.

3. 남성 커트 스타일 결정 요인

1. 고객의 첫인상 파악

남성 커트를 진행할 때 가장 먼저 생각해야 할 부분은 첫인상 파악이다.

고객의 얼굴형, 두상의 윤곽, 체형, 모류 방향, 모량, 두상의 구조 등을 파악하고 진단하는 것이 스타일 선정의 중요한 요인으로 작용하며 정확한 모발 진단과 고객의 요구를 파악하여 원하는 헤어 스타일이 가능한지에 대한 여부 등을 파악하여 남성 커트 디자인에 반영하는 것이 가장 중요하다.

2. 길이 결정

모발의 길이와 변화에 따라 헤어 스타일의 실루엣과 이미지, 느낌이 달라진다. 모발이 길고 짧음이 자유롭게 구성되며, 길이 변화에 따라 이미지가 결정된다.

3. 선 결정

선은 디자인을 결정짓는 중요한 요인으로 작용되며 선은 실루엣과 아웃 라인으로 나누어진다. 실루엣과 아웃 라인을 결정하는 선은 직선, 곡선, 직곡선, 무거운선, 가벼운선 등으로 구분된다.

4. 슬라이스 라인에 따른 커트 스타일 변화

슬라이스 라인에 의해 원하는 디자인을 쉽게 연출할 수 있다.

4. 두상 부위별 명칭

1. 두상 부위별 명칭[224)]

① 전두부Top ② 측두부Side ③ 두정부Crown ④ 후두부Nape

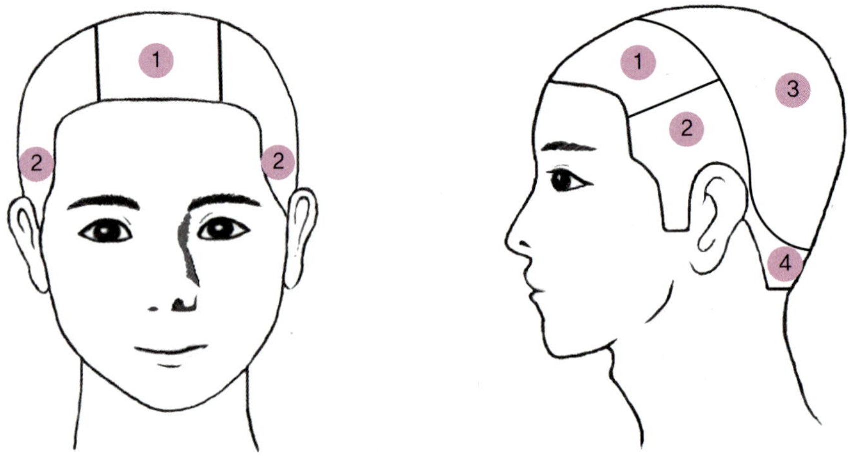

그림 2-1 두상 부위별 명칭

① **전두부**Top : 얼굴 주위와 밀접한 관계를 가지고 있으며, 전체적인 얼굴이 균형에 많은 영향을 미치는 부분이다.

② **측두부**Side : 옆선의 이미지가 연출되는 곳으로 사이드나 아웃 라인Out Line의 모양, 질감을 형성하는 곳으로 짧은 모발은 얼굴형의 이미지가 결정된다.

③ **두정부**Crown : 두상에서 가장 높고 넓은 영역으로 헤어 스타일의 전체적인 질감이나 움직임, 볼륨, 형태를 좌우한다.

④ **후두부**Nape : 커트의 형태를 결정 짓는 영역으로 두상에서 가장 낮은 곳에 위치하고 있으며, 두상의 아웃 라인이나 길이를 결정하는 곳이다.

2. 두상의 분할 용어[225)]

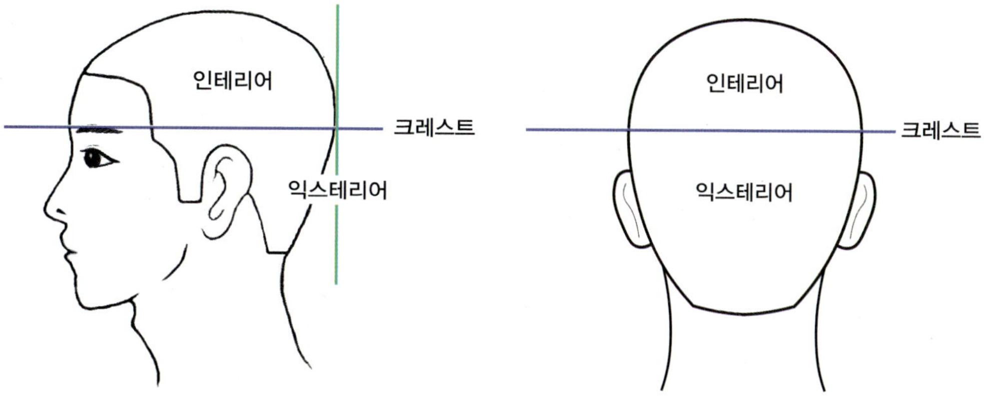

그림 2-2 두상의 분할 용어

① 인테리어Interior : 두상의 크레스트Crest 윗부분의 명칭이다.

② 익스테리어Exterior : 두상의 크레스트Crest 아랫부분의 명칭이다.

③ 크레스트Crest : 인테리어와 익스테리어의 분할선 명칭이다.

3. 두상의 분할 라인[226)]

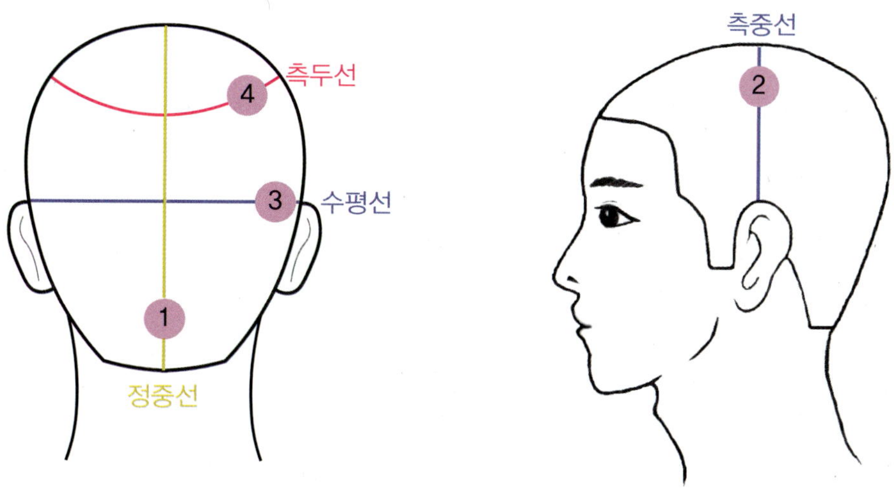

그림 2-3 두상의 분할 라인

① 정중선Center Line : 센터 포인트C.P : Center Point에서 네이프 포인트N.P : Nape point까지 좌·우로 분할하는 선이다.

② 측중선Ear to Ear Line : 좌·우의 귀를 세로로 이어주고 두상 부위 측면을 전·후로 2등분하는 선이다.

③ 수평선Horizontal Line : 이어 포인트E.P : Ear point의 높이를 가로로 이어주고 두상 부위 측면을 상·하로 2등분하는 선이다.

④ 측두선U-Line : 양쪽 프론트 사이드 포인트F.S.P : Front Side point에서 측중선까지 연결하는 선이다.

4. 두상 부분 나누기

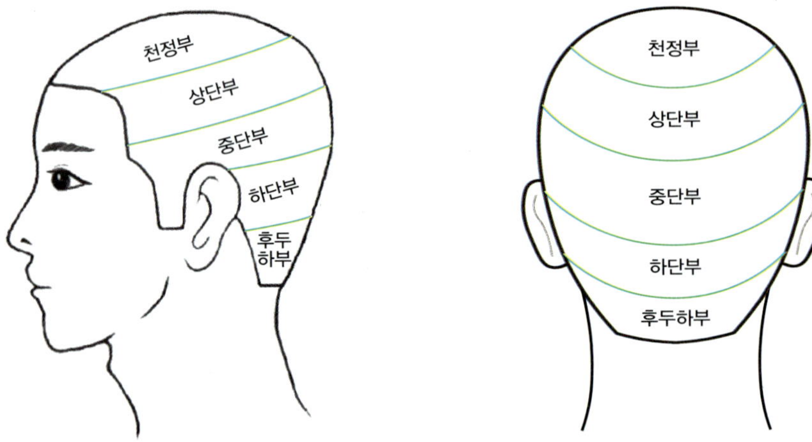

그림 2-4 두상 부분 나누기

① 천정부天頂部 : 프론트 사이트 포인트F.S.P : Front Side Point와 골든 포인트G.P : Golden Point를 이은 선으로 안쪽 영역이다. 윗머리의 길이, 층, 볼륨Volume을 표현한다.

② 상단부上段部 : 측면의 사이드 포인트S.P : Side Point와 골든 포인트를 연결하는 영역이다. 층, 볼륨을 표현한다.

③ 중단부中段部 : 프론트 사이트 포인트의 영역이다. 숏 커트Short Cut시 경계선을 연결한다.

④ 하단부下段部 : 측면의 이어 포인트와 백 네이프 미디움 포인트B.N.M.P : Back Nape Medium Point의 중간 영역이다. 무게감을 표현한다.

⑤ 후두하부後頭下部 : 네이프 포인트 하단의 영역이다. 그라데이션Gradation을 표현하거나 아웃 라인Out Line의 질감 및 무게감을 표현한다.

5. 두상의 생태학 조건[227)]

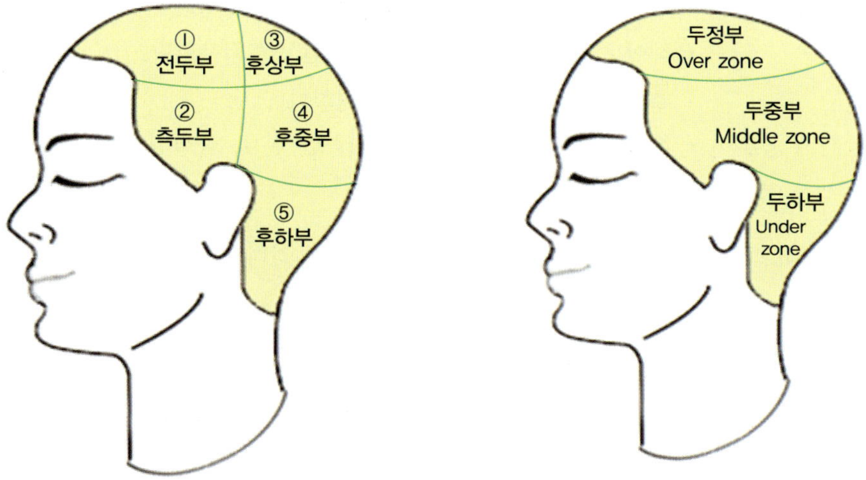

그림 2-5 두상의 생태학 조건

영역	명칭	역할
1번 영역	전두부	• 앞머리 영역 • 얼굴의 헤어라인과 밀접한 관계가 있어 얼굴의 전체적인 균형에 많은 영향을 준다.
2번 영역	측두부	• 옆선 영역 • 이미지를 연출하는 곳이다. • 사이드나 아웃 라인의 모양, 질감을 형성하는 곳이다. • 짧은 모발은 얼굴형의 이미지가 결정되기도 한다.
3번 영역	후상부	• 두상에서 가장 높은 곳에 위치하는 영역 • 헤어 스타일의 높이를 결정짓는 곳이다. • 볼륨감을 형성하는 곳이다.
4번 영역	후중부	• 두상에서 가장 넓은 영역이다. • 외부로 돌출된 부분이기 때문에 헤어 스타일의 질감이나 움직임에 관여한다. • 헤어 스타일의 형태를 좌우한다.
5번 영역	후하부	• 커트의 형태를 결정짓는 영역이다. • 두상에서 가장 낮은 곳에 위치하는 영역이다. • 뒷모습의 아웃 라인이나 길이를 결정짓는 곳이다.

영역	명칭	역할
Over zone	두정부	• 전두부와 후상부 영역을 포함한다. • 헤어 스타일 상부의 실루엣을 결정짓는 곳이다. • 헤어 스타일의 전체적인 느낌과 인상을 좌우한다.
Middle zone	두중부	• 측두부와 후중부의 영역을 포함한다. • 헤어 스타일 중간부분의 전체적인 질감, 움직임, 실루엣을 결정짓는 곳이다.
Under zone	두하부	• 후하부와 같은 영역으로 특징 또한 같다.

Chapter 3 남성 커트의 기본 테크닉

[218][219][220][221][222][223]

1. 장가위 테크닉[228][229]

1. 지간 깎기

남성 헤어 커트 시술에서 기본 기법으로 빗질 된 모발을 왼손 검지와 중지 사이에 끼우고 일정하게 자르는 방법이다.

손등에서 자르는 아웃 커트와 손 안쪽에서 자르는 인 커트로 분류한다.

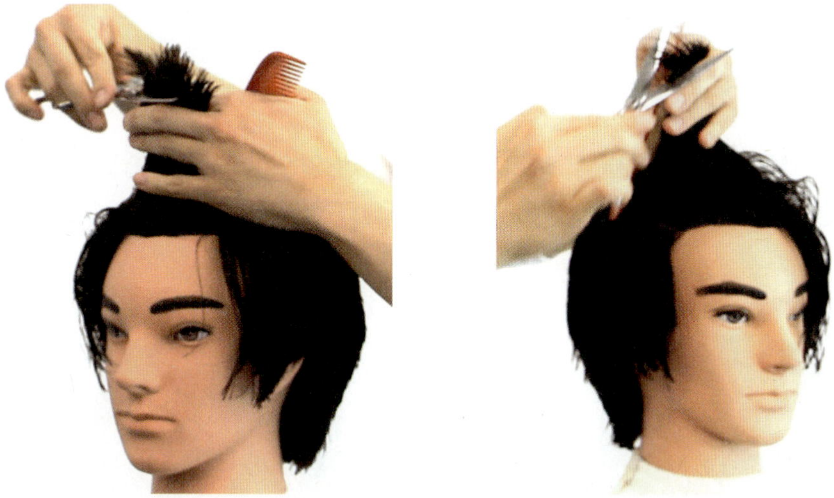

그림 3-1 지간 깎기

2. 연속 깎기 싱글링

연속 깎기는 떠내려 깎기나 떠올려 깎기에 적용되는 기법으로 빗 등에 가위의 정날을 일자로 밀착시켜 커트 된 형태 면에 따라 연속적으로 깎는 기법이다.

※ 싱글링Shingling과 시저스 오버 콤Scissor Over Comb은 같은 의미로 사용되고 있다.

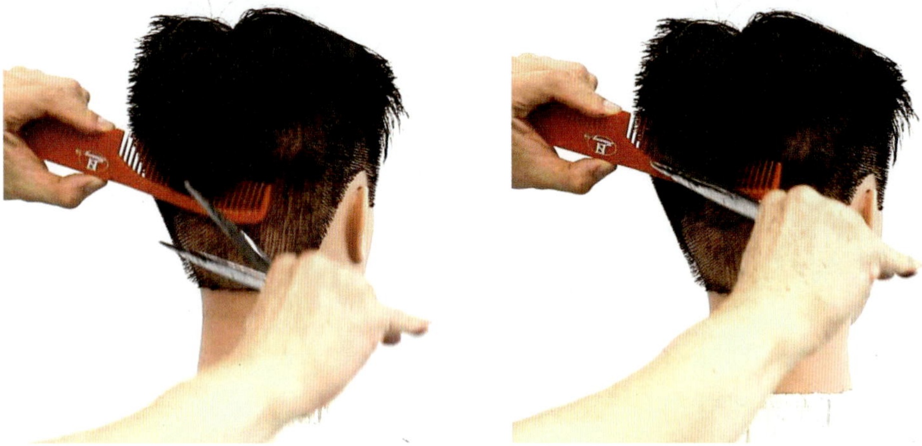

그림 3-2 연속 깎기

3. 떠올려 깎기 떠내 깎기

빗살을 이용하여 아래서부터 빗으로 모발을 떠올려 일으켜 빗살 밖으로 나온 긴 두발을 잘라 형태를 만들며 상향으로 커트하는 기법이다.

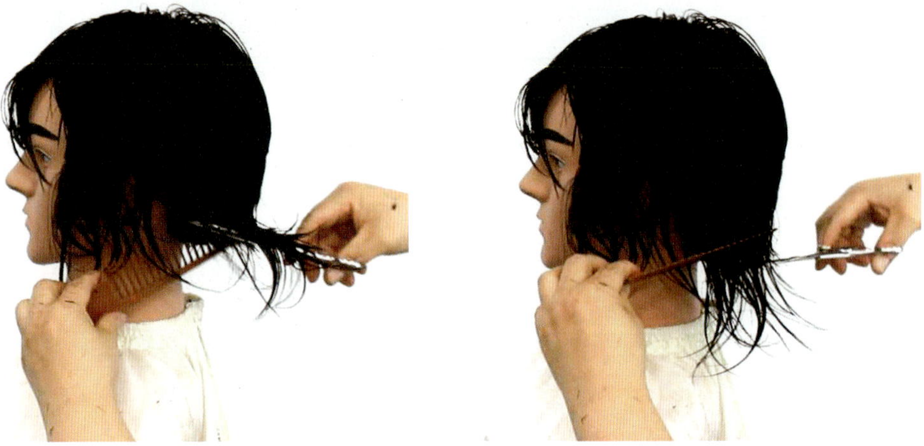

그림 3-3 떠올려 깎기 떠내 깎기

4. 돌려 깎기

두발을 방사형으로 두상의 둘레를 이동하면서 커트하는 기법으로 부드러운 곡선라인을 연출하며 주로 측두부와 두정부, 후두부 주변에서 많이 사용되는 기법이다.

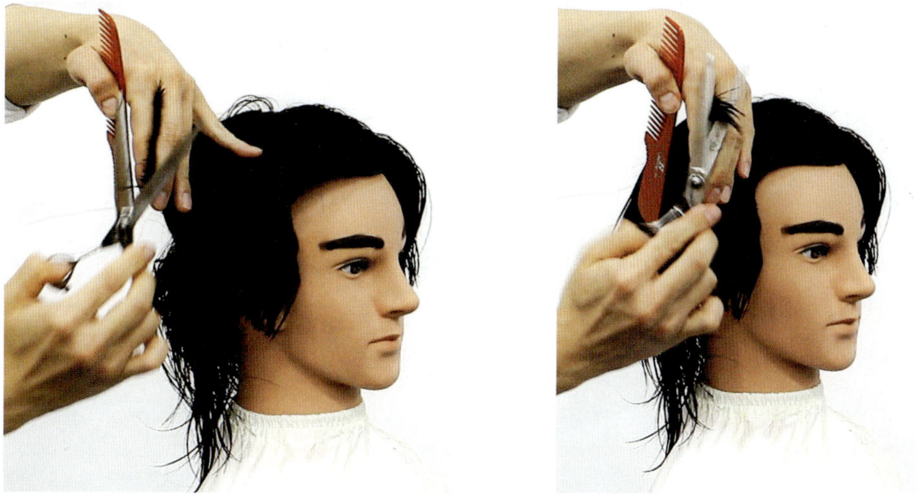

그림 3-4 돌려 깎기

5. 밀어 깎기

왼손 엄지 손가락 지문 위를 가위 끝에 고정시키고 중지, 소지, 약지 손가락을 목 부분에 지지대로 움직이지 않고 가위 끝이 밀려가는 힘으로 모발 길이를 미세하게 제거하는 방법으로 빗살 끝을 두피에 붙여 밀어 쓰러지지 않게 커트하는 기법이다.

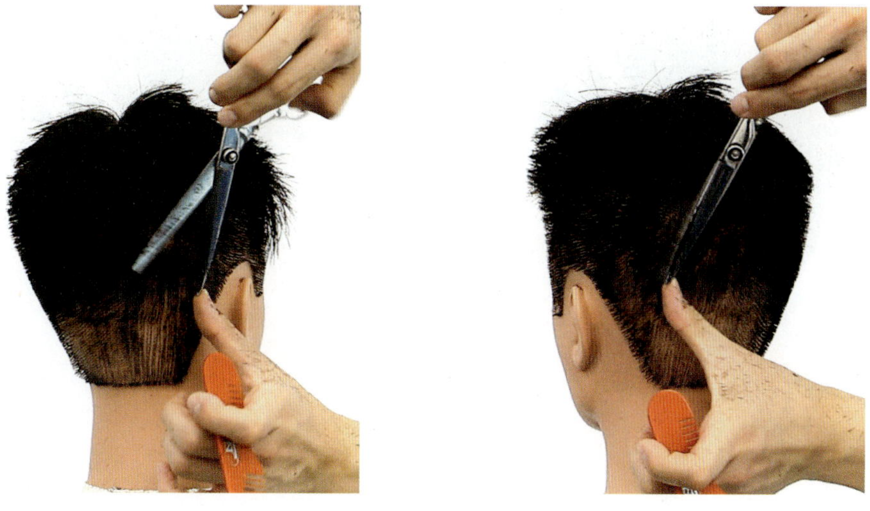

그림 3-5 밀어 깎기

6. 당겨 깎기

왼손 중지, 검지 손가락 지문 부위를 가위 끝에 고정시키고 가위 끝을 당기면서 모발을 깎는 기법으로 왼쪽에서 오른쪽 방향으로 커트하는 기법이다.

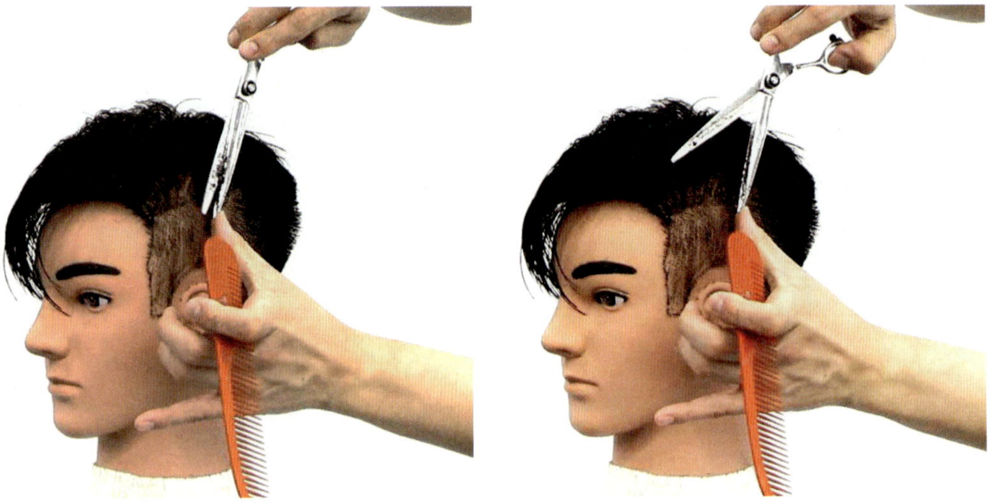

그림 3-6 당겨 깎기

7. 세워 깎기 옆 가위질, 직협

커트의 완성 단계에서 빗을 사용하지 않고 모발 표면에 요철이 있는 부위를 수정하는 커트 기법으로 밀어 깎기와 당겨 깎기가 있다. 집합부의 수정에 사용되는 기법이다.

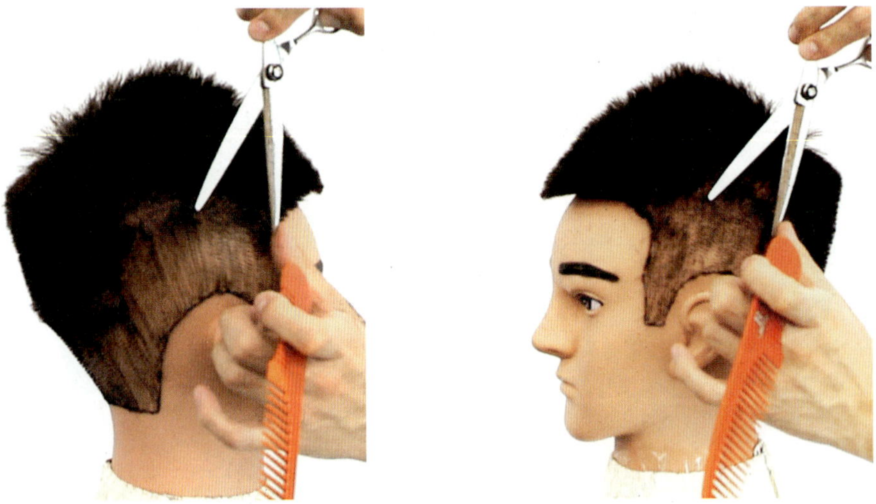

그림 3-7 세워 깎기 옆 가위질, 직협

2. 클리퍼Clipper 잡는 기법

1. 한 손 기법

① 머리의 높이를 조금 올릴 때 주로 사용한다.

② 엄지 손가락과 검지 손가락을 이용해서 클리퍼를 잡아 준다.

③ 중지와 약지, 소지 손가락은 클리퍼 뒷면을 자연스럽게 잡아 준다.

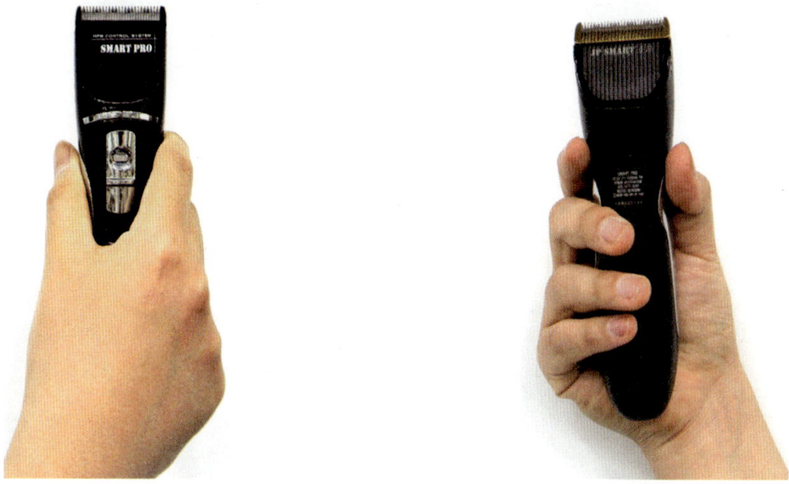

그림 3-8 한 손 기법

2. 양손 기법

① 클리퍼 시술 시 가장 많이 사용한다.

② 양손 엄지 손가락은 클리퍼 위에 검지 손가락은 클리퍼 옆에 놓는다.

③ 남은 손가락은 클리퍼 밑부분을 잡는다.

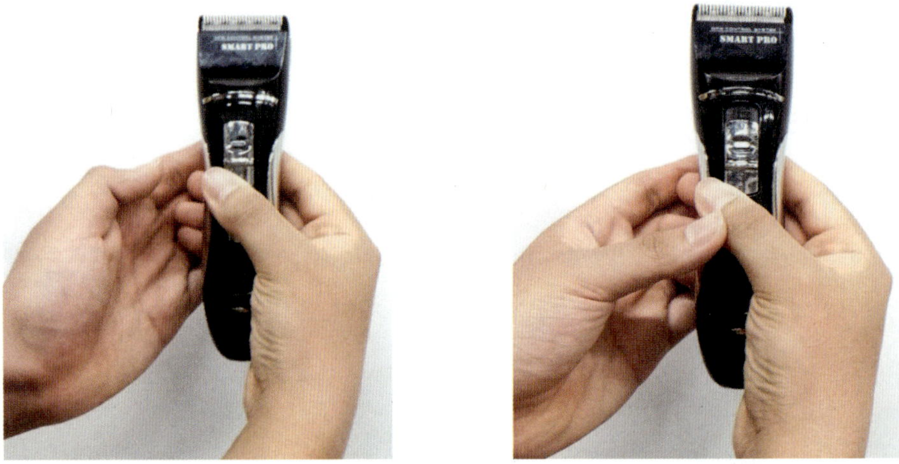

그림 3-9　양손 기법

3. 펜슬 기법

① 크라운과 탑 부분에 주로 사용한다.

② 펜을 잡듯이 팔목 스냅을 이용해서 커트한다.

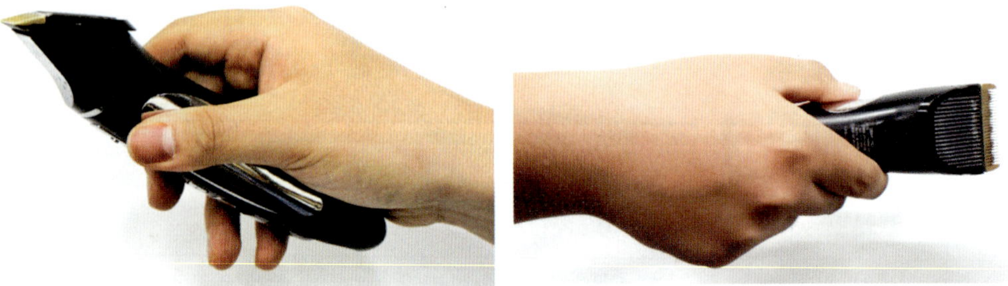

그림 3-10　펜슬 기법

3. 클리퍼Clipper 시술 시 빗 잡는 방법과 커트 시술 방법

1. 클리퍼 시술 시 빗 잡는 방법

(1) 클리퍼 사용할 때 빗 잡는 방법 1

① 빗살 끝 부분을 위로 향하게 하고 왼손으로 잡는다.

② 엄지와 검지 손가락 사이에 빗을 올려 놓는다.

③ 엄지 손가락으로 빗등을 받치고, 검지 손가락으로 빗살의 끝 부분을 잡아 준다.

④ 나머지 중지와 약지, 소지 손가락으로 빗을 가볍게 잡아 준다.

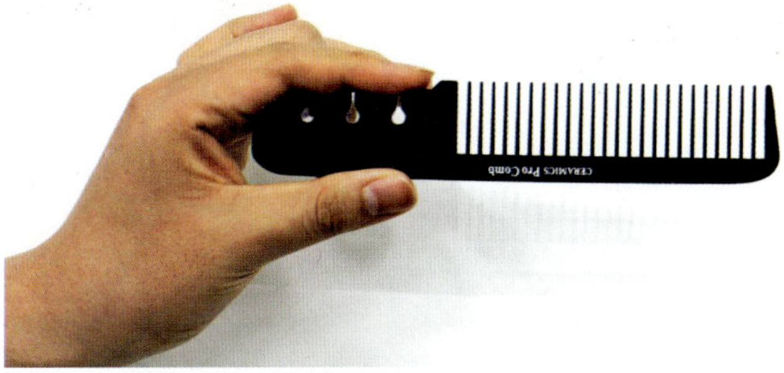

그림 3-11 클리퍼 사용할 때 빗 잡는 방법 1

(2) 클리퍼 사용할 때 빗 잡는 방법 2

① 빗살 끝 부분을 위로 향하게 하고 왼손으로 잡는다.

② 엄지와 검지 손가락으로 빗을 잡는다.

③ 엄지 손가락으로 빗 등을 밀거나 당겨서 빗을 반 회전시키는 기법이다.

④ 주로 크라운Crown과 탑Top 부분에 커트Cut를 할 때 많이 사용한다.

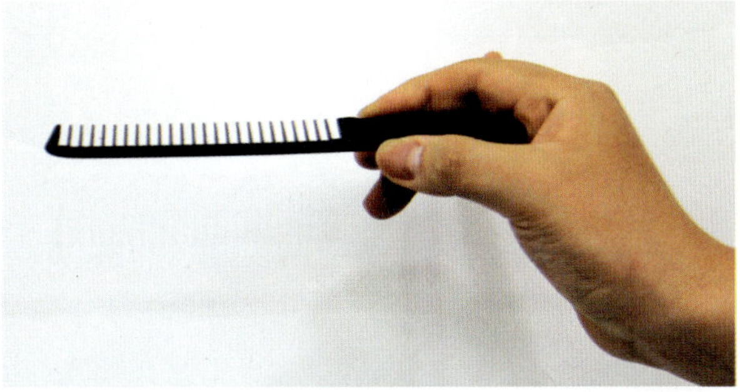

그림 3-12 클리퍼 사용할 때 빗 잡는 방법 2

2. 클리퍼와 빗 사용 시 커트 시술 방법

클리퍼를 사용하여 커트할 경우 빗살에 클리퍼를 밀착시키 듯이 스치며 빗을 잡은 손 쪽으로 미끄러지듯 이동하며 빗살 위로 튀어나온 모발을 자른다. 커트Cut 시술 시 빗을 잡은 손이 시술 각도나 모발 길이를 조절할 수 있다.

① 빗은 자의 역할을 한다. 클리퍼는 빗을 댄 모발을 정확히 커트한다.
② 빗과 클리퍼의 시술 각은 동일하게 한다.
③ 빗을 정확히 대기 위해 손가락은 지지대 역할을 한다.

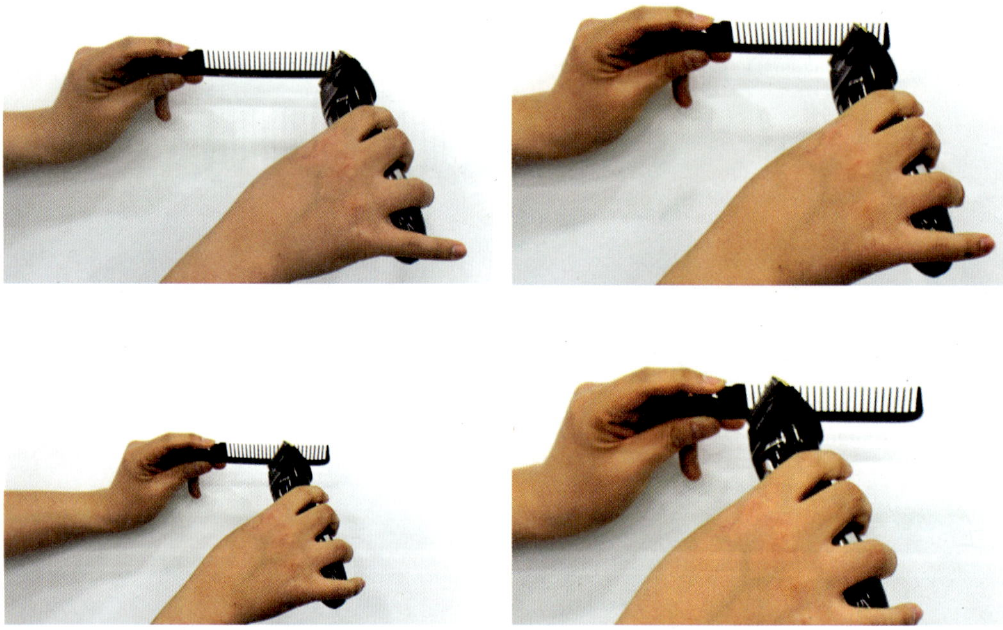

그림 3-13 클리퍼와 빗 사용 시 커트 시술 방법 1

그림 3-14 클리퍼와 빗 사용 시 커트 시술 방법 2

4. 레이저Razor 테크닉의 종류

1. 레이저 에칭Razor Etching

모발의 길이와 무게감을 줄이면서 모발을 커트하기 위해 모발의 표면을 커트하는 방법으로 날의 위치는 모발 위에 위치하며 스트로크의 길이가 모발 끝의 페이퍼하는 양을 결정하며 커트 후 걸 말음 효과가 있다.

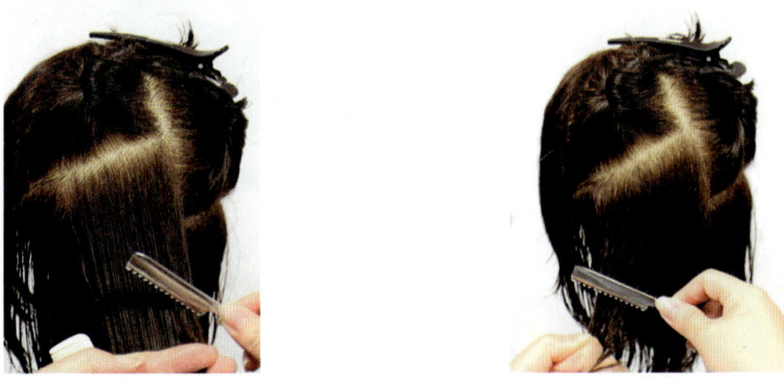

그림 3-15 레이저 에칭

2. 레이저 아킹 Razor Arching

모발의 안쪽에 레이저 날을 갖다 대고 반원형을 그리듯 커트하는 기법이다. 커트 후 안말음 효과가 있고 레이저 날의 위치가 커트하고자 하는 모발 아래에 두고 45° 기울기로 시술한다.

그림 3-16 레이저 아킹

3. 레이저 필링 Razor Peeling

부드럽고 불규칙적인 모발 끝 질감을 만드는 테크닉으로 레이저의 날을 엄지 손가락 사이에 잡고 빠르게 모발을 커트하는 기법이다.

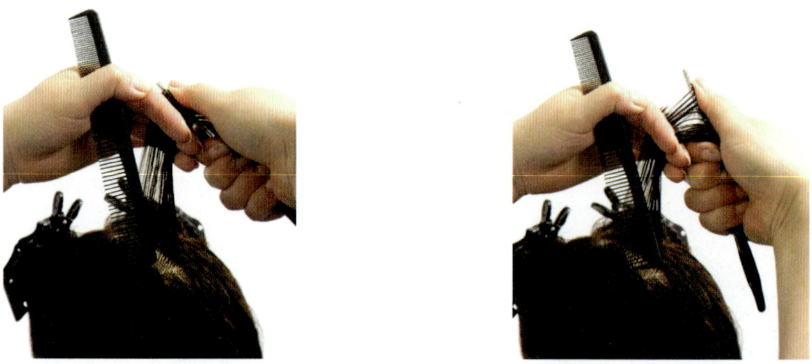

그림 3-17 레이저 필링

5. 시술 도구 소독 방법[230][231]

1. 소독 절차

① 가위를 비롯한 커트 도구를 알코올 등 소독제를 사용하여 닦아 준다.

② 커트 도구를 자외선 소독기에 넣어 준다.

③ 소독이 충분히 될 수 있도록 자외선 조사를 한다.

2. 소독의 종류 및 방법

구분	종류		방법
물리적 소독법	건열	태양광선, 화염 멸균법, 건열 멸균법, 소각 소독법	건열 멸균 소독은 섭씨 100℃ 이상의 건조한 열에 20분 이상 쪼인다.
	습열	자비 소독법, 고압 증기 멸균법, 유통 증기 멸균법, 저온 살균법, 순간 멸균법	열탕 소독은 섭씨 100℃ 이상의 물속에서 10분 이상 끓이고, 증기 소독은 섭씨 100℃ 이상의 습한 열에 20분 이상 쪼인다.
	비열	자외선 멸균법, 방사선 멸균법, 여과 멸균법, 초음파 멸균법	자외선 소독기는 1㎠당 85㎼ 이상의 자외선을 20분 이상 쪼인다.
화학적 소독법	화학	알코올, 포름알데히드, 역성비누, 약용비누, 과산화수소, 승홍수, 머큐로크롬, 크레졸, 석탄산류[페놀화합류]	석탄산수 소독은 석탄산 3%, 물 97%의 수용액에 10분 이상 담그고, 크레졸 소독은 크레졸 3%, 물 70%의 수용액에 10분 이상 담그며, 알코올 소독은 에탄올이 70%인 수용액에 10분 이상 담그거나 에탄올 수용액을 머금은 거즈로 기구의 표면을 닦는다.

3. 도구에 따른 소독 방법

구분	내용
가위	자외선, 석탄산수, 크레졸수, 포르말린수, 알코올 등으로 소독한 후 청결한 마른 수건으로 수분을 닦아내고 녹이 생기지 않도록 기름칠을 하여 보관한다.
레이저	사용 후 묻은 이물질을 잘 닦아내고 크레졸, 알코올, 역성비누, 포르말린수 등을 사용하여 소독 후 청결히 보관한다. 특히 손잡이 안쪽은 손질과 소독을 철저히 해야 한다.
이발기	전용 브러시를 이용하여 잔여 머리카락을 털어 준 후 희석한 크레졸 용액으로 소독한 후 물기를 티슈로 제거하고 기름칠하여 보관한다.

4. 도구 정리 시 유의 사항

도구	내용
가위	커트 후 가위 날에 남아 있는 머리카락을 제거한 후 헝겊으로 물기를 잘 닦고 기름칠을 한 뒤 안전하게 보관한다.
레이저	커트 후 부착된 머리카락을 자주 제거해 주고 헝겊으로 기름칠을 한 뒤 안전하게 보관한다.
이발기	사용 후 덮개를 열어 남아 있는 머리카락을 자주 제거하고 헝겊으로 기름칠을 한 뒤 안전하게 보관하며 충전에 유의한다.
빗	빗살 사이에 이물질이 쌓이기 쉬우므로 솔로 닦아 주고 재질과 모양에 변형이 생기지 않도록 보관하며, 사용한 브러시는 빗살 사이에 끼어 있는 머리카락을 제거한 뒤 재질과 모양에 변형이 생기지 않도록 보관한다.
드라이어	사용 후 드라이어 충격이 가해지지 않도록 전선을 뽑아 안전하게 관리한다.

5. 작업대 정리 및 보관

헤어 커트 시술 후에는 사용한 도구 및 주변을 깨끗하게 정리하여야 하며, 머리카락과 같은 폐기물은 빗자루로 쓸어 분리 배출한 후 소독한다. 세균이나 곰팡이 등의 미생물이 최대한 노출되지 않도록 방지하여 위생에 중점을 둔다.

[교수 학습방법]

교수 방법
① 이발사는 기술로서 표현하지 못한 것을 도구를 통해 사람의 사고나 감정을 표현하는 기술사임을 상기시킨다.
② 도구에 따른 기본 기법과 응용 기법을 시연한다.
③ 헤어 커트 보정 작업 후 잔여 머리카락을 털어 내는 방법을 설명한다.
④ 헤어 커트 유형별 적합한 스타일링 도구 선택 방법, 기법, 제품 사용을 설명한다.
⑤ 고객 배웅 시 적절한 인사말에 대해서 예를 들어 설명한다.
⑥ 이발 작업 후 작업 도구, 작업대, 작업장, 주변 정리 정돈과 소독의 필요성과 방법을 설명한다.
⑦ 쾌적하고 위생적인 작업실 조성을 위해 환기에 대한 중요성을 설명한다.

학습 방법
① 프로페셔널로서 자격은 도구 50%, 기술 50%로 인정받을 수 있으므로 사용하는 기구나 도구를 다루는 기법과 정리, 또는 관리 기법을 숙지한다.
② 도구에 따른 기본 기법과 응용 기법을 숙련할 수 있도록 위그에 반복 연습한다.
③ 헤어 커트 보정 작업 후 잔여 머리카락 제거 및 헤어 스타일링을 위한 기법과 제품을 정리한다.
④ 홈 케어를 위한 조언 방법과 고객 배웅 시 적절한 인사말에 대해서 정리한다.
⑤ 커트 작업 후 작업대, 도구, 주변 정리 정돈의 필요성과 방법을 정리한다.
⑥ 작업대, 시술 도구 등에 대한 소독의 필요성과 방법을 정리한다.
⑦ 쾌적하고 위생적인 작업실 조성을 위해 환기에 대한 중요성을 정리한다.

[평가 준거]

학습 내용	평가 항목	성취 수준		
		상	중	하
이발 기초 이론 파악	1. 이발 작업에 필요한 기초 이론 지식을 적용할 수 있다.			
	2. 이발의 기본 절차를 수행할 수 있다.			
이발 도구 사용	1. 이발 도구인 가위, 틴닝 가위, 레이저, 이발기, 빗 등의 구조와 사용 방법을 설명할 수 있다.			
	2. 이발 도구에 따른 자르기 기본 기법을 실행할 수 있다.			

[평가 방법]

① 작업장 평가

학습 내용	평가 항목	성취 수준		
		상	중	하
이발 기초 이론 파악	1. 이발의 기초이론의 개념 이해 여부			
	2. 이발의 기초이론에 대해 그림을 그려 표현하는 능력			
	3. 이발의 기본 절차에 따른 수행 능력			
	4. 각 절차에서 요구하는 유의 사항에 대한 이해 여부			
	5. 작업 도구, 작업대, 작업장의 정리 정돈과 소독 능력			
이발 도구 사용	1. 이발 도구를 바르게 쥐고 사용하는 능력			
	2. 기본 기법의 숙련도 여부			
	3. 이발 기법 종류에 따라 각 기법에 요구하는 수행 능력과 유의점에 대한 이해 여부			
	4. 헤어 스타일과 이발 절차에 따라 도구를 적절하게 선정하는 능력			
	5. 헤어 스타일과 이발 절차에 따라 기법을 적절하게 사용하는 능력			

② 서술형 시험

학습 내용	평가 항목	성취 수준		
		상	중	하
이발 기초 이론 파악	1. 9가지 이발의 기초 이론의 개념 이해 여부			
	2. 이발의 기초 이론에 대해 핵심 용어를 사용하여 기술하는 능력			
	3. 8가지 이발의 기본절차에 대한 순서 이해 여부			
	4. 이발의 기본절차에 대해 핵심 용어를 사용하여 기술하는 능력			
	5. 작업 도구, 작업대, 작업장의 정리 정돈과 소독에 대해 기술하는 능력			
이발 도구 사용	1. 도구의 종류와 구조에 대해 기술하는 능력			
	2. 이발 도구 종류에 따른 특징에 대해 기술하는 능력			
	3. 도구의 사용 방법에 대해 기술하는 능력			
	4. 이발 기법의 종류와 각 특징들을 정리하여 기술하는 능력			

<table>
<tr><th colspan="6">서술형 평가</th></tr>
<tr><td colspan="6"></td></tr>
<tr><td>평가 일시</td><td colspan="2">년 월 일</td><td colspan="3">학과: 학번: 성명:</td></tr>
<tr><td>교과목</td><td colspan="2"></td><td colspan="2">평가자</td><td>(인)</td></tr>
<tr><td>능력단위명</td><td colspan="5"></td></tr>
<tr><td>능력단위 요소</td><td colspan="5"></td></tr>
<tr><td colspan="5">평가 내용 및 답안 작성</td><td>점수</td></tr>
<tr><td>문항 1</td><td colspan="4">우리나라 이용의 역사와 발전 과정을 서술하시오.</td><td rowspan="2"></td></tr>
<tr><td>답</td><td colspan="4"></td></tr>
<tr><td>문항 2</td><td colspan="4">빗, 가위, 레이저, 이발기의 명칭과 역할, 도구에 따른 주의 사항을 서술하시오.</td><td></td></tr>
<tr><td>답</td><td colspan="4"></td><td></td></tr>
<tr><td>문항 3</td><td colspan="4">이발의 절차 8단계에 대하여 서술하시오.</td><td></td></tr>
<tr><td>답</td><td colspan="4"></td><td></td></tr>
<tr><td>총점</td><td colspan="2"></td><td colspan="2">성취수준</td><td></td></tr>
<tr><td>성취기준</td><td>매우 우수
(25점 이상)</td><td>우수
(25–20점)</td><td>보통
(20–11점)</td><td>미흡
(10–6점)</td><td>매우 미흡
(5점 미만)</td></tr>
</table>

<table>
<tr><td colspan="6">작업장 평가</td></tr>
<tr><td colspan="6"></td></tr>
<tr><td>평가 일시</td><td colspan="2">년 월 일</td><td colspan="3">학과: 학번: 성명:</td></tr>
<tr><td>교과목</td><td colspan="3"></td><td>평가자</td><td>(인)</td></tr>
<tr><td>능력단위명</td><td colspan="5"></td></tr>
<tr><td>능력단위 요소</td><td colspan="5"></td></tr>
<tr><td colspan="5">평가 내용</td><td rowspan="2">점 수</td></tr>
<tr><td>능력단위 요소</td><td colspan="4">내용</td></tr>
<tr><td rowspan="2">작업 준비</td><td colspan="4"></td><td></td></tr>
<tr><td colspan="4"></td><td></td></tr>
<tr><td rowspan="5">작업 과정</td><td colspan="4"></td><td></td></tr>
<tr><td colspan="4"></td><td></td></tr>
<tr><td colspan="4"></td><td></td></tr>
<tr><td colspan="4"></td><td></td></tr>
<tr><td colspan="4"></td><td></td></tr>
<tr><td rowspan="4">작업 마무리</td><td colspan="4"></td><td></td></tr>
<tr><td colspan="4"></td><td></td></tr>
<tr><td colspan="4"></td><td></td></tr>
<tr><td colspan="4"></td><td></td></tr>
<tr><td>평가 과제</td><td colspan="2"></td><td>학습자
결과물</td><td colspan="2"></td></tr>
<tr><td>총점</td><td colspan="2"></td><td>성취수준</td><td colspan="2"></td></tr>
<tr><td>성취기준</td><td>매우 우수
(25점 이상)</td><td>우수
(25−20점)</td><td>보통
(20−11점)</td><td>미흡
(10−6점)</td><td>매우 미흡
(5점 미만)</td></tr>
</table>

<table>
<tr><td colspan="6">평가자 체크리스트</td></tr>
<tr><td colspan="6"></td></tr>
<tr><td>평가 일시</td><td colspan="5">년 월 일 학과: 학번: 성명:</td></tr>
<tr><td>교과목</td><td></td><td>평가자</td><td colspan="3">(인)</td></tr>
<tr><td>능력단위명</td><td colspan="5"></td></tr>
<tr><td>능력단위 요소</td><td colspan="5"></td></tr>
<tr><td colspan="3">평가 내용</td><td colspan="3">성취 수준</td></tr>
<tr><td>능력단위 요소</td><td colspan="2">내용</td><td>상
(5)</td><td>중
(3)</td><td>하
(1)</td></tr>
<tr><td rowspan="3">1201010561_18v3.1
이발 역사
설명하기</td><td colspan="2">1.1 문화사에 따른 이용 발전 과정을 설명할 수 있다.</td><td></td><td></td><td></td></tr>
<tr><td colspan="2">1.2 이발술의 발달에 따른 이발 도구의 변천사를 설명할 수 있다.</td><td></td><td></td><td></td></tr>
<tr><td colspan="2">1.3 이발의 변천사를 형태와 기법으로 설명할 수 있다.</td><td></td><td></td><td></td></tr>
<tr><td rowspan="4">1201010518_18v3.2
기초 이발하기</td><td colspan="2">2.1 이발 도구인 가위, 틴닝 가위, 레이저, 이발기, 빗 등의 구조와 사용 방법을 설명할 수 있다.</td><td></td><td></td><td></td></tr>
<tr><td colspan="2">2.2 이발 도구에 따른 자르기 기본 기법을 실행할 수 있다.</td><td></td><td></td><td></td></tr>
<tr><td colspan="2">2.3 이발 작업에 필요한 기초 이론 지식을 적용할 수 있다.</td><td></td><td></td><td></td></tr>
<tr><td colspan="2">2.4 이발의 기본 절차를 수행할 수 있다.</td><td></td><td></td><td></td></tr>
<tr><td>총점</td><td colspan="2"></td><td>성취수준</td><td colspan="2"></td></tr>
<tr><td>성취기준</td><td>매우 우수
(25점 이상)</td><td>우수
(25−20점)</td><td>보통
(20−11점)</td><td>미흡
(10−6점)</td><td>매우 미흡
(5점 미만)</td></tr>
</table>

Chapter 4

남성 커트 질감 처리

[232][233][234]

1. 질감Texture 표현의 목적

질감 표현은 완성된 디자인의 형태에 모발의 움직임, 방향, 볼륨을 주어 디자인 커트의 이미지를 만든다. 모발이 가지고 있는 모질 느낌을 살릴 수 있고 모류의 방향과 다른 느낌의 모질로 변화시킬 수 있고 같은 커트 디자인도 기구와 질감 처리 기법을 사용하여 다양한 느낌을 줄 수 있다.

다음은 질감 처리에서 고려되어야 하는 사항이다.

첫째; 커트 디자인 형태와 고객의 얼굴형, 이미지, 고객의 라이프 스타일Life Style을 고려해야 한다.

둘째; 고객에게 어울리는 형태, 길이와 함께 고객의 개성을 반영해야 한다.

셋째; 커트 디자인에 표정과 움직임을 주고 양감을 처리하여 다양한 헤어 스타일링Hair Styling을 가능하게 해야 한다.

이처럼 질감 처리는 헤어 스타일링 창작에 중요한 요소로 작용하고 있다.

2. 남성 커트에서 모류 교정의 필요성

모발은 성장 방향에 따라 모발의 흐름을 가지고 있고 하나의 모발들은 서로 각기 다른 방향으로 성장하며 이런 성장 방향이 모이는 것을 모류라고 하며, 모발은 길이에 따라 방향성을 가진다.

남성 헤어 스타일은 짧은 모발의 길이를 이용하여 커트하는 디자인이 많고 짧은 모발은 일정 길이 이하일 때 무게감이 없어 모류의 영향을 더 많이 받게 된다.

자연 성장 방향의 모류를 살리는 디자인도 있지만 방향성이 디자인에 맞지 않을 경우 모류를 수정·보완하여 헤어 스타일을 완성시킨다.

특히 탑 포인트T.P : Top Point, 골든 포인트G.P : Golden Point 가마, 페이스 라인Face line 주변과 네이프Nape 부위의 카우릭 헤어Cowlick Hair등 방향성을 강하게 가지는 모류들도 헤어 커트 시 적절한 길이 설정과 양감 처리로 모류를 교정한다.

1. 두상에 따른 모류

모발은 자른 위치보다도 아래로 떨어지며 두상 어느 위치에서 모발이 떨어지느냐에 따라 머리카락 끝에 단차가 생기게 되고, 안쪽으로 말리거나 밖으로 뻗는 형태가 연출되며 두상과 모류 방향을 이해하고 커트 디자인을 연출해야 한다.

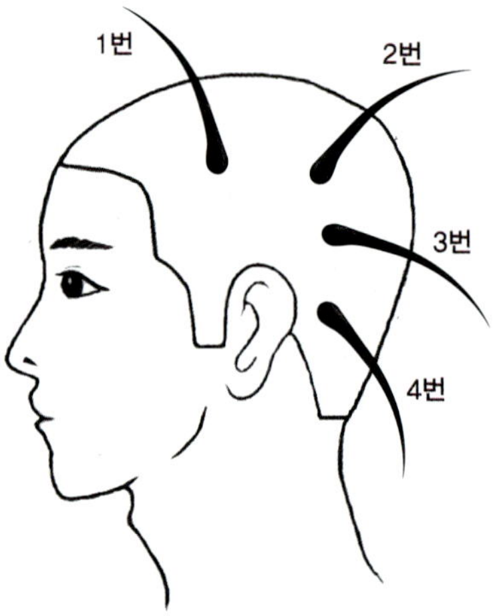

그림 4-1 두상에 따른 모류[235)]

① 1번 골격 위치에 따른 모류는 방향이 앞쪽으로 흐르는 경우가 많지만 사람마다 차이가 있고 이마가 튀어나온 부분이기 때문에 튀어나온 정도에 따라 모류의 방향이 결정되어 역행으로 떨어지기 제일 쉬운 영역이다.

② 2번 골격 위치에 따른 모류는 두상에서 가장 높은 부분이며 튀어나온 부분으로 큰 포물선을 그리면서 모공의 방향이 위로 45°로 휘어지는 경우와 아래로 45° 떨어지는 경우도 있다. 위로 휘어지는 경우는 모류를 역행하여 C컬을 만들어 강한 볼륨이 자연스럽게 연출되는 영역이다.

③ 3번 골격 위치부터 모발의 방향이 아래로 흐르거나 좌우로 흐르는 사람이 많고 인컬보다는 아래로 떨어지면서 모발이 아래로 말리거나 바깥으로 뻗친다.

④ 4번 골격 위치에 따른 모류는 대부분 모공의 방향이 45°로 떨어지며 특별한 경우 위로 솟구쳐 나는 경우가 있어 모류를 잘 파악할 수 있어야 짧은 스타일을 원하는 대로 연출할 수 있다.

2. 두상과 모류 방향

커트에서는 다양한 모류의 특징을 이해하고 커트하는 것이 중요하다. 모류는 모발이 자라나면서 뻗어가는 방향 또는 흐름을 말하며 모류는 뭉치거나 흩어지는 현상을 보이며 커트에 영향을 미칠 수 있는 요인이 된다. 모류 현상이 나타나는 곳은 골든 포인트 G.P : Golden Point, 네이프 포인트 N.P : Nape Point 주변이고 간혹 센터 포인트 C.P : Center Point 에서도 나타난다. 모류의 다양성은 헤어 커트에서 힘든 문제로 다가오는데 무거운 모양을 제거하고 모발이 자라나는 모양을 부드럽게 만드는 것이 중요하다.

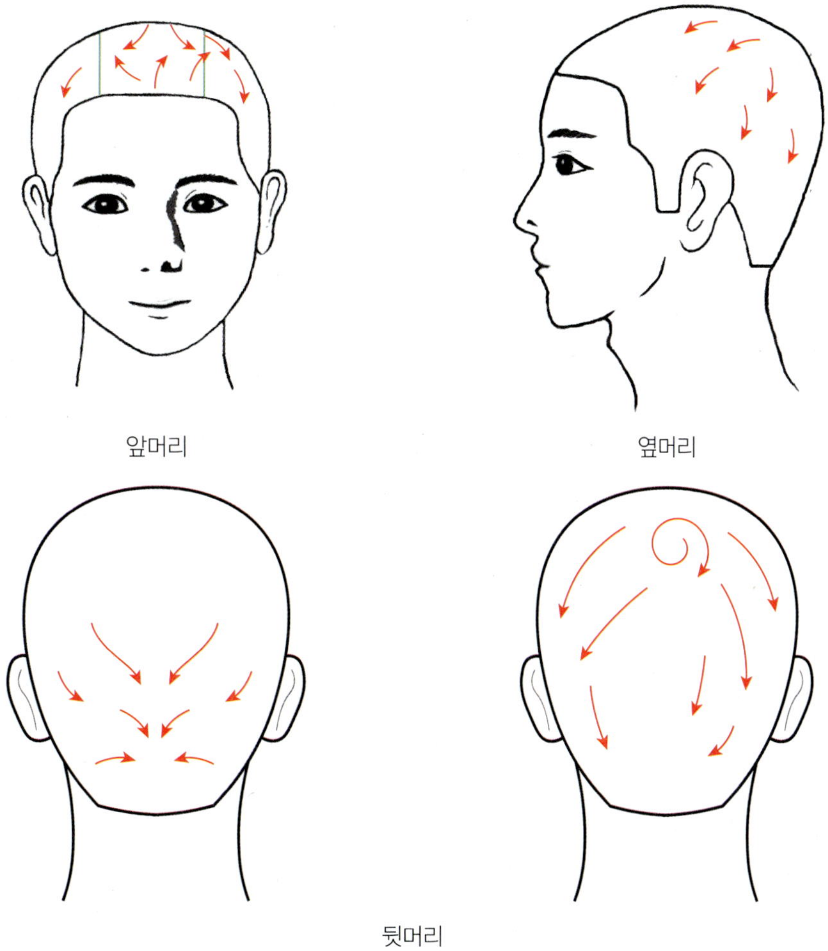

그림 4-2 두상과 모류 방향 1 [236]

유형	정리 방법
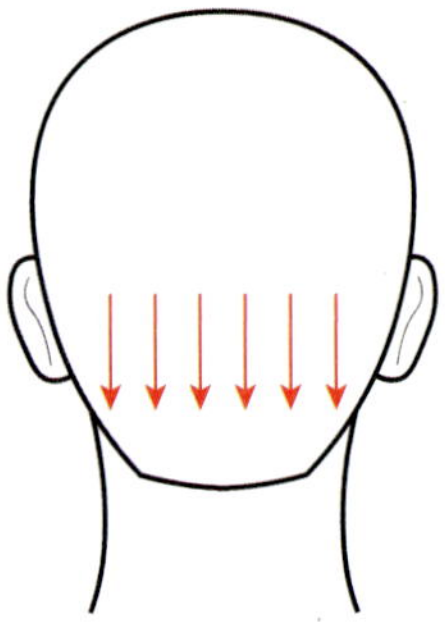 순류	무거움만 정리하고 전체적인 균형미를 맞춘다.
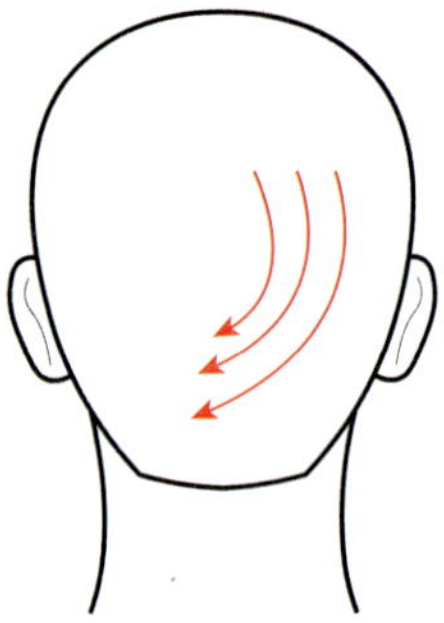 좌측·우측 흘림 모류	좌측·우측으로 흐르는 모류를 네이프 포인트N.P : Nape Point로 몰고 아래로 떨어지게 모류를 정리한다. 흐름의 반대 방향으로 밀어주듯이 정리한다.
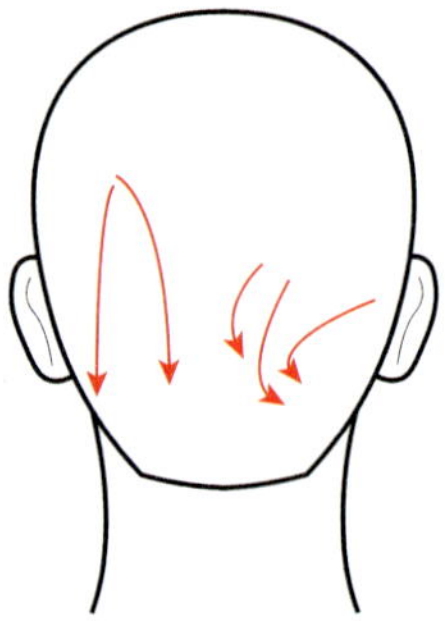 좌측·우측 다발성 모류	네이프Nape 부분의 모류를 70% 정도 제거한다. 역류하는 모류는 뿌리 부분을 정리해 준다.
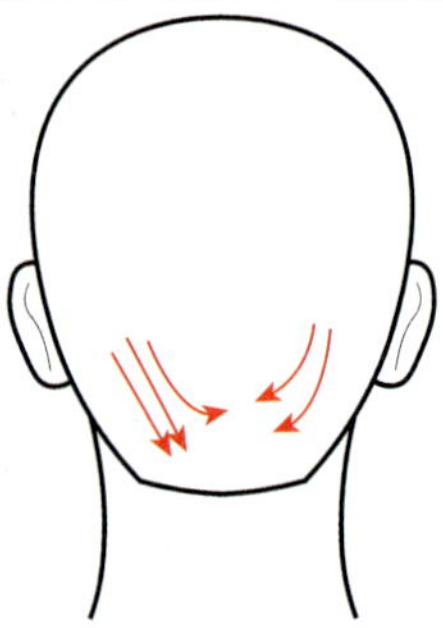 중앙 쏠림 모류(일명 '제비추리')	좌측·우측 아래로 모류가 모여 있는 것을 말한다. 틴닝 가위를 이용해서 모량을 조절하여 주변 모량과 비슷하게 정리한다.

그림 4-3 두상과 모류 방향 2

3. 질감 커트에 사용되는 기법[237)238)239)]

커트의 절차에 따라 시술 방법을 설정한 후 커트할 도구에 따른 기법을 정하게 되며, 형태가 같더라도 도구의 선택과 기법은 이미지 변화에 큰 영향을 줄 수 있다. 스타일에 따른 적절한 도구를 사용하여 정확한 기법을 구사할 수 있도록 숙련도를 높여야 한다.

1. 블런트 커트 Blunt Cut

커트 된 모발의 끝이 무디게 직선으로 잘리는 테크닉으로 모발 끝이 일률적으로 반듯하게 잘리며 모든 모발의 길이가 고르게 잘린다. 일반적으로 가위를 사용하며 디자인된 의도에 따라 윤곽선의 표현을 자유롭게 나타낼 수 있으며 길이는 제거되지만 무게감은 그대로 유지된다.

그림 4-4 블런트 커트

2. 틴닝 Thinning

모량을 조절할 때 쓰는 테크닉으로 모발의 형태와 길이는 그대로 두고 숱을 쳐내어 양감을 조절하고 틴닝 가위를 사용한 질감처리 테크닉은 모발을 쳐내는 위치에 따라 루트 틴닝 Roots Thinning, 이너 틴닝 Inner Thinning, 라인 틴닝 Line Thinning 으로 나눌 수 있다.

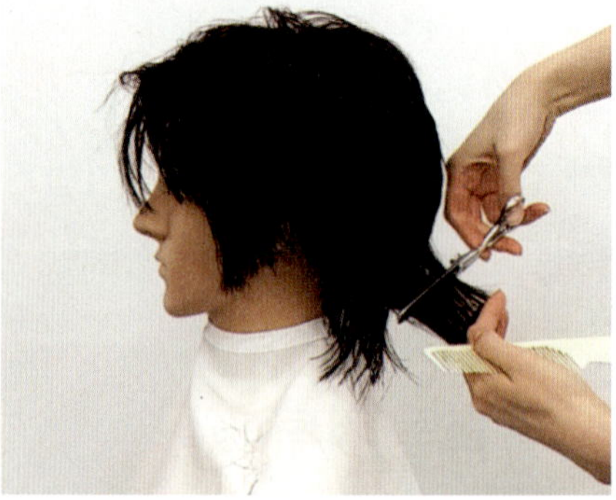

그림 4-5 틴닝

(1) 틴닝 가위 Thinning Scissors 날의 간격과 시술 방법[240)]

틴닝 가위 날의 간격	특징
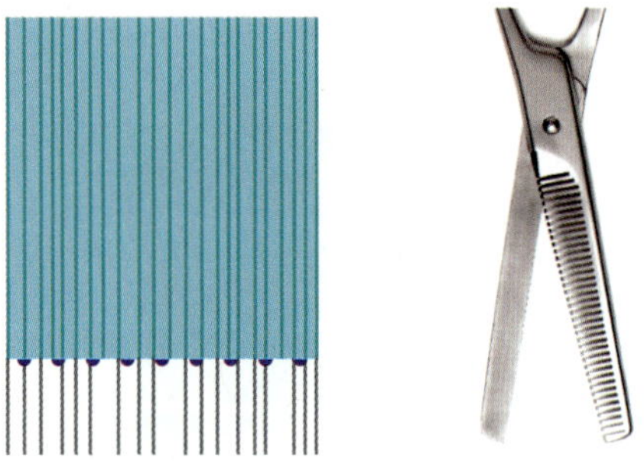	최소한의 모량을 제거해 주기 때문에 테이퍼를 약간만 할 때 사용된다.
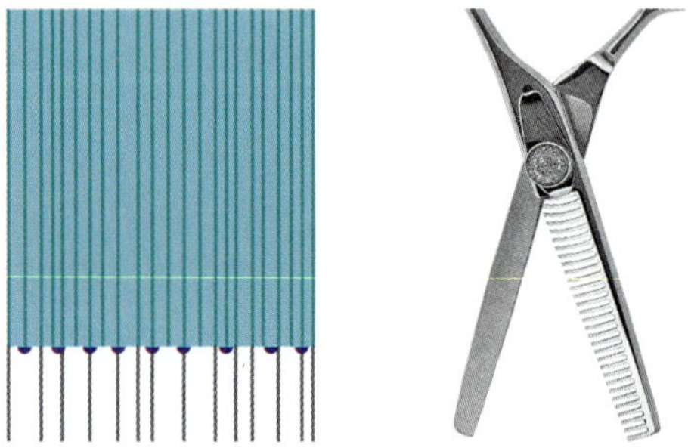	중간 정도의 모량을 제거할 때 사용하며 이 기법은 무게감을 줄여주고 생동감을 준다.
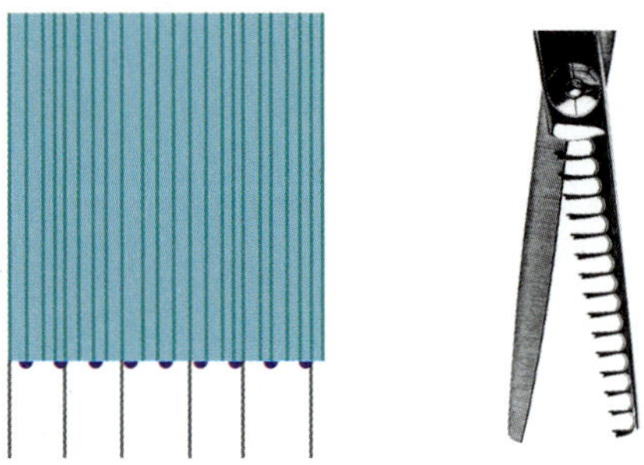	많은 질감을 만들어 주기 때문에 모량을 최대한으로 제거해줄 때 사용된다.

(2) 틴닝 가위Thinning Scissors 가로와 세로 패널 잡는 방법[241]

① 양감을 균일하게 사용하며, 틴닝 가위를 단독 사용 시 라인에 자국이 남을 수도 있어 다른 테크닉과 조합하여 사용하면 좋다.

② 틴닝 가위를 개폐하면서 커트해 나가고 한 번에 몇 번씩 같은 부분을 자르면 확실한 자국이 나기 때문에 주의한다.

틴닝 가위로 패널 잡는 방법		특징
틴닝 가위를 가로로 넣을 때	 	모량을 균일하게 감소하고 싶을 때 사용 된다.
틴닝 가위를 세로로 넣을 때	 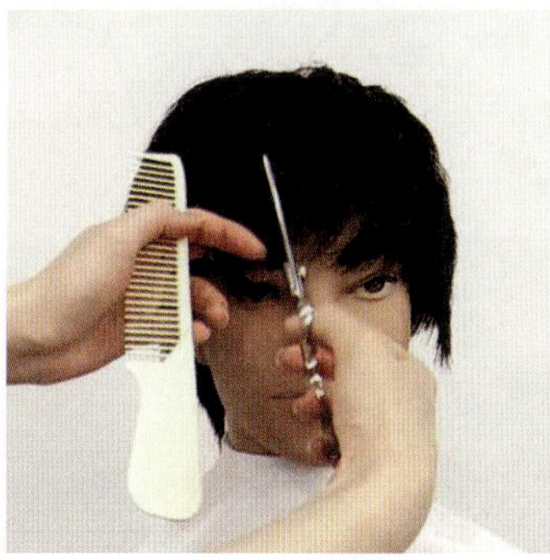	아웃 라인Out Line과 잘 융합되게 하고자 할 때, 가위의 개폐 수에 따라 모량을 조절한다.

틴닝 위치에 따른 종류와 특징		
기법	처리 위치	특징
루트 틴닝 Roots Thinning	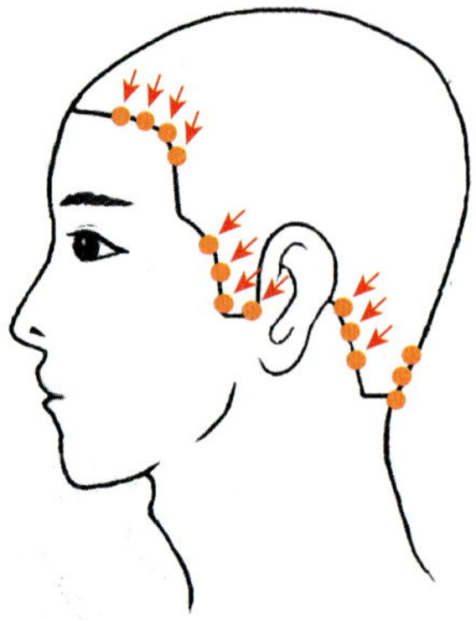	• 모발 길이 제거가 가능하다. • 모류를 보정하고 볼륨을 형성한다. • 모근쪽에서 시행하며 패널을 작게 잡아서 틴닝한다. • 밀도가 높은 모량을 줄이기 위해 모발 뿌리 부분을 솎아내는 테크닉이다.
이너 틴닝 Inner Thinning	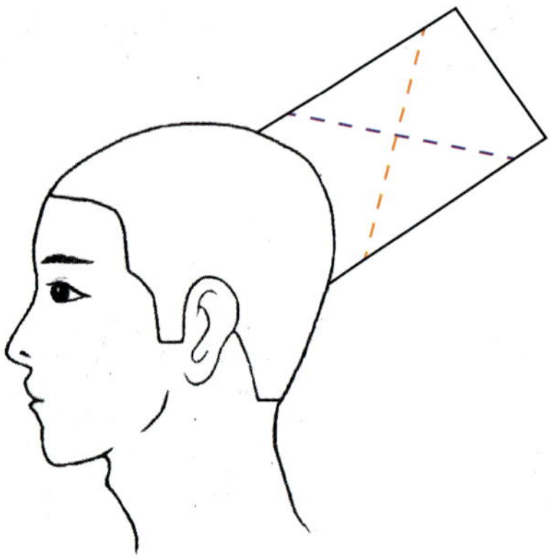	• 가장 기초가 되는 틴닝 방법이다. • 골격의 기복에 따라 양감 조절을 하면서 필요한 부분에 골격 보정을 할 수 있다.
① 세임 틴닝 Same Thinning	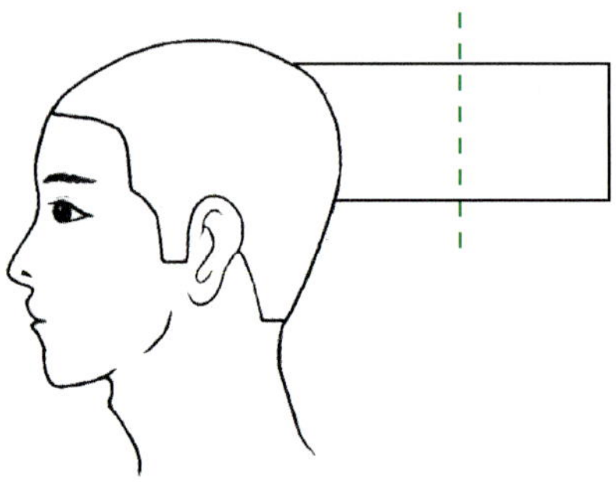	• 틴닝되는 모발의 길이가 같다. • 틴닝되는 모발의 중간지점에서부터 틴닝하여 모량을 조절한다. • 모발의 방향감을 주지 않는다.

② 이너 그레쥬에이션 틴닝 Inner Graduation Thinning	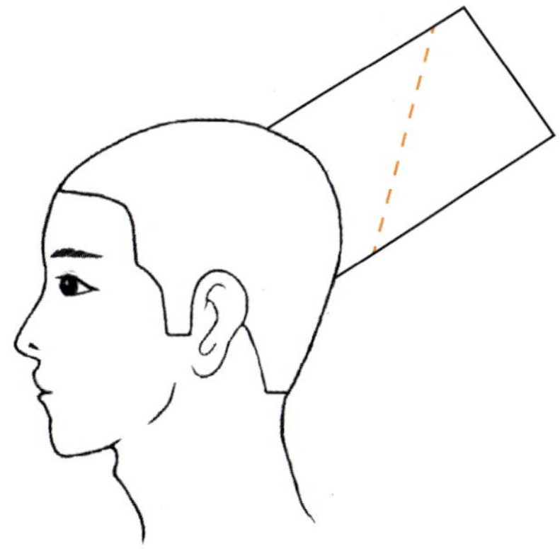	• 틴닝 된 모발의 위가 길고 아래쪽이 짧다. • 모량을 조절하며 볼륨을 형성한다. • 안 말음 효과를 준다. • 골격을 보정해 준다.
③ 이너 레이어 틴닝 Inner Layer Thinning	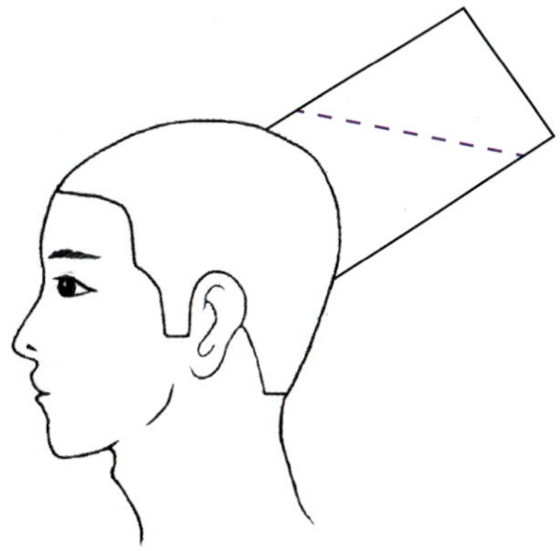	• 틴닝되는 모발의 위가 짧고 아래쪽이 길다. • 골격이 튀어나온 부분을 깎아낼 때 유효하게 활용된다.
라인 틴닝 Line Thinning		• 볼륨감, 율동감과 움직임을 표현한다.
① 오버 틴닝 Over Thinning	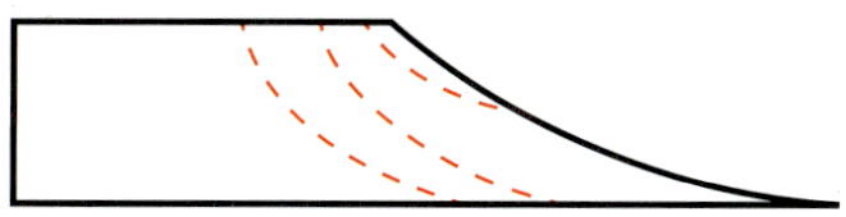	• 질감 표현과 뻗친 모발, 아웃컬을 만들 때 사용한다.
② 언더 틴닝 Under Thinning	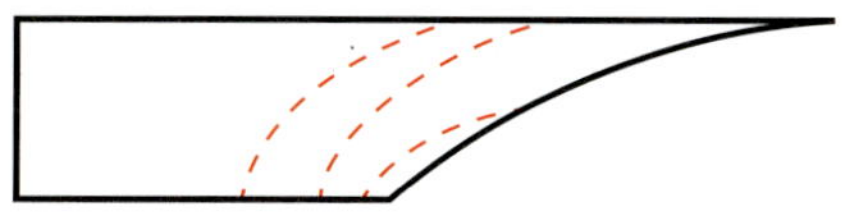	• 부력 발생을 이용하여 볼륨과 인컬을 원할 때 사용한다.
③ 사이드 틴닝 Side Thinning	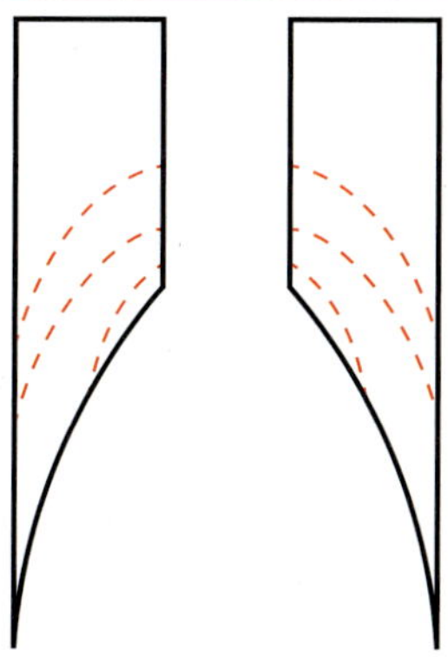	• 좌·우로 움직임에 이용한다.

3. 테이퍼링 커트 Tapering Cut

모발의 단면을 잘라 끝으로 갈수록 붓처럼 가늘어지게 만드는 테크닉으로 끝을 향해 가늘게 숱을 제거하면서 동시에 길이를 자르는 효과를 나타낼 수 있다. 숱이 많은 모발에 시술했을 때 지나친 부피와 무게를 제거하고 길이를 줄여 컬과 웨이브의 자연스러운 움직임을 연출할 수 있다. 주로 가위나 레이저를 이용하며 가위를 이용할 때는 젖거나 마른 모발에 시술이 가능하지만 레이저를 사용할 경우에는 젖은 모발에 시술해야 모발의 손상을 줄일 수 있다.

테이퍼링 Tapering 위치에 따른 특징

기법	처리 위치			효과
엔드 테이퍼링 End Tapering	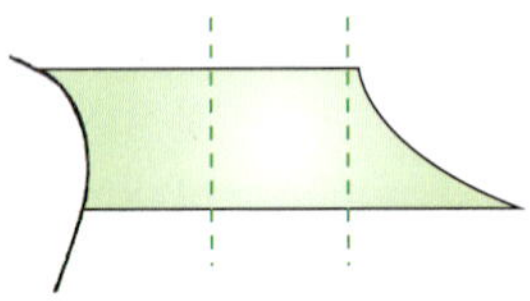	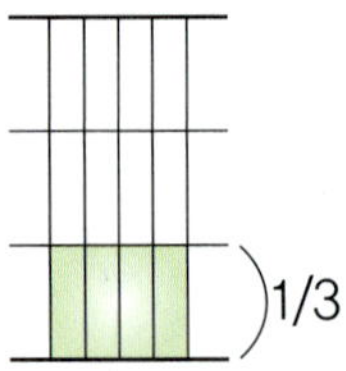		• 모발선을 가볍고 부드럽게 만들어 준다. • 모발 끝 방향을 설정해 준다.
	패널의 모발 끝에서 1/3지점			
노멀 테이퍼링 Nomal Tapering	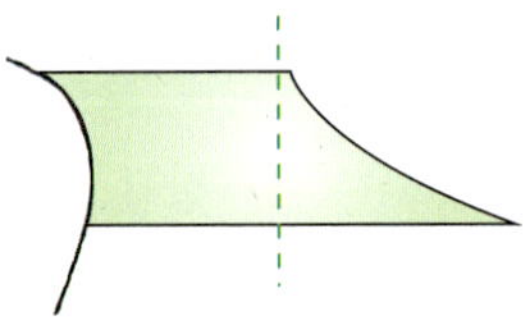	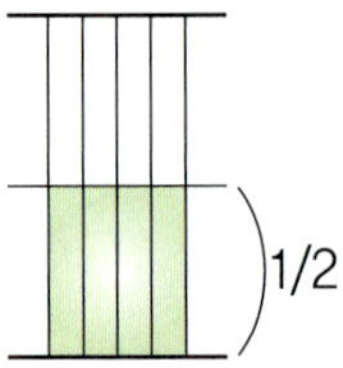		• 적당량의 모량을 감소할 수 있다. • 모발의 방향을 설정해 준다.
	패널의 1/2부근			
딥 테이퍼링 Deep Tapering	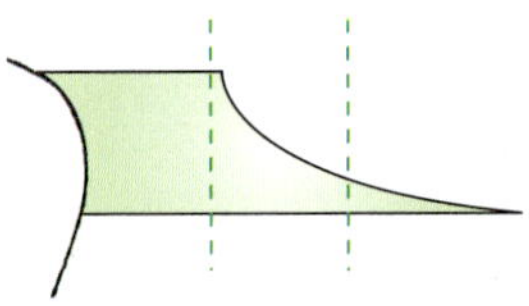	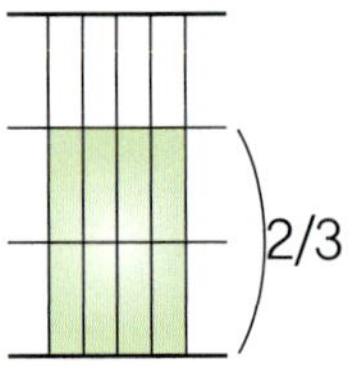		• 많은 모량을 제거할 수 있다. • 모근 부위의 볼륨을 형성할 수 있다.
	모근에서 시작되는 패널의 2/3이내 지점			

4. 포인트 커트 Point Cut

가위를 모발과 같은 각도로 넣어 판넬을 잡은 손가락 쪽으로 가위를 비스듬히 세워서 모량과 길이를 제거하는 기법이다. 모발의 단면이 톱니바퀴 모양처럼 규칙적이고 가위 날을 45° 대각으로 세워서 커트한다.

그림 4-6 포인트 커트

5. 스트로크 커트 Stroke Cut[242)]

가위를 사용하여 모발 단면이 잘려 나가는 테이퍼링 효과를 주는 테크닉으로 판넬을 잡고 모발 끝에서 모근쪽으로 커트한다. 가위 개폐를 하면서 커트해 나갈 때 모근으로부터 멀리 가위를 끌어당기면서 다시 여는 동작을 반복하여 커트하고 스트로크 커트를 하는 동안 가위를 조금씩 닫으면서 커트하며 너무 많이 닫으면 가위가 닫히는 모발양만큼 모발이 제거될 수 있기 때문에 주의해야 한다. 모발 끝의 움직임과 가벼움, 부드러운 라인을 만드는 목적으로 사용된다.

롱 스트로크Long Stroke　　미디움 스트로크Medium Stroke　　숏 스트로크Shot Stroke

그림 4-7 스트로크 커트

6. 슬라이드 커트 Slide Cut

가위의 날이 미끄러져 내려오면서 커트하는 기법으로 가위를 벌린 채 넣고 짧은 쪽에서 긴 쪽으로 C자 커브를 그리면서 커트한다. 자연스러운 모발의 이어짐을 만들 수 있고 아웃라인이 가볍고 젖은 모발에 시술하는 것이 모발의 손상을 줄이고 작업이 용이하다.

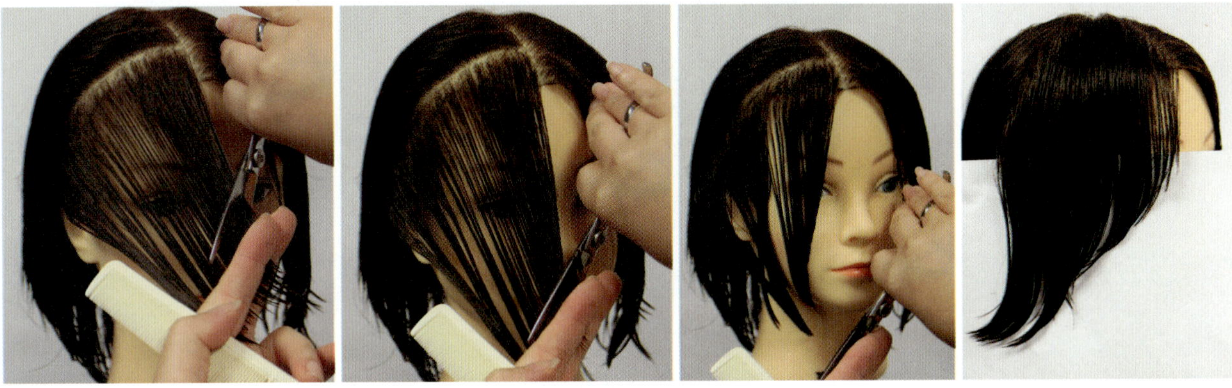

그림 4-8 슬라이드 커트

7. 채널링 커트 Channeling Cut

질감 테크닉의 방법 중 하나로 커트된 모발 속에 깊이 가위를 넣어 극단적인 모량 감소와 디자인의 느낌을 만들어 낼 수 있으며 모류의 흐름에 따라 모량과 모발의 볼륨을 조절해 주는 테크닉이다.

그림 4-9 채널링 커트

8. 시저스 오버 콤 Scissors Over Comb

남성 커트에 많이 쓰이는 기법으로 모발을 빗으로 들어 올려 빗 밖으로 튀어나오는 모발을 자르는 기법이다. 커트한 면을 다듬거나 일률적인 면을 원할 때 사용하며 아래에서 위로 올라가면서 커트하고 가위의 개폐가 많은 동작인 만큼 리듬에 맞게 조절한다. 가위는 빗의 방향과 일치하게 두고 잘려진 면의 굴곡이 없게 커트한다.

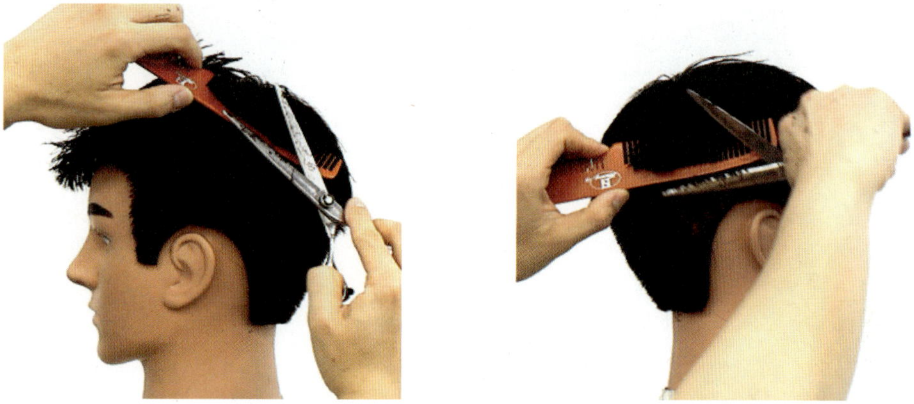

그림 4-10 시저스 오버 콤

9. 콤 컨트롤 Comb Control

헤어 커트 시 모발에 손을 대지 않고 빗만 이용하여 커트하는 기법으로 모발 길이를 커트할 때 텐션을 최소화 하기 위해 빗을 사용한다.

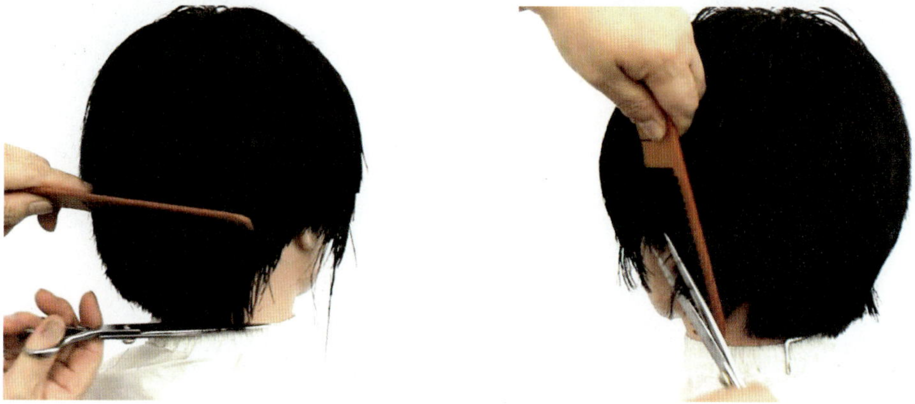

그림 4-11 콤 컨트롤

10. 트리밍 Trimming

커트가 완성된 형태에서 튀어나온 모발을 최종적으로 정돈하기 위해 가볍게 다듬어 커트 하는 방법이다.

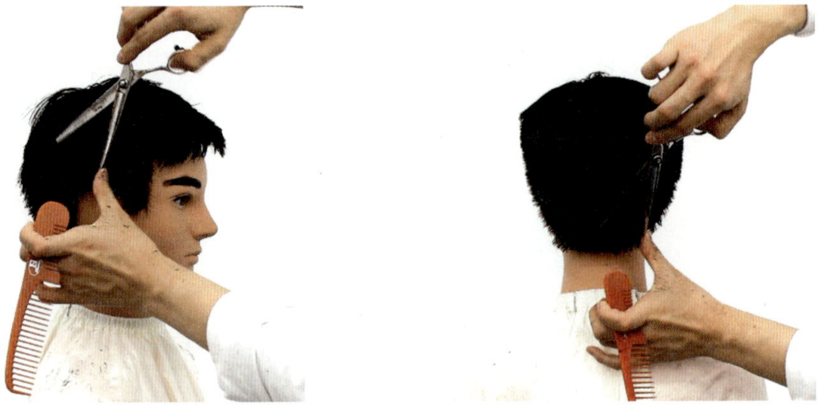

그림 4-12 트리밍

11. 프리 핸즈 커트 Free Hands Cut－감각 커팅

손이나 다른 도구를 사용하지 않고 자유롭게 행해지는 커트 방법으로 텐션을 주지 않은 상태에서 시술되며 모류의 방향성을 최대한 살려 느낌만으로 시술한다.

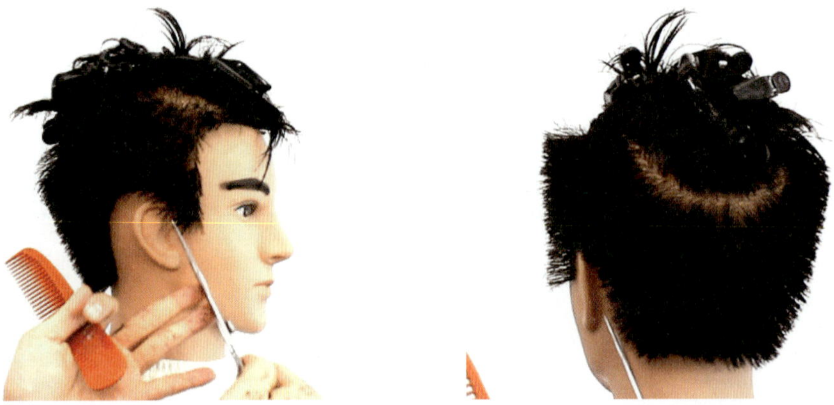

그림 4-13 프리 핸즈 커트

Chapter 5

얼굴형에 따른 남성 헤어 스타일

243)244)245)246)247)

1. 얼굴형 헤어 스타일

헤어 디자인의 결정에서 세밀한 과정을 거쳐 스타일이 결정되지만 가장 큰 영향을 미치는 것은 얼굴형이다. 헤어 스타일 선정 단계에서 고객에게 다양한 조언을 할 수 있다.

1. 계란형 Oval Facial Type

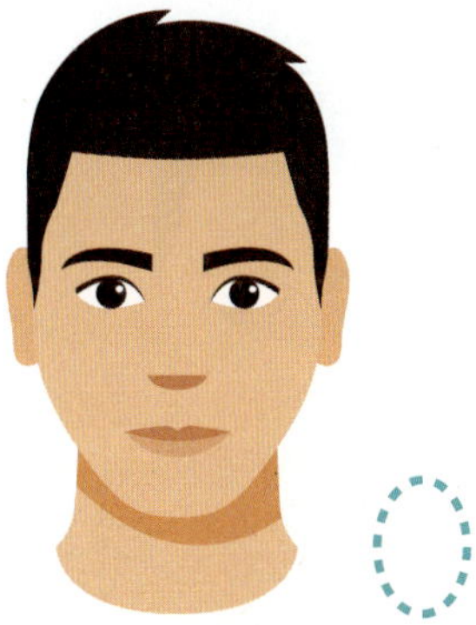

그림 5-1 계란형

① 가장 이상적인 얼굴형으로 대부분 헤어 스타일이 잘 어울리는 얼굴형이다.

② 얼굴을 보완할 걱정이 없기 때문에 다양한 스타일을 연출할 수 있다.

③ 모발의 길이, 모량과 모류의 방향 등 자라나는 모발 상태에 따라 스타일을 정하면 된다.

2. 둥근형 Round Facial Type

그림 5-2 둥근형

① 둥근 이마 라인과 둥근 턱선을 형성하는 얼굴형으로 볼에 살이 있어 온화한 인상과 친밀감을 준다.
② 정수리 부분을 풍성하게 하고 옆머리는 볼륨을 최대한 억제하여 스타일을 연출하는 것이 좋다.
③ 페이스 라인에 앞머리를 내려 단점을 커버하는 것이 좋다.
④ 옆머리는 귀를 덮지 않도록 하는 것이 한결 산뜻한 느낌을 준다.
⑤ 옆머리에 볼륨을 넣게 되면 양 볼이 더욱 통통하게 부각되기 때문에 피하는 것이 좋다.
⑥ 가운데 가르마를 타게 되면 얼굴이 더 둥글게 보이므로 피하는 것이 좋다.

3. 사각형 Square Facial Type

그림 5-3 사각형

① 직선 이마 라인과 사각의 턱선을 가진 넓은 얼굴형이다.
② 선이 딱딱하고 날카롭기 때문에 첫인상에서 고집스러운 인상을 주기 쉽다.
③ 긴 머리에 굵은 웨이브를 주어 얼굴의 윤곽선을 부드럽게 감싸주어 부드럽고 편안한 느낌의 스타일을 연출하는 것이 좋다.
④ 윗머리는 풍성하게 하고 옆 가르마는 그냥 양쪽으로 흘러내리게 하고 뒷머리는 조금 길게 한 스타일이 넓은 이마와 턱을 가진 사람에게는 잘 어울린다.
⑤ 헤어 스타일은 비대칭 스타일이 잘 어울리며 웨이브로 앞머리를 부드러운 곡선으로 디자인한다.
⑥ 이마가 좁을 경우 앞머리를 내리는 것이 오히려 좁은 이마를 더욱 좁게 보이기 때문에 피하는 것이 좋다.

⑦ 쇼트 커트는 강한 인상을 더욱 강하게 보이기 때문에 피하는 것이 좋다.

4. 장방형 Oblang Facial Type

① 얼굴 길이가 길며, 볼에 살이 없는 좁은 얼굴형으로 다른 사람에 비해 길이가 길다.

② 헤어 스타일은 탑 부분에 볼륨을 낮추고 앞머리에 웨이브컬을 이용하여 얼굴이 길어 보이지 않게 한다.

③ 긴 이마를 답답하지 않을 정도로 커버해 주거나 긴 이마를 살짝만 드러내는 것도 좋은 방법이다.

④ 입술 선과 귀 뒷부분이 풍성해 보이도록 헤어 스타일을 연출한다.

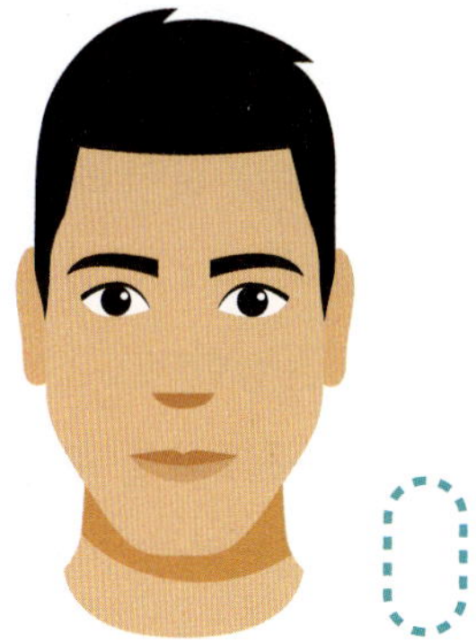

그림 5-4 장방형

⑤ 스타일링 제품을 이용하여 강한 이미지가 부드럽고 도시적 이미지를 연출할 수 있다.

⑥ 눈을 덮을 정도 길이는 오히려 긴 얼굴을 강조하게 되어 역효과가 나타날 수 있다.

5. 삼각형 Triangle Facial Type

① 이마가 좁고 턱 쪽으로 내려오면서 조금씩 넓어지는 얼굴형이다.

② 넓은 턱과 좁은 이마를 보완하기 위해 윗머리와 옆머리의 볼륨을 살려 스타일링 하면 좋다.

③ 너무 짧은 스타일 보다는 중간 정도의 길이로 연출하는 헤어 스타일이 적합하다.

④ 지나친 볼륨은 오히려 턱이 더 커 보일 수 있으므로 주의한다.

그림 5-5 삼각형

6. 역삼각형 Inverted triangle Facial Type

① 이마 폭이 넓고 양 볼과 턱선 부분이 좁은 얼굴형으로 날카로운 인상을 줄 수 있다.

② 커트 시술 시 양쪽 옆면을 높게 쳐 올릴 경우 넓어 보이기 때문에 옆머리와 뒷머리를 짧게 올려서 자르지 않는 것이 포인트다.

③ 짧은 헤어 스타일은 단점을 가리기보다는 자연스럽게 손질한다.

④ 귀 옆 구레나룻 부분을 살려 단점을 커버하여 깔끔하게 커트하고 프린지는 볼륨을 살려 웨이브를 주어 이마를 좁게 보이게 한다.

⑤ 옆머리는 양쪽으로 웨이브를 주어 얼굴을 감싸 가려주면 뾰족한 턱이 보완된다.

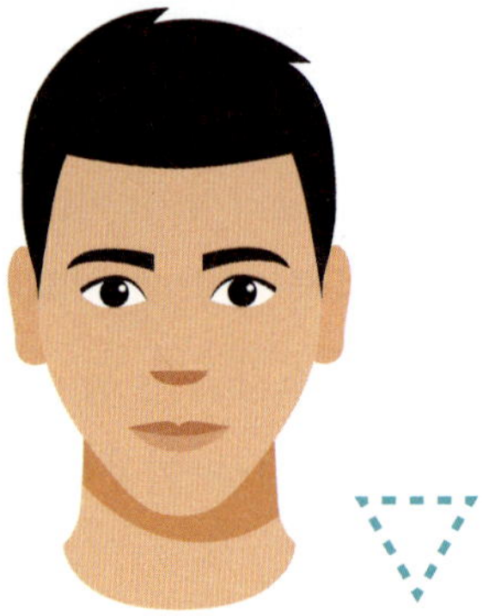

그림 5-6 역삼각형

7. 마름모형 Diamond Facial Type

① 전체적으로 넓적하고 턱이 가늘게 도출된 얼굴형으로 광대뼈가 돌출된 것이 특징이다.

② 억지로 가리려고 애쓰기보다는 단점을 자연스럽게 드러내고 시선을 분산시킨다.

③ 탑 부분에 볼륨을 적당히 하거나 가르마로 샤프한 이미지를 연출하고 가르마를 만들어 주는 것도 좋다.

④ 구레나룻은 돌출된 광대뼈를 부각시킬 우려가 있기 때문에 깔끔하게 정리한다.

⑤ 헤어 스타일을 뻗치게 하거나 펑키 스타일로 해주는게 좋고 스포츠 같은 짧은 헤어 스타일은 피하는 것이 좋다.

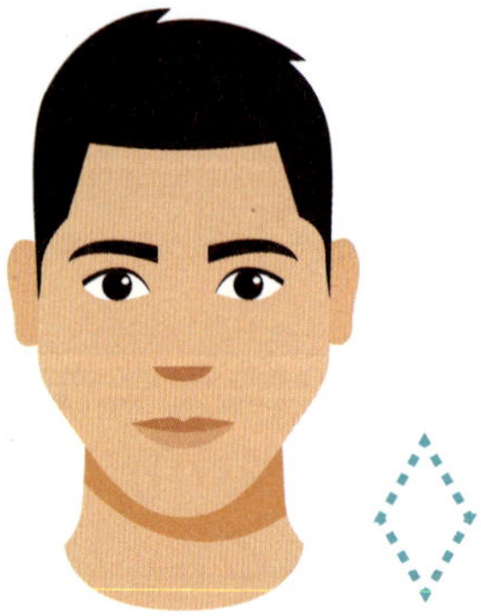

그림 5-7 마름모형

8. 그 밖의 다른 얼굴형

(1) 큰 바위 얼굴형

① 얼굴이 큰 경우에는 옆선의 스타일이 매우 중요하며 얼굴이 크다고 감추려고 하면 더 두드러져 보일 수 있으므로 주의해야 한다.

② 옆머리의 스타일을 갸름하게 표현하고 윗머리는 안쪽으로 스타일을 하여 볼륨감을 주거나 앞머리를 조금 길게 표현한다면 갸름해 보일 수 있다.

③ 스포츠 스타일의 커트는 피해야 한다.

(2) 나이가 들어 보이는 얼굴형

① 모발의 색이나 얼굴의 주름과 상관 관계를 갖지 않는다.

② 모발의 길이가 짧게 형성되는 커트 스타일이 좋다.

③ 높은 상고나 세미스포츠 커트 등도 잘 어울린다.

④ 가르마를 만들지 않는 스타일도 좋다.

(3) 불규칙한 얼굴형

① 눈에 띄는 단점을 최소한 줄여 주는데 적당한 헤어 스타일을 선택하면 단점을 보완시킬 수 있다.

② 튀어나온 각이나 틀어진 곳을 감추어 줄 수 있고, 부드러운 효과를 주도록 하며, 얼굴의 양쪽 사이드를 고르게 보이도록 해주어야 한다.

2. 가르마 헤어 스타일

1. 둥근형 Round Facial Type 가르마 스타일

층이 있는 커트를 하여 탑 부분에 풍성한 볼륨을 주면 둥근 얼굴형의 단점을 보완할 수 있다.

상고나 높은 상고형 스타일이 어울리며 앞머리는 짧은 뱅스타일보다 길게 늘어뜨리는 스타일이 얼굴을 길게 보이게 하며 5:5나 6:4로 가르마를 타는 것이 자연스럽고 잘 어울린다.

그림 5-8 둥근형 가르마 스타일[248)]

2. 역삼각형 Inverted triangle Facial Type 가르마 스타일

중간 상고나 댄디 스타일 커트가 좋으며 이마를 가리는 스타일이나 사이드 머리가 뜨지 않는 스타일이 어울린다. 2:8이나 9:1을 한 후 볼륨을 높게 하는 것이 효과적이다.

그림 5-9 역삼각형 가르마 스타일[249)]

3. 장방형 Oblang Facial Type 가르마 스타일

짧은 스포츠 머리나 높은 상고, 모히칸 스타일을 주의하고 댄디 스타일의 앞머리로 이마를 가려주어 긴 얼굴형을 커버할 수 있는 스타일을 추천하며, 비대칭 앞머리도 얼굴형을 보완하는 데 도움이 된다. 가르마는 7:3, U형 가르마 또는 사선 가르마를 선택하는 것이 부드럽고 세련된 도시적 이미지를 연출할 수 있으나 5:5 가르마는 피하는 것이 좋다.

그림 5-10 장방형 가르마 스타일[250)]

4. 마름모형 Diamond Facial Type 가르마 스타일

너무 짧고 높은 상고나 스포츠형 스타일은 주의하며 가르마에 크게 제약을 받지 않고 프리 스타일로 연출하는 것이 좋다.

그림 5-11 마름모형 가르마 스타일[251)]

5. 사각형 Square Facial Type 가르마 스타일

머리가 너무 길면 처져 보일 수 있기 때문에 중간 상고형이나 탑에만 볼륨 펌을 하는 스타일도 좋다. 가르마는 2:8이나 C형 가르마는 부드러운 곡선으로 조화롭게 어울리도록 연출하고 일직선보다는 C자형, 지그재그 가르마가 효과적이다.

그림 5-12 사각형 가르마 스타일[252)]

6. 삼각형 Triangle Facial Type 가르마 스타일

이마가 넓어 보이도록 큰 뱅이나 볼륨감이 있는 스타일로 디자인하고 턱은 양쪽 각을 좁게 보이도록 부드러운 웨이브나 장발 스타일로 커버한다.

그림 5-13 삼각형 가르마 스타일[253)]

Chapter 6

체형에 따른 남성 헤어 스타일

254)255)

1. 키가 크고 뚱뚱한 체형

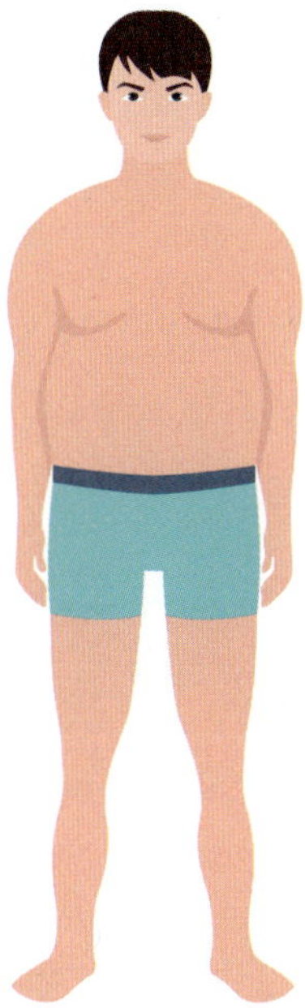

그림 6-1 키가 크고 뚱뚱한 체형

심플한 스타일이 좋으며 볼륨이 있는 헤어 스타일은 큰 체형을 더욱 커 보이기 때문에 피하는 것이 좋다. 커트 시 쇼트 커트가 가장 잘 어울린다.

2. 키가 크고 마른 체형

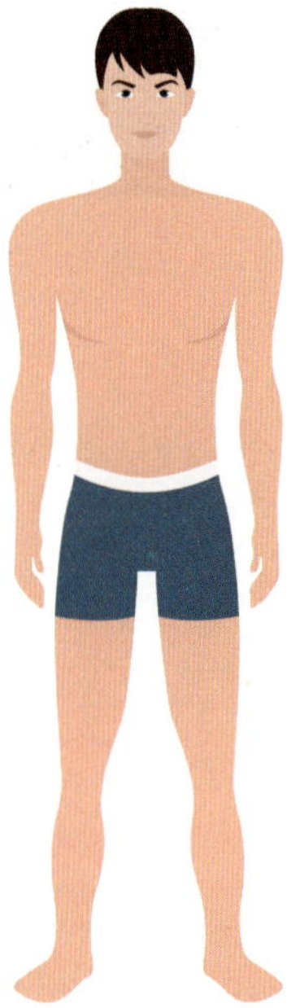

어떤 스타일을 해도 잘 어울리나 옆머리에 볼륨이 없는 스타일은 주의해야 하며, 커트는 볼륨을 살릴 수 있는 미디엄 길이의 헤어 스타일이 잘 어울린다. 짧은 쇼트 커트는 왜소해 보일 수 있으니 피하고 어깨 길이의 볼륨을 넣은 웨이브 스타일도 인상을 부드럽게 보이게 한다.

그림 6-2 키카 크고 마른 체형

3. 키가 작고 뚱뚱한 체형

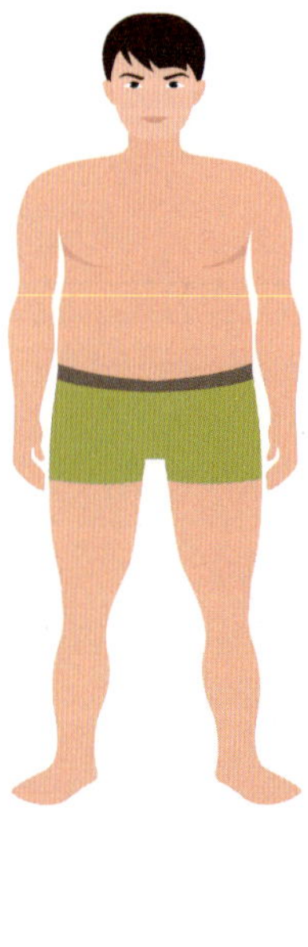

윗머리에 볼륨이 너무 많으면 자칫 얼굴이 더 커 보이게 될 수 있다. 커트 시 쇼트 커트와 비대칭 스타일이 잘 어울린다. 옆머리는 볼륨을 최대한 억제하여 자연스러운 스타일을 연출하는 것이 좋다.

그림 6-3 키가 작고 뚱뚱한 체형

4. 키가 작고 마른 체형

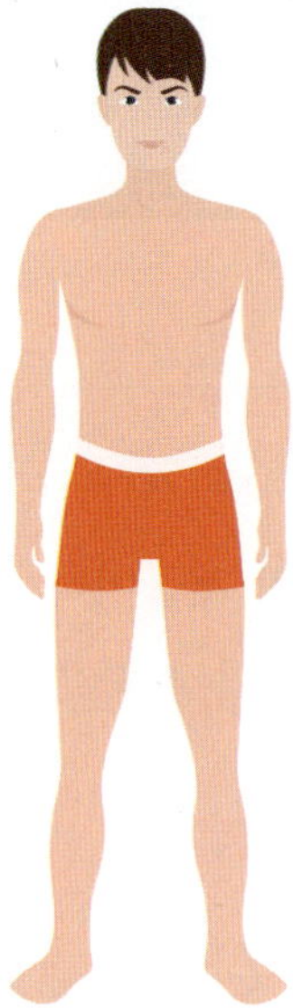

어떤 헤어 스타일이라도 잘 어울리나 옆머리에 볼륨이 있는 스타일로 얼굴을 부드럽게 보이게 연출하며 옆머리를 짧게 올리는 스포츠 헤어 스타일은 피한다.

그림 6-4 키가 작고 마른 체형

Chapter 7 남성 헤어 스타일의 개념 및 정의

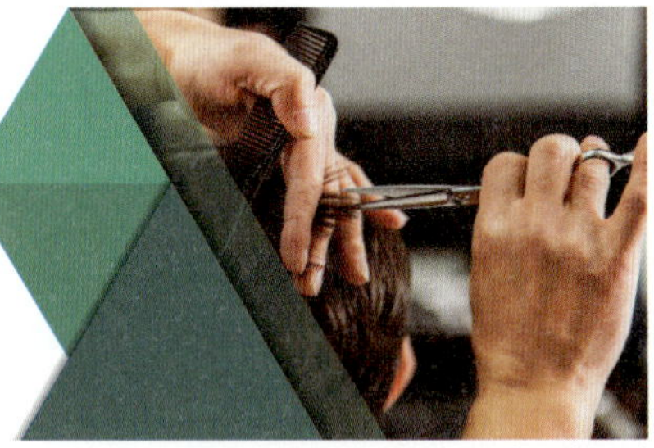

[256][257][258]

헤어 스타일Hair Style이란 머리형, 머리 형태, 머리 풍을 뜻하며 시대, 민족, 개인에 따라 다양한 인간의 아름다움을 추구하기 위한 수단으로 사회적 계급이나 성별을 나타내는 중요한 역할을 한다. 헤어 스타일은 신체의 전체 크기 중 가장 작은 부분에 해당되지만 변화를 주면 전체적인 인상이 크게 좌우될 수 있다.

1. 장발 스타일Long Hair Style

장발 스타일은 히피족들이 양쪽 어깨까지 길게 늘어트리면서 유행했던 스타일로 측두부 밑머리가 귀 하단을 가린 머리는 장발에 속하고 귀 밑머리를 기준으로 상장발, 중장발, 하장발로 구분된다.

그림 7-1 장발 스타일[259][260][261]

2. 중발 스타일Medium Length Hair Style

중발 스타일은 사람의 머리 두상에서 중심이 되어 측두부 밑머리의 길이가 1/3, 1/2, 2/3 귀를 가린 기장으로 상중발, 중중발, 하중발로 구분하며, 심하게 뜨는 머리, 장방형, 삼각형 얼굴형에 잘 어울리며 짧은 머리에서 표현이 힘든 자연스러운 웨이브로 다양한 스타일을 연출할 수 있다.

그림 7-2 중발 스타일[262][263][264]

3. 상고 스타일 Gradation Short Hair Style

상고 스타일은 커트 시술 시 각도의 변화와 모발의 길이에 따라 상상고, 중상고, 하상고로 나누어지고, 커트 시술 후 파마나 염색을 해서 다양한 느낌의 이미지 변화를 연출할 수 있으며, 중년 남성들은 하상고를 선호, 젊은 남성들은 중상고를 선호해 깔끔한 헤어 스타일을 원할 경우 많이 시술한다.

그림 7-3 상고 스타일[265][266][267]

(1) 상상고 스타일 High Gradation Short Hair Style

최대한 두피 노출이 이루어지며 짧은 머리는 후두골과 두상의 인테리어 안쪽까지 연장되며 클리퍼 Clipper 를 사용하여 측두부의 밑머리는 2~3cm 이상을 60°~80°로 올려 커트하는 스타일이다.

그림 7-4 상상고 스타일[268][269][270]

(2) 중상고 스타일 Medium Gradation Short Hair Style

클리퍼를 사용하여 귀 상단 1~2cm 이상 올려 커트를 시술 한 다음, 백 포인트 B.P : Back Point 의 가이드를 기준으로 빗 기울기가 45°~60°로 4cm씩 연결하여 후대각 라인 Diagonal Back Line 선 U라인 U-Line 을 만들고 통상적으로 45° 상고를 상고 스타일이라 칭한다.

그림 7-5 중상고 스타일[271][272][273]

(3) 하상고 스타일 Low Gradation Short Hair Style

하조발이라고도 하며, 측두부를 귀 상단과 닿는 기분으로 헤어라인 선만 깔끔하게 정리하고 후두부 밑머리를 2cm 이하로 클리퍼 Clipper 를 사용하는 스타일과 두툼하게 하는 그라데이션 커트 Gradation Cut 스타일로 두 종류가 있다. 보통 40~50대 중년 신사들이 많이 하는 헤어 스타일이다.

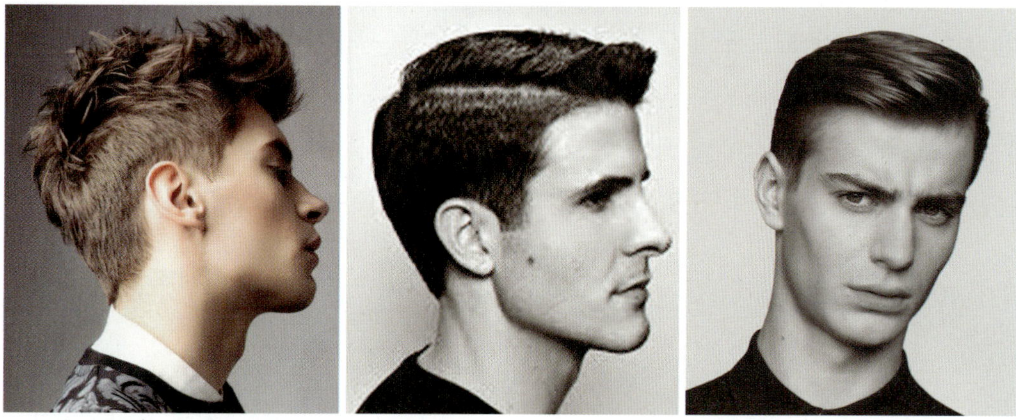

그림 7-6 하상고 스타일[274)275)276)]

4. 스포츠 스타일 Brosse Hair Style

스포츠형 Sports, 브로스형 Brosse, 크루커트 Crew Cut 라고 하며, 브로스는 브러시의 솔 부분처럼 짧게 깎인 스타일로 '솔' 브러시Brosse 이라는 뜻의 프랑스에서 유래되었다.

그림 7-7 스포츠 스타일[277)278)279)]

스포츠 스타일은 아주 짧은 머리 형태에 속하는 스타일로 가위나 클리퍼를 사용하여 커트하며, 얼굴이 크고 윤곽이 뚜렷하지 않은 남성들에게 가장 무난하고 커트 방법에 따라 얼굴이 작아 보이는 효과가 있다.

(1) 라운드 스포츠 스타일 Round Brosse Hair Style

클리퍼를 사용하여 앞머리에서 빗살 끝을 두상에 대고 탑 포인트 T.P : Top Point 의 모발 길이가 1cm가 되도록 두상 90°로 라운드 커트를 시술하며 측두부는 프론트 사이드 포인트 F.S.P : Front Side Point 부분의 U 라인 U-Line 까지 70°~90°로 연결하고 후두부는 4~5cm 이상의 모발 길이를 백 포인트 B.P : Back Point 에서 골든 포인트 G.P : Golden Point 부분을 지나 탑 포인트까지 90°로 둥글게 연결하여 커트하는 스타일이다.

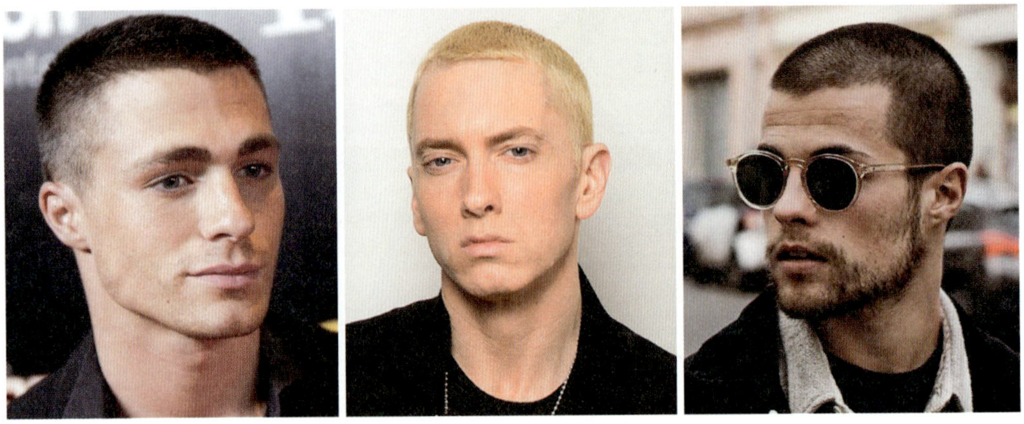

그림 7-8 라운드 스포츠 스타일[280)281)282)]

(2) 스퀘어 스포츠 스타일 Square Brosse Hair Style

클리퍼를 사용하여 앞머리에서 빗살 끝을 두상에 대고 탑 포인트 T.P : Top Point 의 모발 길이가 1cm가 되도록 빗 등으로 각도를 조절하여 탑 포인트를 향해 수평으로 커트를 한다. 후두부는 백 포인트에서 골든 포인트 부분을 지나 탑 포인트까지 끌어올려 수평으로 커트하고 스퀘어 Square 모양으로 연결하여 커트하는 스타일이다.

그림 7-9　스퀘어 스포츠 스타일[283][284][285]

5. 울프 스타일 Wolf Hair Style

탑 포인트T.P : Top Point에서부터 심하게 층이 진 커트로 야성적이고 터프한 이미지를 풍기는 스타일로 언더 존Under Zone과 오버 존Over Zone으로 나누었을 때 언더 존은 최대한 기장을 길게 하고 오버 존은 최대한 짧게 잘라 볼륨을 살려 준다. 라인의 가벼움과 탑 포인트 부분의 질감 처리로 가벼운 볼륨을 살려주는 것이 포인트이다. 언더 존과 오버 존의 비대칭 커트라고도 할 수 있다.

그림 7-10　울프 스타일[286][287][288]

6. 샤기 스타일 Shaggy Hair Style

머리카락에 층을 내면서 숱을 쳐서 자르는 커트 방법으로 동양인의 두상에 잘 어울리는 스타일로 전체적으로 가벼우며, 질감을 많이 내면 다소 끝이 지저분해 보일 수 있으니 주의해야 하고 커트 후 스타일링 제품을 사용하여 손질이 편하고 경쾌한 움직임과 가벼움을 표현하는 스타일을 연출할 수 있다.

그림 7-11 샤기 스타일[289][290][291]

7. 댄디 스타일 Dandy Hair Style

멋쟁이, 맵시꾼 등으로 표현되며 모발을 그대로 손질하지 않아도 자연스럽고 세련된 멋스러운 남자 스타일로 '영국 신사 머리'라고도 하며, 가벼움 속에서 무거움이 느껴지는 것이 포인트이다. 모발의 끝 부분을 질감 처리하여 가볍고 깔끔한 스타일로 튀지 않고 단정하면서도 멋을 살릴 수 있다. 시간이 지나면 덥수룩해지고 무거워 보이기 때문에 관리가 필요한 스타일이다.

그림 7-12 댄디 스타일[292][293][294]

8. 비대칭 스타일 Asymmetry Hair Style

좌·우측의 대칭을 맞추지 않고 비대칭Asymmetry으로 커트해 언밸런스Unbalance한 스타일로 좌측을 짧게 하고 우측을 길게 하거나, 우측을 짧게 하고 좌측을 길게 커트한다. 비대칭 스타일Asymmetry Style은 세련되고 신비스러운 느낌을 줄 수 있지만, 자칫 지저분해 보이기 때문에 주의해야 하는 스타일이다.

그림 7-13 비대칭 스타일[295)][296)][297)]

9. 리젠트 스타일 Regent Hair Style

1930년 런던의 리젠트가街라는 유명한 패션 거리의 청년들이 즐겨 하던 헤어 스타일로 전체 라인의 모발을 짧게 하고 앞머리와 탑T.P : Top Point 부분을 길게 커트하여 모발을 위로 빗어 넘기고 옆머리를 붙여서 양감을 나타내는 스타일이다.

그림 7-14 리젠트 스타일[298)][299)][300)]

10. 스왓 스타일 Swat Hair Style

가위로 짧게 자르는 스타일로 전체적으로 샤프하면서 깔끔한 스타일로 흔히 레옹 머리, 가위 반삭이라고도 부르며 장가위를 사용하여 싱글링 Shingling 기법으로 두상을 커버해 같은 길이로 모발을 잘라준다. 클리퍼 Clipper 반삭이 깔끔한 느낌이 있다면 스왓 커트 Swat Cut 의 가위 반삭은 자연스러움이 포인트이다.

그림 7-15 스왓 스타일[301)302)303)]

11. 인디 스타일 Indie Hair Style

'독립 된'의 뜻으로 앞머리가 둥굴고 짧으며 짧은 인디풍의 언밸런스 Unbalance 스타일의 커트로 앞머리와 옆머리를 3, 6, 9, 12mm 등으로 극단적으로 짧게 잘라주고 탑 T.P : Top Point 이나 가르마 부분으로 올라갈수록 점점 길어지게 잘라주는 것으로 너무 짧게 자르지 않고 길이가 어중간할 경우 모히칸 Mohican 느낌이 날 수 있으니 주의해야 한다.

그림 7-16 인디 스타일[304)305)306)]

12. 투 블럭 스타일 Two Block Hair Style

막다, 차단하다는 뜻으로 옆머리와 윗머리 부분이 경계가 생기는 스타일로 '디스커넥션 커트 Disconnection Cut' 또는 '블럭 커트 Block Cut'라고도 하며 두 개의 블럭을 나누어 옆머리는 짧게 커트하고 윗머리 부분은 길게 남겨두는 것이 포인트이다. 두상의 옆이 튀어나와 옆머리가 잘 뜨는 타입은 옆머리를 짧게 커트하고 윗머리를 덮게 되면 뜨는 부분을 커버하여 손질이 편하게 된다.

그림 7-17 투 블럭 스타일[307][308][309]

13. 포마드 스타일 Pomade Hair Style

상고머리 스타일과 가르마 머리 스타일로 많이 활용되고 있는 커트이며, 페이드 Fade 스타일이라고도 불린다. 유분을 사용한 스타일링제를 모발에 발라 깔끔하게 빗어 넘기는 스타일링으로 남성적 이미지 Image를 연출할 수 있으며, 정장과 같이 클래식한 스타일에 잘 어울리는 스타일이다. 현재는 바버숍에서 많이 시술되고 있는 스타일이다.

그림 7-18 포마드 스타일[310)][311)][312)]

14. 모히칸 스타일 Mohican Hair Style

북미 인디언의 한 종족인 모히칸 족의 헤어 스타일로 중앙 라인의 모발은 길게 남겨 두고 옆 부분은 짧게 커트하는 스타일이며, 앞머리와 옆머리는 짧게 하고 탑 부분T.P : Top Point이나 가르마 부분으로 올라갈수록 점점 길어지게 커트하여 스타일링 제품으로 손질해서 세운다. 언뜻 닭 벼슬처럼 보이기도 한다고 해서 '닭 벼슬 머리'라고도 한다.

그림 7-19 모히칸 스타일[313)][314)][315)]

[이용 응용 강의 계획서]

주차	학습 내용 (단원명)	수업(수행) 목표	수업 방식	수업 매체 및 자료	평가
1	이·미용 역사	• 문화사에 따른 이용 발전 과정을 설명할 수 있다. • 이발의 변천사를 형태와 기법으로 설명할 수 있다. • 이발술의 발달에 따른 이발 도구의 변천사를 설명할 수 있다.	강의	교재	
2	이발 기초 이론 및 이발 도구	• 이발 작업에 필요한 기초 이론 지식을 적용할 수 있다. • 이발의 기본 절차를 수행할 수 있다. • 이발 도구인 가위, 틴닝 가위, 레이저, 이발기, 빗 등의 구조와 사용 방법을 설명할 수 있다. • 이발 도구에 따른 자르기 기본 기법을 실행할 수 있다.	강의	교재	
3	헤어 커트 디자인의 분석	• 이발에 요구되는 기본 지식으로 관찰, 사고, 형의 특성, 형태 분석, 디자인 결정 등을 설명할 수 있다. • 얼굴형, 신체, 모류 방향 등을 파악 후 디자인을 할 수 있다.	강의	교재	
4	남성 기본 커트 1 하중발	• 형태 분석에 따른 남성 기본 스타일 1 의 종류 및 형태선, 특징 등을 도식화하여 설명할 수 있다. • 남성 기본 스타일 1을 이발하기 위한 커트 절차를 설명할 수 있다. • 남성 기본 스타일 1을 이발하기 위한 이발 기법을 수행할 수 있다.	강의	교재	
5	남성 기본 커트 2 중상고	• 천정부와 상단부의 두발을 지간 깎기를 할 수 있다. • 상단부 아래 영역의 두발을 거칠게 깎기를 할 수 있다. • 이발기를 이용하여 측면과 후면의 발제선부터 하단부까지 그라데이션하여 깎을 수 있다. • 이발기로 깎은 후 싱글링하여 상단부의 두발과 자연스럽게 연결할 수 있다. • 틴닝 가위를 사용하여 질감 처리를 할 수 있다. • 장가위를 사용하여 수정·보완할 수 있다. • 높은 그레쥬에이션의 도해도와 커트 절차를 수행할 수 있다.	강의	교재	

주차	학습 내용 (단원명)	수업(수행) 목표	수업 방식	수업 매체 및 자료	평가
6	울프 스타일	• 남성 울프 스타일 커트 실습을 수행할 수 있다. • 커넥션, 디스커넥션 스타일의 형태 선, 특징 등을 도식화하여 자르거나 깎을 수 있다. • 고객의 얼굴형과 모류의 방향, 두상의 형태를 고려하여 작업을 수행할 수 있다. • 혼합형 이발 형태 작업의 완성도 여부를 수행할 수 있다. • 헤어 커트 유형별 적합한 스타일링 도구 선택 방법, 스타일링 기법, 제품 사용 방법을 수행할 수 있다.	강의	교재	
7	샤기 스타일	• 남성 샤기 스타일 커트 실습을 수행할 수 있다. • 커넥션, 디스커넥션 스타일의 형태 선, 특징 등을 도식화하여 자르거나 깎을 수 있다. • 고객의 얼굴형과 모류의 방향, 두상의 형태를 고려하여 작업을 수행할 수 있다. • 혼합형 이발 형태 작업의 완성도 여부를 수행할 수 있다. • 헤어 커트 유형별 적합한 스타일링 도구 선택 방법, 스타일링 기법, 제품 사용 방법을 수행할 수 있다.	강의	교재	
8	댄디 스타일	• 남성 댄디 스타일 커트 실습을 수행할 수 있다. • 비대칭, 대칭, 커넥션, 디스커넥션 스타일의 형태 선, 특징 등을 도식화하여 자르거나 깎을 수 있다. • 고객의 얼굴형과 모류의 방향, 두상의 형태를 고려하여 작업을 수행할 수 있다. • 혼합형 이발 형태 작업의 완성도 여부를 수행할 수 있다. • 헤어 커트 유형별 적합한 스타일링 도구 선택 방법, 스타일링 기법, 제품 사용 방법을 수행할 수 있다.	강의	교재	1차 (서술형 시험)
9	비대칭 스타일	• 남성 비대칭 스타일 커트 실습을 수행할 수 있다. • 커넥션, 디스커넥션 스타일의 형태 선, 특징 등을 도식화하여 자르거나 깎을 수 있다. • 고객의 얼굴형과 모류의 방향, 두상의 형태를 고려하여 작업을 수행할 수 있다. • 혼합형 이발 형태 작업의 완성도 여부를 수행할 수 있다. • 헤어 커트 유형별 적합한 스타일링 도구 선택 방법, 스타일링 기법, 제품 사용 방법을 수행할 수 있다.	강의	교재	

주차	학습 내용 (단원명)	수업(수행) 목표	수업 방식	수업 매체 및 자료	평가
10	리젠트 스타일	• 남성 리젠트 스타일 커트 실습을 수행할 수 있다. • 커넥션, 디스커넥션 스타일의 형태 선, 특징 등을 도식화하여 자르거나 깎을 수 있다. • 고객의 얼굴형과 모류의 방향, 두상의 형태를 고려하여 작업을 수행할 수 있다. • 혼합형 이발 형태 작업의 완성도 여부를 수행할 수 있다. • 헤어 커트 유형별 적합한 스타일링 도구 선택 방법, 스타일링 기법, 제품 사용 방법을 수행할 수 있다.	강의	교재	
11	스왓 스타일	• 남성 스왓 스타일 커트 실습을 수행할 수 있다. • 커넥션, 디스커넥션 스타일의 형태 선, 특징 등을 도식화하여 자르거나 깎을 수 있다. • 고객의 얼굴형과 모류의 방향, 두상의 형태를 고려하여 작업을 수행할 수 있다. • 혼합형 이발 형태 작업의 완성도 여부를 수행할 수 있다. • 헤어 커트 유형별 적합한 스타일링 도구 선택 방법, 스타일링 기법, 제품 사용 방법을 수행할 수 있다.	강의	교재	
12	인디 스타일	• 남성 인디 스타일 커트 실습을 수행할 수 있다. • 커넥션, 디스커넥션 스타일의 형태 선, 특징 등을 도식화하여 자르거나 깎을 수 있다. • 고객의 얼굴형과 모류의 방향, 두상의 형태를 고려하여 작업을 수행할 수 있다. • 혼합형 이발 형태 작업의 완성도 여부를 수행할 수 있다. • 헤어 커트 유형별 적합한 스타일링 도구 선택 방법, 스타일링 기법, 제품 사용 방법을 수행할 수 있다.	강의	교재	
13	투 블럭 스타일	• 남성 투 블럭 스타일 커트 실습을 수행할 수 있다. • 커넥션, 디스커넥션 스타일의 형태 선, 특징 등을 도식화하여 자르거나 깎을 수 있다. • 고객의 얼굴형과 모류의 방향, 두상의 형태를 고려하여 작업을 수행할 수 있다. • 혼합형 이발 형태 작업의 완성도 여부를 수행할 수 있다. • 헤어 커트 유형별 적합한 스타일링 도구 선택 방법, 스타일링 기법, 제품 사용 방법을 수행할 수 있다.	강의	교재	

주차	학습 내용 (단원명)	수업(수행) 목표	수업 방식	수업 매체 및 자료	평가
14	포마드 스타일	• 남성 포마드 스타일 커트 실습을 수행할 수 있다. • 커넥션, 디스커넥션 스타일의 형태 선, 특징 등을 도식화하여 자르거나 깎을 수 있다. • 고객의 얼굴형과 모류의 방향, 두상의 형태를 고려하여 작업을 수행할 수 있다. • 혼합형 이발 형태 작업의 완성도 여부를 수행할 수 있다. • 헤어 커트 유형별 적합한 스타일링 도구 선택 방법, 스타일링 기법, 제품 사용 방법을 수행할 수 있다.	강의	교재	3차 (포트 폴리오)
15	모히칸 스타일	• 남성 모히칸 스타일 커트 실습을 수행할 수 있다. • 커넥션, 디스커넥션 스타일의 형태 선, 특징 등을 도식화하여 자르거나 깎을 수 있다. • 고객의 얼굴형과 모류의 방향, 두상의 형태를 고려하여 작업을 수행할 수 있다. • 혼합형 이발 형태 작업의 완성도 여부를 수행할 수 있다. • 헤어 커트 유형별 적합한 스타일링 도구 선택 방법, 스타일링 기법, 제품 사용 방법을 수행할 수 있다.	강의	교재	2차 (평가자 체크 리스트)

PART Ⅱ

PART Ⅱ
남성 이용 응용 커트 실기

8. 남성 이용 응용 커트 스타일

Chapter 8 남성 이용 응용 커트 스타일

1. 울프 스타일Wolf Hair Style

학습 내용 단원명	수업 목표
남성 이용 응용 스타일 울프 커트 헤어 스타일	남성 커트 이용 울프 커트 헤어 스타일 실습을 수행할 수 있다.

탑Top 부분에서부터 심하게 층이 진 커트로 야성적이고 터프한 이미지를 풍기는 스타일로 언더 존Under Zone과 오버 존Over Zone으로 나누었을 때 언더 존은 최대한 기장을 길게 하고, 오버 존은 최대한 짧게 잘라서 볼륨을 살려준다.

1. 울프 헤어 커트 준비하기

(1) 재료

① 장가위

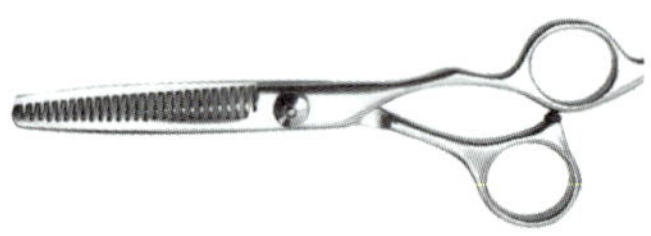

② 틴닝 가위

③ 이용 빗

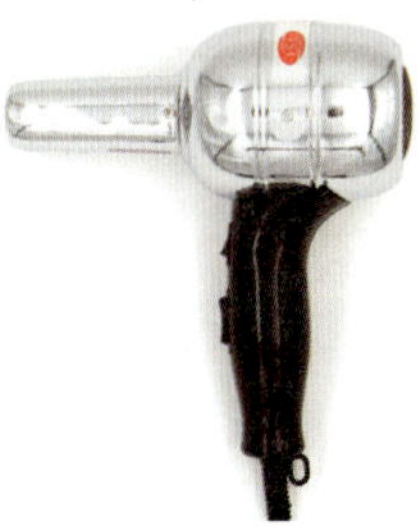

④ 이용 드라이기

⑤ 스타일링 제품

⑥ 핀셋

(2) 도해도 및 시술 개요

① 도해도

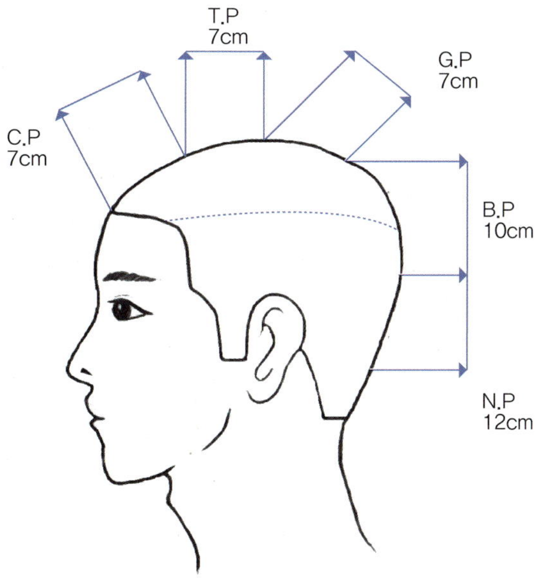

② 시술개요

블로킹 Blocking	1/2 파팅 1/2 parting
섹션 Section	수평 Horizontal , 세로 Vertical , 후대각 Diagonal Back
분배 Distribution	직각 분배 Perpendicular Distribution , 방향 분배 Direction Distribution , 변이 분배 Shifted Distribution
각도 Angle	일반 시술 각 Normal Projection 90°
베이스 Base	온 더 베이스 On The Base
커트 Cut	지간 깎기
질감 처리 Texturerising	테이퍼링 Tapering

(3) 이용 남성 커트 시술 방법

시술 전

시술 후

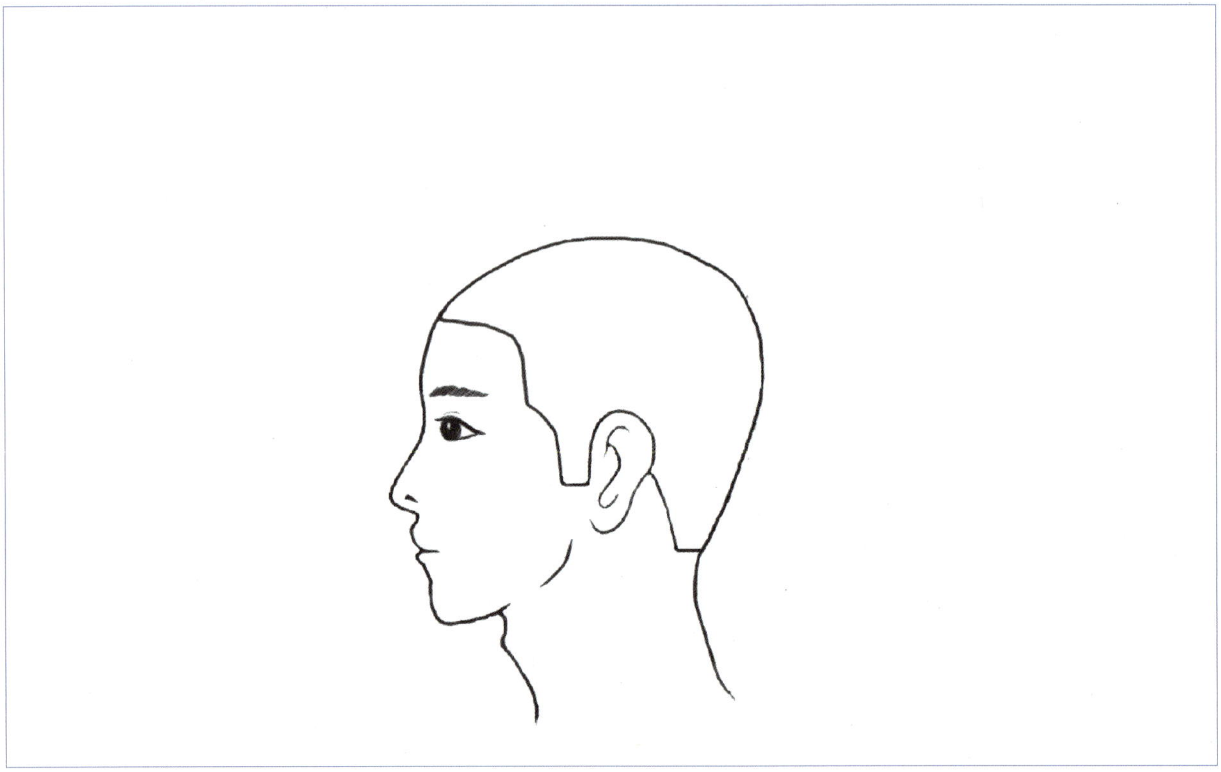

도해도 그려보기

2. 울프 커트 헤어 스타일 시술하기

①, ②, ③ 프론트 사이드 포인트F.S.P : Front Side Point에서 이어 백 포인트E.B.P : Ear Back Point, 이어 백 포인트에서 백 포인트B.P : Back Point까지 U 라인U-Line으로 나눈다.

④, ⑤, ⑥ 사이드 코너 포인트S.C.P : Side Corner Point에서 네이프 사이드 포인트N.S.P : Nape Side Point까지 지간 깎기로 커트Cut를 진행한다.

⑦, ⑧, ⑨ 탑Top 부분의 모발도 동일한 방법으로 커트를 진행한다.

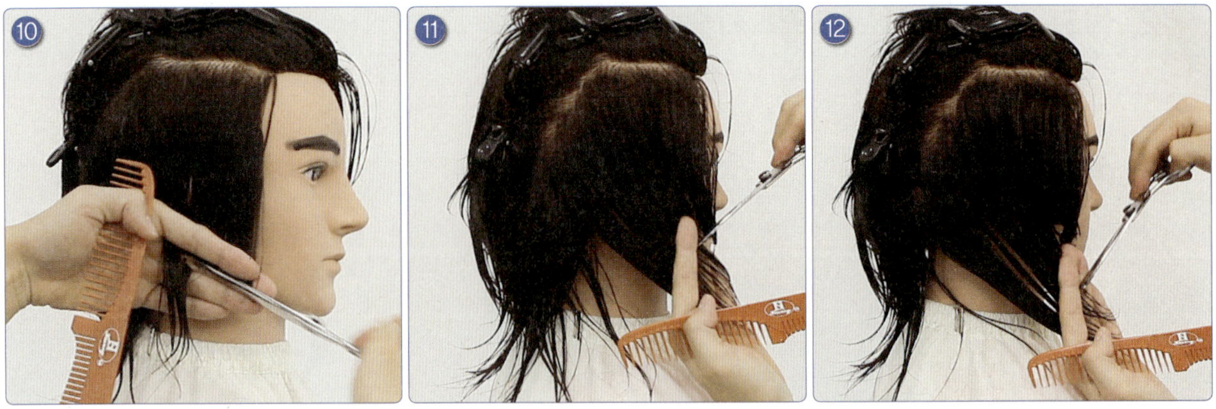

⑩, ⑪, ⑫ 우측도 동일한 방법으로 양 옆 밸런스Balance를 맞추면서 커트를 진행한다.

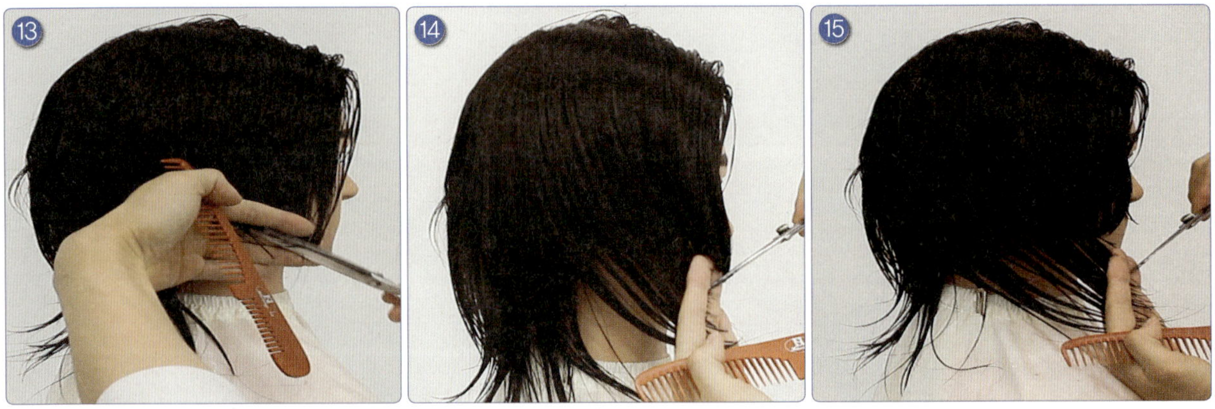

⑬, ⑭, ⑮ 우측 탑Top 부분 모발도 동일한 방법으로 커트를 진행한다.

⑯, ⑰, ⑱ 네이프Nape 부분의 가이드Guide를 설정하고 네이프 사이드 포인트까지 지간 깎기로 커트를 진행한다.

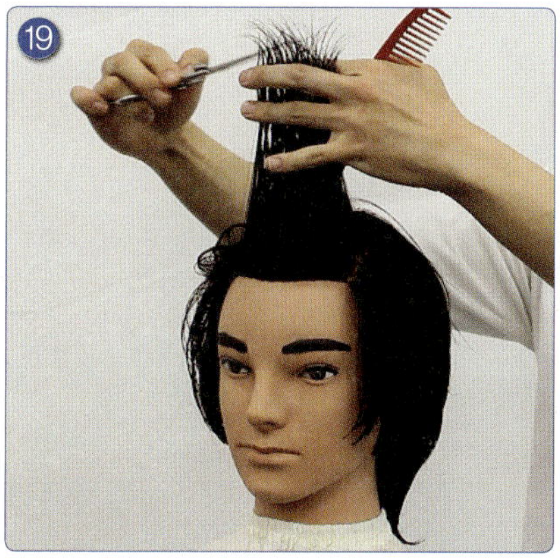

⑲, ⑳, ㉑ 센터 포인트C.P : Center Point에서 탑 골든 미디움 포인트T.G.M.P : Top Golden Medium Point까지 지간 깎기로 커트를 진행한다.

㉒, ㉓, ㉔ 사이드 포인트S.P : Side Point에서 이어 백 포인트까지 지간 깎기로 커트를 진행한다.

㉕, ㉖, ㉗ 사이드 포인트에서 이어 백 포인트까지 지간 깎기로 커트를 진행한다.

㉘, ㉙, ㉚ 골든 포인트G.P : Golden Point를 기준으로 방사선 섹션Pivot Section으로 커트를 진행한다.

㉛, ㉜, ㉝ 네이프 사이드 포인트 가이드를 기준으로 커트를 진행한다.

㉞, ㉟, ㊱ 테이퍼링Tapering 기법으로 전체 질감 처리를 한다.

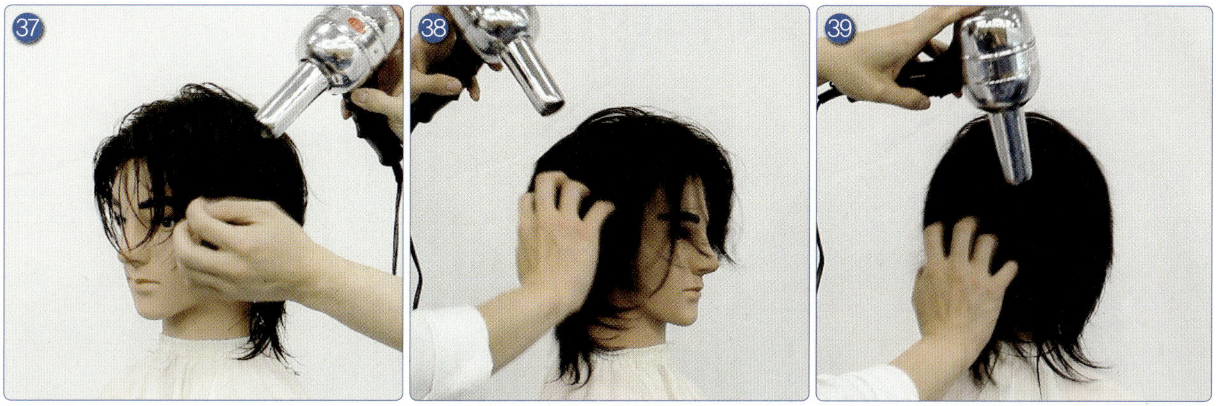

㊲, ㊳, ㊴ 모발의 흐름에 따라 드라이기를 이용하여 핸드 드라이Hand Dry 한다.

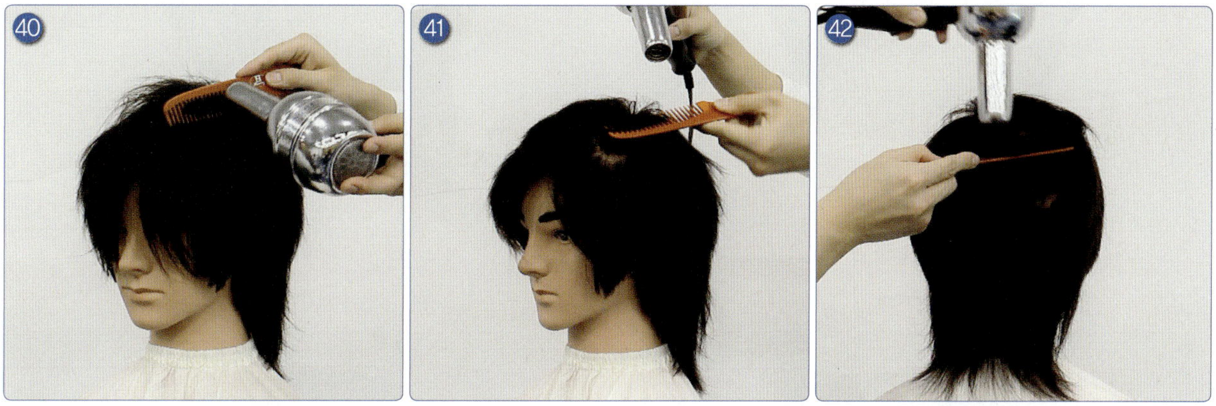

㊵, ㊶, ㊷ 빗을 사용하여 볼륨을 형성해 주며 전체적으로 드라이Dry를 진행한다.

㊸, ㊹, ㊺ 제품을 사용하여 스타일링Styling 한다.

3. 울프 커트 헤어 스타일 마무리하기

앞 Front

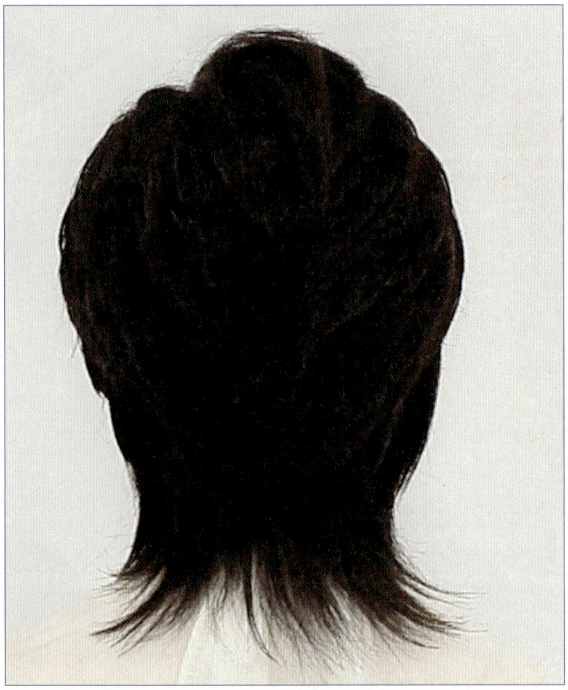

뒤 Back

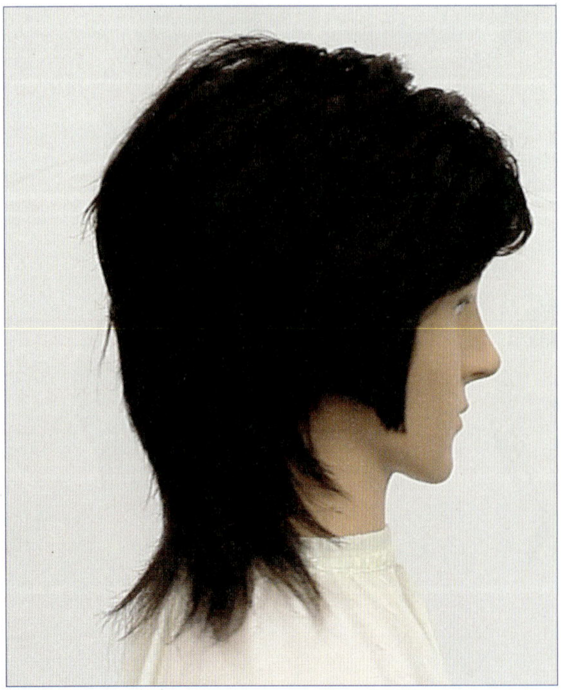

우측 Right side

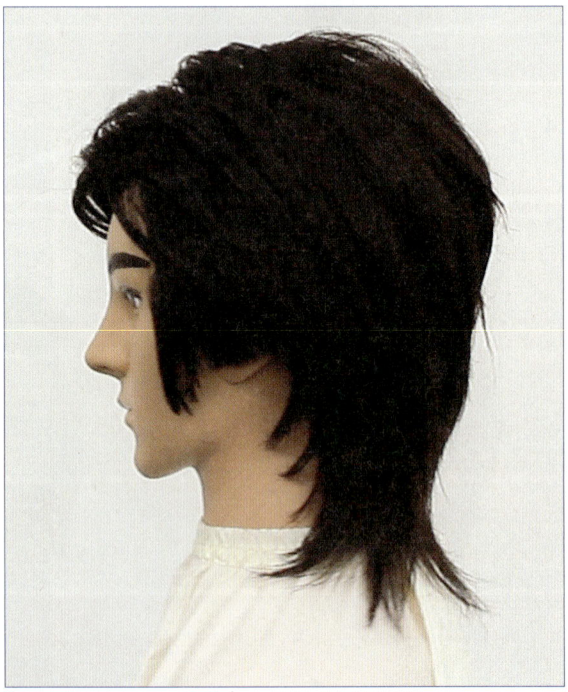

좌측 Left side

실습과정 사진	
사진	설명

실습결과 사진	
앞 Front	뒤 Back
좌측 Left Side	우측 Right Side

[교수 학습방법]

교수 방법
① 이용사는 기술로서 표현하지 못한 것을 도구를 통해 사고나 감정을 표현하는 사람임을 상기시킨다.
② 전개도를 활용해 헤어 커트 형태선의 방향과 특성을 분석할 수 있음을 설명한다.
③ 디자인 결정 시 고객의 요구사항을 파악하여 디자인할 수 있도록 상기시킨다.
④ 디자인 결정 시 고객의 외형적 특성을 파악하여 디자인할 수 있음을 설명한다.
⑤ 다양한 스타일의 형태 선, 특징 등을 도식화하여 디자인할 수 있도록 설명한다.
⑥ 혼합형 이발을 할 수 있도록 계획하는 방법을 설명한다.
⑦ 비대칭, 대칭, 커넥션, 디스커넥션의 스타일의 형태선과 특징을 설명한다.
⑧ 레이저를 이용한 에칭, 아킹, 로테이션, 테이퍼링 기법을 설명한다.
⑨ 가위를 이용한 롱, 미디엄, 쇼트 스트로크 기법을 설명한다.
⑩ 마무리 샴푸 후 타월 및 드라이기를 사용하여 수분 제거 방법을 설명한다.
⑪ 헤어 커트 보정 작업 후 잔여 머리카락을 털어 내는 방법을 설명한다.
⑫ 헤어 커트 유형별 적합한 스타일링 도구 선택 방법, 스타일링 기법, 제품 사용 방법을 설명한다.
⑬ 홈 케어를 위한 조언 및 차후 방문 시기와 중요성에 대해 알리는 방법을 설명한다.
⑭ 고객 배웅 시 적절한 인사말에 대해서 설명한다.

학습 방법
① 이용사로서 자신의 일에 자부심을 갖고 예술 정신과 훌륭한 기술을 연마하기 위해서 노력과 인내가 필요함을 학습한다.
② 전개도를 활용해 형태 분석과 외형적 변화에 따라 디자인의 결정이 변화됨을 학습한다.
③ 고객의 요구사항을 파악하여 디자인을 하는 방법을 학습한다.
④ 고객의 외형적 특성을 파악하여 디자인을 하는 방법을 학습한다.
⑤ 다양한 스타일의 형태 선과 특징을 이해하여 스케치북에 도해도를 그려 본다.
⑥ 혼합형 이발을 할 수 있는 계획서를 세워 본다.
⑦ 비대칭, 대칭, 커넥션, 디스커넥션의 스타일의 형태 선과 특징을 정리한다.
⑧ 레이저를 이용한 에칭, 아킹, 로테이션, 테이퍼링 기법에 대해 숙지한다.
⑨ 가위를 이용한 롱, 미디엄, 쇼트 스트로크 기법에 대해 숙지한다.
⑩ 마무리 샴푸 후 타월 및 드라이기를 사용하여 수분 제거 방법을 정리한다.
⑪ 헤어 커트 보정 작업 후 잔여 머리카락 제거 및 스타일링 도구 선택 방법, 스타일링을 위한 기법, 제품 사용 방법을 정리한다.

[평가 준거]

학습 내용	평가 항목	성취 수준		
		상	중	하
헤어 커트 디자인의 분석	이발에 요구되는 기본 지식인 이용사로서 관찰, 사고, 형의 특성, 형태 분석, 디자인 결정 등을 설명할 수 있다.			
혼합형 이발 계획	다양한 스타일의 형태 선, 특징 등을 도식화하여 디자인에 접목시킬 수 있다.			
혼합형 이발 작업	1. 비대칭, 대칭, 커넥션, 디스커넥션 스타일의 형태 선, 특징 등을 도식화하여 자르거나 깎을 수 있다.			
	2. 레이저를 이용한 에칭, 아킹, 로테이션, 테이퍼링 기법으로 자를 수 있다.			
	3. 가위를 이용한 롱, 미디엄, 쇼트 스트로크 기법으로 자를 수 있다.			
혼합형 이발 마무리	이발 작업 후 고객 만족도를 파악하기 위해 필요한 경우 수정, 보완하며 홈 케어를 위한 조언할 수 있다.			

[평가 방법]

학습 내용	평가 항목	성취 수준		
		상	중	하
헤어 커트 디자인의 분석	1. 이용사의 관찰과 사고에 대해 이해하고 설명할 수 있는 능력			
	2. 디자인에 따른 형의 특성을 이해하고 설명할 수 있는 능력			
	3. 머리 형태를 분석할 수 있는 능력			
	4. 디자인 결정에 관해 분석할 수 있는 능력			
	5. 이용사로서 관찰할 수 있는 능력			
	6. 다양한 형태와 특성을 관찰하고 분석할 수 있는 능력			
혼합형 이발 계획	1. 도해도를 작성할 수 있는 능력			
	2. 디자인 결정 시 고객의 요구사항을 반영하여 디자인할 수 있는 능력			
	3. 다양한 스타일의 형태 선과 특징을 도식화하여 이해하고 디자인에 접목시킬 수 있는 능력			
	4. 디자인 결정 시 고객의 요구사항을 파악할 수 있는 능력			
혼합형 이발 작업	1. 비대칭, 대칭, 커넥션, 디스커넥션 스타일의 형태선과 특징을 접목한 도식화된 디자인으로 커트할 수 있는 능력			
	2. 혼합형 이발 형태의 작업 완성도			
	3. 레이저를 사용하여 에칭, 아킹, 로테이션, 테이퍼링 기법을 할 수 있는 능력			
	4. 가위를 이용하여 롱, 미디엄, 쇼트 스트로크 기법을 할 수 있는 능력			
혼합형 이발 마무리	1. 커트 종료 후 고객의 만족도를 파악할 수 있는 의사소통 능력			
	2. 헤어 커트 보정 작업 후 잔여 머리카락을 제거할 수 있는 능력			
	3. 홈 케어를 위한 조언 및 고객 배웅 시 적절한 인사말을 건넬 수 있는 능력			

[평가자 체크 리스트]

학습 내용	평가 항목	성취 수준		
		상	중	하
헤어 커트 디자인의 분석	1. 이용사의 관찰과 사고에 관한 이해 여부			
	2. 디자인에 따른 형의 특성을 파악하고 분석할 수 있는지 여부			
	3. 머리 형태를 파악하고 분석할 수 있는지 여부			
	4. 디자인 결정에 외형적 특징을 파악하고 분석할 수 있는지 여부			
혼합형 이발 계획	1. 도해도에 관한 지식을 알 수 있는지 여부			
	2. 디자인 결정 시 고객의 요구사항을 반영하여 디자인할 수 있는지 여부			
	3. 다양한 스타일의 형태 선과 특징을 도식화하여 이해하고 디자인에 접목시킬 수 있는지 여부			
	4. 디자인 결정 시 고객의 요구사항을 파악하기 위해 노력하는지 여부			
혼합형 이발 작업	1. 비대칭, 대칭, 커넥션, 디스커넥션 스타일의 형태선과 특징을 접목한 도식화된 디자인으로 커트할 수 있는지 여부			
	2. 혼합형 이발 형태 작업의 완성도 여부			
	3. 레이저를 사용하여 에칭, 아킹, 로테이션, 테이퍼링 기법을 할 수 있는지 여부			
	4. 가위를 이용하여 롱, 미디엄, 쇼트 스트로크 기법을 할 수 있는지 여부			
혼합형 이발 마무리	1. 커트 종료 후 고객의 만족도를 파악할 수 있는 의사소통을 하였는지 여부			
	2. 헤어 커트 보정 작업 후 잔여 머리카락을 제거하였는지 여부			
	3. 홈 케어를 위한 조언 및 고객 배웅 시 적절한 인사말을 하였는지 여부			

2. 샤기 스타일Shaggy Hair Style

학습 내용단원명	수업 목표
남성 이용 응용 스타일 샤기 커트 헤어 스타일	남성 커트 이용 샤기 커트 헤어 스타일 실습을 수행할 수 있다.

머리카락 끝을 뾰족하게 깎는 커트의 일종으로 일본에서 들어온 헤어 스타일로 "깃털처럼 가볍다." 라는 "섀기shaggy"의 일본 발음에서 유래된 커트로서 전체적으로 가벼운 커트를 말한다.

1. 샤기 헤어 커트 준비하기

(1) 재료

① 장가위

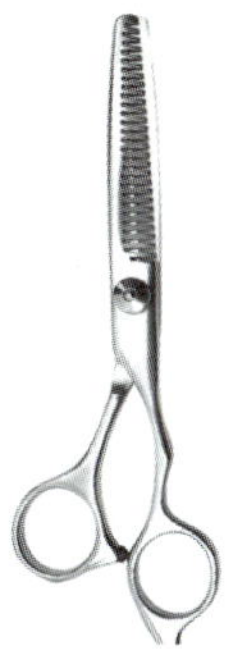

② 틴닝 가위

③ 이용 빗

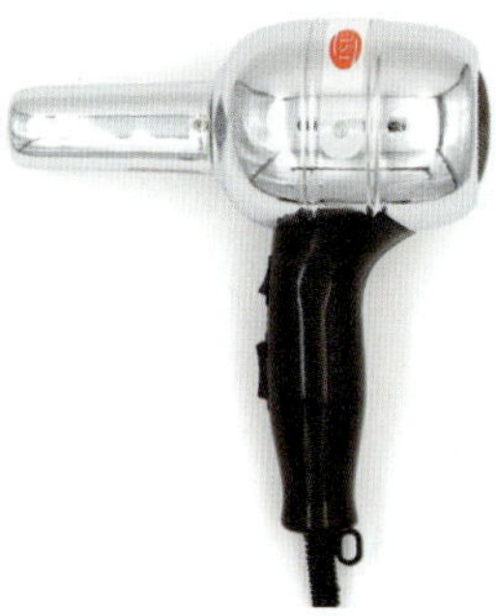

④ 이용 드라이기

⑤ 스타일링 제품

⑥ 핀셋

(2) 도해도 및 시술 개요

① 도해도

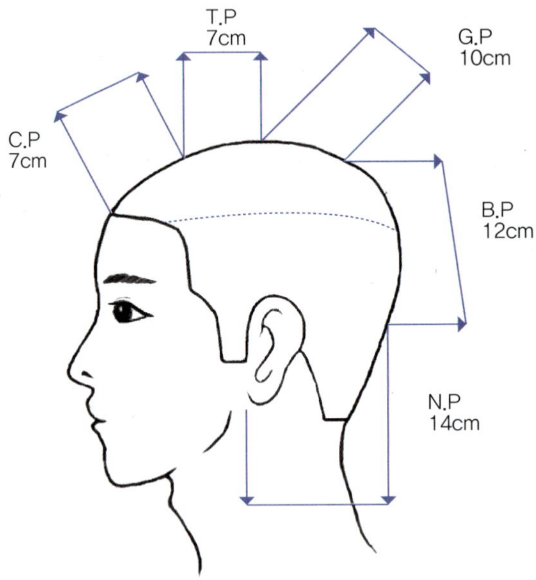

② 시술개요

블로킹 Blocking	U 라인 U–Line Part
섹션 Section	수평 Horizontal, 세로 Vertical
분배 Distribution	직각 분배 Perpendicular Distribution, 방향 분배 Direction Distribution, 변이 분배 Shifted Distribution
각도 Angle	일반 시술 각 Normal Projection 90°
베이스 Base	온 더 베이스 On The Base
커트 Cut	지간 깎기, 떠올려 깎기, 세워 깎기
질감 처리 Texturerising	테이퍼링 Tapering

(3) 이용 남성 커트 시술 방법

시술 전

시술 후

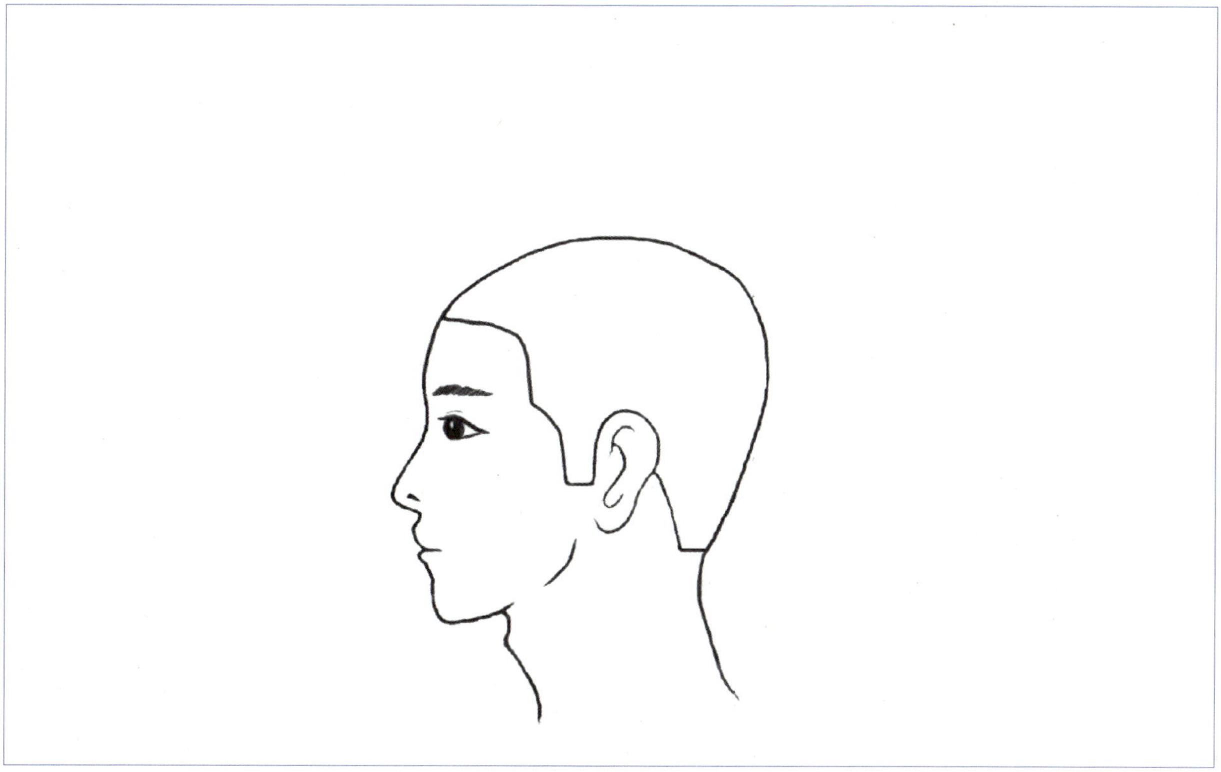

도해도 그려보기

2. 샤기 커트 헤어 스타일 시술하기

①, ②, ③ 프론트 사이드 포인트F.S.P : Front Side Point에서 이어 백 포인트E.B.P : Ear Back Point, 이어 백 포인트에서 백 포인트B.P : Back Point까지 U 라인U–Line으로 나눈다.

④, ⑤, ⑥ 사이드 코너 포인트S.C.P : Side Corner Point에서 네이프 사이드 포인트N.S.P : Nape Side Point까지 지간 깎기로 커트Cut를 진행한다.

⑦, ⑧, ⑨ 가이드Guide에 맞춰서 일반 시술 각 90°로 커트를 진행한다.

⑩, ⑪, ⑫ 우측도 동일한 방법으로 양 옆 밸런스Balance를 맞추면서 커트를 진행한다.

⑬, ⑭, ⑮ 가이드에 맞춰서 일반 시술 각 90°로 커트를 진행한다.

⑯, ⑰, ⑱ 네이프Nape의 가이드를 설정하고 네이프 사이드 포인트까지 지간 깎기로 커트를 진행한다.

⑲, ⑳, ㉑ 센터 포인트 C.P : Center Point 에서 탑 골든 미디움 포인트 T.G.M.P : Top Golden Medium Point 까지 지간 깎기로 커트를 진행한다.

㉒, ㉓, ㉔ 사이드 포인트 S.P : Side Point 에서 이어 백 포인트까지 지간 깎기로 커트를 진행한다.

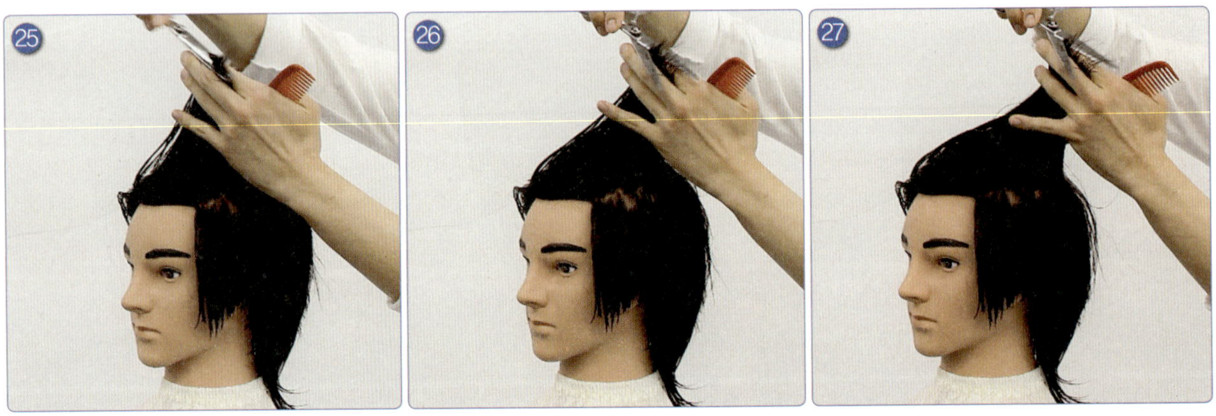

㉕, ㉖, ㉗ 사이드 포인트에서 이어 백 포인트까지 지간 깎기로 커트를 진행한다.

㉘, ㉙, ㉚ 골든 포인트G.P : Golden Point를 기준으로 방사선 섹션Pivot Section으로 커트를 진행한다.

㉛, ㉜, ㉝ 네이프 사이드 포인트의 가이드를 기준으로 커트를 진행한다.

㉞, ㉟, ㊱ 센터 포인트부터 골든 포인트까지 테이퍼링Tapering 기법으로 질감 처리를 한다.

㊲, ㊳, ㊴ 골든 포인트에서 네이프 포인트N.P : Nape Point까지 테이퍼링 기법으로 질감 처리를 한다.

㊵, ㊶, ㊷ 모발의 흐름에 따라 드라이기를 이용하여 핸드 드라이Hand Dry 한다.

㊸, ㊹, ㊺ 제품을 사용하여 스타일링Styling을 한다.

3. 샤기 커트 헤어 스타일 마무리하기

앞 Front

뒤 Back

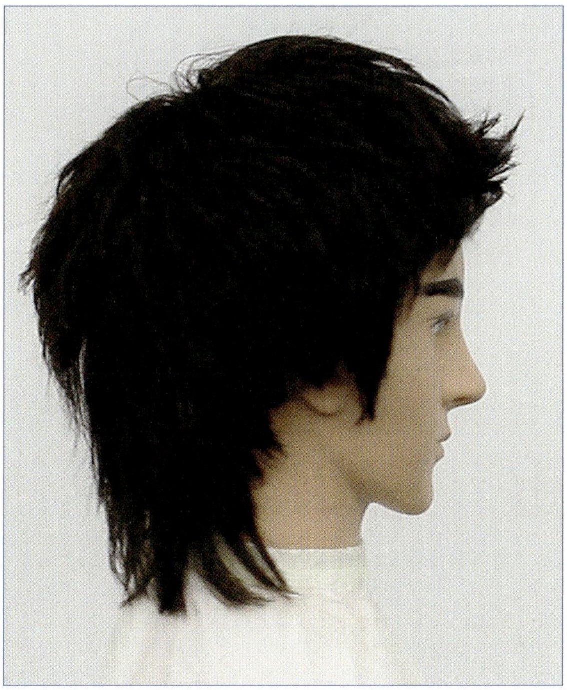

우측 Right side

좌측 Left side

실습과정 사진	
사진	설명

실습결과 사진	
앞 Front	뒤 Back
좌측 Left Side	우측 Right Side

[교수 학습방법]

교수 방법
① 이용사는 기술로서 표현하지 못한 것을 도구를 통해 사고나 감정을 표현하는 사람임을 상기시킨다.
② 전개도를 활용해 헤어 커트 형태선의 방향과 특성을 분석할 수 있음을 설명한다.
③ 디자인 결정 시 고객의 요구사항을 파악하여 디자인할 수 있도록 상기시킨다.
④ 디자인 결정 시 고객의 외형적 특성을 파악하여 디자인할 수 있음을 설명한다.
⑤ 다양한 스타일의 형태 선, 특징 등을 도식화하여 디자인할 수 있도록 설명한다.
⑥ 혼합형 이발을 할 수 있도록 계획하는 방법을 설명한다.
⑦ 비대칭, 대칭, 커넥션, 디스커넥션의 스타일의 형태선과 특징을 설명한다.
⑧ 레이저를 이용한 에칭, 아킹, 로테이션, 테이퍼링 기법을 설명한다.
⑨ 가위를 이용한 롱, 미디엄, 쇼트 스트로크 기법을 설명한다.
⑩ 마무리 샴푸 후 타월 및 드라이기를 사용하여 수분 제거 방법을 설명한다.
⑪ 헤어 커트 보정 작업 후 잔여 머리카락을 털어 내는 방법을 설명한다.
⑫ 헤어 커트 유형별 적합한 스타일링 도구 선택 방법, 스타일링 기법, 제품 사용 방법을 설명한다.
⑬ 홈 케어를 위한 조언 및 차후 방문 시기와 중요성에 대해 알리는 방법을 설명한다.
⑭ 고객 배웅 시 적절한 인사말에 대해서 설명한다.

학습 방법
① 이용사로서 자신의 일에 자부심을 갖고 예술 정신과 훌륭한 기술을 연마하기 위해서 노력과 인내가 필요함을 학습한다.
② 전개도를 활용해 형태 분석과 외형적 변화에 따라 디자인의 결정이 변화됨을 학습한다.
③ 고객의 요구사항을 파악하여 디자인을 하는 방법을 학습한다.
④ 고객의 외형적 특성을 파악하여 디자인을 하는 방법을 학습한다.
⑤ 다양한 스타일의 형태 선과 특징을 이해하여 스케치북에 도해도를 그려 본다.
⑥ 혼합형 이발을 할 수 있는 계획서를 세워 본다.
⑦ 비대칭, 대칭, 커넥션, 디스커넥션의 스타일의 형태 선과 특징을 정리한다.
⑧ 레이저를 이용한 에칭, 아킹, 로테이션, 테이퍼링 기법에 대해 숙지한다.
⑨ 가위를 이용한 롱, 미디엄, 쇼트 스트로크 기법에 대해 숙지한다.
⑩ 마무리 샴푸 후 타월 및 드라이기를 사용하여 수분 제거 방법을 정리한다.
⑪ 헤어 커트 보정 작업 후 잔여 머리카락 제거 및 스타일링 도구 선택 방법, 스타일링을 위한 기법, 제품 사용 방법을 정리한다.

[평가 준거]

학습 내용	평가 항목	성취 수준		
		상	중	하
헤어 커트 디자인의 분석	이발에 요구되는 기본 지식인 이용사로서 관찰, 사고, 형의 특성, 형태 분석, 디자인 결정 등을 설명할 수 있다.			
혼합형 이발 계획	다양한 스타일의 형태 선, 특징 등을 도식화하여 디자인에 접목시킬 수 있다.			
혼합형 이발 작업	1. 비대칭, 대칭, 커넥션, 디스커넥션 스타일의 형태 선, 특징 등을 도식화하여 자르거나 깎을 수 있다.			
	2. 레이저를 이용한 에칭, 아킹, 로테이션, 테이퍼링 기법으로 자를 수 있다.			
	3. 가위를 이용한 롱, 미디엄, 쇼트 스트로크 기법으로 자를 수 있다.			
혼합형 이발 마무리	이발 작업 후 고객 만족도를 파악하기 위해 필요한 경우 수정, 보완하며 홈 케어를 위한 조언할 수 있다.			

[평가 방법]

학습 내용	평가 항목	성취 수준		
		상	중	하
헤어 커트 디자인의 분석	1. 이용사의 관찰과 사고에 대해 이해하고 설명할 수 있는 능력			
	2. 디자인에 따른 형의 특성을 이해하고 설명할 수 있는 능력			
	3. 머리 형태를 분석할 수 있는 능력			
	4. 디자인 결정에 관해 분석할 수 있는 능력			
	5. 이용사로서 관찰할 수 있는 능력			
	6. 다양한 형태와 특성을 관찰하고 분석할 수 있는 능력			
혼합형 이발 계획	1. 도해도를 작성할 수 있는 능력			
	2. 디자인 결정 시 고객의 요구사항을 반영하여 디자인할 수 있는 능력			
	3. 다양한 스타일의 형태 선과 특징을 도식화하여 이해하고 디자인에 접목시킬 수 있는 능력			
	4. 디자인 결정 시 고객의 요구사항을 파악할 수 있는 능력			
혼합형 이발 작업	1. 비대칭, 대칭, 커넥션, 디스커넥션 스타일의 형태선과 특징을 접목한 도식화된 디자인으로 커트할 수 있는 능력			
	2. 혼합형 이발 형태의 작업 완성도			
	3. 레이저를 사용하여 에칭, 아킹, 로테이션, 테이퍼링 기법을 할 수 있는 능력			
	4. 가위를 이용하여 롱, 미디엄, 쇼트 스트로크 기법을 할 수 있는 능력			
혼합형 이발 마무리	1. 커트 종료 후 고객의 만족도를 파악할 수 있는 의사소통 능력			
	2. 헤어 커트 보정 작업 후 잔여 머리카락을 제거할 수 있는 능력			
	3. 홈 케어를 위한 조언 및 고객 배웅 시 적절한 인사말을 건넬 수 있는 능력			

[평가자 체크 리스트]

<table>
<tr><th rowspan="2">학습 내용</th><th rowspan="2">평가 항목</th><th colspan="3">성취 수준</th></tr>
<tr><th>상</th><th>중</th><th>하</th></tr>
<tr><td rowspan="4">헤어 커트 디자인의 분석</td><td>1. 이용사의 관찰과 사고에 관한 이해 여부</td><td></td><td></td><td></td></tr>
<tr><td>2. 디자인에 따른 형의 특성을 파악하고 분석할 수 있는지 여부</td><td></td><td></td><td></td></tr>
<tr><td>3. 머리 형태를 파악하고 분석할 수 있는지 여부</td><td></td><td></td><td></td></tr>
<tr><td>4. 디자인 결정에 외형적 특징을 파악하고 분석할 수 있는지 여부</td><td></td><td></td><td></td></tr>
<tr><td rowspan="4">혼합형 이발 계획</td><td>1. 도해도에 관한 지식을 알 수 있는지 여부</td><td></td><td></td><td></td></tr>
<tr><td>2. 디자인 결정 시 고객의 요구사항을 반영하여 디자인할 수 있는지 여부</td><td></td><td></td><td></td></tr>
<tr><td>3. 다양한 스타일의 형태 선과 특징을 도식화하여 이해하고 디자인에 접목시킬 수 있는지 여부</td><td></td><td></td><td></td></tr>
<tr><td>4. 디자인 결정 시 고객의 요구사항을 파악하기 위해 노력하는지 여부</td><td></td><td></td><td></td></tr>
<tr><td rowspan="4">혼합형 이발 작업</td><td>1. 비대칭, 대칭, 커넥션, 디스커넥션 스타일의 형태선과 특징을 접목한 도식화된 디자인으로 커트할 수 있는지 여부</td><td></td><td></td><td></td></tr>
<tr><td>2. 혼합형 이발 형태 작업의 완성도 여부</td><td></td><td></td><td></td></tr>
<tr><td>3. 레이저를 사용하여 에칭, 아킹, 로테이션, 테이퍼링 기법을 할 수 있는지 여부</td><td></td><td></td><td></td></tr>
<tr><td>4. 가위를 이용하여 롱, 미디엄, 쇼트 스트로크 기법을 할 수 있는지 여부</td><td></td><td></td><td></td></tr>
<tr><td rowspan="3">혼합형 이발 마무리</td><td>1. 커트 종료 후 고객의 만족도를 파악할 수 있는 의사소통을 하였는지 여부</td><td></td><td></td><td></td></tr>
<tr><td>2. 헤어 커트 보정 작업 후 잔여 머리카락을 제거하였는지 여부</td><td></td><td></td><td></td></tr>
<tr><td>3. 홈 케어를 위한 조언 및 고객 배웅 시 적절한 인사말을 하였는지 여부</td><td></td><td></td><td></td></tr>
</table>

3. 댄디 스타일Dandy Hair Style

학습 내용 단원명	수업 목표
남성 이용 응용 스타일 댄디 커트 헤어 스타일	남성 커트 이용 댄디 커트 헤어 스타일 실습을 수행할 수 있다.

모발을 그대로 손질하지 않아도 자연스럽고 세련된 멋스러운 남자 스타일로 '영국 신사 머리'라고도 하며, 모발의 끝부분을 질감 처리하여 가볍고 깔끔한 스타일이며 단정하면서도 멋을 살릴 수 있다.

1. 댄디 헤어 커트 준비하기

(1) 재료

① 장가위

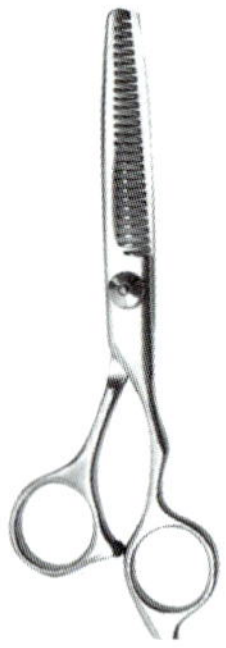

② 틴닝 가위

③ 이용 빗

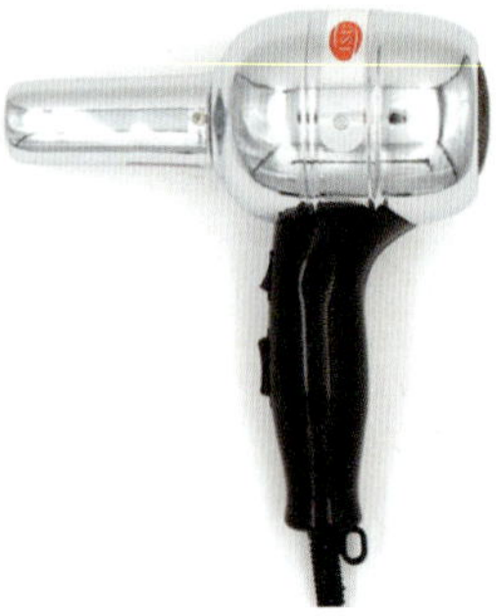

④ 이용 드라이기

⑤ 스타일링 제품

⑥ 핀셋

(2) 도해도 및 시술 개요

① 도해도

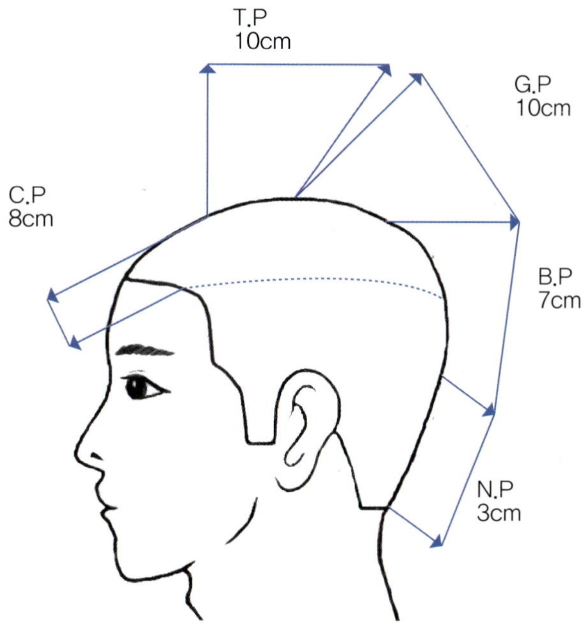

② 시술개요

블로킹 Blocking	U라인 U-Line Part, 후대각 Diagonal Back
섹션 Section	수평 Horizontal, 세로 Vertical, 후대각 Diagonal Back, 방사선 섹션 Pivot Section
분배 Distribution	직각 분배 Perpendicular Distribution, 방향 분배 Direction Distribution, 변이 분배 Shifted Distribution
각도 Angle	일반 시술 각 Normal Projection 70～90°
베이스 Base	온 더 베이스 On The Base
커트 Cut	지간 깎기
질감 처리 Texturerising	테이퍼링 Tapering

(3) 이용 남성 커트 시술 방법

시술 전

시술 후

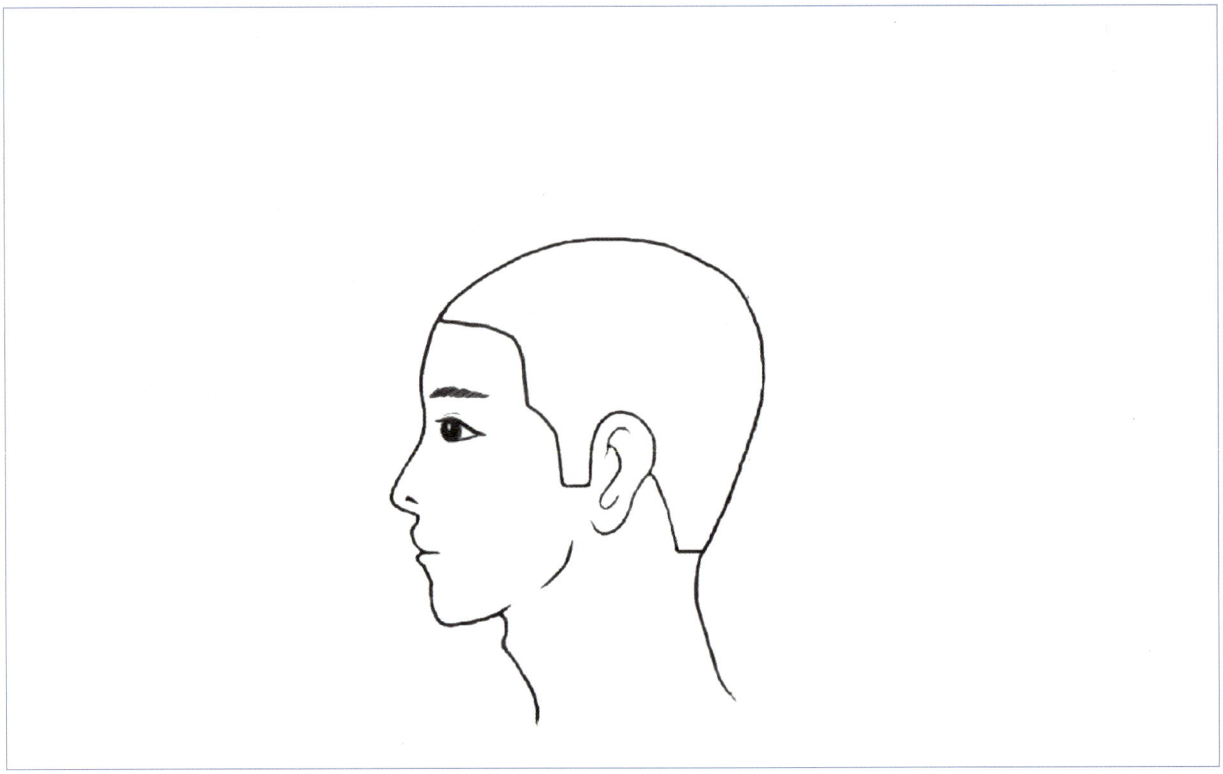

도해도 그려보기

2. 댄디 커트 헤어 스타일 시술하기

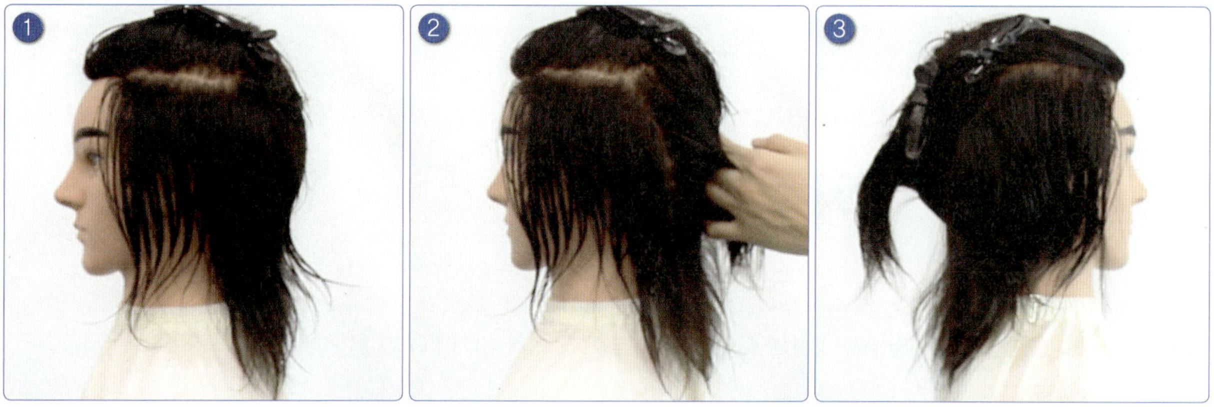

①, ②, ③ 프론트 사이드 포인트F.S.P : Front Side Point에서 이어 백 포인트E.B.P : Ear Back Point, 이어 백 포인트에서 백 포인트B.P : Back Point까지 U 라인U-Line으로 나눈다.

④, ⑤, ⑥ 사이드 코너 포인트S.C.P : Side Corner Point에서 네이프 사이드 포인트N.S.P : Nape Side Point까지 지간 깎기로 커트Cut를 진행한다.

⑦, ⑧, ⑨ 윗단 모발도 동일한 방법으로 커트를 진행한다.

⑩, ⑪, ⑫ 사이드 코너 포인트에서 네이프 사이드 포인트까지 지간 깎기로 커트를 진행한다.

⑬, ⑭, ⑮ 윗단의 모발도 동일한 방법으로 커트를 진행한다.

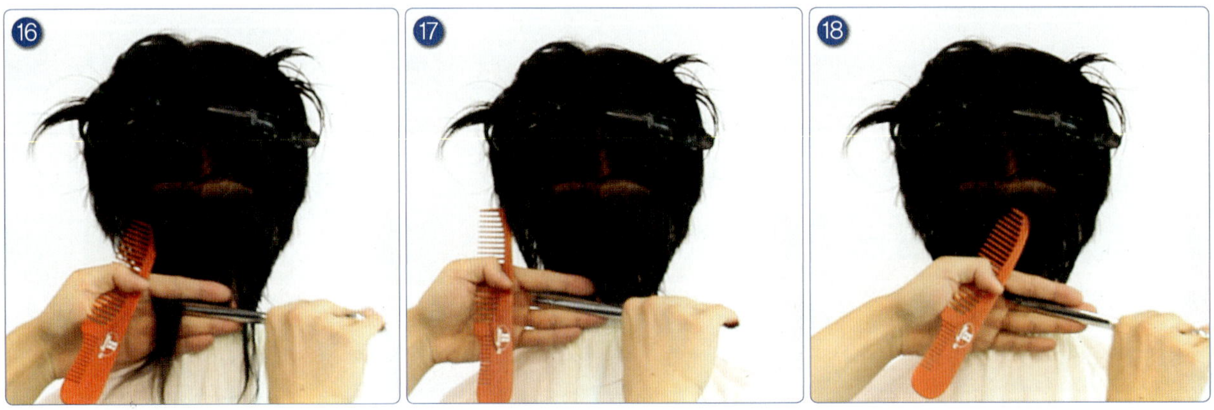

⑯, ⑰, ⑱ 네이프 포인트N.P : Nape Point에서 가이드Guide 설정 후 양쪽의 밸런스Balance를 맞추어 지간 깎기로 커트를 진행한다.

⑲, ⑳, ㉑ 센터 포인트C.P : Center Point에서 탑 골든 미디움 포인트T.G.M.P : Top Golden Medium Point까지 지간 깎기로 커트를 진행한다.

㉒, ㉓, ㉔ 사이드 포인트S.P : Side Point에서 이어 백 포인트까지 지간 깎기로 커트를 진행한다.

㉕, ㉖, ㉗ 사이드 포인트에서 이어 백 포인트까지 지간 깎기로 커트를 진행한다.

㉘, ㉙, ㉚ 골든 포인트G.P : Golden Point를 기준으로 방사선 섹션Pivot Section으로 커트를 진행한다.

㉛, ㉜, ㉝ 네이프 사이드 포인트 가이드를 기준으로 커트를 진행한다.

㉞, ㉟, ㊱ 앞머리 가이드를 기준으로 지간 깎기로 커트를 진행한다.

㊲, ㊳, ㊴ 테이퍼링 Tapering 기법으로 전체 질감 처리를 한다.

㊵, ㊶, ㊷ 모발의 흐름에 따라 드라이기를 이용하여 핸드 드라이 Hand Dry 한다.

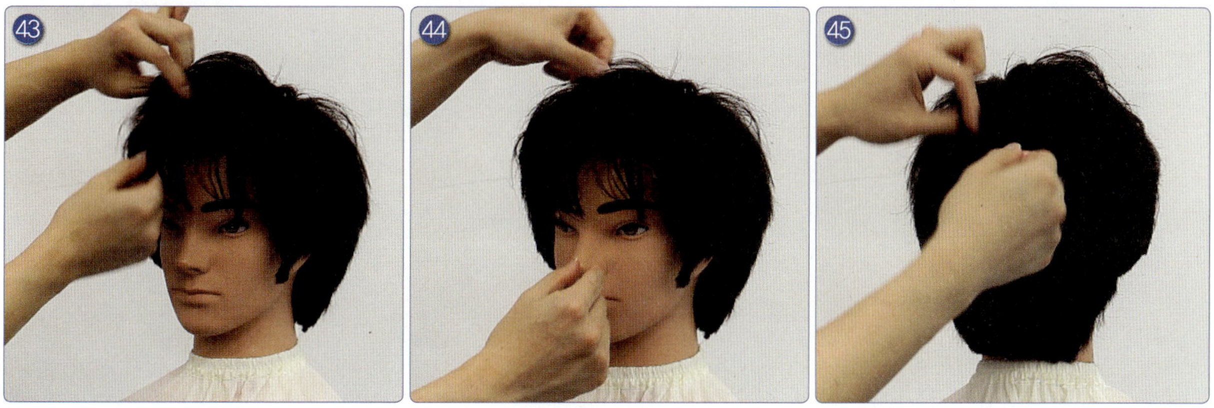

㊸, ㊹, ㊺ 제품을 사용하여 스타일링 Styling 을 한다.

3. 댄디 커트 헤어 스타일 마무리하기

앞 Front

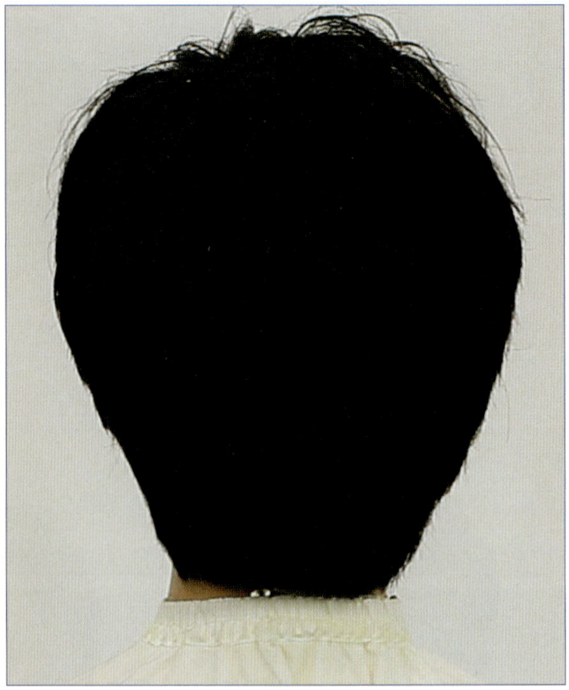

뒤 Back

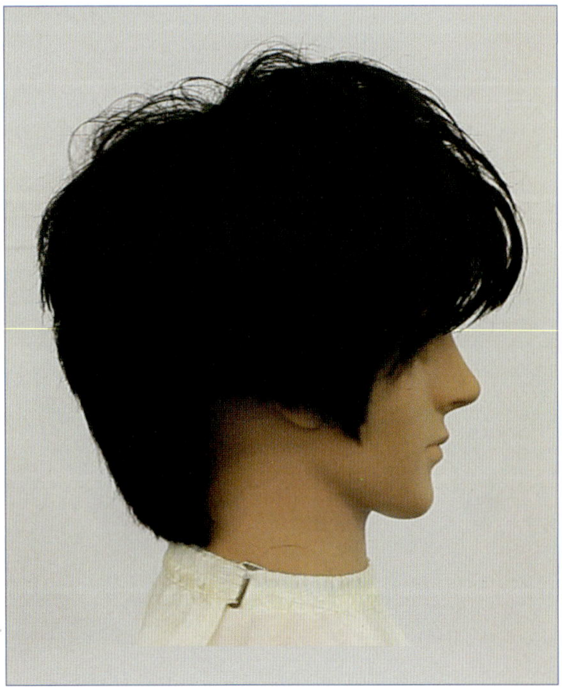

우측 Right side

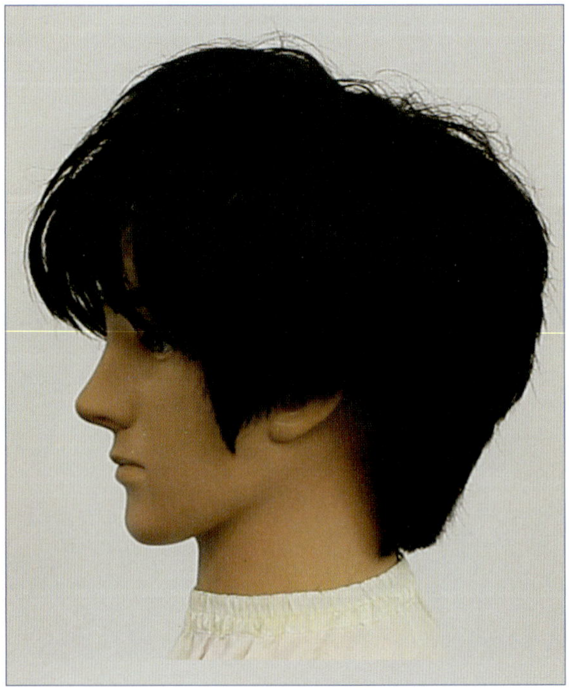

좌측 Left side

실습과정 사진	
사진	설명

실습결과 사진	
앞 Front	뒤 Back
좌측 Left Side	우측 Right Side

[교수 학습방법]

교수 방법
① 이용사는 기술로서 표현하지 못한 것을 도구를 통해 사고나 감정을 표현하는 사람임을 상기시킨다.
② 전개도를 활용해 헤어 커트 형태선의 방향과 특성을 분석할 수 있음을 설명한다.
③ 디자인 결정 시 고객의 요구사항을 파악하여 디자인할 수 있도록 상기시킨다.
④ 디자인 결정 시 고객의 외형적 특성을 파악하여 디자인할 수 있음을 설명한다.
⑤ 다양한 스타일의 형태 선, 특징 등을 도식화하여 디자인할 수 있도록 설명한다.
⑥ 혼합형 이발을 할 수 있도록 계획하는 방법을 설명한다.
⑦ 비대칭, 대칭, 커넥션, 디스커넥션의 스타일의 형태선과 특징을 설명한다.
⑧ 레이저를 이용한 에칭, 아킹, 로테이션, 테이퍼링 기법을 설명한다.
⑨ 가위를 이용한 롱, 미디엄, 쇼트 스트로크 기법을 설명한다.
⑩ 마무리 샴푸 후 타월 및 드라이기를 사용하여 수분 제거 방법을 설명한다.
⑪ 헤어 커트 보정 작업 후 잔여 머리카락을 털어 내는 방법을 설명한다.
⑫ 헤어 커트 유형별 적합한 스타일링 도구 선택 방법, 스타일링 기법, 제품 사용 방법을 설명한다.
⑬ 홈 케어를 위한 조언 및 차후 방문 시기와 중요성에 대해 알리는 방법을 설명한다.
⑭ 고객 배웅 시 적절한 인사말에 대해서 설명한다.

학습 방법
① 이용사로서 자신의 일에 자부심을 갖고 예술 정신과 훌륭한 기술을 연마하기 위해서 노력과 인내가 필요함을 학습한다.
② 전개도를 활용해 형태 분석과 외형적 변화에 따라 디자인의 결정이 변화됨을 학습한다.
③ 고객의 요구사항을 파악하여 디자인을 하는 방법을 학습한다.
④ 고객의 외형적 특성을 파악하여 디자인을 하는 방법을 학습한다.
⑤ 다양한 스타일의 형태 선과 특징을 이해하여 스케치북에 도해도를 그려 본다.
⑥ 혼합형 이발을 할 수 있는 계획서를 세워 본다.
⑦ 비대칭, 대칭, 커넥션, 디스커넥션의 스타일의 형태 선과 특징을 정리한다.
⑧ 레이저를 이용한 에칭, 아킹, 로테이션, 테이퍼링 기법에 대해 숙지한다.
⑨ 가위를 이용한 롱, 미디엄, 쇼트 스트로크 기법에 대해 숙지한다.
⑩ 마무리 샴푸 후 타월 및 드라이기를 사용하여 수분 제거 방법을 정리한다.
⑪ 헤어 커트 보정 작업 후 잔여 머리카락 제거 및 스타일링 도구 선택 방법, 스타일링을 위한 기법, 제품 사용 방법을 정리한다.

[평가 준거]

학습 내용	평가 항목	성취 수준		
		상	중	하
헤어 커트 디자인의 분석	이발에 요구되는 기본 지식인 이용사로서 관찰, 사고, 형의 특성, 형태 분석, 디자인 결정 등을 설명할 수 있다.			
혼합형 이발 계획	다양한 스타일의 형태 선, 특징 등을 도식화하여 디자인에 접목시킬 수 있다.			
혼합형 이발 작업	1. 비대칭, 대칭, 커넥션, 디스커넥션 스타일의 형태 선, 특징 등을 도식화하여 자르거나 깎을 수 있다.			
	2. 레이저를 이용한 에칭, 아킹, 로테이션, 테이퍼링 기법으로 자를 수 있다.			
	3. 가위를 이용한 롱, 미디엄, 쇼트 스트로크 기법으로 자를 수 있다.			
혼합형 이발 마무리	이발 작업 후 고객 만족도를 파악하기 위해 필요한 경우 수정, 보완하며 홈 케어를 위한 조언할 수 있다.			

[평가 방법]

학습 내용	평가 항목	성취 수준		
		상	중	하
헤어 커트 디자인의 분석	1. 이용사의 관찰과 사고에 대해 이해하고 설명할 수 있는 능력			
	2. 디자인에 따른 형의 특성을 이해하고 설명할 수 있는 능력			
	3. 머리 형태를 분석할 수 있는 능력			
	4. 디자인 결정에 관해 분석할 수 있는 능력			
	5. 이용사로서 관찰할 수 있는 능력			
	6. 다양한 형태와 특성을 관찰하고 분석할 수 있는 능력			
혼합형 이발 계획	1. 도해도를 작성할 수 있는 능력			
	2. 디자인 결정 시 고객의 요구사항을 반영하여 디자인할 수 있는 능력			
	3. 다양한 스타일의 형태 선과 특징을 도식화하여 이해하고 디자인에 접목시킬 수 있는 능력			
	4. 디자인 결정 시 고객의 요구사항을 파악할 수 있는 능력			
혼합형 이발 작업	1. 비대칭, 대칭, 커넥션, 디스커넥션 스타일의 형태선과 특징을 접목한 도식화된 디자인으로 커트할 수 있는 능력			
	2. 혼합형 이발 형태의 작업 완성도			
	3. 레이저를 사용하여 에칭, 아킹, 로테이션, 테이퍼링 기법을 할 수 있는 능력			
	4. 가위를 이용하여 롱, 미디엄, 쇼트 스트로크 기법을 할 수 있는 능력			
혼합형 이발 마무리	1. 커트 종료 후 고객의 만족도를 파악할 수 있는 의사소통 능력			
	2. 헤어 커트 보정 작업 후 잔여 머리카락을 제거할 수 있는 능력			
	3. 홈 케어를 위한 조언 및 고객 배웅 시 적절한 인사말을 건넬 수 있는 능력			

[평가자 체크 리스트]

<table>
<tr><th rowspan="2">학습 내용</th><th rowspan="2">형가 항목</th><th colspan="3">성취 수준</th></tr>
<tr><th>상</th><th>중</th><th>하</th></tr>
<tr><td rowspan="4">헤어 커트 디자인의 분석</td><td>1. 이용사의 관찰과 사고에 관한 이해 여부</td><td></td><td></td><td></td></tr>
<tr><td>2. 디자인에 따른 형의 특성을 파악하고 분석할 수 있는지 여부</td><td></td><td></td><td></td></tr>
<tr><td>3. 머리 형태를 파악하고 분석할 수 있는지 여부</td><td></td><td></td><td></td></tr>
<tr><td>4. 디자인 결정에 외형적 특징을 파악하고 분석할 수 있는지 여부</td><td></td><td></td><td></td></tr>
<tr><td rowspan="4">혼합형 이발 계획</td><td>1. 도해도에 관한 지식을 알 수 있는지 여부</td><td></td><td></td><td></td></tr>
<tr><td>2. 디자인 결정 시 고객의 요구사항을 반영하여 디자인할 수 있는지 여부</td><td></td><td></td><td></td></tr>
<tr><td>3. 다양한 스타일의 형태 선과 특징을 도식화하여 이해하고 디자인에 접목시킬 수 있는지 여부</td><td></td><td></td><td></td></tr>
<tr><td>4. 디자인 결정 시 고객의 요구사항을 파악하기 위해 노력하는지 여부</td><td></td><td></td><td></td></tr>
<tr><td rowspan="4">혼합형 이발 작업</td><td>1. 비대칭, 대칭, 커넥션, 디스커넥션 스타일의 형태선과 특징을 접목한 도식화된 디자인으로 커트할 수 있는지 여부</td><td></td><td></td><td></td></tr>
<tr><td>2. 혼합형 이발 형태 작업의 완성도 여부</td><td></td><td></td><td></td></tr>
<tr><td>3. 레이저를 사용하여 에칭, 아킹, 로테이션, 테이퍼링 기법을 할 수 있는지 여부</td><td></td><td></td><td></td></tr>
<tr><td>4. 가위를 이용하여 롱, 미디엄, 쇼트 스트로크 기법을 할 수 있는지 여부</td><td></td><td></td><td></td></tr>
<tr><td rowspan="3">혼합형 이발 마무리</td><td>1. 커트 종료 후 고객의 만족도를 파악할 수 있는 의사소통을 하였는지 여부</td><td></td><td></td><td></td></tr>
<tr><td>2. 헤어 커트 보정 작업 후 잔여 머리카락을 제거하였는지 여부</td><td></td><td></td><td></td></tr>
<tr><td>3. 홈 케어를 위한 조언 및 고객 배웅 시 적절한 인사말을 하였는지 여부</td><td></td><td></td><td></td></tr>
</table>

비대칭 스타일Asymmetry Hair Style

학습내용 단원명	수업 목표
남성 이용 응용 스타일 비대칭 커트 헤어 스타일	남성 커트 이용 비대칭 커트 헤어 스타일 실습을 수행할 수 있다.

좌·우측의 대칭을 맞추지 않고 비대칭으로 커트해 언밸런스Unbalance 한 스타일로 좌측을 짧게 하고 우측을 길게 하거나, 우측을 짧게 하고 좌측을 길게한 커트를 말한다.

1. 비대칭 헤어 커트 준비하기

(1) 재료

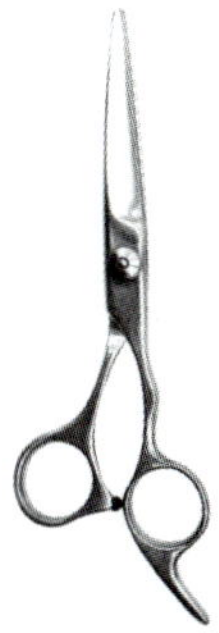

① 장가위

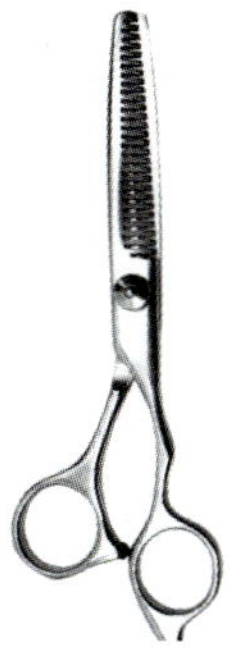

② 틴닝 가위

③ 이용 빗

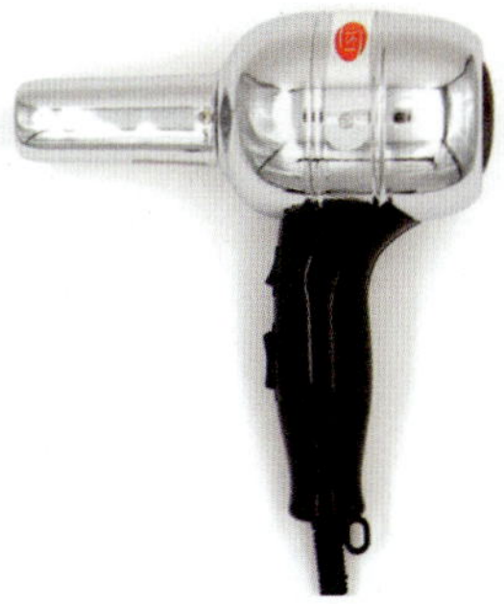

④ 이용 드라이기

⑤ 스타일링 제품

⑥ 핀셋

(2) 도해도 및 시술 개요

① 도해도

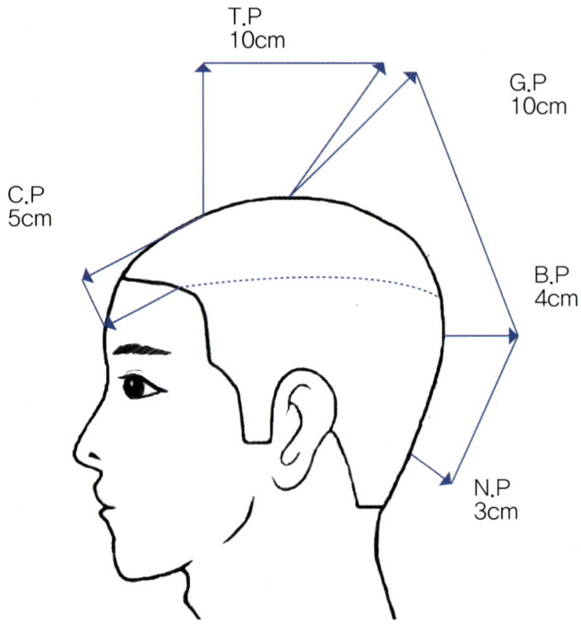

② 시술개요

블로킹 Blocking	U라인 U-Line Part, 후대각 Diagonal Back
섹션 Section	수평 Horizontal, 세로 Vertical, 후대각 Diagonal Back
분배 Distribution	직각 분배 Perpendicular Distribution, 방향 분배 Direction Distribution, 변이 분배 Shifted Distribution
각도 Angle	일반 시술 각 Normal Projection 70~90°
베이스 Base	온 더 베이스 On The Base
커트 Cut	지간 깎기
질감 처리 Texturerising	테이퍼링 Tapering

(3) 이용 남성 커트 시술 방법

시술 전

시술 후

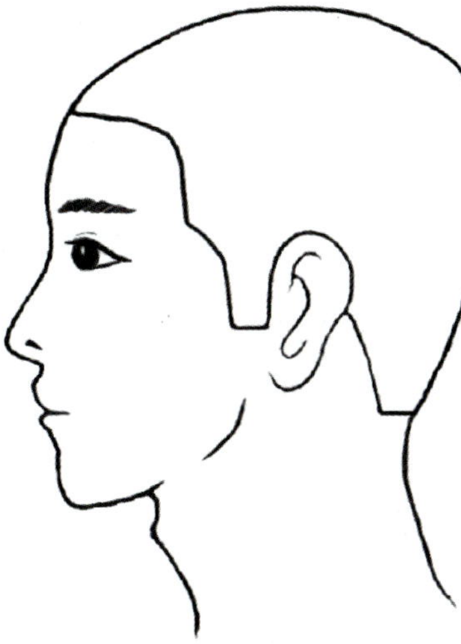

도해도 그려보기

2. 비대칭 커트 헤어 스타일 시술하기

①, ②, ③ 프론트 사이드 포인트F.S.P : Front Side Point에서 이어 백 포인트E.B.P : Ear Back Point, 이어 백 포인트에서 백 포인트B.P : Back Point까지 U 라인U-Line으로 나눈다.

④, ⑤, ⑥ 사이드 코너 포인트S.C.P : Side Corner Point에서 네이프 사이드 포인트N.S.P : Nape Side Point까지 지간 깎기로 커트Cut를 진행한다.

⑦, ⑧, ⑨ 윗단의 모발도 동일한 방법으로 커트를 진행한다.

⑩, ⑪, ⑫ 사이드 코너 포인트에서 네이프 사이드 포인트까지 지간 깎기로 커트를 진행한다.

⑬, ⑭, ⑮ 윗단의 모발도 동일한 방법으로 커트를 진행한다.

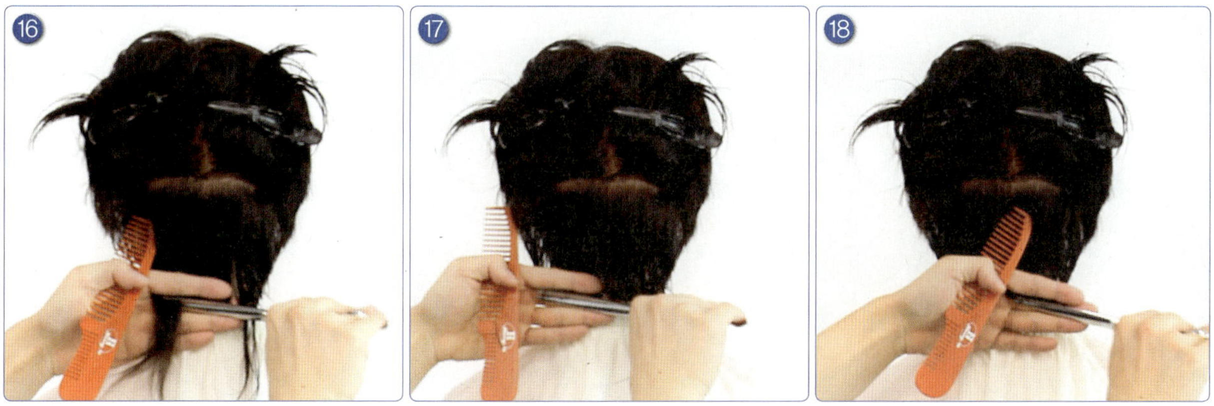

⑯, ⑰, ⑱ 네이프 포인트N.P : Nape Point에서 가이드Guide 설정 후 양쪽의 밸런스Balance를 맞추어 지간 깎기로 커트를 진행한다.

⑲, ⑳, ㉑ 센터 포인트C.P : Center Point에서 탑 골든 미디움 포인트T.G.M.P : Top Golden Medium Point까지 지간 깎기로 커트Cut를 진행한다.

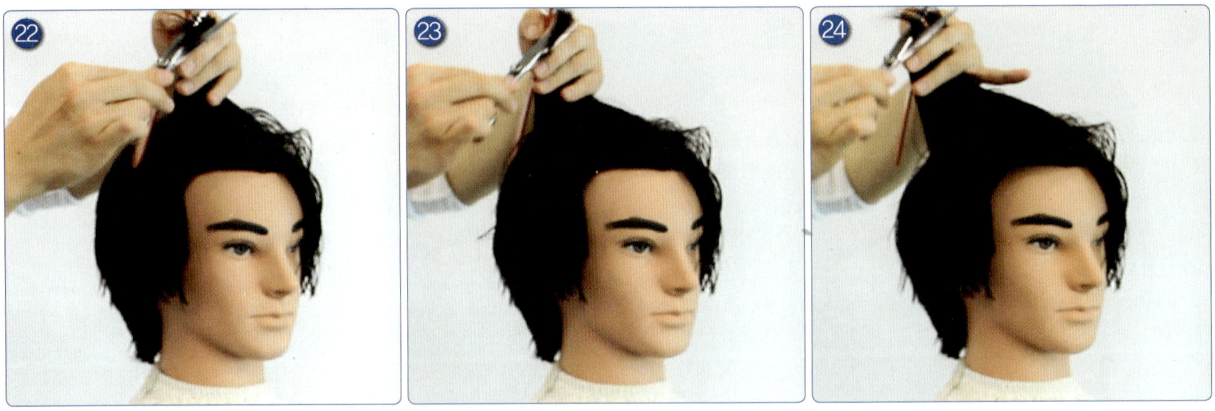

㉒, ㉓, ㉔ 사이드 포인트S.P : Side Point에서 이어 백 포인트까지 지간 깎기로 커트를 진행한다.

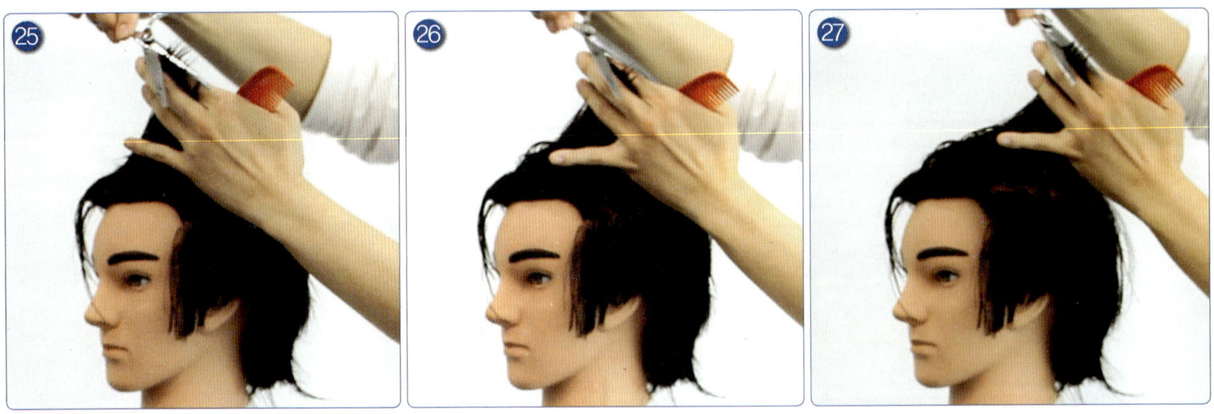

㉕, ㉖, ㉗ 사이드 포인트에서 이어 백 포인트까지 지간 깎기로 커트를 진행한다.

㉘, ㉙, ㉚ 골든 포인트G.P : Golden Point를 기준으로 방사선 섹션Pivot Section으로 커트를 진행한다.

㉛, ㉜, ㉝ 네이프 사이드 포인트 가이드를 기준으로 커트를 진행한다.

㉞, ㉟, ㊱ 앞머리를 사선 섹션Diagonal Section으로 한쪽이 길어지게 지간 깎기로 커트를 진행한다.

㊲, ㊳, ㊴ 테이퍼링 Tapering 기법으로 전체 질감 처리를 한다.

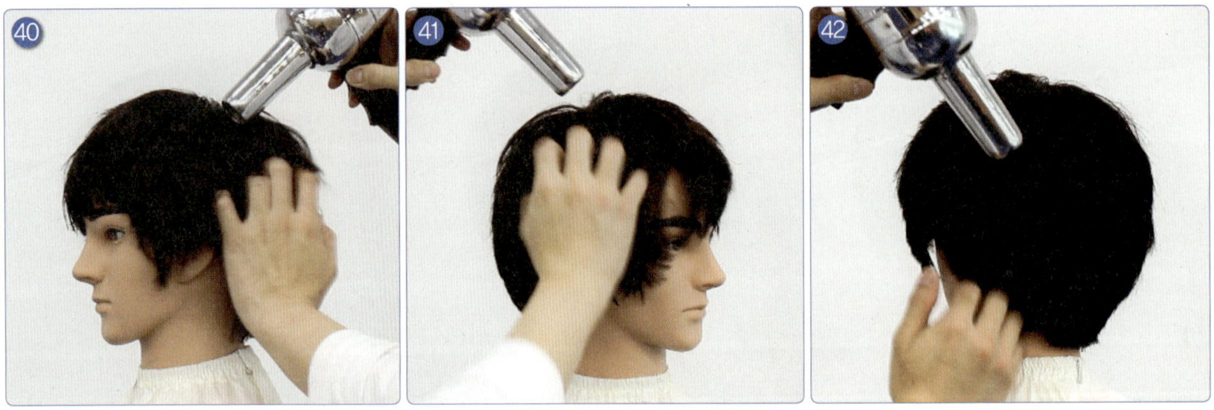

㊵, ㊶, ㊷ 모발의 흐름에 따라 드라이기를 이용하여 핸드 드라이 Hand Dry 한다.

㊸, ㊹, ㊺ 제품을 사용하여 스타일링 Styling 한다.

3. 비대칭 커트 헤어 스타일 마무리 하기

앞 Front

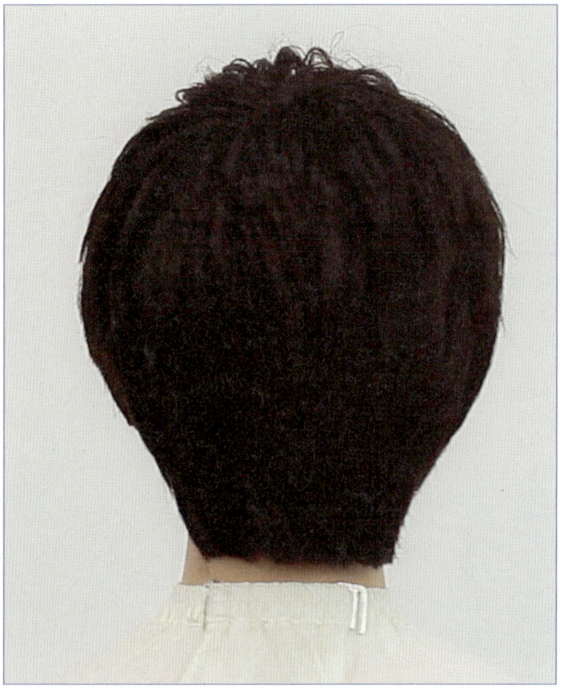

뒤 Back

우측 Right side

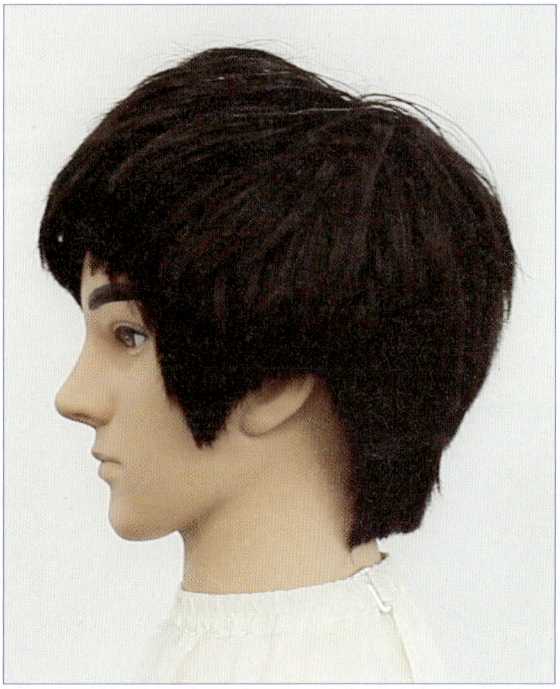

좌측 Left side

실습과정 사진	
사진	설명

실습결과 사진	
앞 Front	뒤 Back
좌측 Left Side	우측 Right Side

[교수 학습방법]

교수 방법
① 이용사는 기술로서 표현하지 못한 것을 도구를 통해 사고나 감정을 표현하는 사람임을 상기시킨다.
② 전개도를 활용해 헤어 커트 형태선의 방향과 특성을 분석할 수 있음을 설명한다.
③ 디자인 결정 시 고객의 요구사항을 파악하여 디자인할 수 있도록 상기시킨다.
④ 디자인 결정 시 고객의 외형적 특성을 파악하여 디자인할 수 있음을 설명한다.
⑤ 다양한 스타일의 형태 선, 특징 등을 도식화하여 디자인할 수 있도록 설명한다.
⑥ 혼합형 이발을 할 수 있도록 계획하는 방법을 설명한다.
⑦ 비대칭, 대칭, 커넥션, 디스커넥션의 스타일의 형태선과 특징을 설명한다.
⑧ 레이저를 이용한 에칭, 아킹, 로테이션, 테이퍼링 기법을 설명한다.
⑨ 가위를 이용한 롱, 미디엄, 쇼트 스트로크 기법을 설명한다.
⑩ 마무리 샴푸 후 타월 및 드라이기를 사용하여 수분 제거 방법을 설명한다.
⑪ 헤어 커트 보정 작업 후 잔여 머리카락을 털어 내는 방법을 설명한다.
⑫ 헤어 커트 유형별 적합한 스타일링 도구 선택 방법, 스타일링 기법, 제품 사용 방법을 설명한다.
⑬ 홈 케어를 위한 조언 및 차후 방문 시기와 중요성에 대해 알리는 방법을 설명한다.
⑭ 고객 배웅 시 적절한 인사말에 대해서 설명한다.

학습 방법
① 이용사로서 자신의 일에 자부심을 갖고 예술 정신과 훌륭한 기술을 연마하기 위해서 노력과 인내가 필요함을 학습한다.
② 전개도를 활용해 형태 분석과 외형적 변화에 따라 디자인의 결정이 변화됨을 학습한다.
③ 고객의 요구사항을 파악하여 디자인을 하는 방법을 학습한다.
④ 고객의 외형적 특성을 파악하여 디자인을 하는 방법을 학습한다.
⑤ 다양한 스타일의 형태 선과 특징을 이해하여 스케치북에 도해도를 그려 본다.
⑥ 혼합형 이발을 할 수 있는 계획서를 세워 본다.
⑦ 비대칭, 대칭, 커넥션, 디스커넥션의 스타일의 형태 선과 특징을 정리한다.
⑧ 레이저를 이용한 에칭, 아킹, 로테이션, 테이퍼링 기법에 대해 숙지한다.
⑨ 가위를 이용한 롱, 미디엄, 쇼트 스트로크 기법에 대해 숙지한다.
⑩ 마무리 샴푸 후 타월 및 드라이기를 사용하여 수분 제거 방법을 정리한다.
⑪ 헤어 커트 보정 작업 후 잔여 머리카락 제거 및 스타일링 도구 선택 방법, 스타일링을 위한 기법, 제품 사용 방법을 정리한다.

[평가 준거]

학습 내용	평가 항목	성취 수준		
		상	중	하
헤어 커트 디자인의 분석	이발에 요구되는 기본 지식인 이용사로서 관찰, 사고, 형의 특성, 형태 분석, 디자인 결정 등을 설명할 수 있다.			
혼합형 이발 계획	다양한 스타일의 형태 선, 특징 등을 도식화하여 디자인에 접목시킬 수 있다.			
혼합형 이발 작업	1. 비대칭, 대칭, 커넥션, 디스커넥션 스타일의 형태 선, 특징 등을 도식화하여 자르거나 깎을 수 있다.			
	2. 레이저를 이용한 에칭, 아킹, 로테이션, 테이퍼링 기법으로 자를 수 있다.			
	3. 가위를 이용한 롱, 미디엄, 쇼트 스트로크 기법으로 자를 수 있다.			
혼합형 이발 마무리	이발 작업 후 고객 만족도를 파악하기 위해 필요한 경우 수정, 보완하며 홈 케어를 위한 조언할 수 있다.			

[평가 방법]

학습 내용	평가 항목	성취 수준		
		상	중	하
헤어 커트 디자인의 분석	1. 이용사의 관찰과 사고에 대해 이해하고 설명할 수 있는 능력			
	2. 디자인에 따른 형의 특성을 이해하고 설명할 수 있는 능력			
	3. 머리 형태를 분석할 수 있는 능력			
	4. 디자인 결정에 관해 분석할 수 있는 능력			
	5. 이용사로서 관찰할 수 있는 능력			
	6. 다양한 형태와 특성을 관찰하고 분석할 수 있는 능력			
혼합형 이발 계획	1. 도해도를 작성할 수 있는 능력			
	2. 디자인 결정 시 고객의 요구사항을 반영하여 디자인할 수 있는 능력			
	3. 다양한 스타일의 형태 선과 특징을 도식화하여 이해하고 디자인에 접목시킬 수 있는 능력			
	4. 디자인 결정 시 고객의 요구사항을 파악할 수 있는 능력			
혼합형 이발 작업	1. 비대칭, 대칭, 커넥션, 디스커넥션 스타일의 형태선과 특징을 접목한 도식화된 디자인으로 커트할 수 있는 능력			
	2. 혼합형 이발 형태의 작업 완성도			
	3. 레이저를 사용하여 에칭, 아킹, 로테이션, 테이퍼링 기법을 할 수 있는 능력			
	4. 가위를 이용하여 롱, 미디엄, 쇼트 스트로크 기법을 할 수 있는 능력			
혼합형 이발 마무리	1. 커트 종료 후 고객의 만족도를 파악할 수 있는 의사소통 능력			
	2. 헤어 커트 보정 작업 후 잔여 머리카락을 제거할 수 있는 능력			
	3. 홈 케어를 위한 조언 및 고객 배웅 시 적절한 인사말을 건넬 수 있는 능력			

[평가자 체크 리스트]

학습 내용	평가 항목	성취 수준		
		상	중	하
헤어 커트 디자인의 분석	1. 이용사의 관찰과 사고에 관한 이해 여부			
	2. 디자인에 따른 형의 특성을 파악하고 분석할 수 있는지 여부			
	3. 머리 형태를 파악하고 분석할 수 있는지 여부			
	4. 디자인 결정에 외형적 특징을 파악하고 분석할 수 있는지 여부			
혼합형 이발 계획	1. 도해도에 관한 지식을 알 수 있는지 여부			
	2. 디자인 결정 시 고객의 요구사항을 반영하여 디자인할 수 있는지 여부			
	3. 다양한 스타일의 형태 선과 특징을 도식화하여 이해하고 디자인에 접목시킬 수 있는지 여부			
	4. 디자인 결정 시 고객의 요구사항을 파악하기 위해 노력하는지 여부			
혼합형 이발 작업	1. 비대칭, 대칭, 커넥션, 디스커넥션 스타일의 형태선과 특징을 접목한 도식화된 디자인으로 커트할 수 있는지 여부			
	2. 혼합형 이발 형태 작업의 완성도 여부			
	3. 레이저를 사용하여 에칭, 아킹, 로테이션, 테이퍼링 기법을 할 수 있는지 여부			
	4. 가위를 이용하여 롱, 미디엄, 쇼트 스트로크 기법을 할 수 있는지 여부			
혼합형 이발 마무리	1. 커트 종료 후 고객의 만족도를 파악할 수 있는 의사소통을 하였는지 여부			
	2. 헤어 커트 보정 작업 후 잔여 머리카락을 제거하였는지 여부			
	3. 홈 케어를 위한 조언 및 고객 배웅 시 적절한 인사말을 하였는지 여부			

5. 리젠트 스타일Regent Hair Style

학습 내용단원명	수업 목표
남성 이용 응용 스타일 리젠트 커트 헤어 스타일	남성 커트 이용 리젠트 커트 헤어 스타일 실습을 수행할 수 있다.

리젠트 커트Regent Cut은 옆 라인이 깔끔한 스타일이면서 위의 모발을 반 올백 할 수 있는 정도의 길이로 깔끔한 스타일의 커트 형태를 말한다.

1. 리젠트 헤어 커트 준비하기

(1) 재료

① 장가위

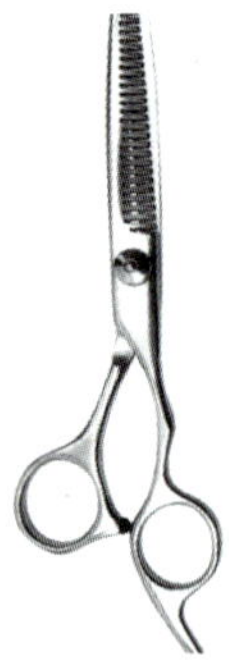

② 틴닝 가위

③ 이용 빗

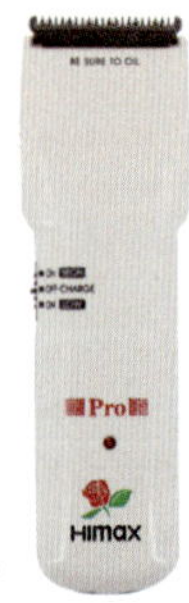

④ 클리퍼

⑤ 스타일링 제품

⑥ 핀셋

⑦ 이용 드라이기

(2) 도해도 및 시술 개요

① 도해도

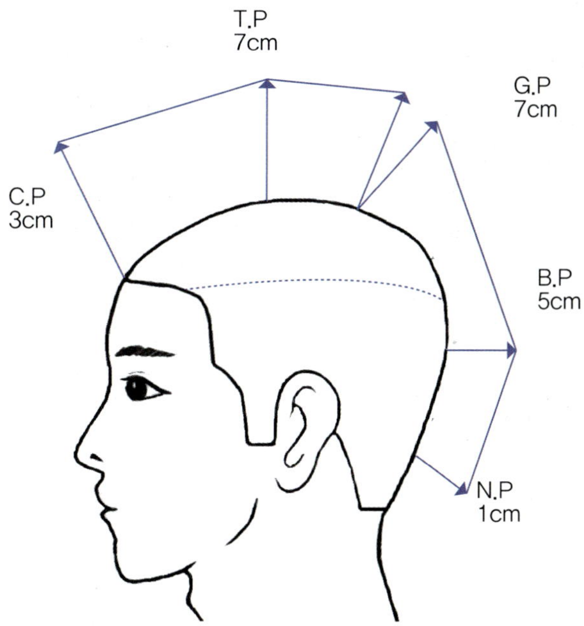

② 시술개요

블로킹 Blocking	U라인 U-Line Part, 후대각 Diagonal Back
섹션 Section	수평 Horizontal, 세로 Vertical, 후대각 Diagonal Back
분배 Distribution	직각 분배 Perpendicular Distribution, 방향 분배 Direction Distribution, 변이 분배 Shifted Distribution
각도 Angle	일반 시술 각 Normal Projection 70～90°
베이스 Base	온 더 베이스 On The Base
커트 Cut	지간 깎기, 떠올려 깎기, 세워 깎기, 연속 깎기
질감 처리 Texturerising	테이퍼링 Tapering

(3) 이용 남성 커트 시술 방법

시술 전

시술 후

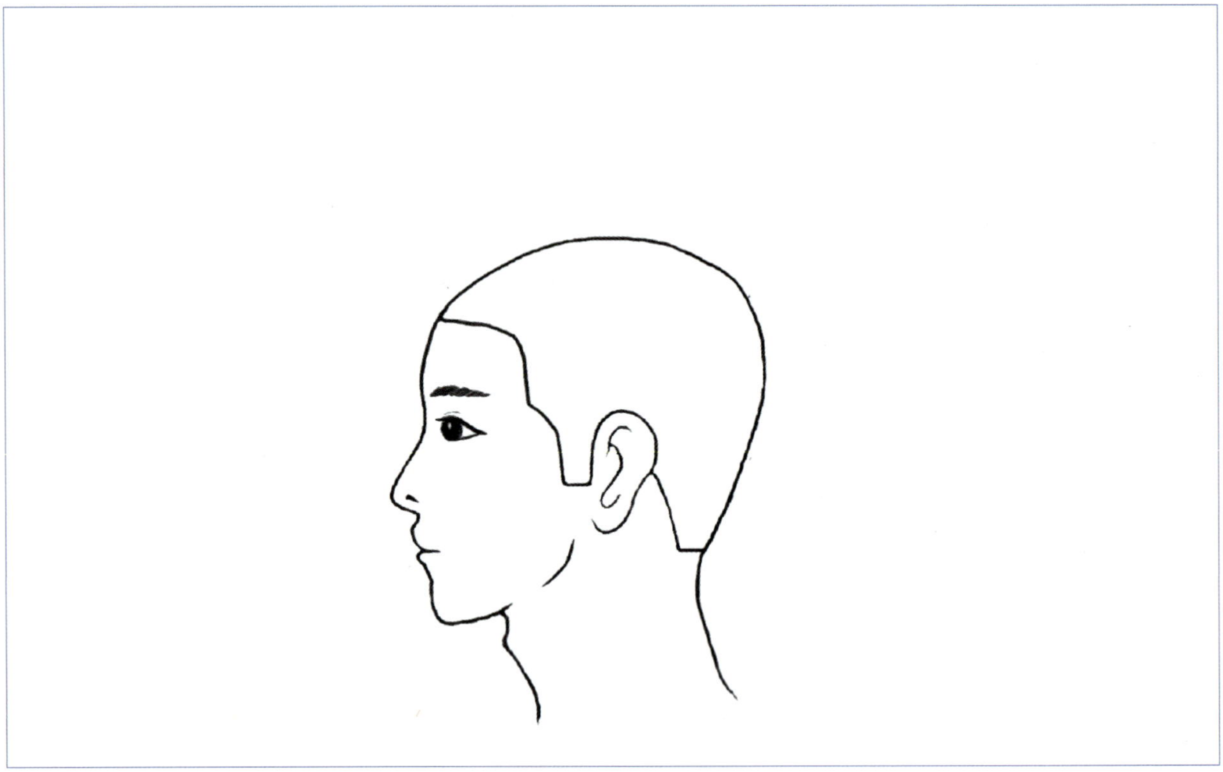

도해도 그려보기

2. 리젠트 커트 헤어 스타일 시술하기

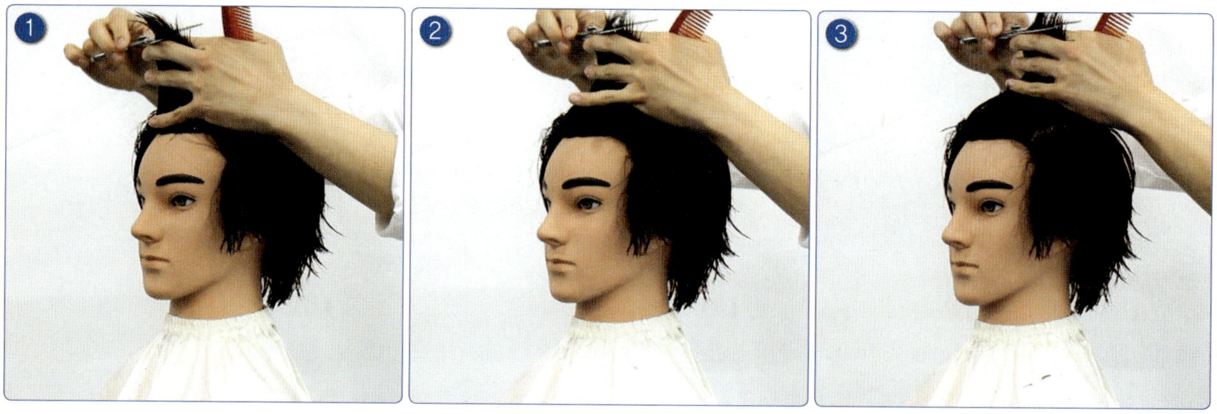

①, ②, ③ 센터 포인트C.P : Center Point에서 탑 골든 미디움 포인트T.G.M.P : Top Golden Medium Point까지 지간 깎기로 커트Cut를 진행한다.

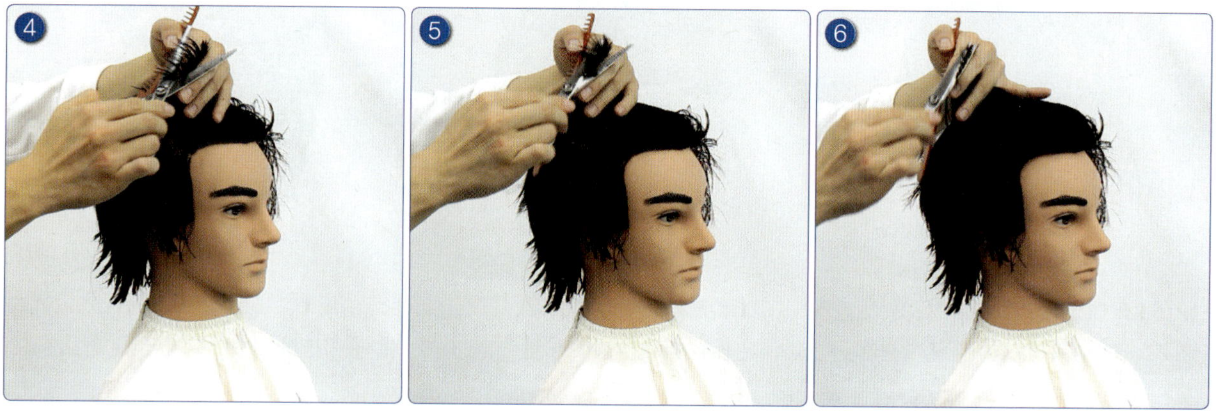

④, ⑤, ⑥ 사이드 포인트S.P : Side Point에서 이어 백 포인트E.B.P : Ear Back Point까지 지간 깎기로 커트를 진행한다.

⑦, ⑧, ⑨ 사이드 포인트에서 이어 백 포인트까지 지간 깎기로 커트를 진행한다.

⑩, ⑪, ⑫ 골든 포인트G.P : Golden Point를 기준으로 방사선 섹션Pivot Section으로 커트를 진행한다.

⑬, ⑭, ⑮ 프론트 사이드 포인트F.S.P : Front Side Point에서 이어 백 포인트, 이어 백 포인트에서 백 포인트B.P : Back Point까지 U 라인U-Line으로 나눈다.

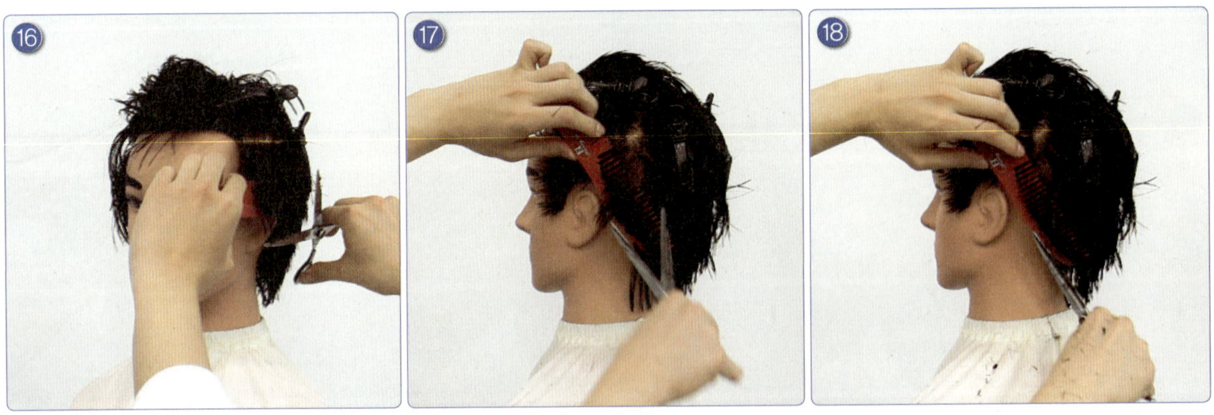

⑯, ⑰, ⑱ 사이드 코너 포인트S.C.P : Side Corner Point에서 네이프 사이드 포인트N.S.P : Nape Side Point까지 떠올려 깎기로 커트를 진행한다.

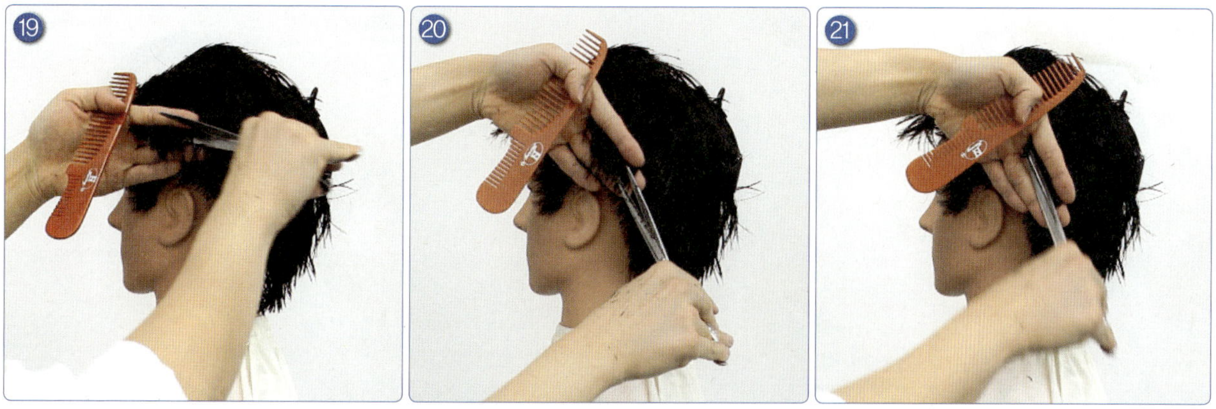

⑲, ⑳, ㉑ 사이드 포인트에서 이어 백 포인트, 이어 백 포인트에서 백 포인트까지 지간 깎기로 커트를 진행한다.

㉒, ㉓, ㉔ 사이드 코너 포인트에서 네이프 사이드 포인트까지 떠올려 깎기로 커트를 진행한다.

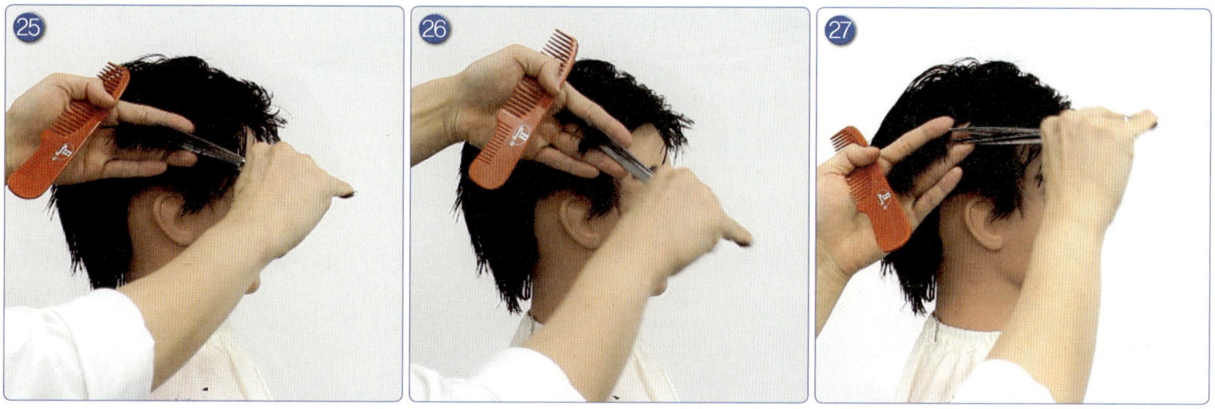

㉕, ㉖, ㉗ 사이드 포인트에서 이어 백 포인트, 이어 백 포인트에서 백 포인트까지 지간 깎기로 커트를 진행한다.

㉘, ㉙, ㉚ 백Back 부분도 양 옆 밸런스Balance를 맞추면서 커트를 진행한다.

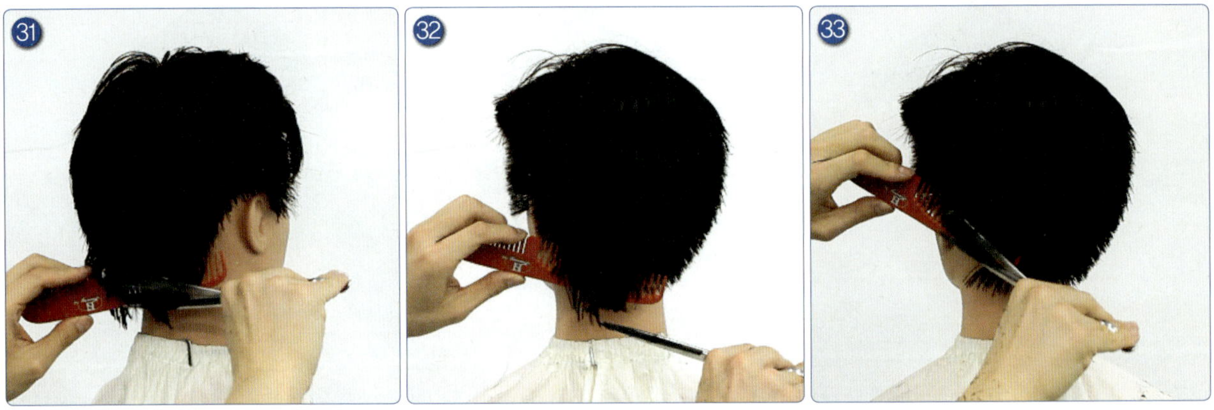

㉛, ㉜, ㉝ 네이프 사이드 포인트부터 가이드Guide에 맞춰 떠올려 깎기로 커트를 진행한다.

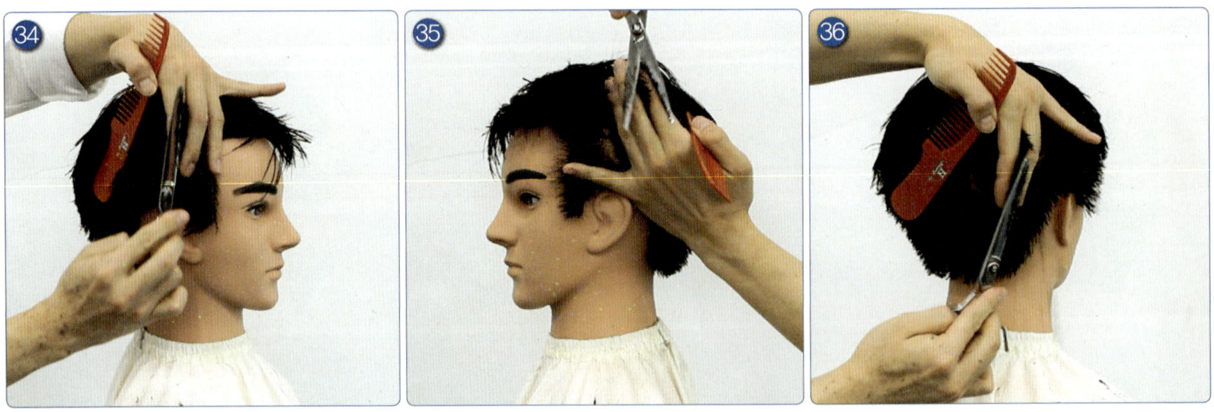

㉞, ㉟, ㊱ 사이드 포인트에서 이어 백 포인트까지 지간 깎기로 연결하여 커트를 진행한다.

㊲, ㊳, ㊴ 앞머리 부분의 길이를 설정 후 커트를 진행한다.

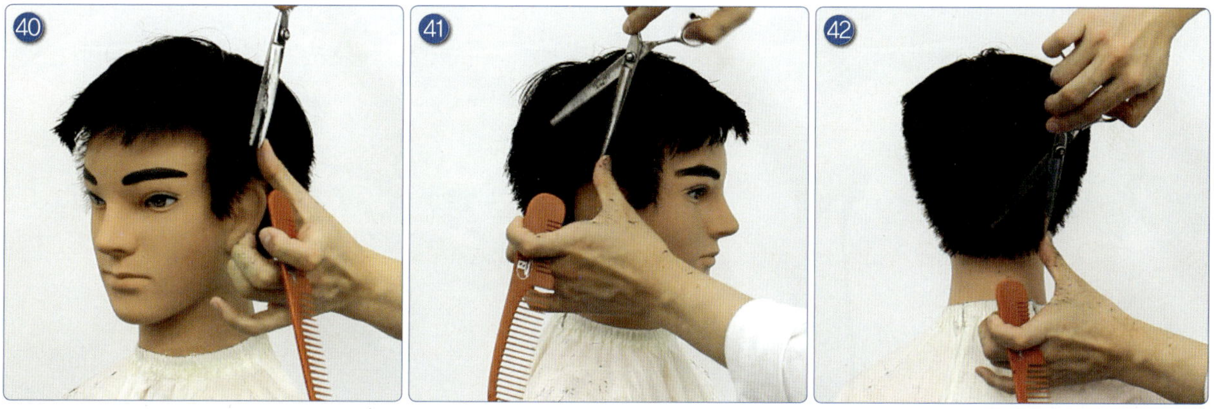

㊵, ㊶, ㊷ 세워 깎기로 연결 부분을 정리하여 커트를 진행한다.

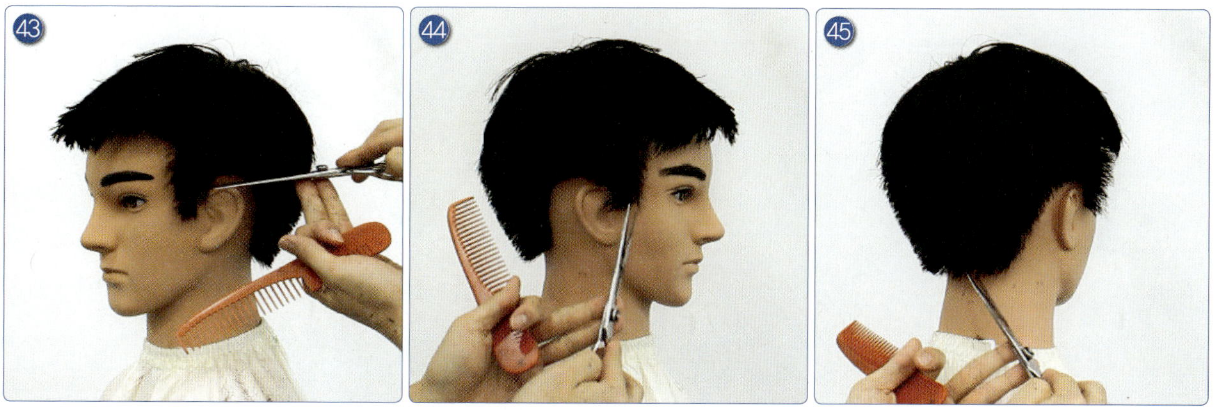

㊸, ㊹, ㊺ 전체적인 아웃 라인Out Line을 정리하며 커트를 진행한다.

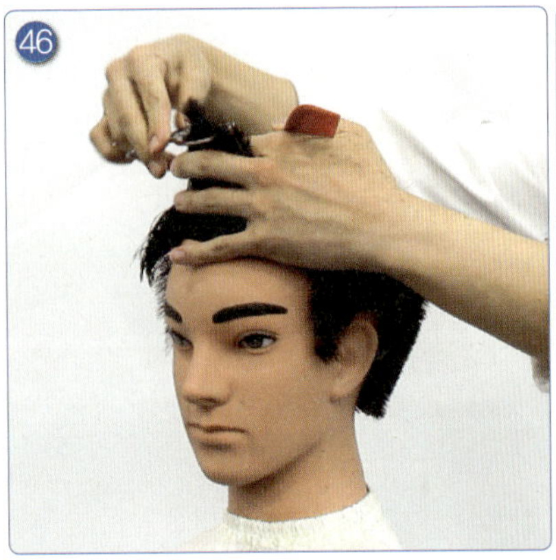

㊻, ㊼, ㊽ 테이퍼링 Tapering 기법으로 전체 질감 처리를 한다.

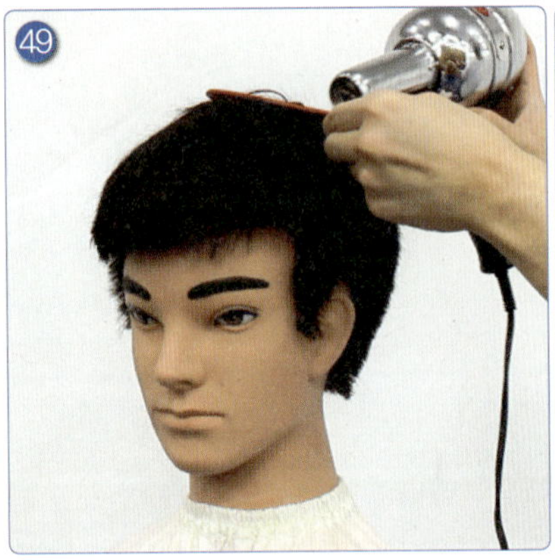

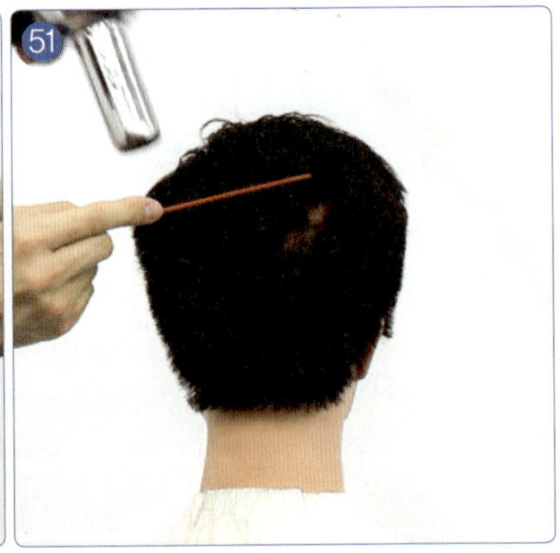

㊾, ㊿, (51) 빗을 사용하여 볼륨을 형성해 주며 전체적으로 드라이 Dry 를 진행한다.

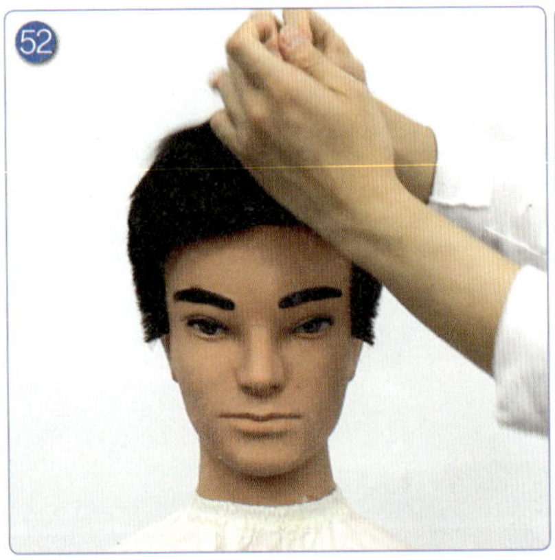

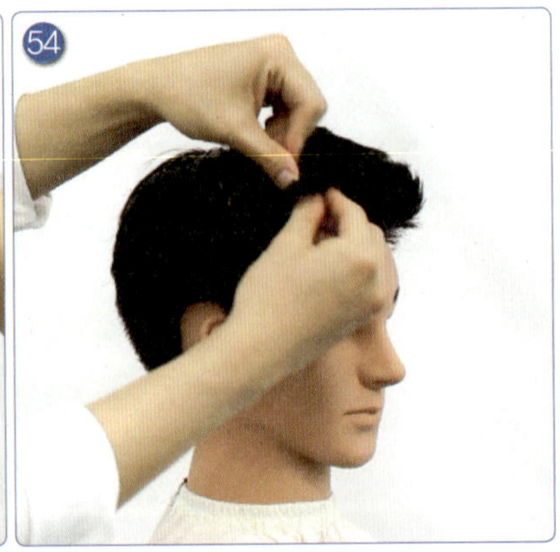

(52), (53), (54) 제품을 사용하여 스타일링 Styling 한다.

3. 리젠트 커트 헤어 스타일 마무리하기

앞 Front

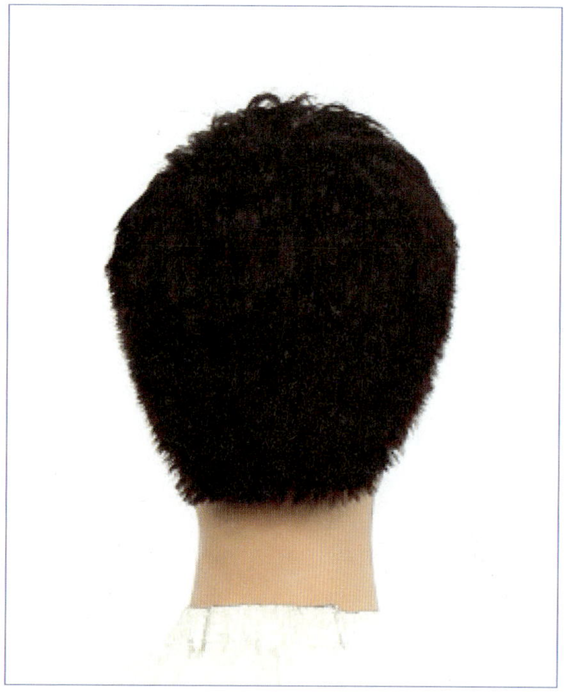

뒤 Back

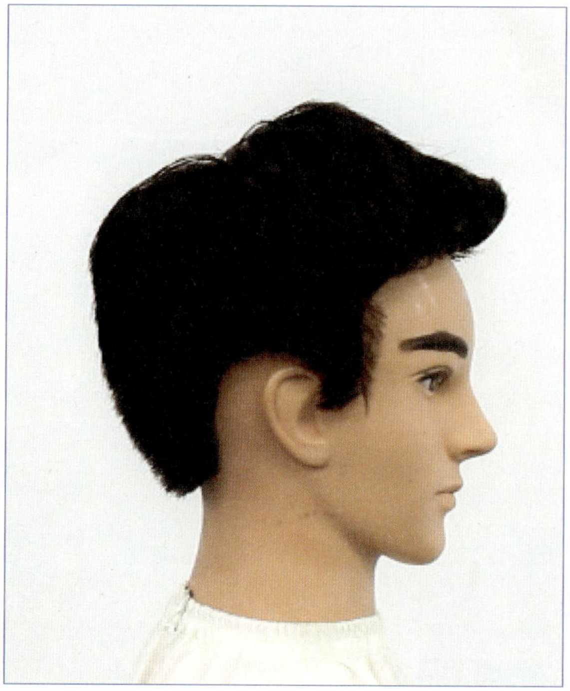

우측 Right side

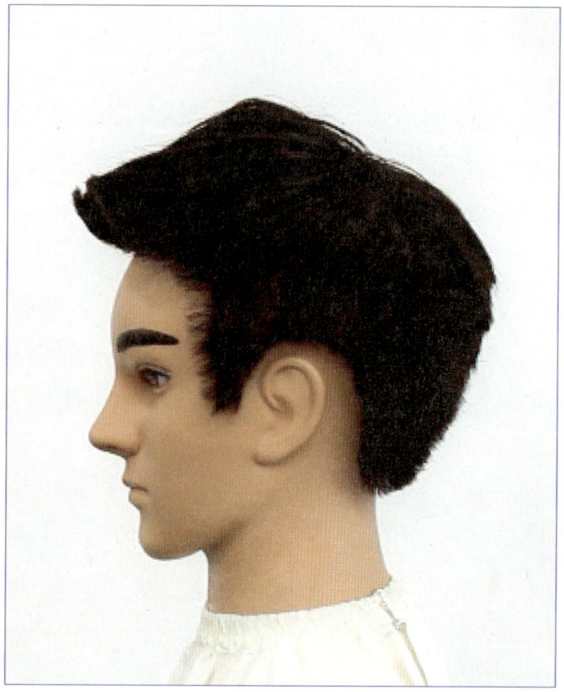

좌측 Left side

실습과정 사진	
사진	설명

실습결과 사진	
앞 Front	뒤 Back
좌측 Left Side	우측 Right Side

[교수 학습방법]

교수 방법
① 이용사는 기술로서 표현하지 못한 것을 도구를 통해 사고나 감정을 표현하는 사람임을 상기시킨다.
② 전개도를 활용해 헤어 커트 형태선의 방향과 특성을 분석할 수 있음을 설명한다.
③ 디자인 결정 시 고객의 요구사항을 파악하여 디자인할 수 있도록 상기시킨다.
④ 디자인 결정 시 고객의 외형적 특성을 파악하여 디자인할 수 있음을 설명한다.
⑤ 다양한 스타일의 형태 선, 특징 등을 도식화하여 디자인할 수 있도록 설명한다.
⑥ 혼합형 이발을 할 수 있도록 계획하는 방법을 설명한다.
⑦ 비대칭, 대칭, 커넥션, 디스커넥션의 스타일의 형태선과 특징을 설명한다.
⑧ 레이저를 이용한 에칭, 아킹, 로테이션, 테이퍼링 기법을 설명한다.
⑨ 가위를 이용한 롱, 미디엄, 쇼트 스트로크 기법을 설명한다.
⑩ 마무리 샴푸 후 타월 및 드라이기를 사용하여 수분 제거 방법을 설명한다.
⑪ 헤어 커트 보정 작업 후 잔여 머리카락을 털어 내는 방법을 설명한다.
⑫ 헤어 커트 유형별 적합한 스타일링 도구 선택 방법, 스타일링 기법, 제품 사용 방법을 설명한다.
⑬ 홈 케어를 위한 조언 및 차후 방문 시기와 중요성에 대해 알리는 방법을 설명한다.
⑭ 고객 배웅 시 적절한 인사말에 대해서 설명한다.

학습 방법
① 이용사로서 자신의 일에 자부심을 갖고 예술 정신과 훌륭한 기술을 연마하기 위해서 노력과 인내가 필요함을 학습한다.
② 전개도를 활용해 형태 분석과 외형적 변화에 따라 디자인의 결정이 변화됨을 학습한다.
③ 고객의 요구사항을 파악하여 디자인을 하는 방법을 학습한다.
④ 고객의 외형적 특성을 파악하여 디자인을 하는 방법을 학습한다.
⑤ 다양한 스타일의 형태 선과 특징을 이해하여 스케치북에 도해도를 그려 본다.
⑥ 혼합형 이발을 할 수 있는 계획서를 세워 본다.
⑦ 비대칭, 대칭, 커넥션, 디스커넥션의 스타일의 형태 선과 특징을 정리한다.
⑧ 레이저를 이용한 에칭, 아킹, 로테이션, 테이퍼링 기법에 대해 숙지한다.
⑨ 가위를 이용한 롱, 미디엄, 쇼트 스트로크 기법에 대해 숙지한다.
⑩ 마무리 샴푸 후 타월 및 드라이기를 사용하여 수분 제거 방법을 정리한다.
⑪ 헤어 커트 보정 작업 후 잔여 머리카락 제거 및 스타일링 도구 선택 방법, 스타일링을 위한 기법, 제품 사용 방법을 정리한다.

[평가 준거]

학습 내용	평가 항목	성취 수준		
		상	중	하
헤어 커트 디자인의 분석	이발에 요구되는 기본 지식인 이용사로서 관찰, 사고, 형의 특성, 형태 분석, 디자인 결정 등을 설명할 수 있다.			
혼합형 이발 계획	다양한 스타일의 형태 선, 특징 등을 도식화하여 디자인에 접목시킬 수 있다.			
혼합형 이발 작업	1. 비대칭, 대칭, 커넥션, 디스커넥션 스타일의 형태 선, 특징 등을 도식화하여 자르거나 깎을 수 있다.			
	2. 레이저를 이용한 에칭, 아킹, 로테이션, 테이퍼링 기법으로 자를 수 있다.			
	3. 가위를 이용한 롱, 미디엄, 쇼트 스트로크 기법으로 자를 수 있다.			
혼합형 이발 마무리	이발 작업 후 고객 만족도를 파악하기 위해 필요한 경우 수정, 보완하며 홈 케어를 위한 조언할 수 있다.			

[평가 방법]

학습 내용	평가 항목	성취 수준		
		상	중	하
헤어 커트 디자인의 분석	1. 이용사의 관찰과 사고에 대해 이해하고 설명할 수 있는 능력			
	2. 디자인에 따른 형의 특성을 이해하고 설명할 수 있는 능력			
	3. 머리 형태를 분석할 수 있는 능력			
	4. 디자인 결정에 관해 분석할 수 있는 능력			
	5. 이용사로서 관찰할 수 있는 능력			
	6. 다양한 형태와 특성을 관찰하고 분석할 수 있는 능력			
혼합형 이발 계획	1. 도해도를 작성할 수 있는 능력			
	2. 디자인 결정 시 고객의 요구사항을 반영하여 디자인할 수 있는 능력			
	3. 다양한 스타일의 형태 선과 특징을 도식화하여 이해하고 디자인에 접목시킬 수 있는 능력			
	4. 디자인 결정 시 고객의 요구사항을 파악할 수 있는 능력			
혼합형 이발 작업	1. 비대칭, 대칭, 커넥션, 디스커넥션 스타일의 형태선과 특징을 접목한 도식화된 디자인으로 커트할 수 있는 능력			
	2. 혼합형 이발 형태의 작업 완성도			
	3. 레이저를 사용하여 에칭, 아킹, 로테이션, 테이퍼링 기법을 할 수 있는 능력			
	4. 가위를 이용하여 롱, 미디엄, 쇼트 스트로크 기법을 할 수 있는 능력			
혼합형 이발 마무리	1. 커트 종료 후 고객의 만족도를 파악할 수 있는 의사소통 능력			
	2. 헤어 커트 보정 작업 후 잔여 머리카락을 제거할 수 있는 능력			
	3. 홈 케어를 위한 조언 및 고객 배웅 시 적절한 인사말을 건넬 수 있는 능력			

[평가자 체크 리스트]

<table>
<tr><th rowspan="2">학습 내용</th><th rowspan="2">평가 항목</th><th colspan="3">성취 수준</th></tr>
<tr><th>상</th><th>중</th><th>하</th></tr>
<tr><td rowspan="4">헤어 커트 디자인의 분석</td><td>1. 이용사의 관찰과 사고에 관한 이해 여부</td><td></td><td></td><td></td></tr>
<tr><td>2. 디자인에 따른 형의 특성을 파악하고 분석할 수 있는지 여부</td><td></td><td></td><td></td></tr>
<tr><td>3. 머리 형태를 파악하고 분석할 수 있는지 여부</td><td></td><td></td><td></td></tr>
<tr><td>4. 디자인 결정에 외형적 특징을 파악하고 분석할 수 있는지 여부</td><td></td><td></td><td></td></tr>
<tr><td rowspan="4">혼합형 이발 계획</td><td>1. 도해도에 관한 지식을 알 수 있는지 여부</td><td></td><td></td><td></td></tr>
<tr><td>2. 디자인 결정 시 고객의 요구사항을 반영하여 디자인할 수 있는지 여부</td><td></td><td></td><td></td></tr>
<tr><td>3. 다양한 스타일의 형태 선과 특징을 도식화하여 이해하고 디자인에 접목시킬 수 있는지 여부</td><td></td><td></td><td></td></tr>
<tr><td>4. 디자인 결정 시 고객의 요구사항을 파악하기 위해 노력하는지 여부</td><td></td><td></td><td></td></tr>
<tr><td rowspan="4">혼합형 이발 작업</td><td>1. 비대칭, 대칭, 커넥션, 디스커넥션 스타일의 형태선과 특징을 접목한 도식화된 디자인으로 커트할 수 있는지 여부</td><td></td><td></td><td></td></tr>
<tr><td>2. 혼합형 이발 형태 작업의 완성도 여부</td><td></td><td></td><td></td></tr>
<tr><td>3. 레이저를 사용하여 에칭, 아킹, 로테이션, 테이퍼링 기법을 할 수 있는지 여부</td><td></td><td></td><td></td></tr>
<tr><td>4. 가위를 이용하여 롱, 미디엄, 쇼트 스트로크 기법을 할 수 있는지 여부</td><td></td><td></td><td></td></tr>
<tr><td rowspan="3">혼합형 이발 마무리</td><td>1. 커트 종료 후 고객의 만족도를 파악할 수 있는 의사소통을 하였는지 여부</td><td></td><td></td><td></td></tr>
<tr><td>2. 헤어 커트 보정 작업 후 잔여 머리카락을 제거하였는지 여부</td><td></td><td></td><td></td></tr>
<tr><td>3. 홈 케어를 위한 조언 및 고객 배웅 시 적절한 인사말을 하였는지 여부</td><td></td><td></td><td></td></tr>
</table>

6. 스왓 스타일Swat Hair Style

학습내용 단원명	수업 목표
남성 이용 응용 스타일 스왓 커트 헤어 스타일	남성 커트 이용 스왓 커트 헤어 스타일 실습을 수행할 수 있다.

스왓 커트Swat Cut는 미국 경찰이 하는 머리 모양에서 이름을 지어진 커트로서 전체적으로 스포츠 머리에서 윗머리의 길이가 있고 앞머리가 V자 모양의 커트 형태를 말한다.

1. 스왓 헤어 커트 준비하기

(1) 재료

① 장가위

② 틴닝 가위

③ 이용 빗

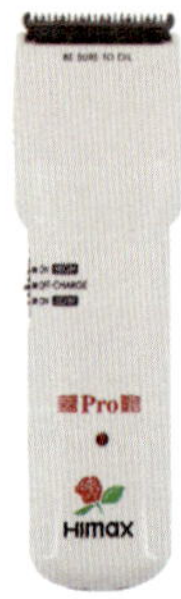

④ 클리퍼

⑤ 스타일링 제품

⑥ 핀셋

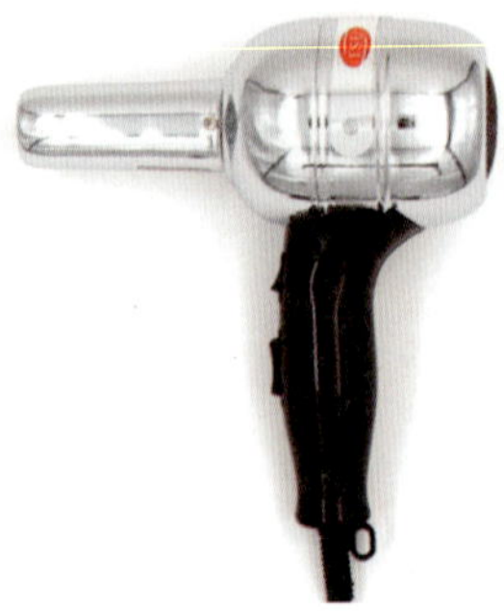

⑦ 이용 드라이기

(2) 도해도 및 시술 개요

① 도해도

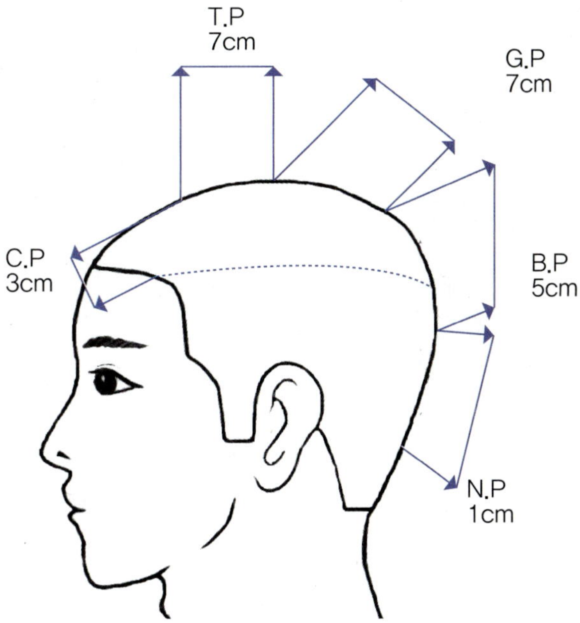

② 시술개요

블로킹 Blocking	U라인 U-Line Part, 후대각 Diagonal Back
섹션 Section	수평 Horizontal, 세로 Vertical, 후대각 Diagonal Back
분배 Distribution	직각 분배 Perpendicular Distribution, 방향 분배 Direction Distribution, 변이 분배 Shifted Distribution
각도 Angle	일반 시술 각 Normal Projection 90°
베이스 Base	온 더 베이스 On The Base
커트 Cut	지간 깎기, 떠올려 깎기, 세워 깎기, 연속 깎기 싱글링
질감 처리 Texturerising	테이퍼링 Tapering

(3) 이용 남성 커트 시술 방법

시술 전

시술 후

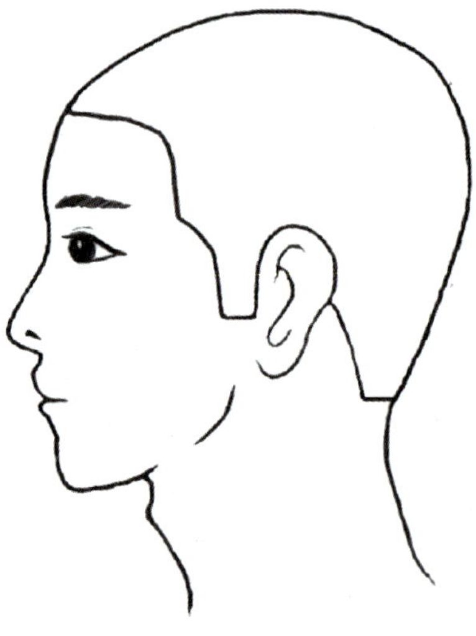

도해도 그려보기

2. 스왓 커트 헤어 스타일 시술하기

①, ②, ③ 프론트 사이드 포인트F.S.P : Front Side Point에서 이어 백 포인트E.B.P : Ear Back Point, 이어 백 포인트에서 백 포인트B.P : Back Point까지 U 라인U-Line으로 나눈다.

④, ⑤, ⑥ 사이드 코너 포인트S.C.P : Side Corner Point에서 네이프 사이드 포인트N.S.P : Nape Side Point까지 클리퍼Clipper를 사용하여 커트Cut를 진행한다.

⑦, ⑧, ⑨ 반대편도 동일한 방법으로 진행하며 양 옆 밸런스Balance를 맞추면서 커트를 진행한다.

⑩, ⑪, ⑫ 네이프 사이드 포인트부터 가이드Guide에 맞춰 클리퍼를 사용하여 커트를 진행한다.

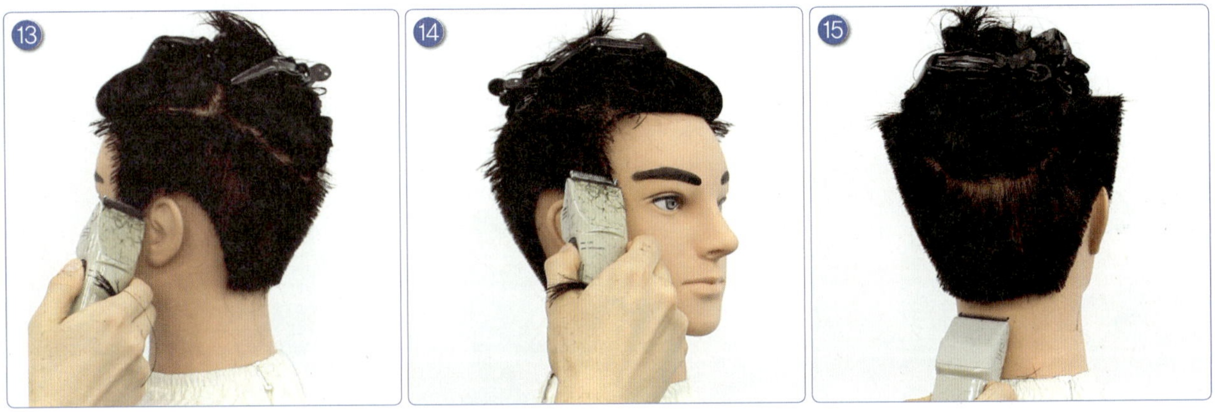

⑬, ⑭, ⑮ 전체적으로 클리퍼를 사용하여 라인Line을 정리한다.

⑯, ⑰, ⑱ 사이드 포인트S.P : Side Point에서 이어 백 포인트, 이어 백 포인트에서 백 포인트까지 지간 깎기로 커트를 진행한다.

⑲, ⑳, ㉑ 반대편도 동일한 방법으로 진행하며 양 옆 밸런스를 맞추면서 커트를 진행한다.

㉒, ㉓, ㉔ 백Back 부분도 동일한 방법으로 진행하며 양 옆 밸런스를 맞추면서 커트를 진행한다.

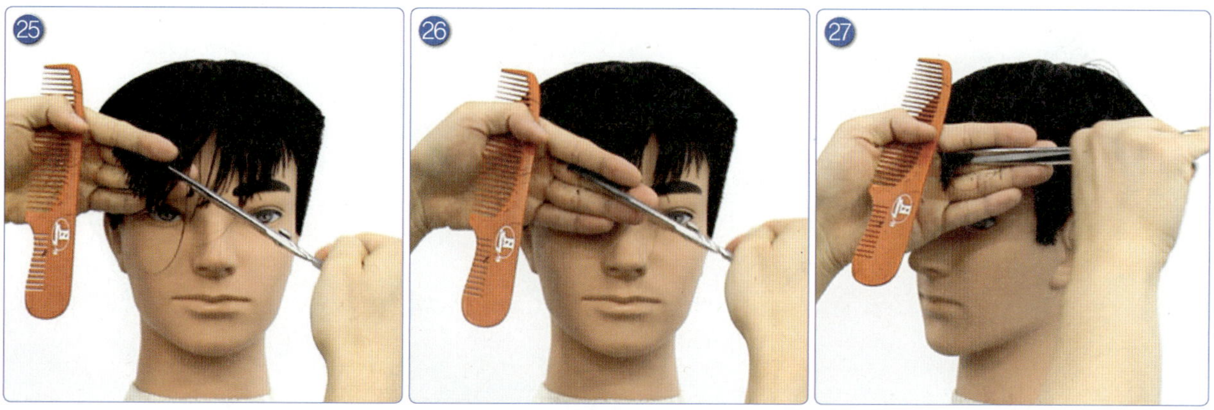

㉕, ㉖, ㉗ 앞머리 부분의 길이를 설정 후 커트를 진행한다.

㉘, ㉙, ㉚ 센터 포인트C.P : Center Point에서 탑 골든 미디움 포인트T.G.M.P : Top Golden Medium Point까지 지간 깎기로 커트를 진행한다.

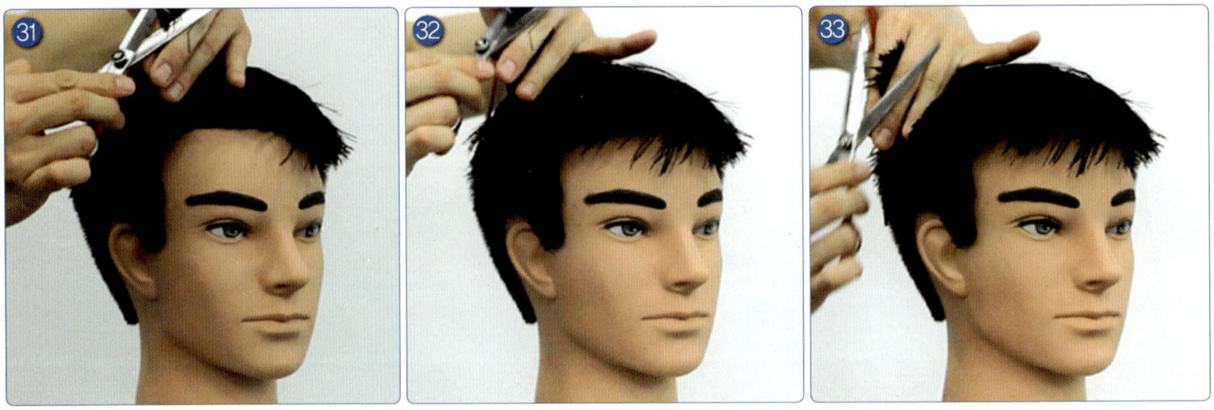

㉛, ㉜, ㉝ 사이드 포인트에서 이어 백 포인트까지 지간 깎기로 커트를 진행한다.

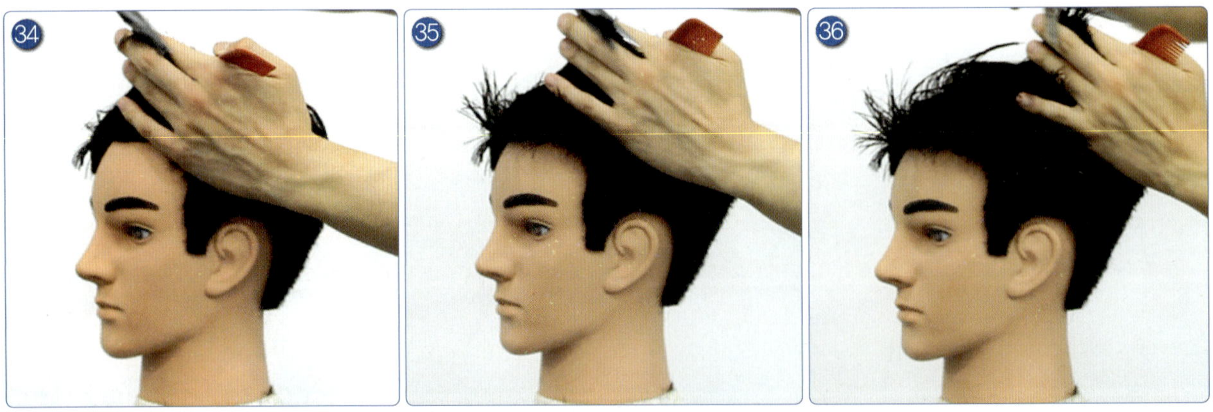

㉞, ㉟, ㊱ 사이드 포인트에서 이어 백 포인트까지 지간 깎기로 커트를 진행한다.

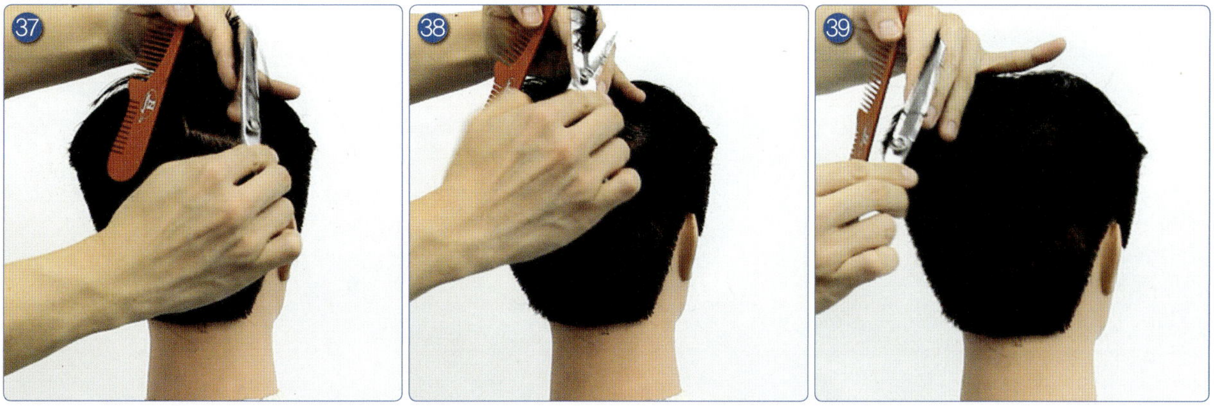

㊲, ㊳, ㊴ 골든 포인트G.P : Golden Point를 기준으로 방사선 섹션Pivot Section으로 커트를 진행한다.

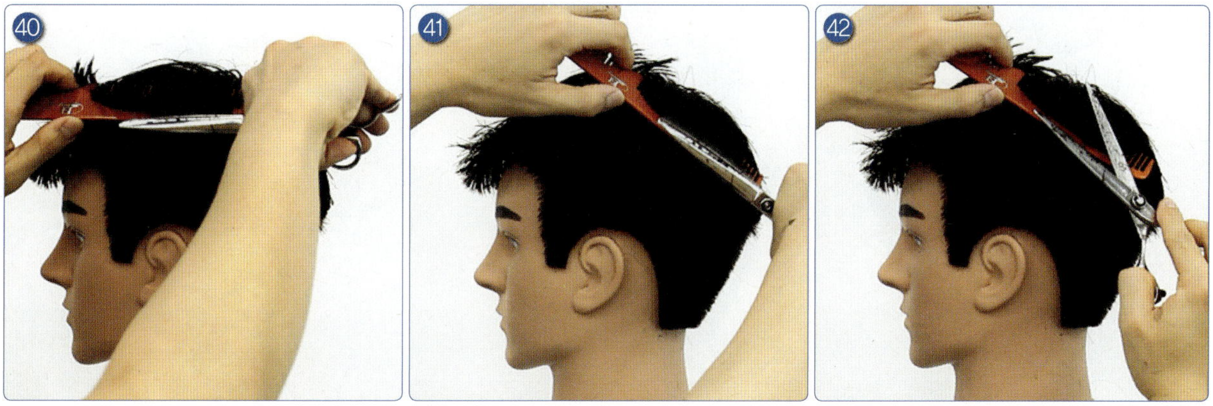

㊵, ㊶, ㊷ 연속 깎기싱글링 : Shingling로 연결 부분을 정리하여 커트를 진행한다.

㊸, ㊹, ㊺ 반대편도 동일한 방법으로 양 옆 밸런스를 맞추면서 커트를 진행한다.

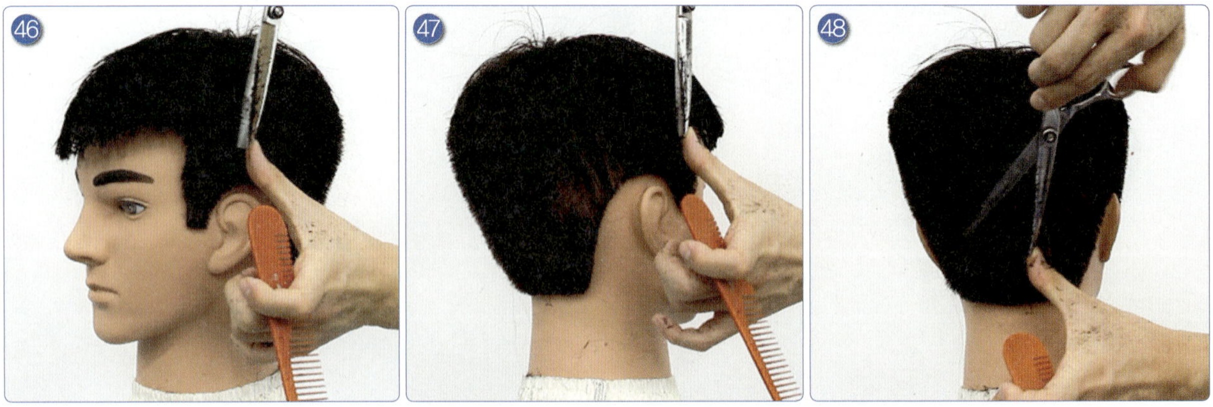

㊻, ㊼, ㊽ 세워 깎기로 연결 부분을 깔끔히 정리한다.

㊾, ㊿, (51) 테이퍼링 Tapering 기법으로 전체 질감 처리를 한다.

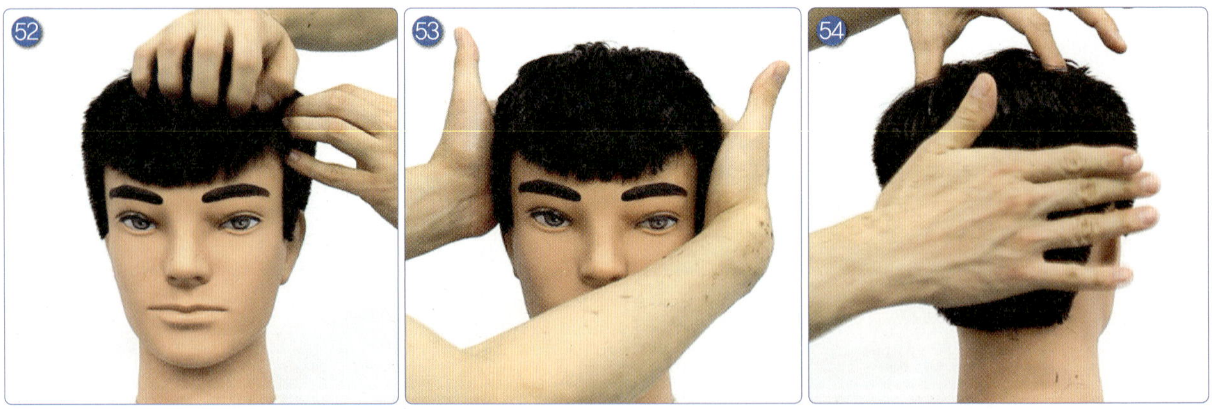

(52), (53), (54) 제품을 사용하여 스타일링 Styling 한다.

3. 스왓 커트 헤어 스타일 마무리하기

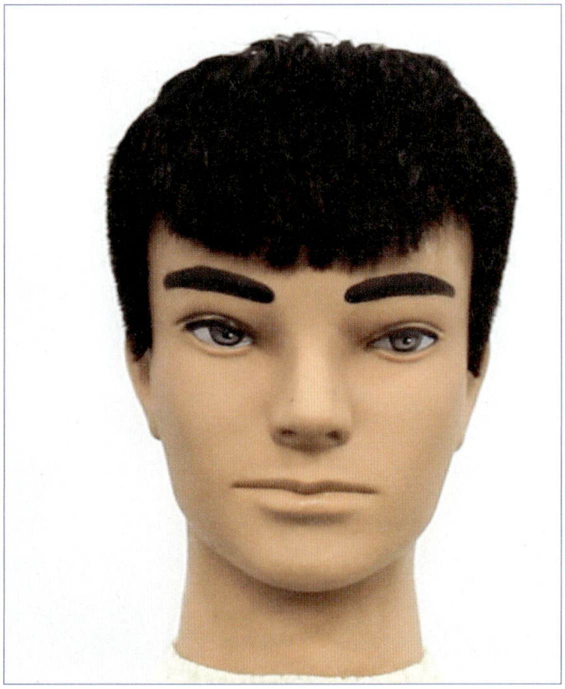

앞 Front

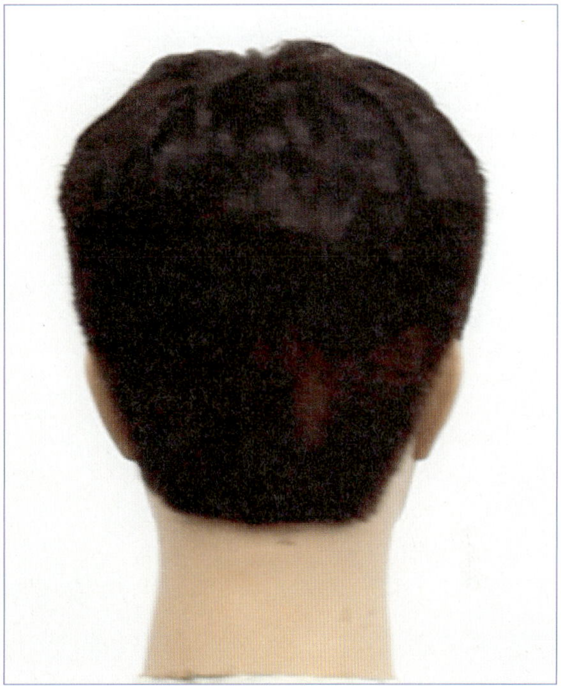

뒤 Back

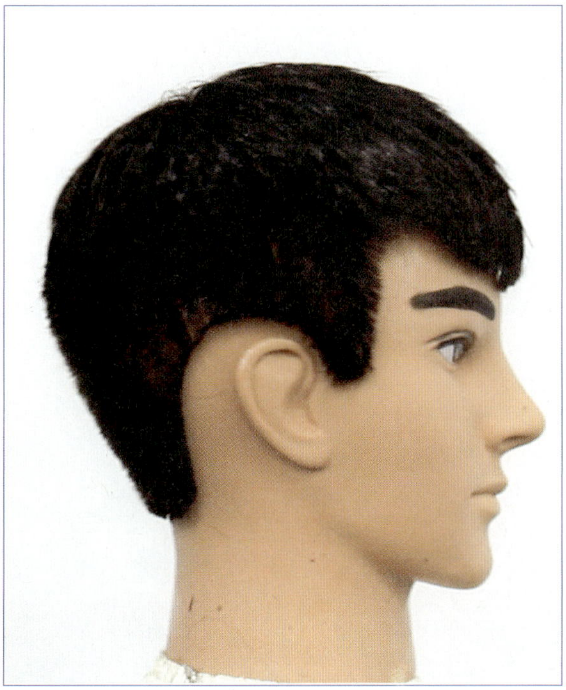

우측 Right side

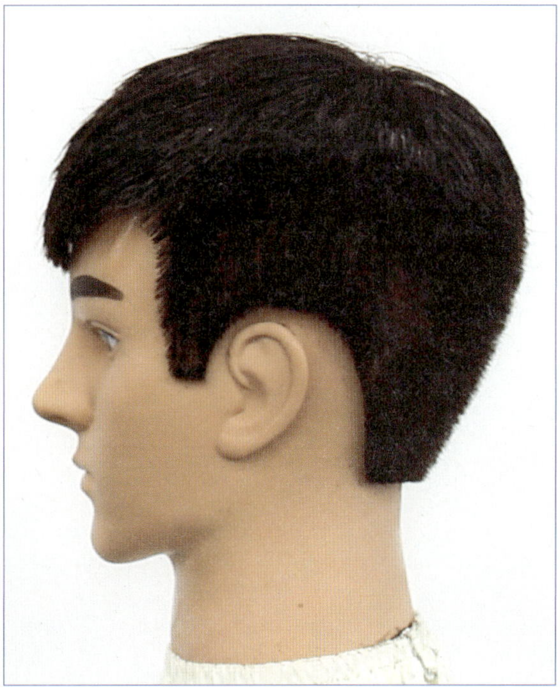

좌측 Left side

실습과정 사진	
사진	설명

실습결과 사진	
앞 Front	뒤 Back
좌측 Left Side	우측 Right Side

[교수 학습방법]

교수 방법
① 이용사는 기술로서 표현하지 못한 것을 도구를 통해 사고나 감정을 표현하는 사람임을 상기시킨다.
② 전개도를 활용해 헤어 커트 형태선의 방향과 특성을 분석할 수 있음을 설명한다.
③ 디자인 결정 시 고객의 요구사항을 파악하여 디자인할 수 있도록 상기시킨다.
④ 디자인 결정 시 고객의 외형적 특성을 파악하여 디자인할 수 있음을 설명한다.
⑤ 다양한 스타일의 형태 선, 특징 등을 도식화하여 디자인할 수 있도록 설명한다.
⑥ 혼합형 이발을 할 수 있도록 계획하는 방법을 설명한다.
⑦ 비대칭, 대칭, 커넥션, 디스커넥션의 스타일의 형태선과 특징을 설명한다.
⑧ 레이저를 이용한 에칭, 아킹, 로테이션, 테이퍼링 기법을 설명한다.
⑨ 가위를 이용한 롱, 미디엄, 쇼트 스트로크 기법을 설명한다.
⑩ 마무리 샴푸 후 타월 및 드라이기를 사용하여 수분 제거 방법을 설명한다.
⑪ 헤어 커트 보정 작업 후 잔여 머리카락을 털어 내는 방법을 설명한다.
⑫ 헤어 커트 유형별 적합한 스타일링 도구 선택 방법, 스타일링 기법, 제품 사용 방법을 설명한다.
⑬ 홈 케어를 위한 조언 및 차후 방문 시기와 중요성에 대해 알리는 방법을 설명한다.
⑭ 고객 배웅 시 적절한 인사말에 대해서 설명한다.

학습 방법
① 이용사로서 자신의 일에 자부심을 갖고 예술 정신과 훌륭한 기술을 연마하기 위해서 노력과 인내가 필요함을 학습한다.
② 전개도를 활용해 형태 분석과 외형적 변화에 따라 디자인의 결정이 변화됨을 학습한다.
③ 고객의 요구사항을 파악하여 디자인을 하는 방법을 학습한다.
④ 고객의 외형적 특성을 파악하여 디자인을 하는 방법을 학습한다.
⑤ 다양한 스타일의 형태 선과 특징을 이해하여 스케치북에 도해도를 그려 본다.
⑥ 혼합형 이발을 할 수 있는 계획서를 세워 본다.
⑦ 비대칭, 대칭, 커넥션, 디스커넥션의 스타일의 형태 선과 특징을 정리한다.
⑧ 레이저를 이용한 에칭, 아킹, 로테이션, 테이퍼링 기법에 대해 숙지한다.
⑨ 가위를 이용한 롱, 미디엄, 쇼트 스트로크 기법에 대해 숙지한다.
⑩ 마무리 샴푸 후 타월 및 드라이기를 사용하여 수분 제거 방법을 정리한다.
⑪ 헤어 커트 보정 작업 후 잔여 머리카락 제거 및 스타일링 도구 선택 방법, 스타일링을 위한 기법, 제품 사용 방법을 정리한다.

[평가 준거]

학습 내용	평가 항목	성취 수준		
		상	중	하
헤어 커트 디자인의 분석	이발에 요구되는 기본 지식인 이용사로서 관찰, 사고, 형의 특성, 형태 분석, 디자인 결정 등을 설명할 수 있다.			
혼합형 이발 계획	다양한 스타일의 형태 선, 특징 등을 도식화하여 디자인에 접목시킬 수 있다.			
혼합형 이발 작업	1. 비대칭, 대칭, 커넥션, 디스커넥션 스타일의 형태 선, 특징 등을 도식화하여 자르거나 깎을 수 있다.			
	2. 레이저를 이용한 에칭, 아킹, 로테이션, 테이퍼링 기법으로 자를 수 있다.			
	3. 가위를 이용한 롱, 미디엄, 쇼트 스트로크 기법으로 자를 수 있다.			
혼합형 이발 마무리	이발 작업 후 고객 만족도를 파악하기 위해 필요한 경우 수정, 보완하며 홈 케어를 위한 조언할 수 있다.			

[평가 방법]

학습 내용	평가 항목	성취 수준		
		상	중	하
헤어 커트 디자인의 분석	1. 이용사의 관찰과 사고에 대해 이해하고 설명할 수 있는 능력			
	2. 디자인에 따른 형의 특성을 이해하고 설명할 수 있는 능력			
	3. 머리 형태를 분석할 수 있는 능력			
	4. 디자인 결정에 관해 분석할 수 있는 능력			
	5. 이용사로서 관찰할 수 있는 능력			
	6. 다양한 형태와 특성을 관찰하고 분석할 수 있는 능력			
혼합형 이발 계획	1. 도해도를 작성할 수 있는 능력			
	2. 디자인 결정 시 고객의 요구사항을 반영하여 디자인할 수 있는 능력			
	3. 다양한 스타일의 형태 선과 특징을 도식화하여 이해하고 디자인에 접목시킬 수 있는 능력			
	4. 디자인 결정 시 고객의 요구사항을 파악할 수 있는 능력			
혼합형 이발 작업	1. 비대칭, 대칭, 커넥션, 디스커넥션 스타일의 형태선과 특징을 접목한 도식화된 디자인으로 커트할 수 있는 능력			
	2. 혼합형 이발 형태의 작업 완성도			
	3. 레이저를 사용하여 에칭, 아킹, 로테이션, 테이퍼링 기법을 할 수 있는 능력			
	4. 가위를 이용하여 롱, 미디엄, 쇼트 스트로크 기법을 할 수 있는 능력			
혼합형 이발 마무리	1. 커트 종료 후 고객의 만족도를 파악할 수 있는 의사소통 능력			
	2. 헤어 커트 보정 작업 후 잔여 머리카락을 제거할 수 있는 능력			
	3. 홈 케어를 위한 조언 및 고객 배웅 시 적절한 인사말을 건넬 수 있는 능력			

[평가자 체크 리스트]

학습 내용	평가 항목	성취 수준		
		상	중	하
헤어 커트 디자인의 분석	1. 이용사의 관찰과 사고에 관한 이해 여부			
	2. 디자인에 따른 형의 특성을 파악하고 분석할 수 있는지 여부			
	3. 머리 형태를 파악하고 분석할 수 있는지 여부			
	4. 디자인 결정에 외형적 특징을 파악하고 분석할 수 있는지 여부			
혼합형 이발 계획	1. 도해도에 관한 지식을 알 수 있는지 여부			
	2. 디자인 결정 시 고객의 요구사항을 반영하여 디자인할 수 있는지 여부			
	3. 다양한 스타일의 형태 선과 특징을 도식화하여 이해하고 디자인에 접목시킬 수 있는지 여부			
	4. 디자인 결정 시 고객의 요구사항을 파악하기 위해 노력하는지 여부			
혼합형 이발 작업	1. 비대칭, 대칭, 커넥션, 디스커넥션 스타일의 형태선과 특징을 접목한 도식화된 디자인으로 커트할 수 있는지 여부			
	2. 혼합형 이발 형태 작업의 완성도 여부			
	3. 레이저를 사용하여 에칭, 아킹, 로테이션, 테이퍼링 기법을 할 수 있는지 여부			
	4. 가위를 이용하여 롱, 미디엄, 쇼트 스트로크 기법을 할 수 있는지 여부			
혼합형 이발 마무리	1. 커트 종료 후 고객의 만족도를 파악할 수 있는 의사소통을 하였는지 여부			
	2. 헤어 커트 보정 작업 후 잔여 머리카락을 제거하였는지 여부			
	3. 홈 케어를 위한 조언 및 고객 배웅 시 적절한 인사말을 하였는지 여부			

7. 인디 스타일 Indie Hair Style

학습 내용 단원명	수업 목표
남성 이용 응용 스타일 인디 커트 헤어 스타일	남성 커트 이용 인디 커트 헤어 스타일 실습을 수행할 수 있다.

앞머리와 옆머리를 3, 6, 9, 12mm 등으로 극단적으로 짧게 잘라 주고 탑 Top 이나 가르마 부분으로 올라갈수록 점점 길어지게 자르는 커트를 말한다.

1. 인디 헤어 커트 준비하기

(1) 재료

① 장가위

② 틴닝 가위

③ 이용 빗

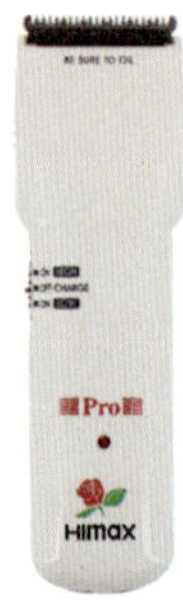

④ 클리퍼

⑤ 스타일링 제품

⑥ 핀셋

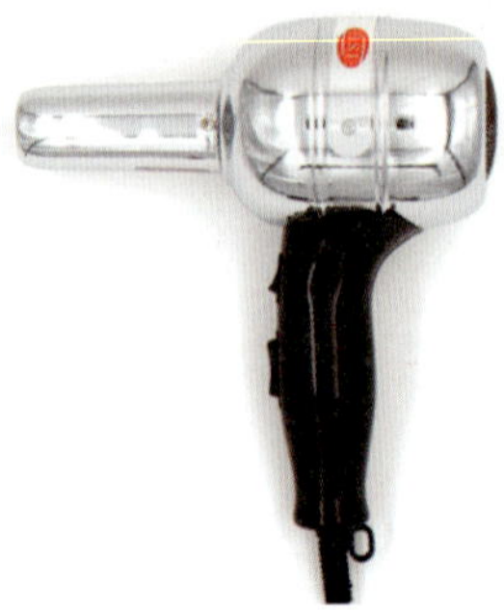

⑦ 이용 드라이기

(2) 도해도 및 시술 개요

① 도해도

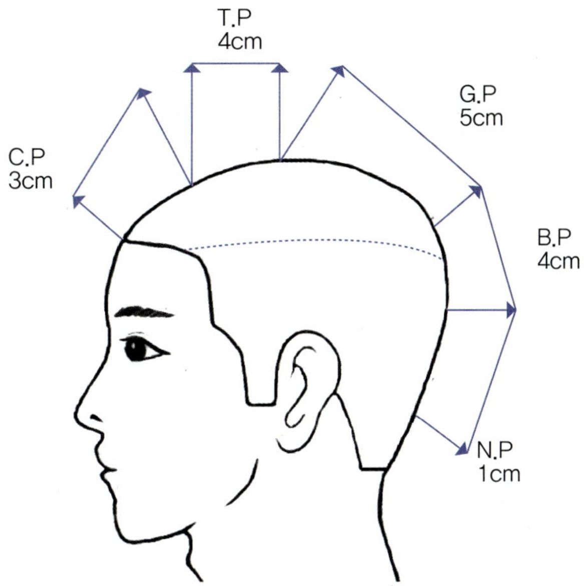

② 시술개요

블로킹 Blocking	U라인 U-Line Part, 후대각 Diagonal Back
섹션 Section	수평 Horizontal, 세로 Vertical, 후대각 Diagonal Back
분배 Distribution	직각 분배 Perpendicular Distribution, 방향 분배 Direction Distribution, 변이 분배 Shifted Distribution
각도 Angle	일반 시술 각 Normal Projection 90°
베이스 Base	온 더 베이스 On The Base
커트 Cut	지간 깎기, 떠올려 깎기, 연속 깎기 싱글링 : Shingling, 세워 깎기
질감 처리 Texturerising	테이퍼링 Tapering

(3) 이용 남성 커트 시술 방법

시술 전

시술 후

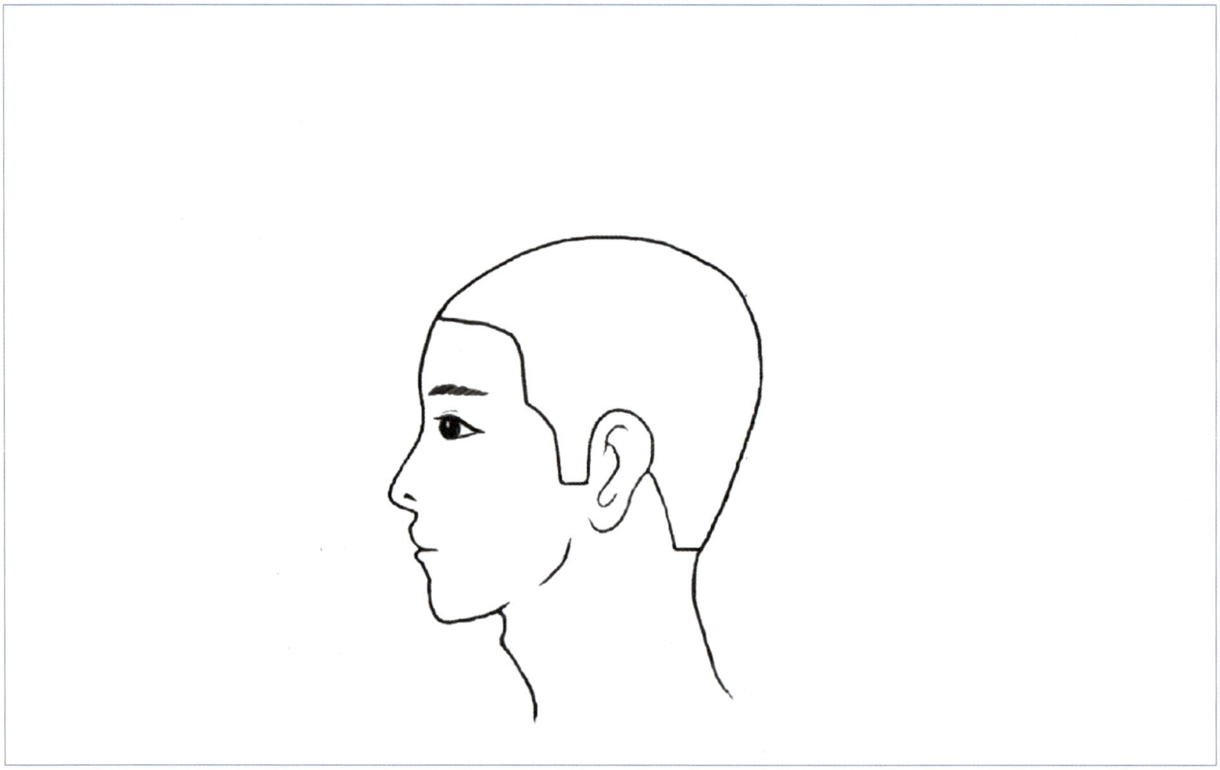

도해도 그려보기

2. 인디 커트 헤어 스타일 시술하기

①, ②, ③ 프론트 사이드 포인트F.S.P : Front Side Point에서 이어 백 포인트E.B.P : Ear Back Point, 이어 백 포인트에서 백 포인트B.P : Back Point까지 U 라인U–Line으로 나눈다.

④, ⑤, ⑥ 사이드 코너 포인트S.C.P : Side Corner Point에서 네이프 사이드 포인트N.S.P : Nape Side Point까지 클리퍼Clipper를 사용하여 커트Cut를 진행한다.

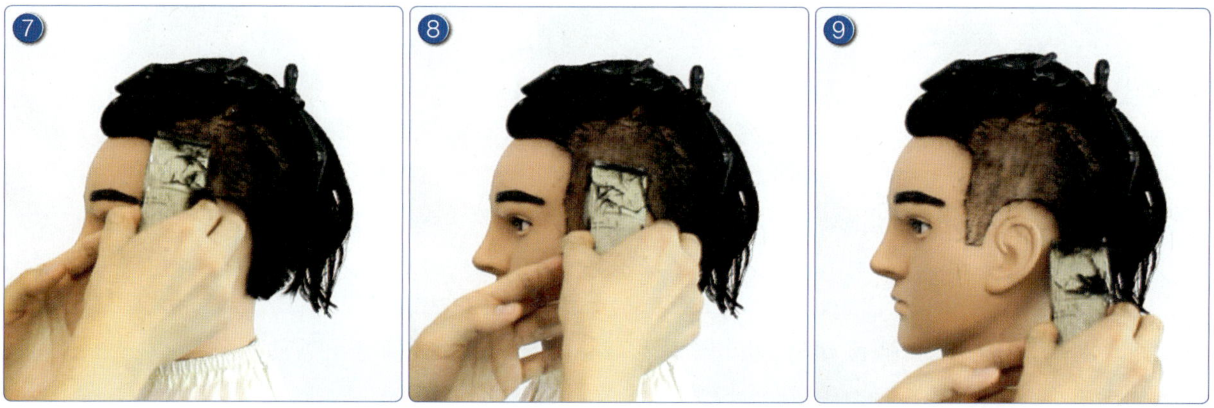

⑦, ⑧, ⑨ 좌측도 동일한 방법으로 양 옆 밸런스Balance를 맞추면서 커트를 진행한다.

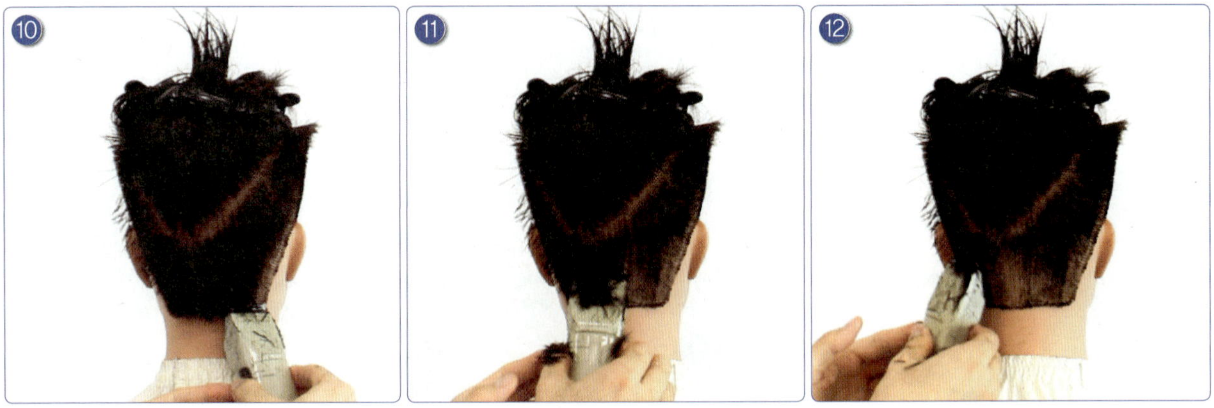

⑩, ⑪, ⑫ 네이프 사이드 포인트부터 가이드Guide에 맞춰 클리퍼를 사용하여 커트를 진행한다.

⑬, ⑭, ⑮ 센터 포인트C.P : Center Point에서 탑 골든 미디움 포인트T.G.M.P : Top Golden medium Point까지 지간 깎기로 커트를 진행한다.

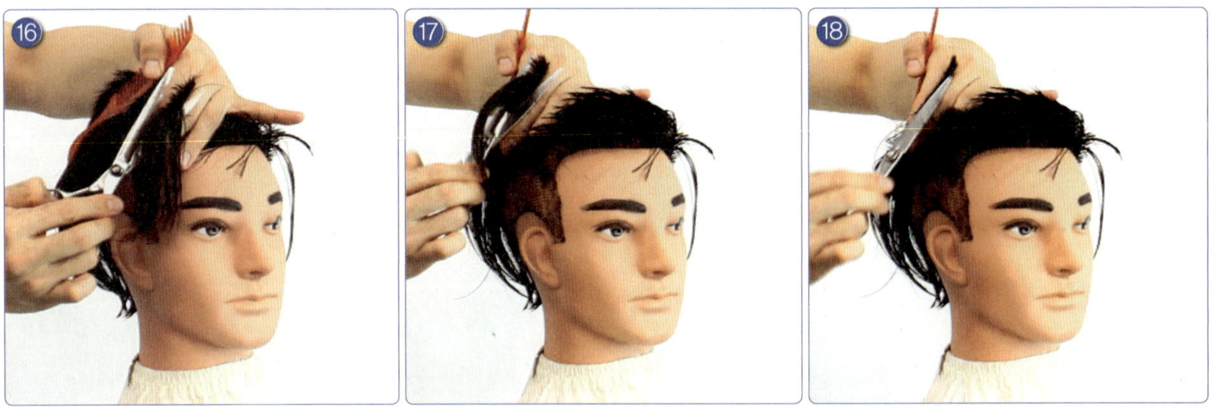

⑯, ⑰, ⑱ 사이드 포인트S.P : Side Point에서 이어 백 포인트까지 지간 깎기로 커트를 진행한다.

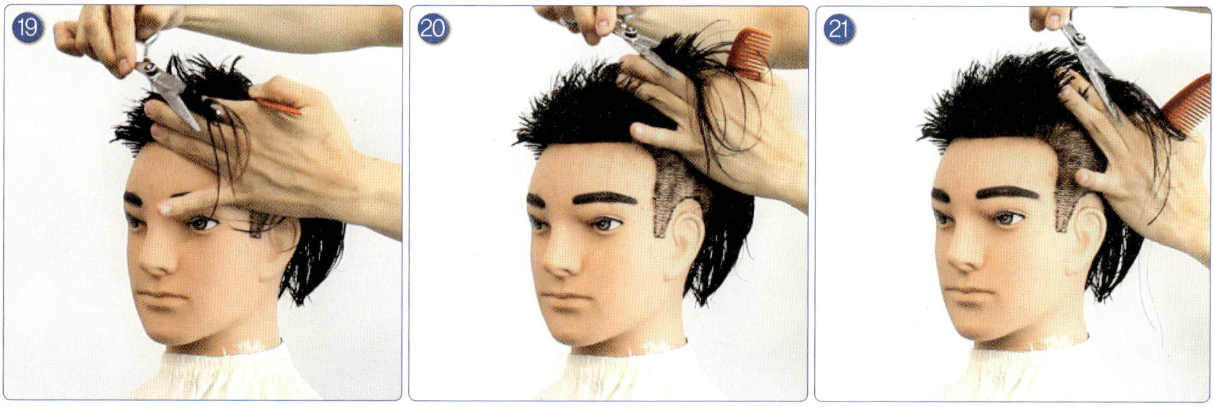

⑲, ⑳, ㉑ 사이드 포인트에서 이어 백 포인트까지 지간 깎기로 커트를 진행한다.

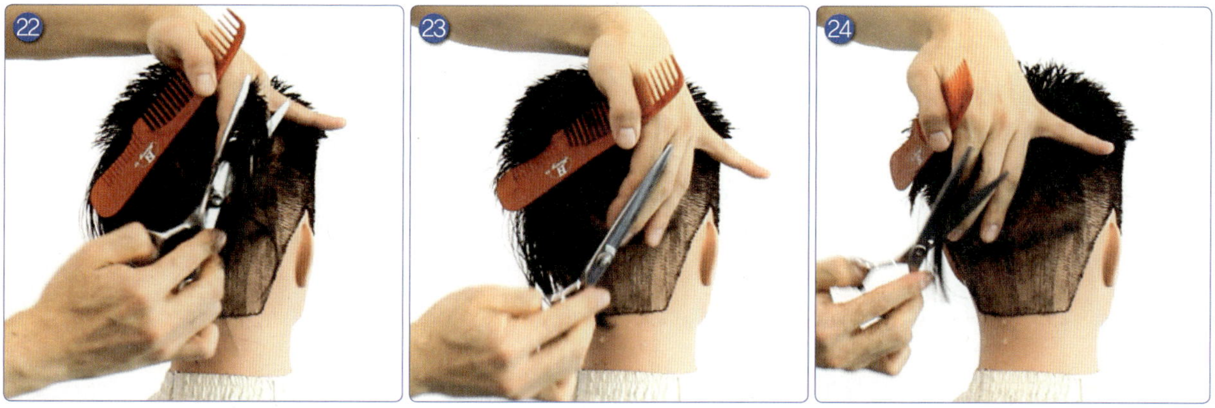

㉒, ㉓, ㉔ 골든 포인트G.P : Golden Point를 기준으로 방사선 섹션Pivot Section으로 커트를 진행한다.

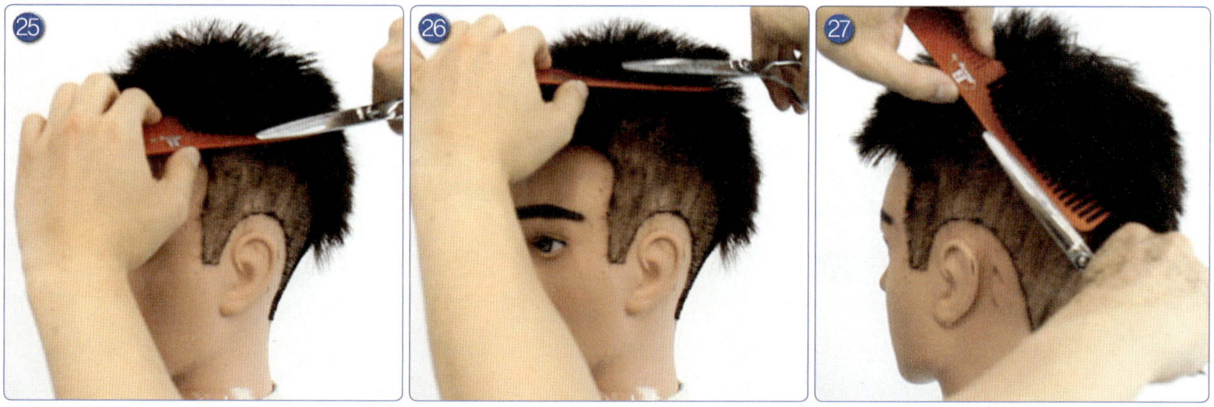

㉕, ㉖, ㉗ 연속 깎기싱글링 : Shingling로 연결 부분을 정리하여 커트를 진행한다.

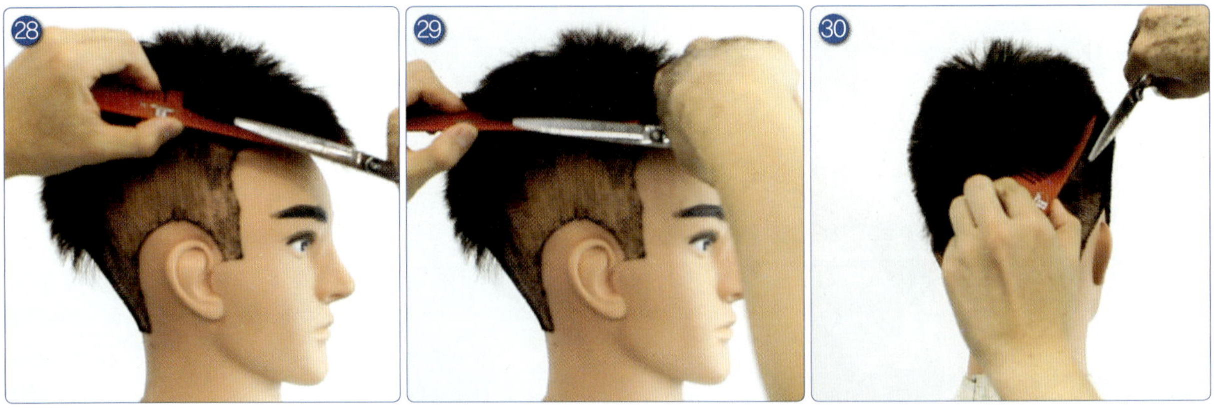

㉘, ㉙, ㉚ 우측 부분도 동일한 방법으로 연결 부분을 연속 깎기싱글링로 정리하여 커트를 진행한다.

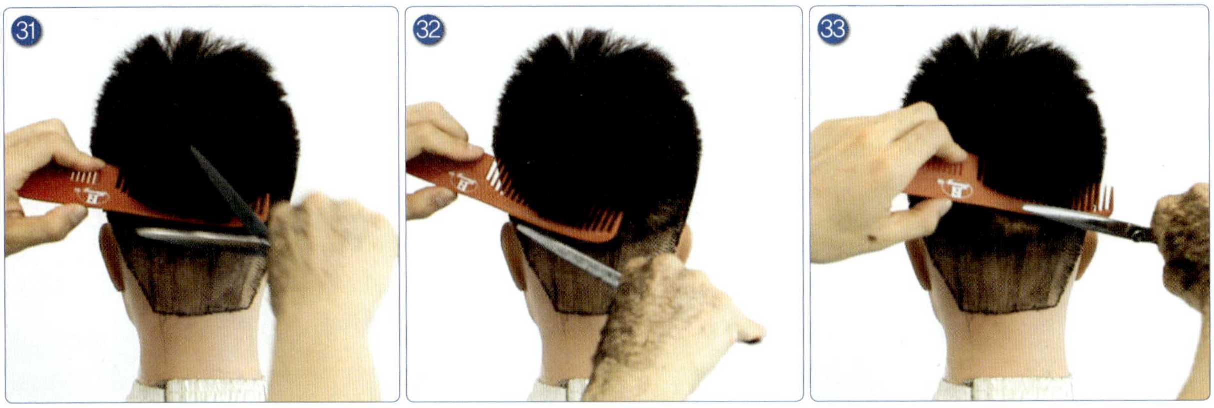

㉛, ㉜, ㉝ 백Back 부분도 동일한 방법으로 연결 부분을 연속 깎기싱글링로 정리하여 커트를 진행한다.

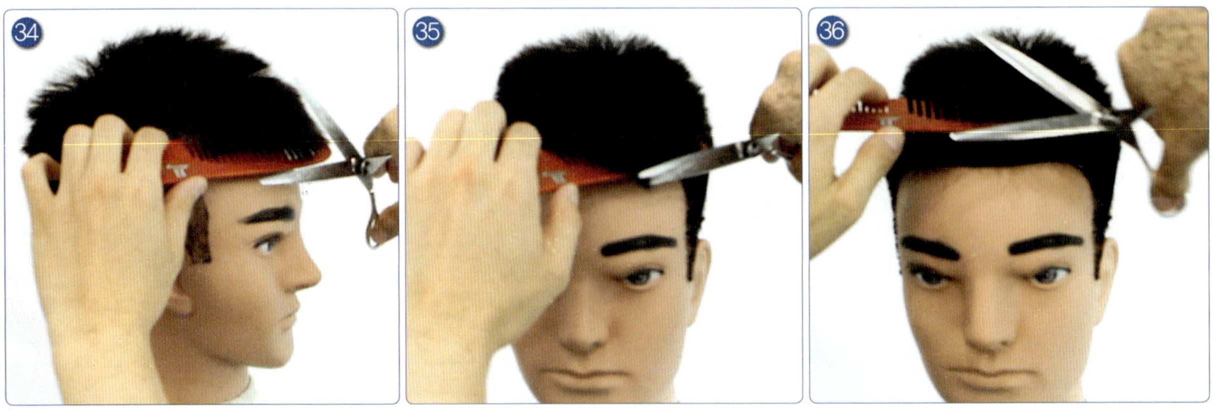

㉞, ㉟, ㊱ 앞머리 부분의 길이를 설정 후 연속 깎기싱글링로 커트를 진행한다.

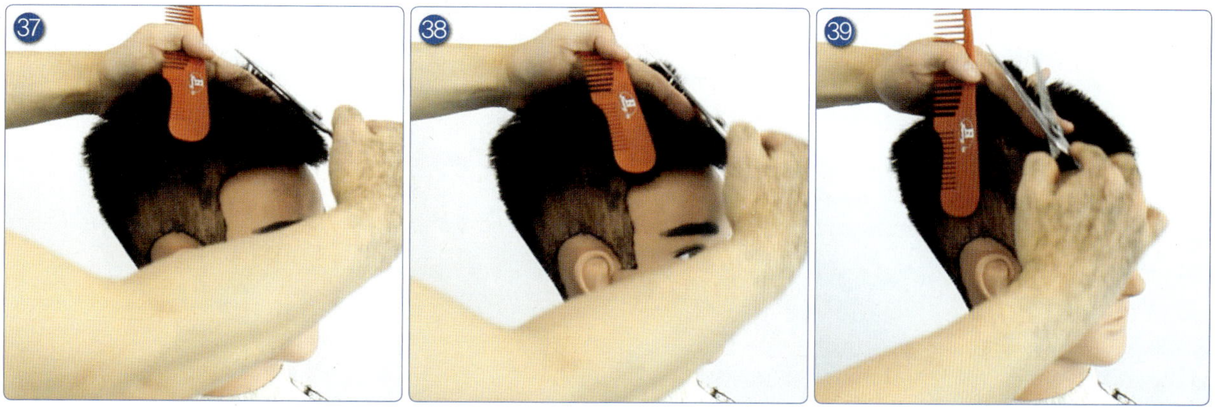

㊲, ㊳, ㊴ 탑 포인트 T.P : Top Point 의 모발과 센터 포인트의 모발을 연결하여 지간 깎기로 커트를 진행한다.

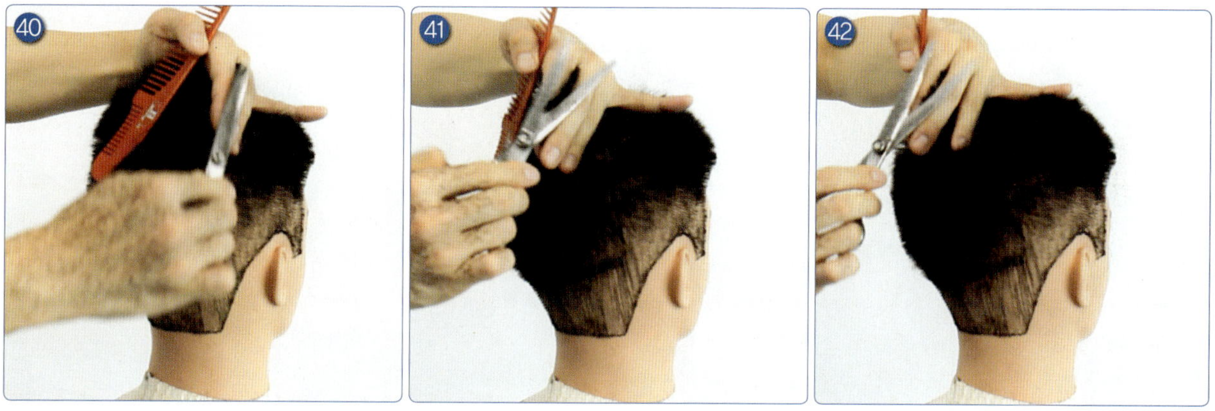

㊵, ㊶, ㊷ 골든 포인트를 기준으로 방사선 섹션으로 커트를 진행한다.

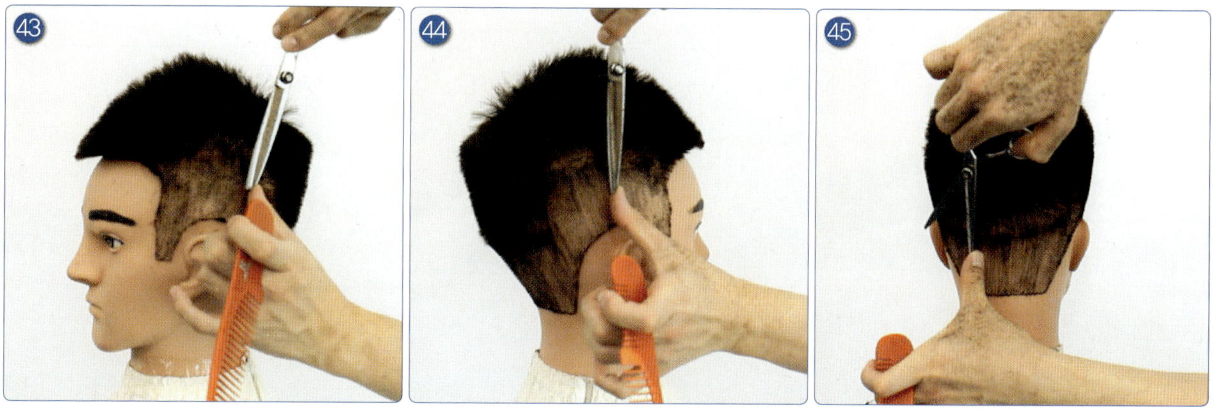

㊸, ㊹, ㊺ 전체적으로 연결 부분을 세워 깎기로 깔끔히 정리한다.

㊻, ㊼, ㊽ 전체적으로 클리퍼를 사용하여 라인 Line 을 정리한다.

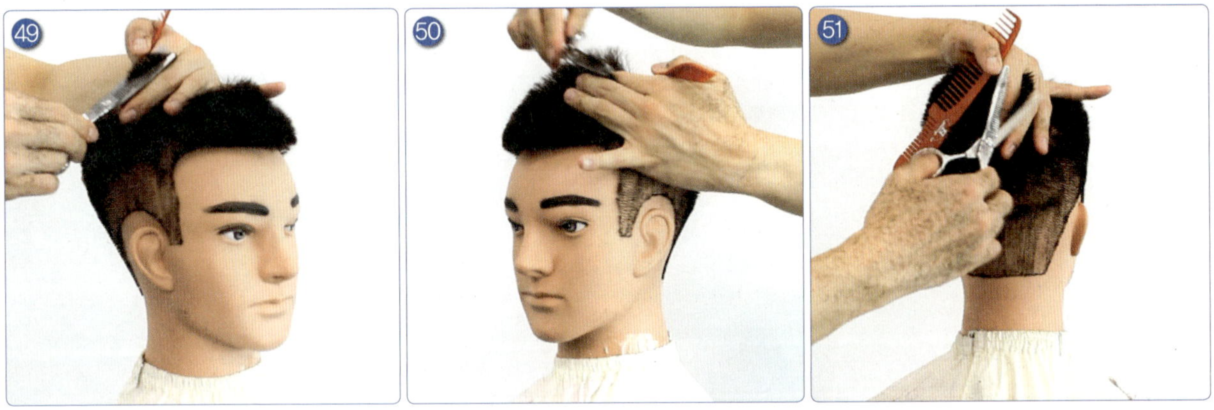

㊾, ㊿, 51 테이퍼링 Tapering 기법으로 전체 질감 처리를 한다.

52, 53, 54 제품을 사용하여 스타일링 Styling 한다.

3. 인디 커트 헤어 스타일 마무리하기

앞Front

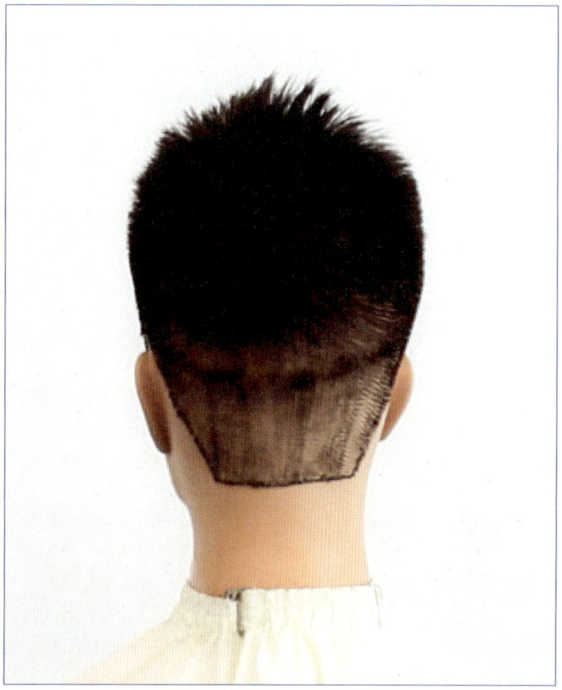

뒤Back

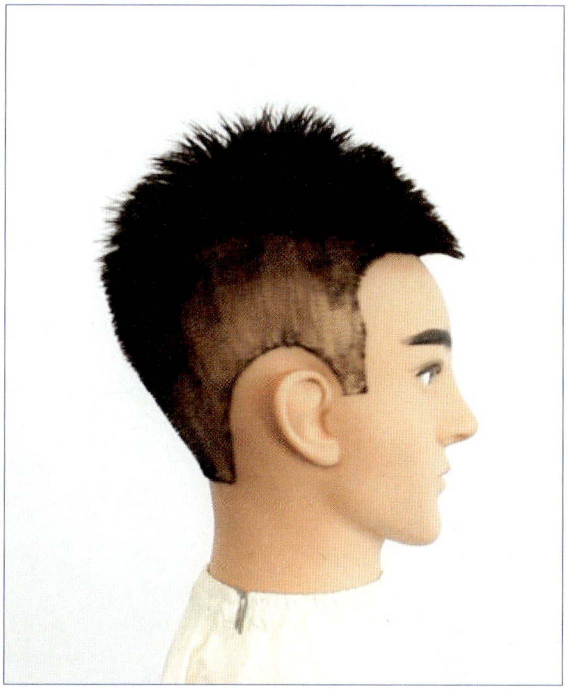

우측Right side

좌측Left side

실습과정 사진	
사진	설명

실습결과 사진	
앞 Front	뒤 Back
좌측 Left Side	우측 Right Side

[교수 학습방법]

교수 방법
① 이용사는 기술로서 표현하지 못한 것을 도구를 통해 사고나 감정을 표현하는 사람임을 상기시킨다.
② 전개도를 활용해 헤어 커트 형태선의 방향과 특성을 분석할 수 있음을 설명한다.
③ 디자인 결정 시 고객의 요구사항을 파악하여 디자인할 수 있도록 상기시킨다.
④ 디자인 결정 시 고객의 외형적 특성을 파악하여 디자인할 수 있음을 설명한다.
⑤ 다양한 스타일의 형태 선, 특징 등을 도식화하여 디자인할 수 있도록 설명한다.
⑥ 혼합형 이발을 할 수 있도록 계획하는 방법을 설명한다.
⑦ 비대칭, 대칭, 커넥션, 디스커넥션의 스타일의 형태선과 특징을 설명한다.
⑧ 레이저를 이용한 에칭, 아킹, 로테이션, 테이퍼링 기법을 설명한다.
⑨ 가위를 이용한 롱, 미디엄, 쇼트 스트로크 기법을 설명한다.
⑩ 마무리 샴푸 후 타월 및 드라이기를 사용하여 수분 제거 방법을 설명한다.
⑪ 헤어 커트 보정 작업 후 잔여 머리카락을 털어 내는 방법을 설명한다.
⑫ 헤어 커트 유형별 적합한 스타일링 도구 선택 방법, 스타일링 기법, 제품 사용 방법을 설명한다.
⑬ 홈 케어를 위한 조언 및 차후 방문 시기와 중요성에 대해 알리는 방법을 설명한다.
⑭ 고객 배웅 시 적절한 인사말에 대해서 설명한다.

학습 방법
① 이용사로서 자신의 일에 자부심을 갖고 예술 정신과 훌륭한 기술을 연마하기 위해서 노력과 인내가 필요함을 학습한다.
② 전개도를 활용해 형태 분석과 외형적 변화에 따라 디자인의 결정이 변화됨을 학습한다.
③ 고객의 요구사항을 파악하여 디자인을 하는 방법을 학습한다.
④ 고객의 외형적 특성을 파악하여 디자인을 하는 방법을 학습한다.
⑤ 다양한 스타일의 형태 선과 특징을 이해하여 스케치북에 도해도를 그려 본다.
⑥ 혼합형 이발을 할 수 있는 계획서를 세워 본다.
⑦ 비대칭, 대칭, 커넥션, 디스커넥션의 스타일의 형태 선과 특징을 정리한다.
⑧ 레이저를 이용한 에칭, 아킹, 로테이션, 테이퍼링 기법에 대해 숙지한다.
⑨ 가위를 이용한 롱, 미디엄, 쇼트 스트로크 기법에 대해 숙지한다.
⑩ 마무리 샴푸 후 타월 및 드라이기를 사용하여 수분 제거 방법을 정리한다.
⑪ 헤어 커트 보정 작업 후 잔여 머리카락 제거 및 스타일링 도구 선택 방법, 스타일링을 위한 기법, 제품 사용 방법을 정리한다.

[평가 준거]

학습 내용	평가 항목	성취 수준		
		상	중	하
헤어 커트 디자인의 분석	이발에 요구되는 기본 지식인 이용사로서 관찰, 사고, 형의 특성, 형태 분석, 디자인 결정 등을 설명할 수 있다.			
혼합형 이발 계획	다양한 스타일의 형태 선, 특징 등을 도식화하여 디자인에 접목시킬 수 있다.			
혼합형 이발 작업	1. 비대칭, 대칭, 커넥션, 디스커넥션 스타일의 형태 선, 특징 등을 도식화하여 자르거나 깎을 수 있다.			
	2. 레이저를 이용한 에칭, 아킹, 로테이션, 테이퍼링 기법으로 자를 수 있다.			
	3. 가위를 이용한 롱, 미디엄, 쇼트 스트로크 기법으로 자를 수 있다.			
혼합형 이발 마무리	이발 작업 후 고객 만족도를 파악하기 위해 필요한 경우 수정, 보완하며 홈 케어를 위한 조언할 수 있다.			

[평가 방법]

학습 내용	평가 항목	성취 수준		
		상	중	하
헤어 커트 디자인의 분석	1. 이용사의 관찰과 사고에 대해 이해하고 설명할 수 있는 능력			
	2. 디자인에 따른 형의 특성을 이해하고 설명할 수 있는 능력			
	3. 머리 형태를 분석할 수 있는 능력			
	4. 디자인 결정에 관해 분석할 수 있는 능력			
	5. 이용사로서 관찰할 수 있는 능력			
	6. 다양한 형태와 특성을 관찰하고 분석할 수 있는 능력			
혼합형 이발 계획	1. 도해도를 작성할 수 있는 능력			
	2. 디자인 결정 시 고객의 요구사항을 반영하여 디자인할 수 있는 능력			
	3. 다양한 스타일의 형태 선과 특징을 도식화하여 이해하고 디자인에 접목시킬 수 있는 능력			
	4. 디자인 결정 시 고객의 요구사항을 파악할 수 있는 능력			
혼합형 이발 작업	1. 비대칭, 대칭, 커넥션, 디스커넥션 스타일의 형태선과 특징을 접목한 도식화된 디자인으로 커트할 수 있는 능력			
	2. 혼합형 이발 형태의 작업 완성도			
	3. 레이저를 사용하여 에칭, 아킹, 로테이션, 테이퍼링 기법을 할 수 있는 능력			
	4. 가위를 이용하여 롱, 미디엄, 쇼트 스트로크 기법을 할 수 있는 능력			
혼합형 이발 마무리	1. 커트 종료 후 고객의 만족도를 파악할 수 있는 의사소통 능력			
	2. 헤어 커트 보정 작업 후 잔여 머리카락을 제거할 수 있는 능력			
	3. 홈 케어를 위한 조언 및 고객 배웅 시 적절한 인사말을 건넬 수 있는 능력			

[평가자 체크 리스트]

학습 내용	평가 항목	성취 수준		
		상	중	하
헤어 커트 디자인의 분석	1. 이용사의 관찰과 사고에 관한 이해 여부			
	2. 디자인에 따른 형의 특성을 파악하고 분석할 수 있는지 여부			
	3. 머리 형태를 파악하고 분석할 수 있는지 여부			
	4. 디자인 결정에 외형적 특징을 파악하고 분석할 수 있는지 여부			
혼합형 이발 계획	1. 도해도에 관한 지식을 알 수 있는지 여부			
	2. 디자인 결정 시 고객의 요구사항을 반영하여 디자인할 수 있는지 여부			
	3. 다양한 스타일의 형태 선과 특징을 도식화하여 이해하고 디자인에 접목시킬 수 있는지 여부			
	4. 디자인 결정 시 고객의 요구사항을 파악하기 위해 노력하는지 여부			
혼합형 이발 작업	1. 비대칭, 대칭, 커넥션, 디스커넥션 스타일의 형태선과 특징을 접목한 도식화된 디자인으로 커트할 수 있는지 여부			
	2. 혼합형 이발 형태 작업의 완성도 여부			
	3. 레이저를 사용하여 에칭, 아킹, 로테이션, 테이퍼링 기법을 할 수 있는지 여부			
	4. 가위를 이용하여 롱, 미디엄, 쇼트 스트로크 기법을 할 수 있는지 여부			
혼합형 이발 마무리	1. 커트 종료 후 고객의 만족도를 파악할 수 있는 의사소통을 하였는지 여부			
	2. 헤어 커트 보정 작업 후 잔여 머리카락을 제거하였는지 여부			
	3. 홈 케어를 위한 조언 및 고객 배웅 시 적절한 인사말을 하였는지 여부			

8. 투 블럭 스타일Two Block Hair Style

학습 내용단원명	수업 목표
남성 이용 응용 스타일 투 블럭 커트 헤어 스타일	남성 커트 이용 투 블럭 커트 헤어 스타일 실습을 수행할 수 있다.

옆머리와 윗머리 부분에 경계가 생기는 스타일로 두 개의 블럭을 나누어 옆머리는 짧게 커트하고, 윗머리 부분은 길게 남겨 둔다.

1. 투 블럭 헤어 커트 준비하기

(1) 재료

① 장가위

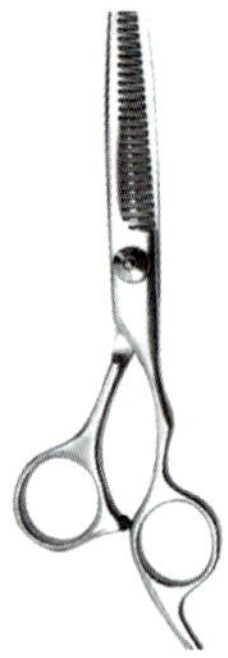

② 틴닝 가위

③ 이용 빗

④ 클리퍼

⑤ 스타일링 제품

⑥ 핀셋

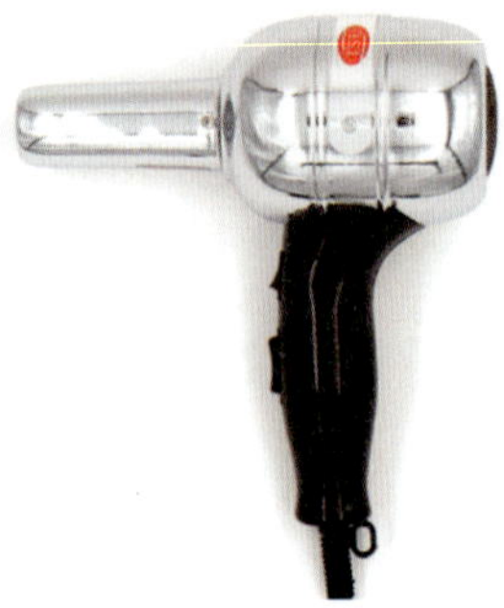

⑦ 이용 드라이기

(2) 도해도 및 시술 개요

① 도해도

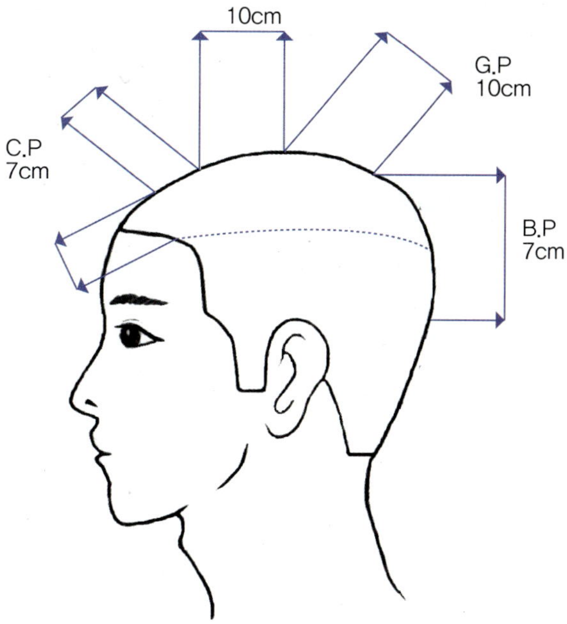

② 시술개요

블로킹 Blocking	U라인 U-Line Part, 후대각 Diagonal Back
섹션 Section	수평 Horizontal, 세로 Vertical, 후대각 Diagonal Back
분배 Distribution	직각 분배 Perpendicular Distribution, 방향 분배 Direction Distribution, 변이 분배 Shifted Distribution
각도 Angle	일반 시술 각 Normal Projection 70～90°
베이스 Base	온 더 베이스 On The Base
커트 Cut	지간 깎기
질감 처리 Texturerising	테이퍼링 Tapering

(3) 이용 남성 커트 시술 방법

시술 전

시술 후

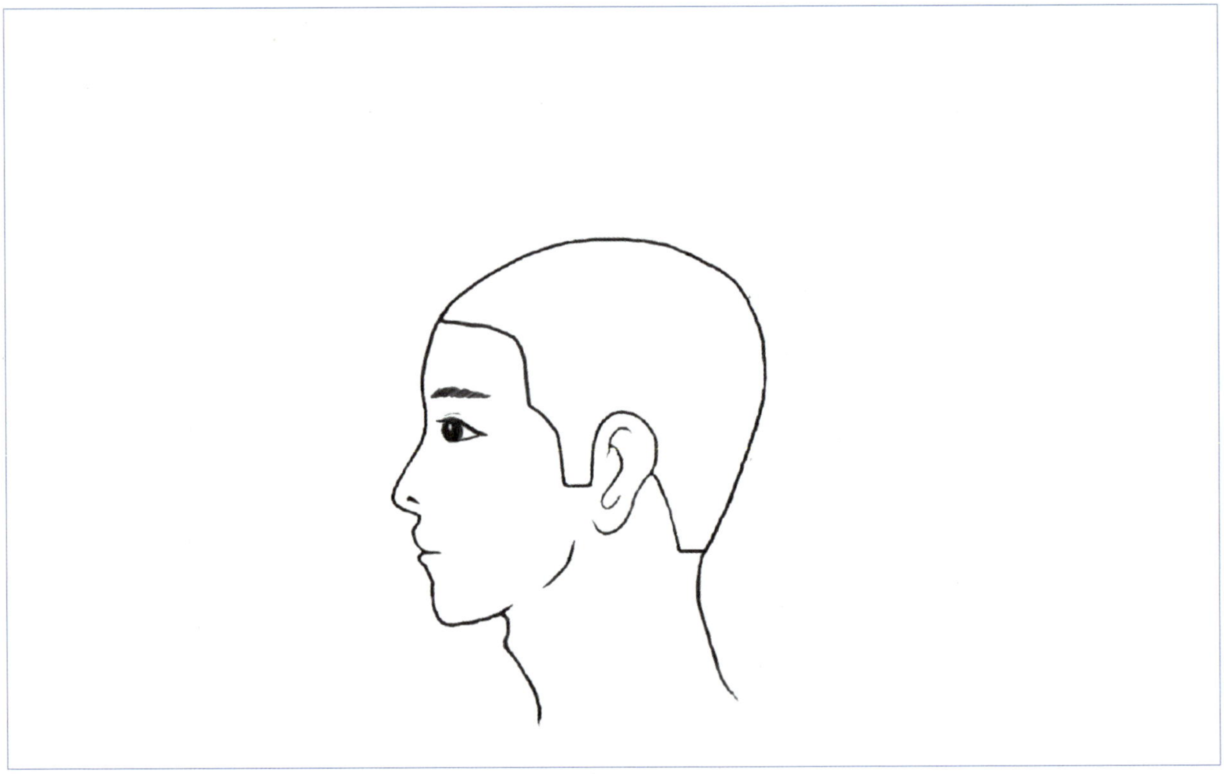

도해도 그려보기

2. 투 블럭 커트 헤어 스타일 시술하기

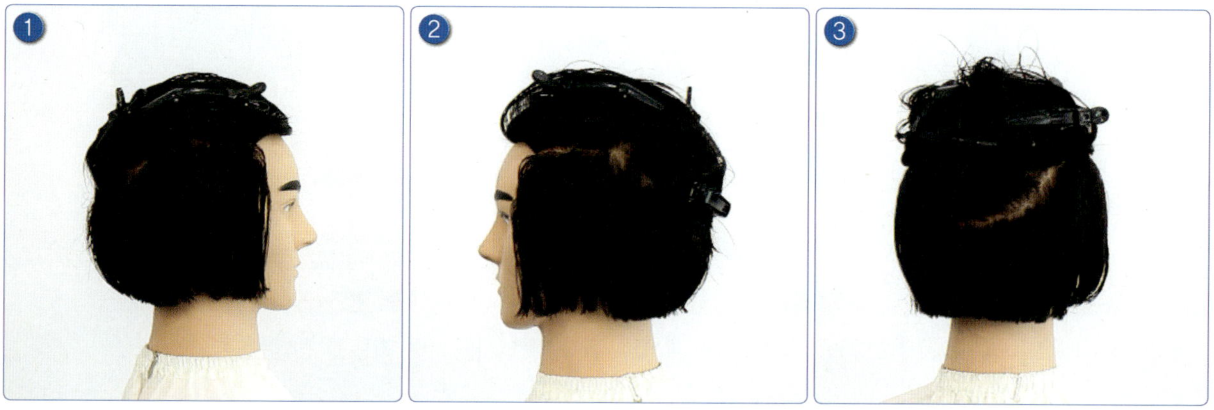

①, ②, ③ 프론트 사이드 포인트F.S.P : Front Side Point에서 이어 백 포인트E.B.P : Ear Back Point, 이어 백 포인트에서 백 포인트B.P : Back Point까지 U 라인U-Line으로 나눈다.

④, ⑤, ⑥ 사이드 코너 포인트S.C.P : Side Corner Point에서 네이프 사이드 포인트N.S.P : Nape Side Point까지 클리퍼Clipper를 사용하여 커트Cut를 진행한다.

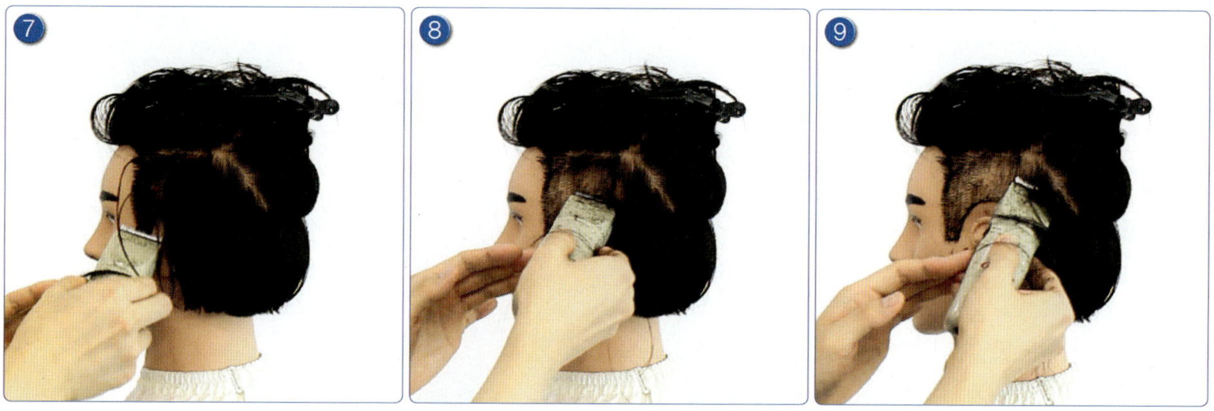

⑦, ⑧, ⑨ 사이드 코너 포인트에서 네이프 사이드 포인트까지 클리퍼를 사용하여 커트를 진행한다.

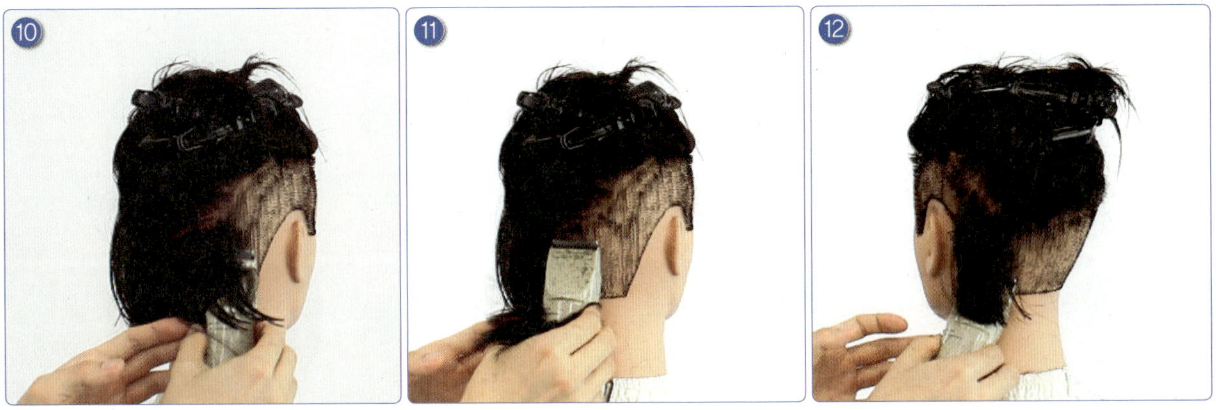

⑩, ⑪, ⑫ 네이프 사이드 포인트부터 가이드Guide에 맞춰 클리퍼를 사용하여 커트를 진행한다.

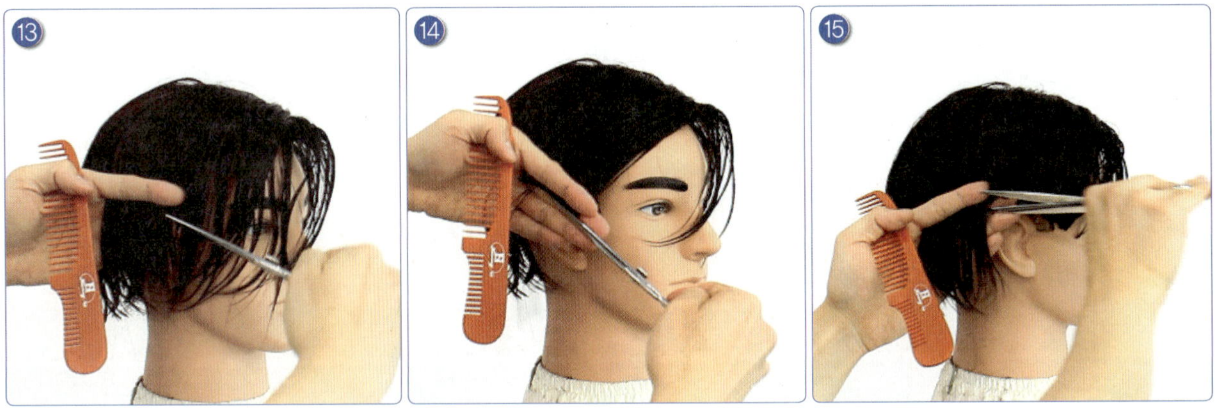

⑬, ⑭, ⑮ 사이드 포인트S.P : Side Point에서 이어 백 포인트, 이어 백 포인트에서 백 포인트까지 지간 깎기로 커트를 진행한다.

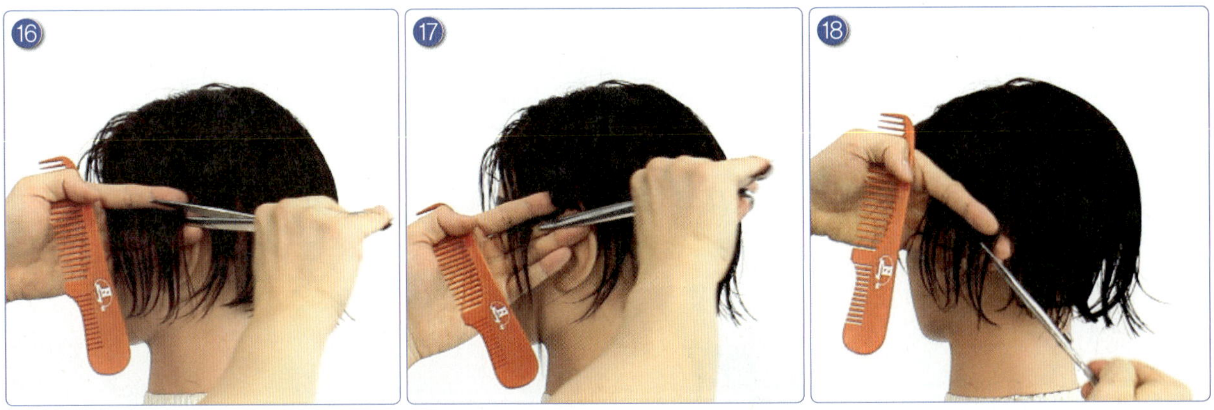

⑯, ⑰, ⑱ 좌측도 동일한 방법으로 양 옆 밸런스Balance를 맞추면서 커트를 진행한다.

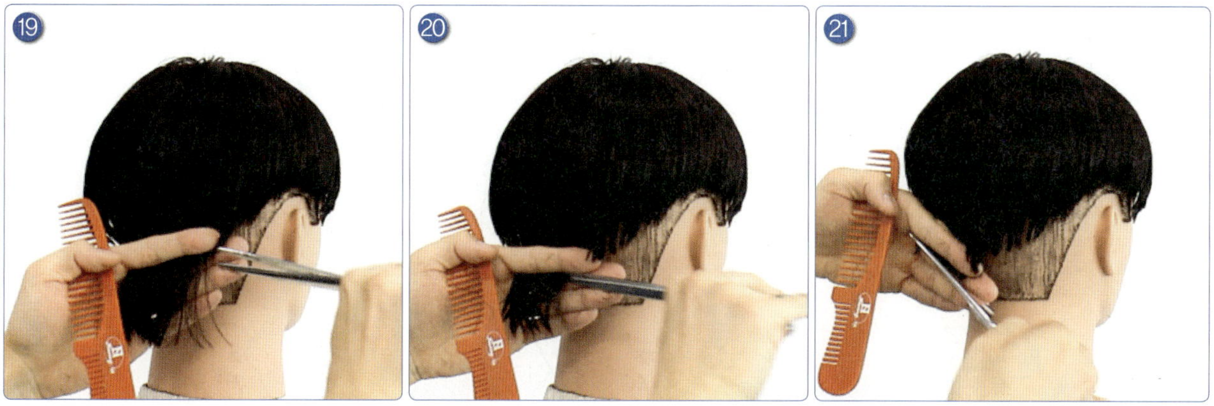

⑲, ⑳, ㉑ 백Back 부분도 동일한 방법으로 양 옆 밸런스를 맞추면서 커트를 진행한다.

㉒, ㉓, ㉔ 앞머리 부분도 가이드를 기준으로 커트를 진행한다.

㉕, ㉖, ㉗ 센터 포인트C.P : Center Point에서 탑 골든 미디움 포인트T.G.M.P : Top Golden Medium Point까지 지간 깎기로 커트를 진행한다.

㉘, ㉙, ㉚ 사이드 포인트에서 이어 백 포인트까지 지간 깎기로 커트를 진행한다.

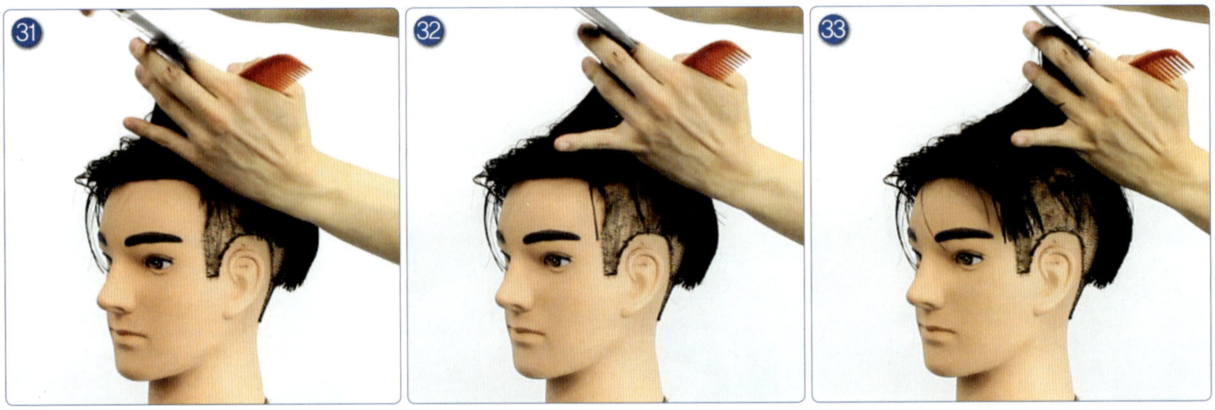

㉛, ㉜, ㉝ 좌측도 동일한 방법으로 양 옆 밸런스를 맞추면서 커트를 진행한다.

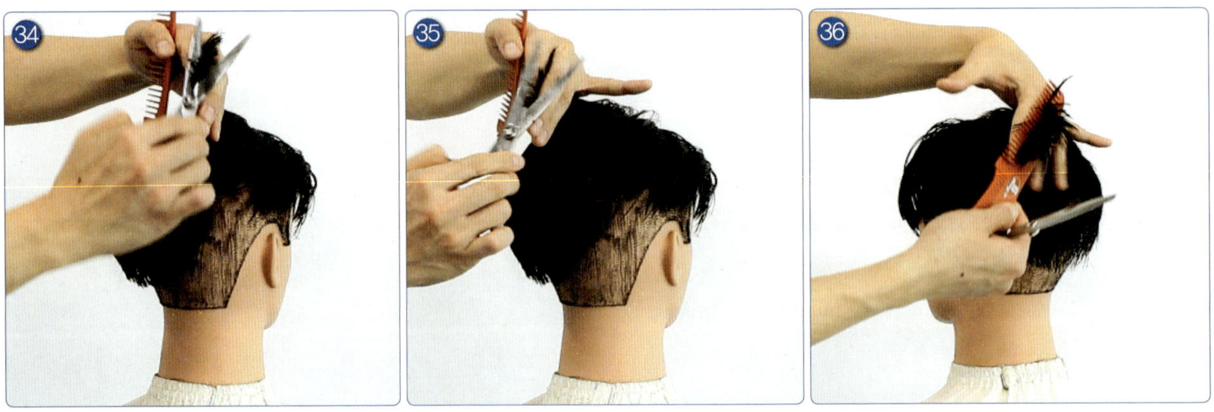

㉞, ㉟, ㊱ 골든 포인트G.P : Golden Point를 기준으로 방사선 섹션Pivot Section으로 커트를 진행한다.

㊲, ㊳, ㊴ 센터 포인트에서 탑 골든 미디움 포인트까지 테이퍼링 Tapering 기법을 사용하여 커트를 진행한다.

㊵, ㊶, ㊷ 사이드 포인트에서 이어 백 포인트까지 테이퍼링 기법을 사용하여 커트를 진행한다.

㊸, ㊹, ㊺ 백 Back 부분도 방사선 섹션으로 테이퍼링 기법을 사용하여 커트를 진행한다.

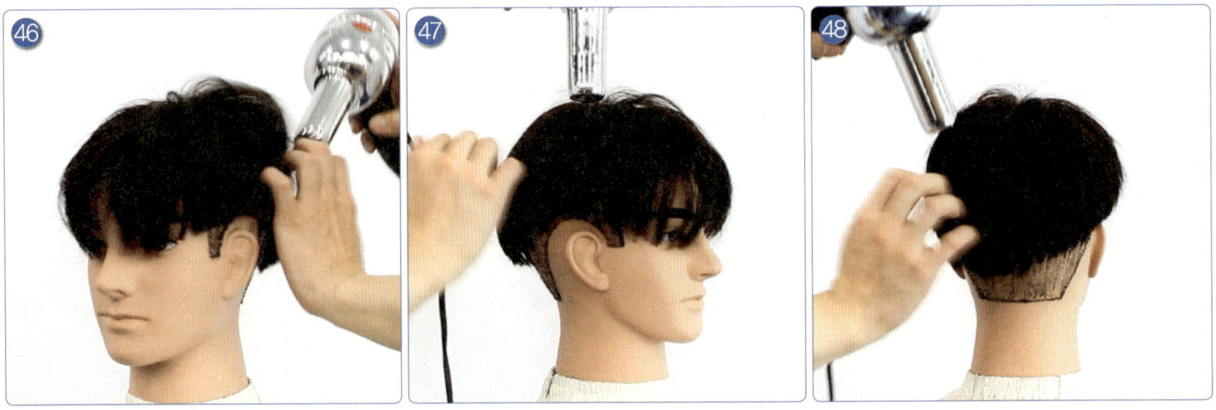

㊻, ㊼, ㊽ 모발의 흐름에 따라 드라이기를 이용하여 핸드 드라이Hand Dry 한다.

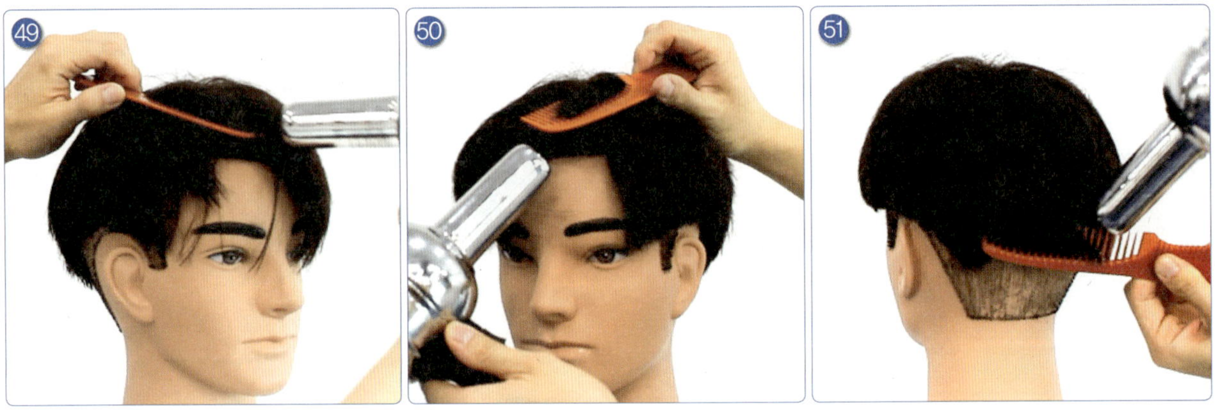

㊾, ㊿, 51 빗을 사용하여 볼륨을 형성해 주며 전체적으로 드라이Dry를 진행한다.

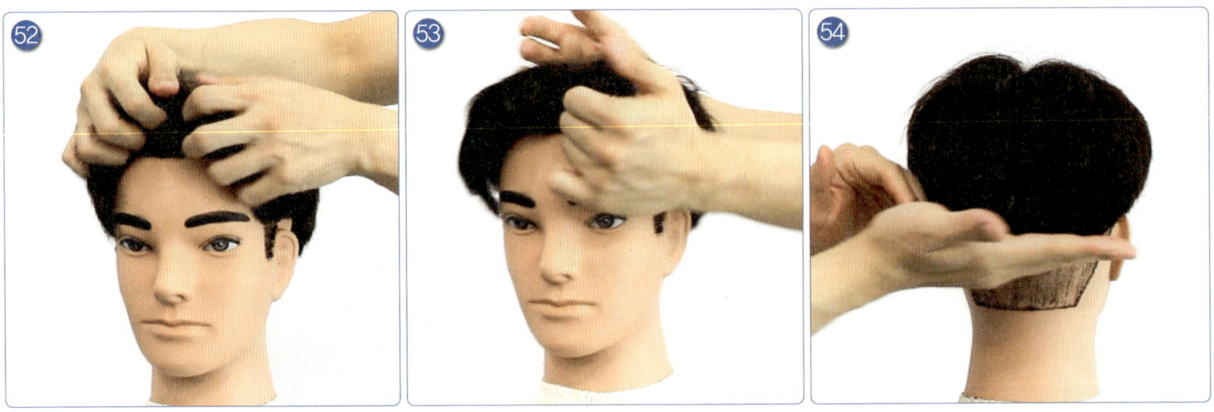

52, 53, 54 제품을 사용하여 스타일링Styling 한다.

3. 투 블럭 커트 헤어 스타일 마무리 하기

앞 Front

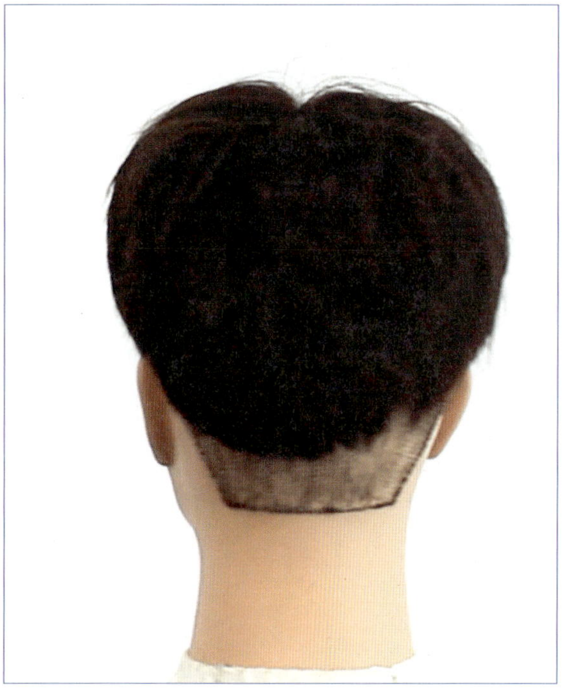

뒤 Back

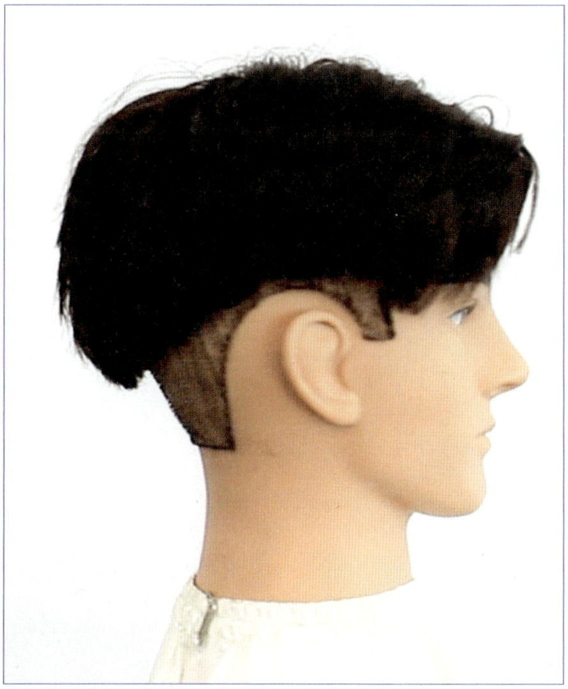

우측 Right side

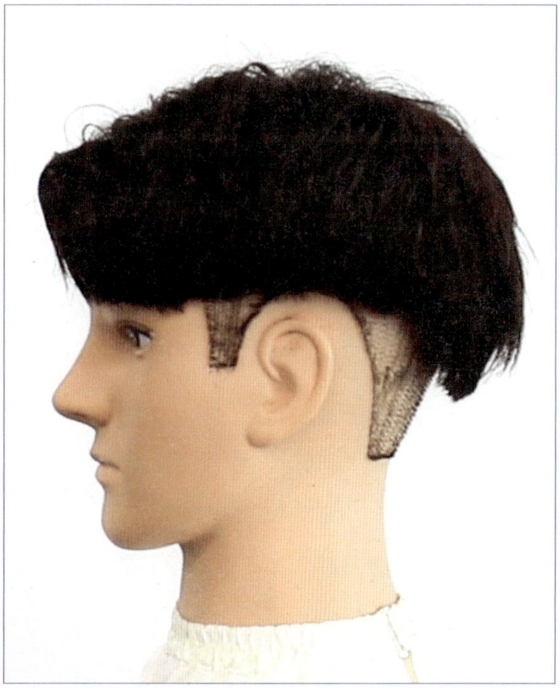

좌측 Left side

실습과정 사진	
사진	설명

실습결과 사진	
앞 Front	뒤 Back
좌측 Left Side	우측 Right Side

[교수 학습방법]

교수 방법
① 이용사는 기술로서 표현하지 못한 것을 도구를 통해 사고나 감정을 표현하는 사람임을 상기시킨다.
② 전개도를 활용해 헤어 커트 형태선의 방향과 특성을 분석할 수 있음을 설명한다.
③ 디자인 결정 시 고객의 요구사항을 파악하여 디자인할 수 있도록 상기시킨다.
④ 디자인 결정 시 고객의 외형적 특성을 파악하여 디자인할 수 있음을 설명한다.
⑤ 다양한 스타일의 형태 선, 특징 등을 도식화하여 디자인할 수 있도록 설명한다.
⑥ 혼합형 이발을 할 수 있도록 계획하는 방법을 설명한다.
⑦ 비대칭, 대칭, 커넥션, 디스커넥션의 스타일의 형태선과 특징을 설명한다.
⑧ 레이저를 이용한 에칭, 아킹, 로테이션, 테이퍼링 기법을 설명한다.
⑨ 가위를 이용한 롱, 미디엄, 쇼트 스트로크 기법을 설명한다.
⑩ 마무리 샴푸 후 타월 및 드라이기를 사용하여 수분 제거 방법을 설명한다.
⑪ 헤어 커트 보정 작업 후 잔여 머리카락을 털어 내는 방법을 설명한다.
⑫ 헤어 커트 유형별 적합한 스타일링 도구 선택 방법, 스타일링 기법, 제품 사용 방법을 설명한다.
⑬ 홈 케어를 위한 조언 및 차후 방문 시기와 중요성에 대해 알리는 방법을 설명한다.
⑭ 고객 배웅 시 적절한 인사말에 대해서 설명한다.

학습 방법
① 이용사로서 자신의 일에 자부심을 갖고 예술 정신과 훌륭한 기술을 연마하기 위해서 노력과 인내가 필요함을 학습한다.
② 전개도를 활용해 형태 분석과 외형적 변화에 따라 디자인의 결정이 변화됨을 학습한다.
③ 고객의 요구사항을 파악하여 디자인을 하는 방법을 학습한다.
④ 고객의 외형적 특성을 파악하여 디자인을 하는 방법을 학습한다.
⑤ 다양한 스타일의 형태 선과 특징을 이해하여 스케치북에 도해도를 그려 본다.
⑥ 혼합형 이발을 할 수 있는 계획서를 세워 본다.
⑦ 비대칭, 대칭, 커넥션, 디스커넥션의 스타일의 형태 선과 특징을 정리한다.
⑧ 레이저를 이용한 에칭, 아킹, 로테이션, 테이퍼링 기법에 대해 숙지한다.
⑨ 가위를 이용한 롱, 미디엄, 쇼트 스트로크 기법에 대해 숙지한다.
⑩ 마무리 샴푸 후 타월 및 드라이기를 사용하여 수분 제거 방법을 정리한다.
⑪ 헤어 커트 보정 작업 후 잔여 머리카락 제거 및 스타일링 도구 선택 방법, 스타일링을 위한 기법, 제품 사용 방법을 정리한다.

[평가 준거]

학습 내용	평가 항목	성취 수준		
		상	중	하
헤어 커트 디자인의 분석	이발에 요구되는 기본 지식인 이용사로서 관찰, 사고, 형의 특성, 형태 분석, 디자인 결정 등을 설명할 수 있다.			
혼합형 이발 계획	다양한 스타일의 형태 선, 특징 등을 도식화하여 디자인에 접목시킬 수 있다.			
혼합형 이발 작업	1. 비대칭, 대칭, 커넥션, 디스커넥션 스타일의 형태 선, 특징 등을 도식화하여 자르거나 깎을 수 있다.			
	2. 레이저를 이용한 에칭, 아킹, 로테이션, 테이퍼링 기법으로 자를 수 있다.			
	3. 가위를 이용한 롱, 미디엄, 쇼트 스트로크 기법으로 자를 수 있다.			
혼합형 이발 마무리	이발 작업 후 고객 만족도를 파악하기 위해 필요한 경우 수정, 보완하며 홈 케어를 위한 조언할 수 있다.			

[평가 방법]

학습 내용	평가 항목	성취 수준		
		상	중	하
헤어 커트 디자인의 분석	1. 이용사의 관찰과 사고에 대해 이해하고 설명할 수 있는 능력			
	2. 디자인에 따른 형의 특성을 이해하고 설명할 수 있는 능력			
	3. 머리 형태를 분석할 수 있는 능력			
	4. 디자인 결정에 관해 분석할 수 있는 능력			
	5. 이용사로서 관찰할 수 있는 능력			
	6. 다양한 형태와 특성을 관찰하고 분석할 수 있는 능력			
혼합형 이발 계획	1. 도해도를 작성할 수 있는 능력			
	2. 디자인 결정 시 고객의 요구사항을 반영하여 디자인할 수 있는 능력			
	3. 다양한 스타일의 형태 선과 특징을 도식화하여 이해하고 디자인에 접목시킬 수 있는 능력			
	4. 디자인 결정 시 고객의 요구사항을 파악할 수 있는 능력			
혼합형 이발 작업	1. 비대칭, 대칭, 커넥션, 디스커넥션 스타일의 형태선과 특징을 접목한 도식화된 디자인으로 커트할 수 있는 능력			
	2. 혼합형 이발 형태의 작업 완성도			
	3. 레이저를 사용하여 에칭, 아킹, 로테이션, 테이퍼링 기법을 할 수 있는 능력			
	4. 가위를 이용하여 롱, 미디엄, 쇼트 스트로크 기법을 할 수 있는 능력			
혼합형 이발 마무리	1. 커트 종료 후 고객의 만족도를 파악할 수 있는 의사소통 능력			
	2. 헤어 커트 보정 작업 후 잔여 머리카락을 제거할 수 있는 능력			
	3. 홈 케어를 위한 조언 및 고객 배웅 시 적절한 인사말을 건넬 수 있는 능력			

[평가자 체크 리스트]

<table>
<tr><th rowspan="2">학습 내용</th><th rowspan="2">평가 항목</th><th colspan="3">성취 수준</th></tr>
<tr><th>상</th><th>중</th><th>하</th></tr>
<tr><td rowspan="4">헤어 커트 디자인의 분석</td><td>1. 이용사의 관찰과 사고에 관한 이해 여부</td><td></td><td></td><td></td></tr>
<tr><td>2. 디자인에 따른 형의 특성을 파악하고 분석할 수 있는지 여부</td><td></td><td></td><td></td></tr>
<tr><td>3. 머리 형태를 파악하고 분석할 수 있는지 여부</td><td></td><td></td><td></td></tr>
<tr><td>4. 디자인 결정에 외형적 특징을 파악하고 분석할 수 있는지 여부</td><td></td><td></td><td></td></tr>
<tr><td rowspan="4">혼합형 이발 계획</td><td>1. 도해도에 관한 지식을 알 수 있는지 여부</td><td></td><td></td><td></td></tr>
<tr><td>2. 디자인 결정 시 고객의 요구사항을 반영하여 디자인할 수 있는지 여부</td><td></td><td></td><td></td></tr>
<tr><td>3. 다양한 스타일의 형태 선과 특징을 도식화하여 이해하고 디자인에 접목시킬 수 있는지 여부</td><td></td><td></td><td></td></tr>
<tr><td>4. 디자인 결정 시 고객의 요구사항을 파악하기 위해 노력하는지 여부</td><td></td><td></td><td></td></tr>
<tr><td rowspan="4">혼합형 이발 작업</td><td>1. 비대칭, 대칭, 커넥션, 디스커넥션 스타일의 형태선과 특징을 접목한 도식화된 디자인으로 커트할 수 있는지 여부</td><td></td><td></td><td></td></tr>
<tr><td>2. 혼합형 이발 형태 작업의 완성도 여부</td><td></td><td></td><td></td></tr>
<tr><td>3. 레이저를 사용하여 에칭, 아킹, 로테이션, 테이퍼링 기법을 할 수 있는지 여부</td><td></td><td></td><td></td></tr>
<tr><td>4. 가위를 이용하여 롱, 미디엄, 쇼트 스트로크 기법을 할 수 있는지 여부</td><td></td><td></td><td></td></tr>
<tr><td rowspan="3">혼합형 이발 마무리</td><td>1. 커트 종료 후 고객의 만족도를 파악할 수 있는 의사소통을 하였는지 여부</td><td></td><td></td><td></td></tr>
<tr><td>2. 헤어 커트 보정 작업 후 잔여 머리카락을 제거하였는지 여부</td><td></td><td></td><td></td></tr>
<tr><td>3. 홈 케어를 위한 조언 및 고객 배웅 시 적절한 인사말을 하였는지 여부</td><td></td><td></td><td></td></tr>
</table>

9. 포마드 스타일Pomade Hair Style

학습내용 단원명	수업 목표
남성 이용 응용 스타일 포마드 헤어 스타일	남성 커트 이용 포마드 헤어 스타일 실습을 수행할 수 있다.

반고체의 진득진득한 기름을 사용하여 광택과 방향을 내는데 머리를 매만져서 다듬은 스타일로 주로 남자가 하는 머리 스타일을 말한다.

1. 포마드 헤어 커트 준비하기

(1) 재료

① 장가위

② 틴닝 가위

③ 이용 빗

④ 클리퍼

⑤ 스타일링 제품

⑥ 핀셋

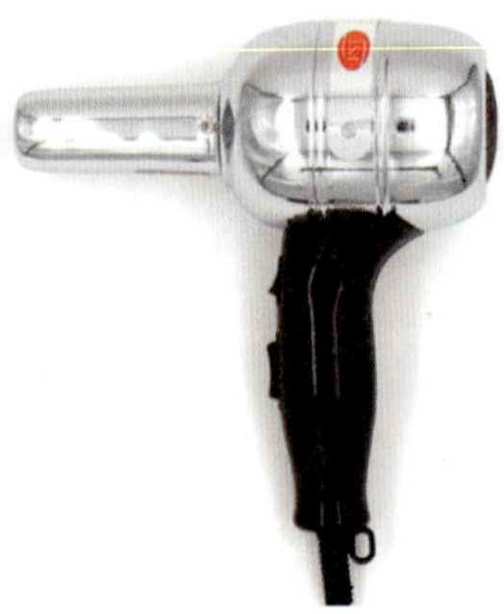

⑦ 이용 드라이기

(2) 도해도 및 시술 개요

① 도해도

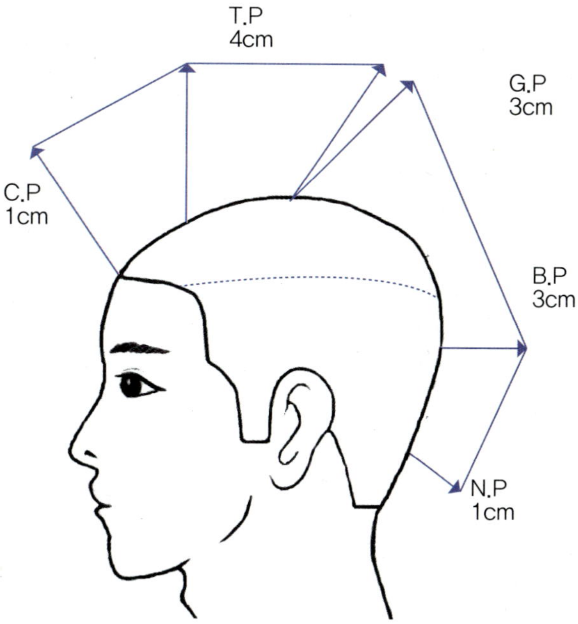

② 시술개요

블로킹 Blocking	U라인 U-Line Part
섹션 Section	수평 Horizontal , 세로 Vertical
분배 Distribution	직각 분배 Perpendicular Distribution , 방향 분배 Direction Distribution , 변이 분배 Shifted Distribution
각도 Angle	일반 시술 각 Normal Projection 70～90°
베이스 Base	온 더 베이스 On The Base
커트 Cut	지간 깎기, 떠올려 깎기, 세워 깎기, 연속 깎기 싱글링 : Shingling
질감 처리 Texturerising	테이퍼링 Tapering

(3) 이용 남성 커트 시술 방법

시술 전

시술 후

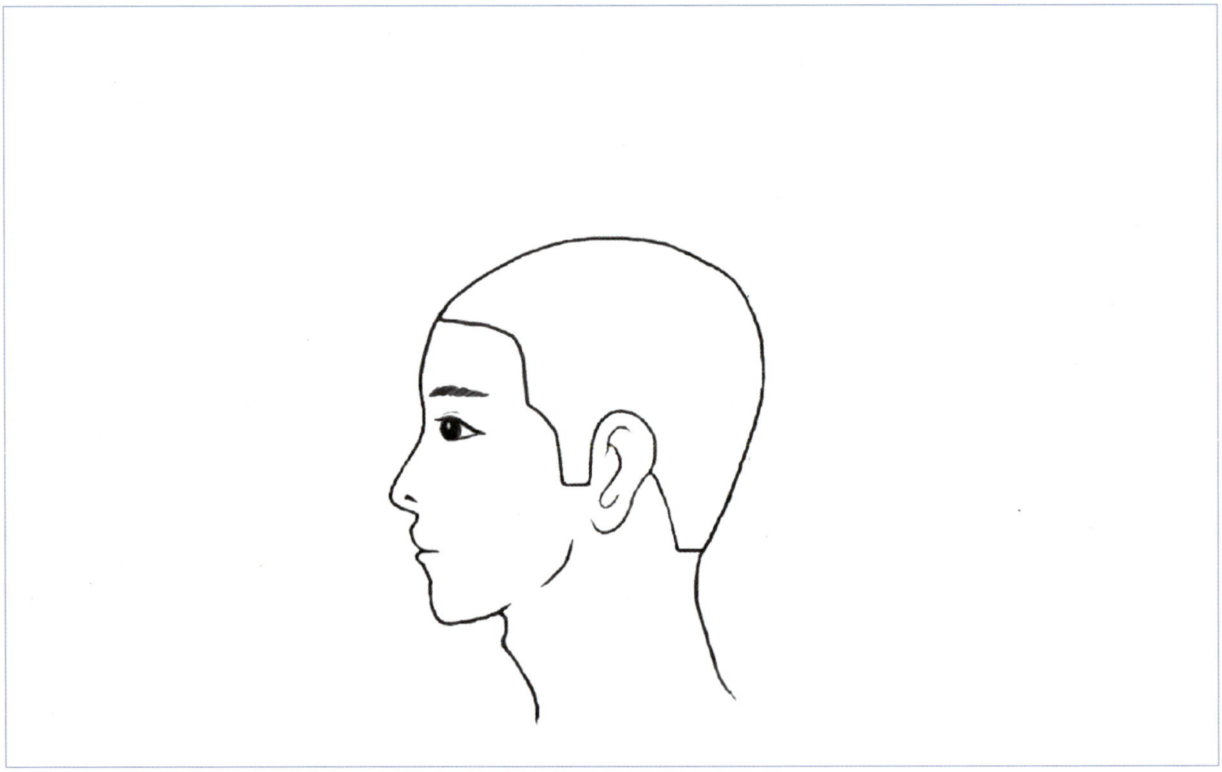

도해도 그려보기

2. 포마드 커트 헤어 스타일 시술하기

①, ②, ③ 프론트 사이드 포인트F.S.P : Front Side Point에서 이어 백 포인트E.B.P : Ear Back Point, 이어 백 포인트에서 백 포인트B.P : Back Point까지 U 라인U-Line으로 나눈다.

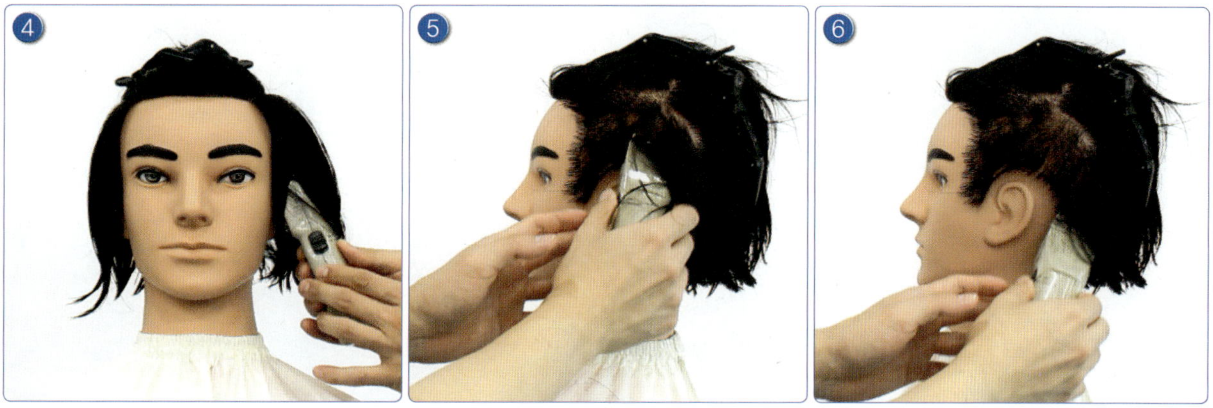

④, ⑤, ⑥ 사이드 코너 포인트S.C.P : Side Corner Point에서 네이프 사이드 포인트N.S.P : Nape Side Point까지 클리퍼Clipper를 사용하여 커트Cut를 진행한다.

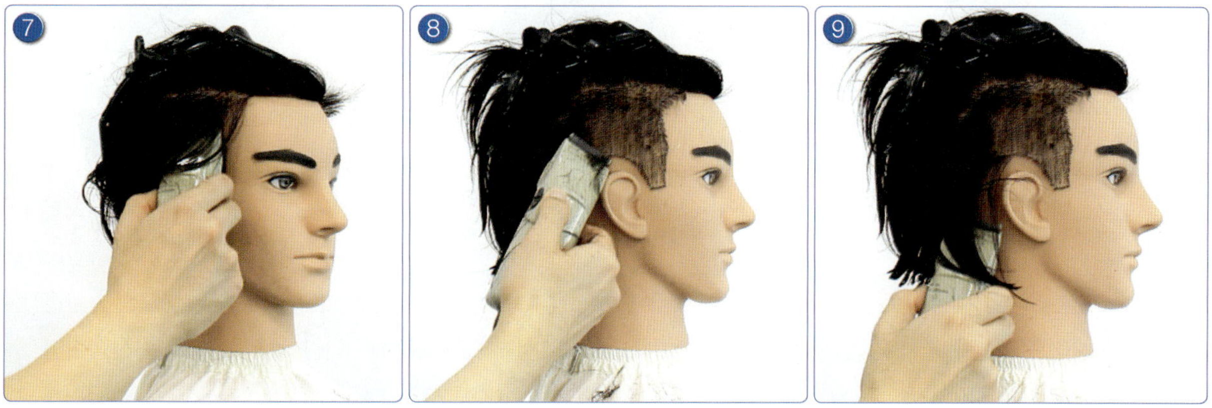

⑦, ⑧, ⑨ 사이드 코너 포인트에서 네이프 사이드 포인트까지 클리퍼를 사용하여 커트를 진행한다.

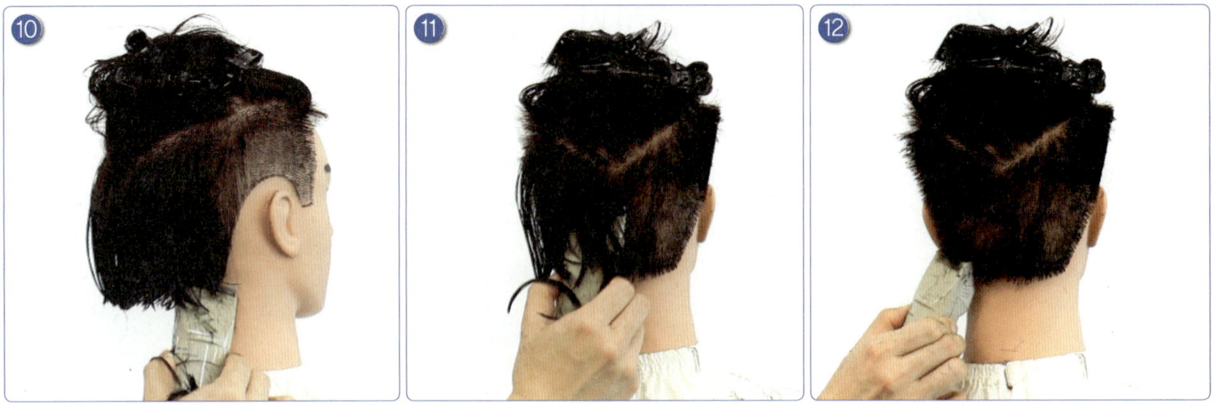

⑩, ⑪, ⑫ 네이프 사이드 포인트부터 가이드Guide에 맞춰 클리퍼를 사용하여 커트를 진행한다.

⑬, ⑭, ⑮ 전체적으로 클리퍼를 사용하여 라인Line을 정리한다.

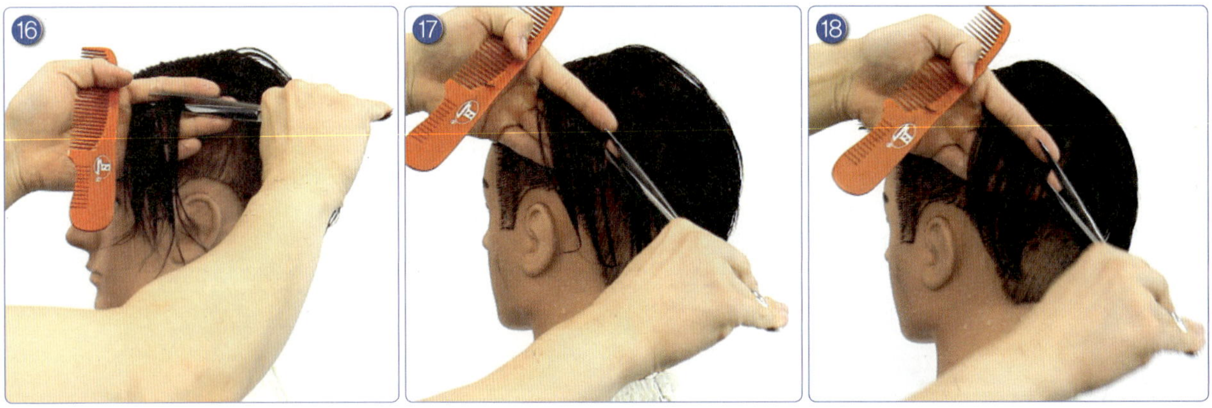

⑯, ⑰, ⑱ 사이드 포인트에서 이어 백 포인트, 이어 백 포인트에서 백 포인트까지 지간 깎기로 커트를 진행한다.

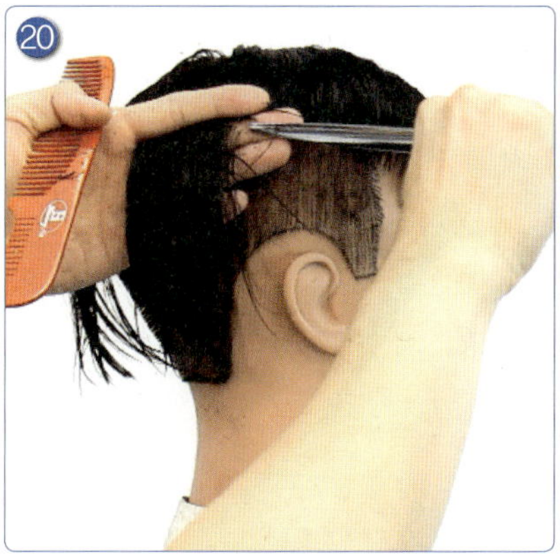

⑲, ⑳, ㉑ 사이드 포인트에서 이어 백 포인트, 이어 백 포인트에서 백 포인트까지 지간 깎기로 커트를 진행한다.

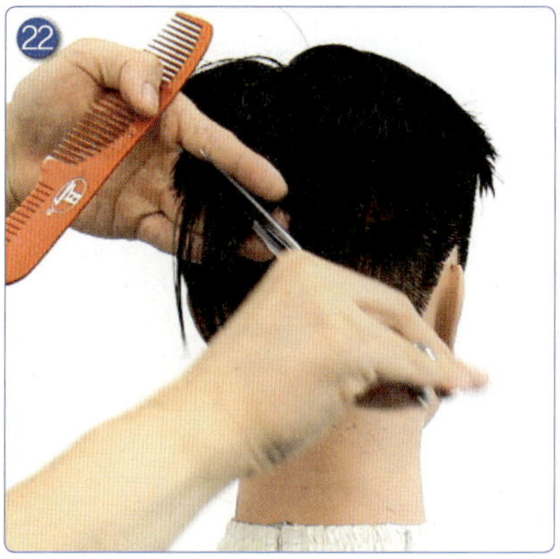

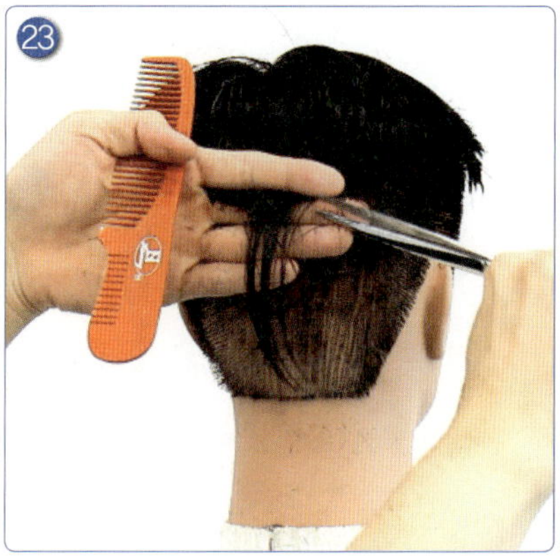

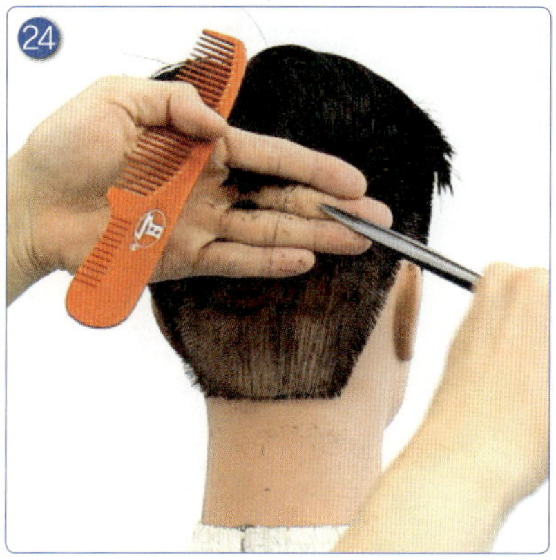

㉒, ㉓, ㉔ 네이프 사이드 포인트부터 가이드에 맞춰 지간 깎기로 커트를 진행한다.

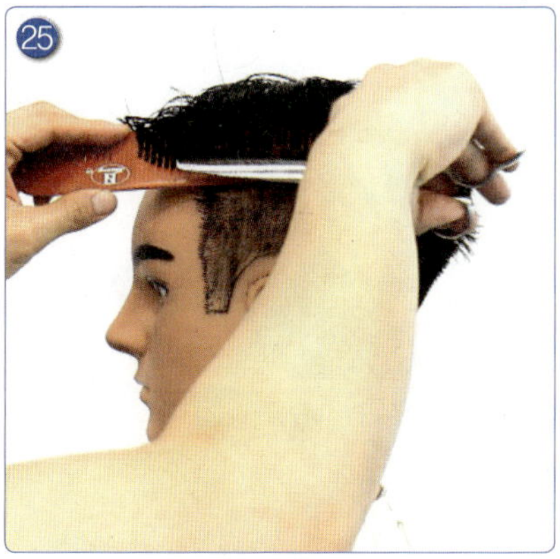

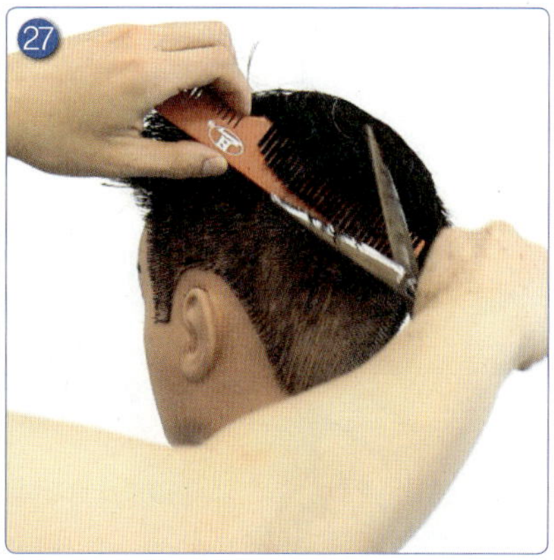

㉕, ㉖, ㉗ 연속 깎기 싱글링 : Shingling 로 연결 부분을 정리하여 커트를 진행한다.

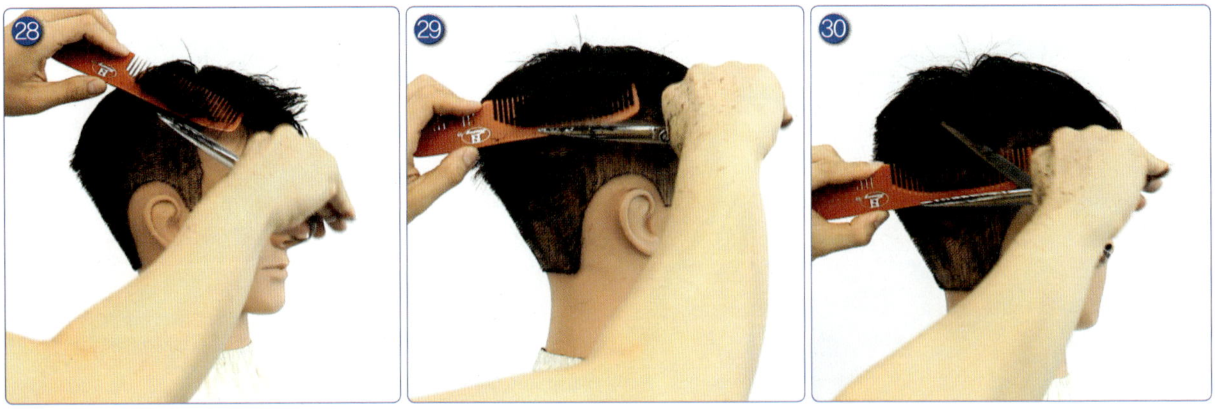

㉘, ㉙, ㉚ 우측 부분도 연속 깎기싱글링로 연결부분을 정리하여 커트를 진행한다.

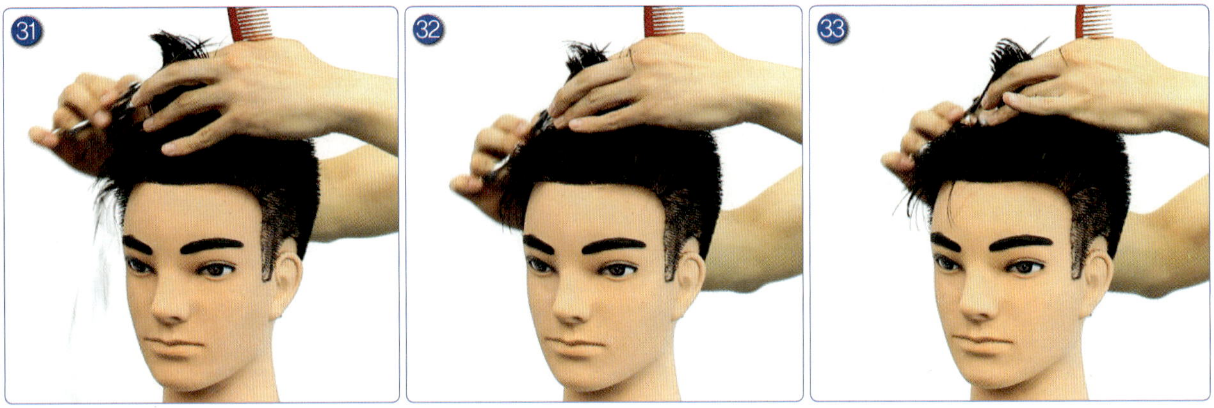

㉛, ㉜, ㉝ 센터 포인트에서 탑 골든 미디움 포인트T.G.M.P : Top Golden Medium Point까지 지간 깎기로 커트를 진행한다.

㉞, ㉟, ㊱ 사이드 포인트에서 이어 백 포인트까지 지간 깎기로 커트를 진행한다.

㊲, ㊳, ㊴ 골든 포인트 G.P : Golden Point 를 기준으로 방사선 섹션 Pivot Section 으로 커트를 진행한다.

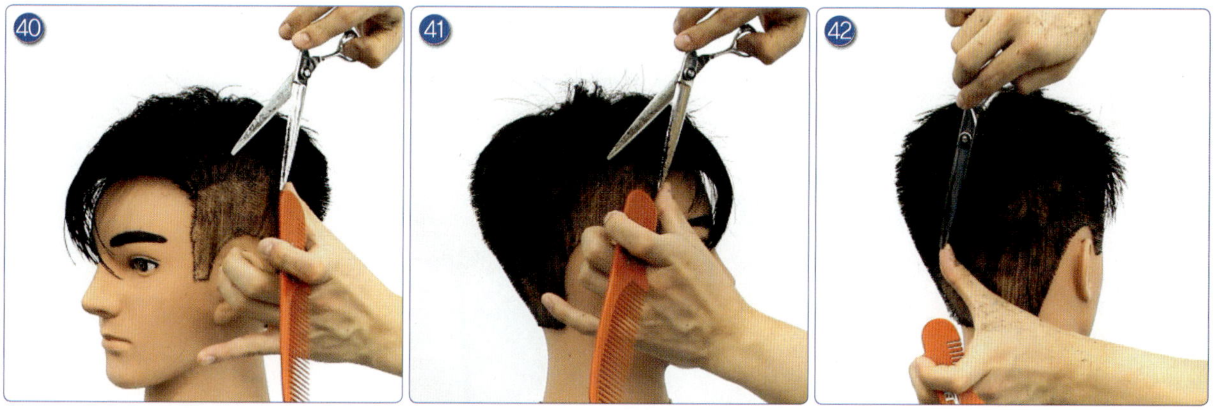

㊵, ㊶, ㊷ 세워 깎기로 연결 부분을 깔끔히 정리한다.

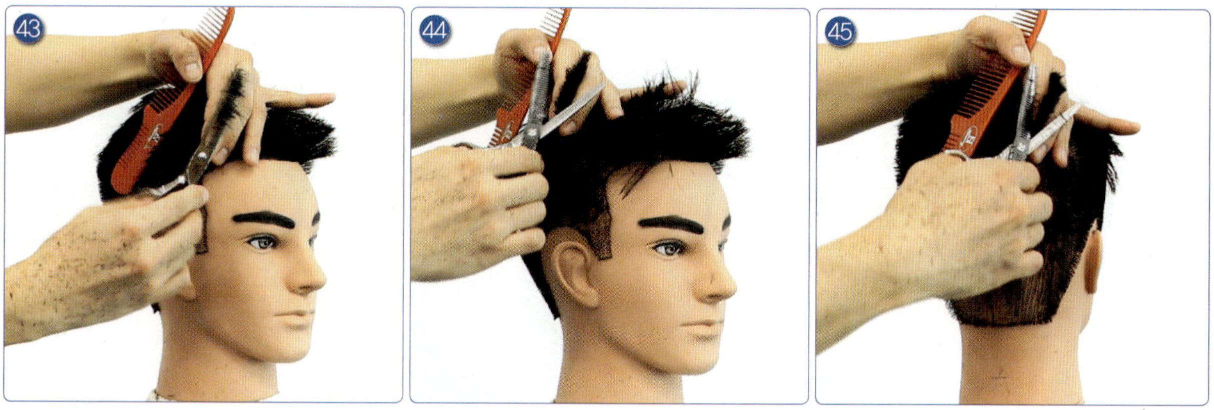

㊸, ㊹, ㊺ 테이퍼링 Tapering 기법으로 전체 질감 처리를 한다.

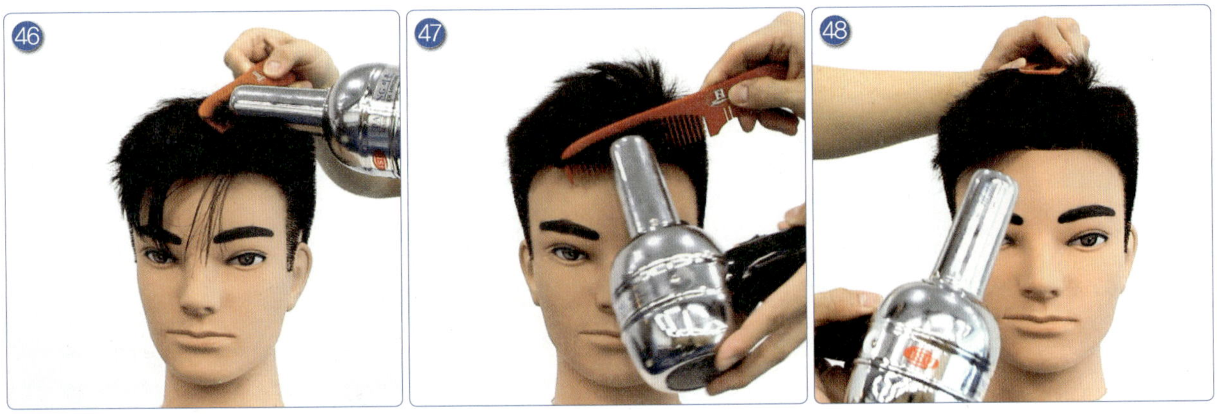

㊻, ㊼, ㊽ 빗을 사용하여 볼륨을 형성해 주며 전체적으로 드라이Dry를 진행한다.

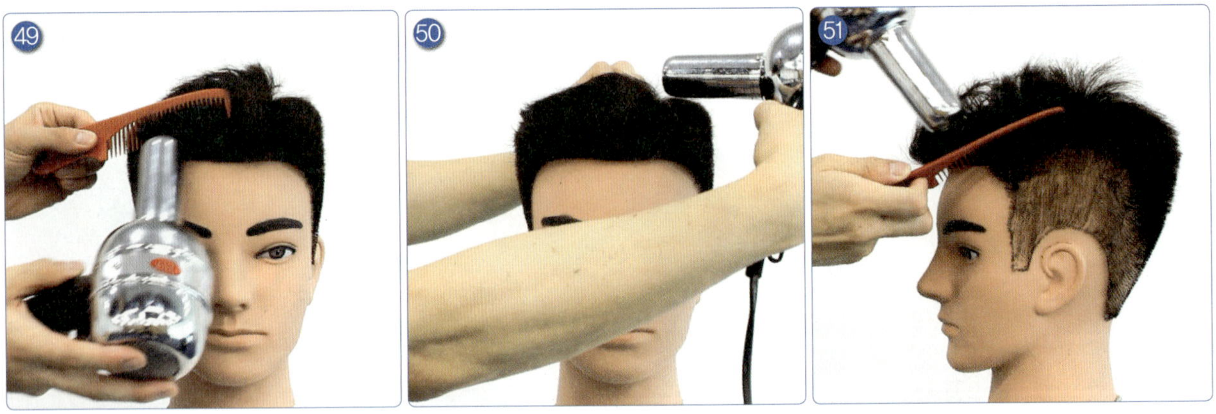

㊾, ㊿, 51 동일한 방법으로 빗을 사용하여 볼륨을 형성해 주며 전체적으로 드라이를 진행한다.

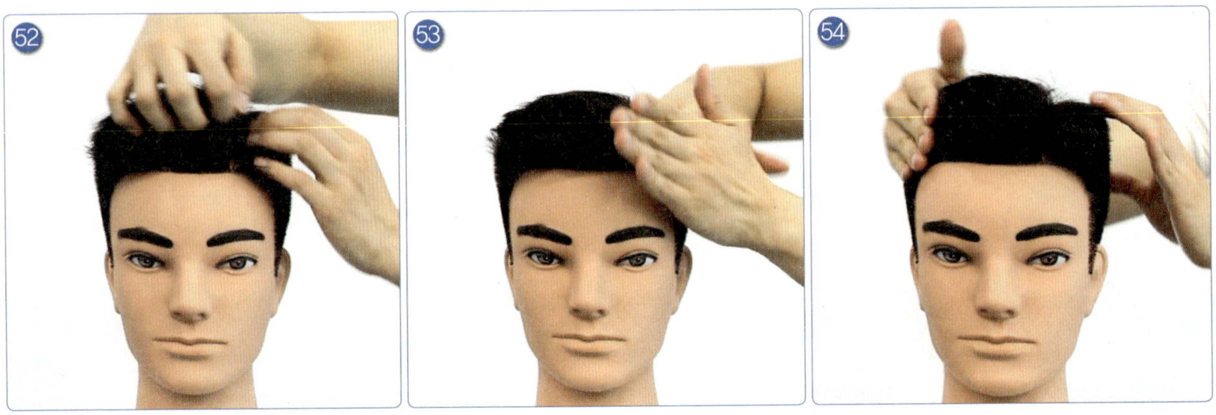

52, 53, 54 제품을 사용하여 스타일링Styling 한다.

3. 포마드 커트 헤어 스타일 마무리하기

앞 Front

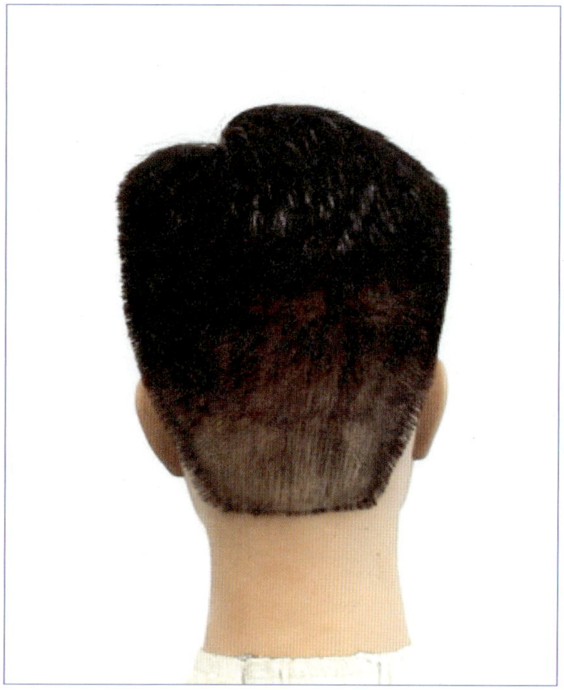

뒤 Back

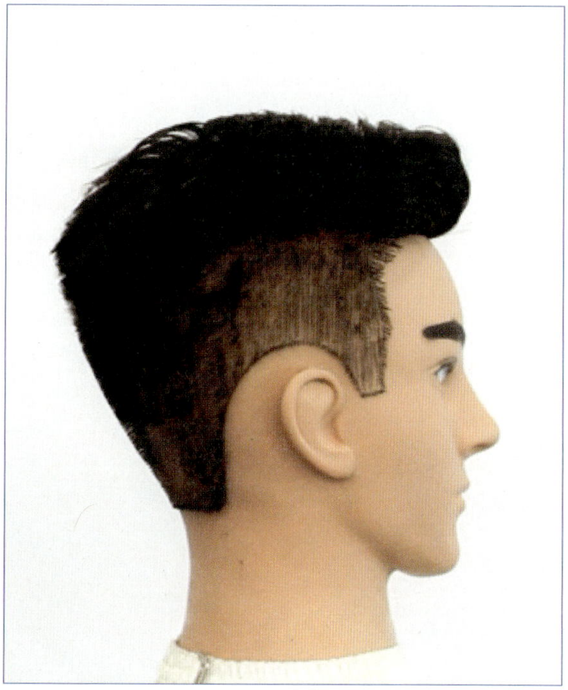

우측 Right side

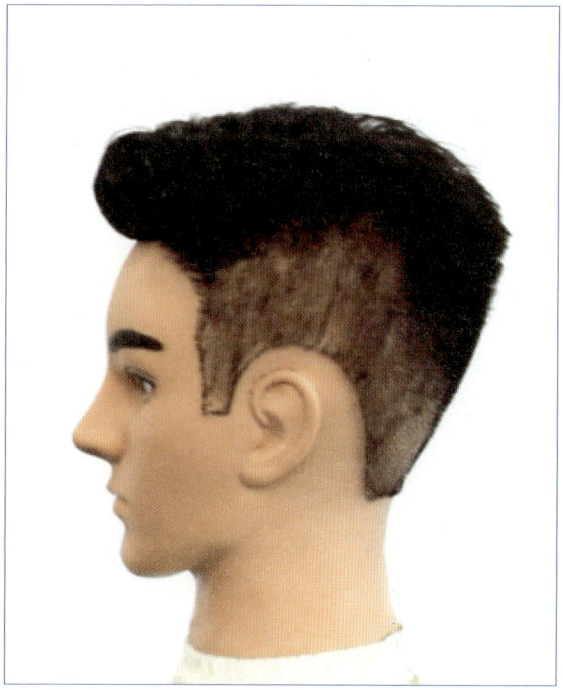

좌측 Left side

실습과정 사진	
사진	설명

실습결과 사진	
앞 Front	뒤 Back
좌측 Left Side	우측 Right Side

[교수 학습방법]

교수 방법
① 이용사는 기술로서 표현하지 못한 것을 도구를 통해 사고나 감정을 표현하는 사람임을 상기시킨다.
② 전개도를 활용해 헤어 커트 형태선의 방향과 특성을 분석할 수 있음을 설명한다.
③ 디자인 결정 시 고객의 요구사항을 파악하여 디자인할 수 있도록 상기시킨다.
④ 디자인 결정 시 고객의 외형적 특성을 파악하여 디자인할 수 있음을 설명한다.
⑤ 다양한 스타일의 형태 선, 특징 등을 도식화하여 디자인할 수 있도록 설명한다.
⑥ 혼합형 이발을 할 수 있도록 계획하는 방법을 설명한다.
⑦ 비대칭, 대칭, 커넥션, 디스커넥션의 스타일의 형태선과 특징을 설명한다.
⑧ 레이저를 이용한 에칭, 아킹, 로테이션, 테이퍼링 기법을 설명한다.
⑨ 가위를 이용한 롱, 미디엄, 쇼트 스트로크 기법을 설명한다.
⑩ 마무리 샴푸 후 타월 및 드라이기를 사용하여 수분 제거 방법을 설명한다.
⑪ 헤어 커트 보정 작업 후 잔여 머리카락을 털어 내는 방법을 설명한다.
⑫ 헤어 커트 유형별 적합한 스타일링 도구 선택 방법, 스타일링 기법, 제품 사용 방법을 설명한다.
⑬ 홈 케어를 위한 조언 및 차후 방문 시기와 중요성에 대해 알리는 방법을 설명한다.
⑭ 고객 배웅 시 적절한 인사말에 대해서 설명한다.

학습 방법
① 이용사로서 자신의 일에 자부심을 갖고 예술 정신과 훌륭한 기술을 연마하기 위해서 노력과 인내가 필요함을 학습한다.
② 전개도를 활용해 형태 분석과 외형적 변화에 따라 디자인의 결정이 변화됨을 학습한다.
③ 고객의 요구사항을 파악하여 디자인을 하는 방법을 학습한다.
④ 고객의 외형적 특성을 파악하여 디자인을 하는 방법을 학습한다.
⑤ 다양한 스타일의 형태 선과 특징을 이해하여 스케치북에 도해도를 그려 본다.
⑥ 혼합형 이발을 할 수 있는 계획서를 세워 본다.
⑦ 비대칭, 대칭, 커넥션, 디스커넥션의 스타일의 형태 선과 특징을 정리한다.
⑧ 레이저를 이용한 에칭, 아킹, 로테이션, 테이퍼링 기법에 대해 숙지한다.
⑨ 가위를 이용한 롱, 미디엄, 쇼트 스트로크 기법에 대해 숙지한다.
⑩ 마무리 샴푸 후 타월 및 드라이기를 사용하여 수분 제거 방법을 정리한다.
⑪ 헤어 커트 보정 작업 후 잔여 머리카락 제거 및 스타일링 도구 선택 방법, 스타일링을 위한 기법, 제품 사용 방법을 정리한다.

[평가 준거]

학습 내용	평가 항목	성취 수준		
		상	중	하
헤어 커트 디자인의 분석	이발에 요구되는 기본 지식인 이용사로서 관찰, 사고, 형의 특성, 형태 분석, 디자인 결정 등을 설명할 수 있다.			
혼합형 이발 계획	다양한 스타일의 형태 선, 특징 등을 도식화하여 디자인에 접목시킬 수 있다.			
혼합형 이발 작업	1. 비대칭, 대칭, 커넥션, 디스커넥션 스타일의 형태 선, 특징 등을 도식화하여 자르거나 깎을 수 있다.			
	2. 레이저를 이용한 에칭, 아킹, 로테이션, 테이퍼링 기법으로 자를 수 있다.			
	3. 가위를 이용한 롱, 미디엄, 쇼트 스트로크 기법으로 자를 수 있다.			
혼합형 이발 마무리	이발 작업 후 고객 만족도를 파악하기 위해 필요한 경우 수정, 보완하며 홈 케어를 위한 조언할 수 있다.			

[평가 방법]

학습 내용	평가 항목	성취 수준		
		상	중	하
헤어 커트 디자인의 분석	1. 이용사의 관찰과 사고에 대해 이해하고 설명할 수 있는 능력			
	2. 디자인에 따른 형의 특성을 이해하고 설명할 수 있는 능력			
	3. 머리 형태를 분석할 수 있는 능력			
	4. 디자인 결정에 관해 분석할 수 있는 능력			
	5. 이용사로서 관찰할 수 있는 능력			
	6. 다양한 형태와 특성을 관찰하고 분석할 수 있는 능력			
혼합형 이발 계획	1. 도해도를 작성할 수 있는 능력			
	2. 디자인 결정 시 고객의 요구사항을 반영하여 디자인할 수 있는 능력			
	3. 다양한 스타일의 형태 선과 특징을 도식화하여 이해하고 디자인에 접목시킬 수 있는 능력			
	4. 디자인 결정 시 고객의 요구사항을 파악할 수 있는 능력			
혼합형 이발 작업	1. 비대칭, 대칭, 커넥션, 디스커넥션 스타일의 형태선과 특징을 접목한 도식화된 디자인으로 커트할 수 있는 능력			
	2. 혼합형 이발 형태의 작업 완성도			
	3. 레이저를 사용하여 에칭, 아킹, 로테이션, 테이퍼링 기법을 할 수 있는 능력			
	4. 가위를 이용하여 롱, 미디엄, 쇼트 스트로크 기법을 할 수 있는 능력			
혼합형 이발 마무리	1. 커트 종료 후 고객의 만족도를 파악할 수 있는 의사소통 능력			
	2. 헤어 커트 보정 작업 후 잔여 머리카락을 제거할 수 있는 능력			
	3. 홈 케어를 위한 조언 및 고객 배웅 시 적절한 인사말을 건넬 수 있는 능력			

[평가자 체크 리스트]

학습 내용	평가 항목	성취 수준		
		상	중	하
헤어 커트 디자인의 분석	1. 이용사의 관찰과 사고에 관한 이해 여부			
	2. 디자인에 따른 형의 특성을 파악하고 분석할 수 있는지 여부			
	3. 머리 형태를 파악하고 분석할 수 있는지 여부			
	4. 디자인 결정에 외형적 특징을 파악하고 분석할 수 있는지 여부			
혼합형 이발 계획	1. 도해도에 관한 지식을 알 수 있는지 여부			
	2. 디자인 결정 시 고객의 요구사항을 반영하여 디자인할 수 있는지 여부			
	3. 다양한 스타일의 형태 선과 특징을 도식화하여 이해하고 디자인에 접목시킬 수 있는지 여부			
	4. 디자인 결정 시 고객의 요구사항을 파악하기 위해 노력하는지 여부			
혼합형 이발 작업	1. 비대칭, 대칭, 커넥션, 디스커넥션 스타일의 형태선과 특징을 접목한 도식화된 디자인으로 커트할 수 있는지 여부			
	2. 혼합형 이발 형태 작업의 완성도 여부			
	3. 레이저를 사용하여 에칭, 아킹, 로테이션, 테이퍼링 기법을 할 수 있는지 여부			
	4. 가위를 이용하여 롱, 미디엄, 쇼트 스트로크 기법을 할 수 있는지 여부			
혼합형 이발 마무리	1. 커트 종료 후 고객의 만족도를 파악할 수 있는 의사소통을 하였는지 여부			
	2. 헤어 커트 보정 작업 후 잔여 머리카락을 제거하였는지 여부			
	3. 홈 케어를 위한 조언 및 고객 배웅 시 적절한 인사말을 하였는지 여부			

10. 모히칸 스타일Mohican Hair Style

학습내용 단원명	수업 목표
남성 이용 응용 스타일 모히칸 커트 헤어 스타일	남성 커트 이용 모히칸 커트 헤어 스타일 실습을 수행할 수 있다.

중앙 라인의 모발은 길게 남겨 두고 옆 부분은 짧게 커트하는 스타일로 언뜻 닭 벼슬처럼 보이기도 한다고 해서 '닭 벼슬 머리'라고도 하며, 앞머리와 옆머리는 짧게 하고 탑Top 부분이나 가르마 부분으로 올라갈수록 점점 길어지게 커트한다.

1. 모히칸 헤어 커트 준비하기

(1) 재료

① 장가위

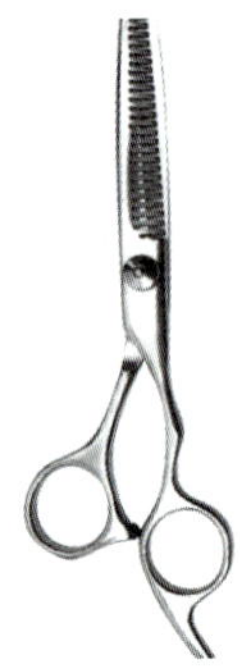

② 틴닝 가위

③ 이용 빗

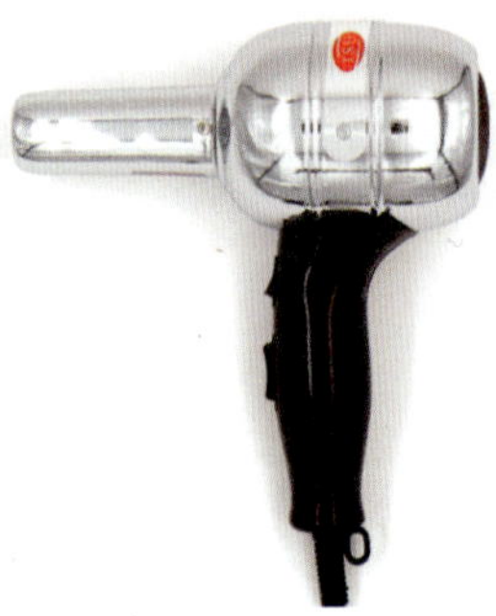

④ 이용 드라이기

⑤ 핀셋

⑥ 스타일링 제품

(2) 도해도 및 시술 개요

① 도해도

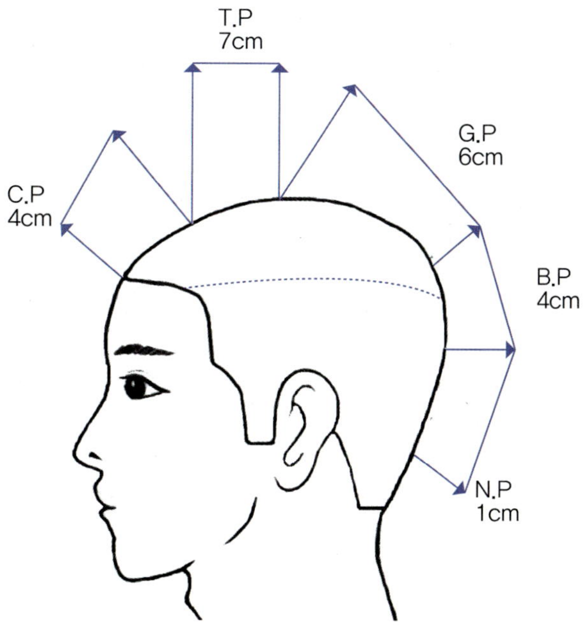

② 시술개요

블로킹 Blocking	U라인 U-Line Part, 후대각 Diagonal Back
섹션 Section	수평 Horiizontal, 세로 Vertical, 후대각 Diagonal Back
분배 Distribution	직각 분배 Perpendicular Distribution, 방향 분배 Direction Distribution, 변이 분배 Shifted Distribution
각도 Angle	일반 시술 각 Normal Projection 70~90°
베이스 Base	온 더 베이스 On The Base
커트 Cut	지간 깎기, 떠올려 깎기, 연속 깎기 싱글링 : Shingling, 세워 깎기
질감 처리 Texturerising	테이퍼링 Tapering

(3) 이용 남성 커트 시술 방법

시술 전

시술 후

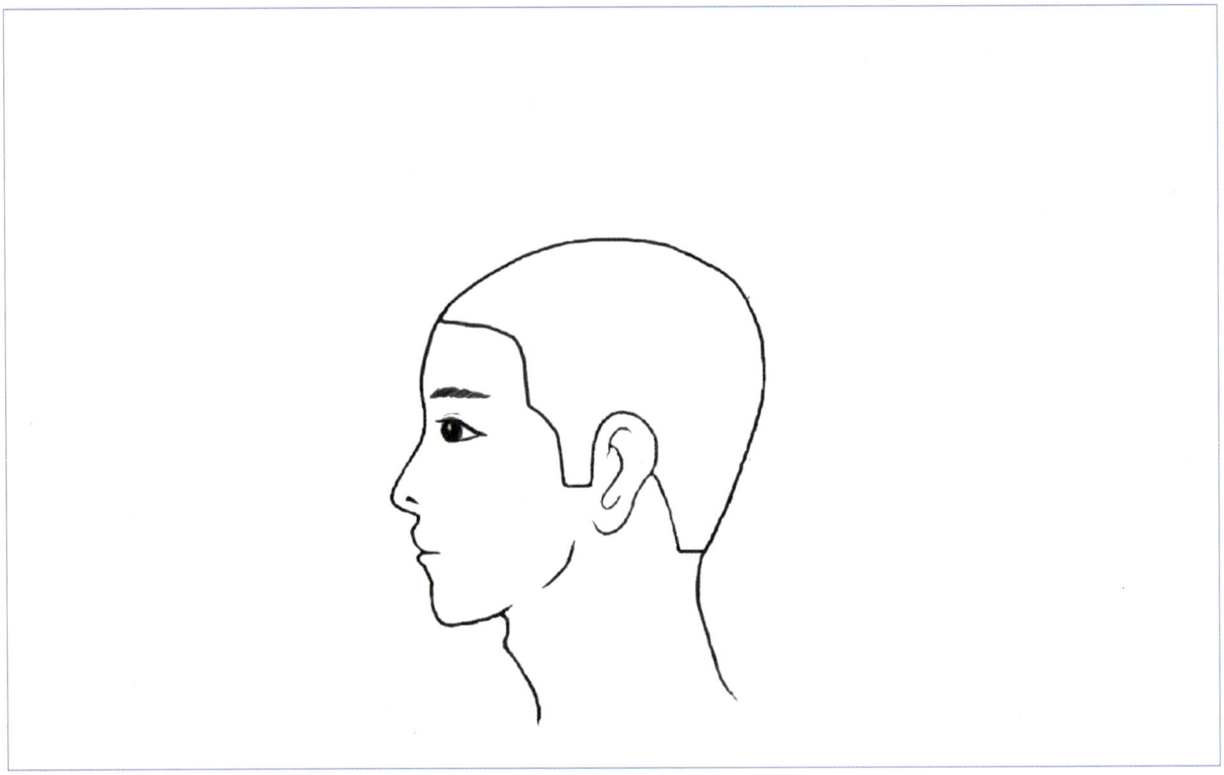

도해도 그려보기

2. 모히칸 커트 헤어 스타일 시술하기

①, ②, ③ 프론트 사이드 포인트F.S.P : Front Side Point에서 이어 백 포인트E.B.P : Ear Back Point, 이어 백 포인트에서 백 포인트B.P : Back Point까지 U 라인U-Line으로 나눈다.

④, ⑤, ⑥ 사이드 코너 포인트S.C.P : Side Corner Point에서 네이프 사이드 포인트N.S.P : Nape Side Point까지 지간 깎기로 가이드Guide 설정 후 떠올려 깎기로 커트Cut를 진행한다.

⑦, ⑧, ⑨ 우측도 동일한 방법으로 사이드 코너 포인트에서 네이프 사이드 포인트까지 지간 깎기로 가이드 설정 후 떠올려 깎기로 커트를 진행한다.

⑩, ⑪, ⑫ 네이프 사이드 포인트부터 가이드에 맞춰 지간 깎기로 커트를 진행한다.

⑬, ⑭, ⑮ 백 포인트B.P : Back Point에서 가이드를 기준으로 떠올려 깎기로 커트를 진행한다.

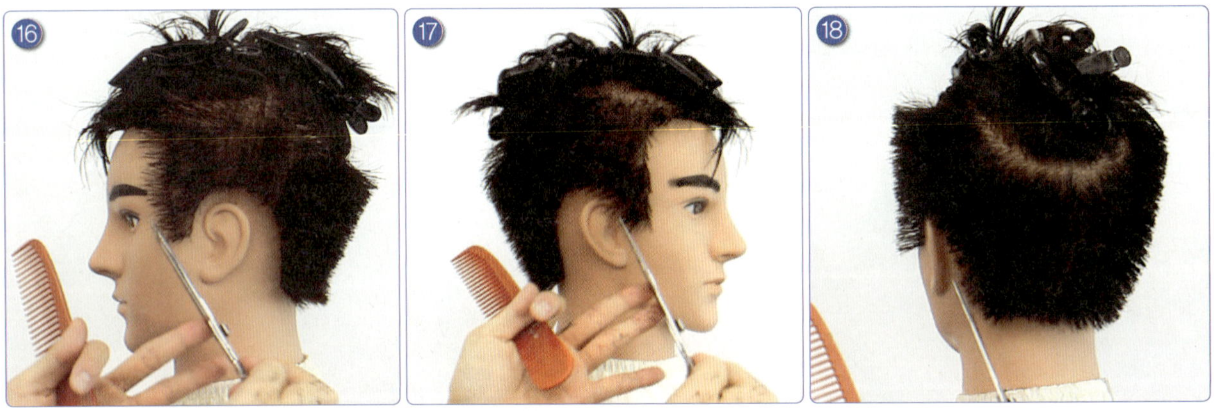

⑯, ⑰, ⑱ 양쪽 사이드Side와 네이프Nape 라인Line을 정리한다.

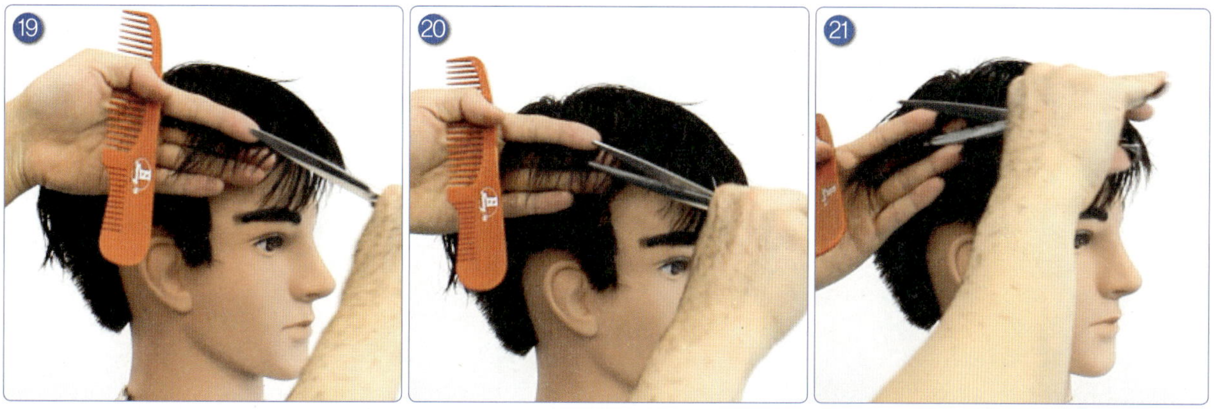

⑲, ⑳, ㉑ 사이드 코너 포인트에서 네이프 사이드 포인트까지 지간 깎기로 가이드와 연결하여 커트를 진행한다.

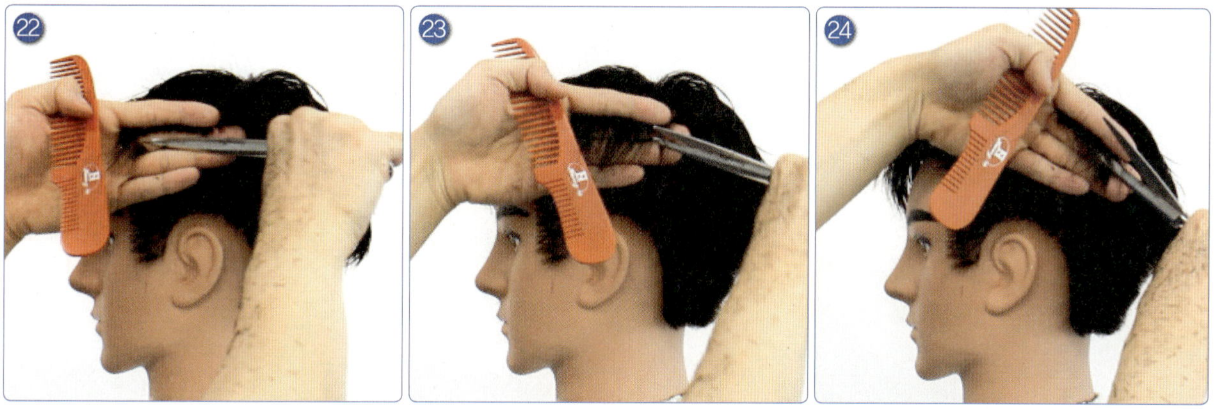

㉒, ㉓, ㉔ 사이드 코너 포인트에서 네이프 사이드 포인트까지 지간 깎기로 가이드와 연결하여 커트를 진행한다.

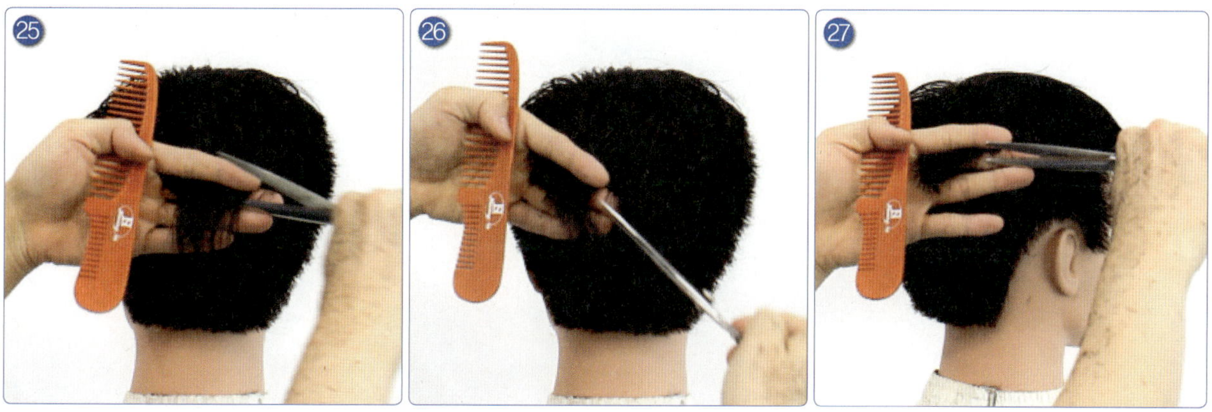

㉕, ㉖, ㉗ 백 포인트에서 가이드와 연결하여 지간 깎기로 커트를 진행한다.

㉘, ㉙, ㉚ 사이드 포인트S.P : Side Point에서 이어 백 포인트까지 지간 깎기로 커트를 진행한다.

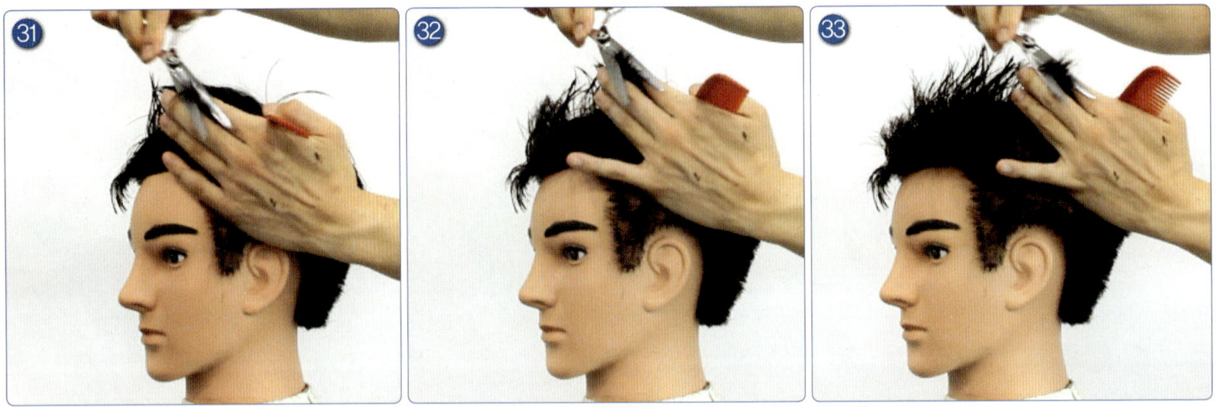

㉛, ㉜, ㉝ 우측도 동일한 방법으로 사이드 포인트에서 이어 백 포인트까지 지간 깎기로 커트를 진행한다.

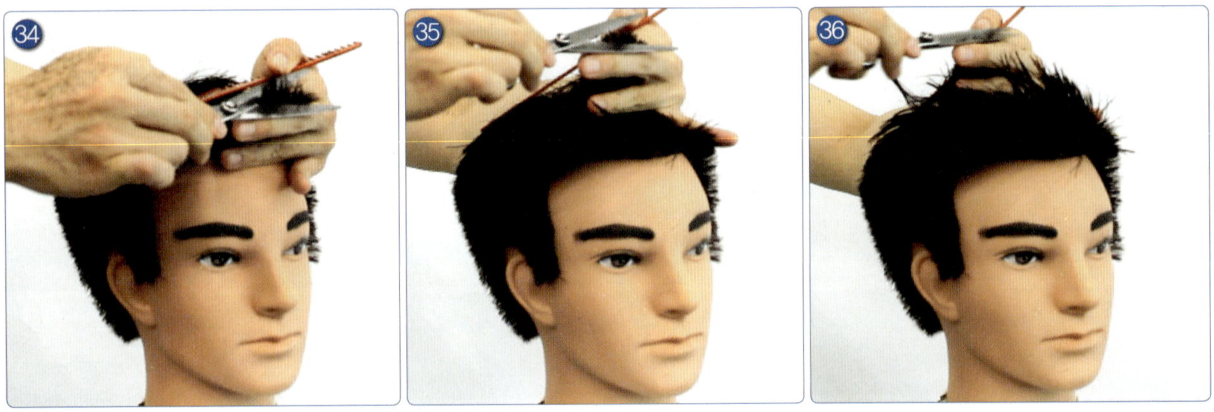

㉞, ㉟, ㊱ 센터 포인트C.P : Center Point에서 탑 골든 미디움 포인트T.G.M.P : Top Golden Medium Point까지 지간 깎기로 커트를 진행한다.

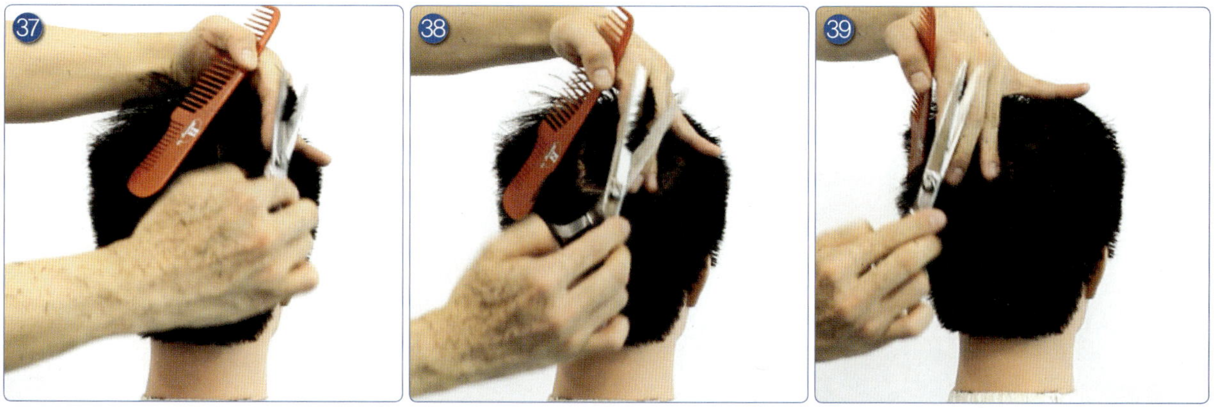

㊲, ㊳, ㊴ 골든 포인트G.P : Golden Point를 기준으로 방사선 섹션Pivot Section으로 커트를 진행한다.

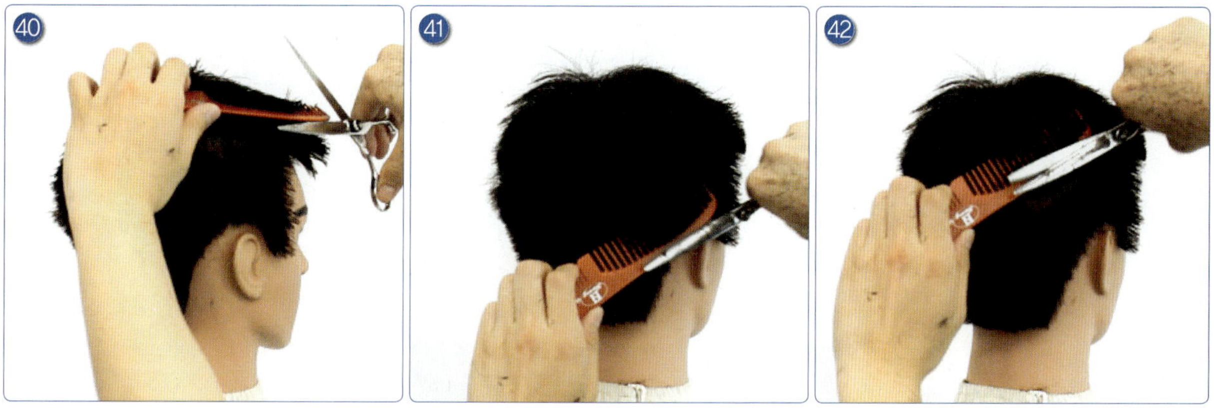

㊵, ㊶, ㊷ 연속 깎기싱글링 : Shingling로 연결 부분을 정리하여 커트를 진행한다.

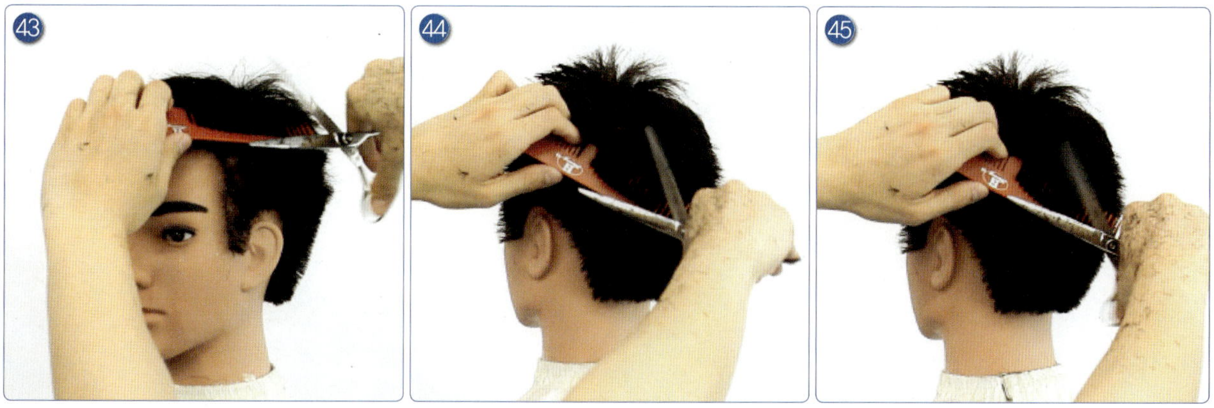

㊸, ㊹, ㊺ 우측도 동일한 방법으로 연결 부분을 연속 깎기싱글링로 정리하여 커트를 진행한다.

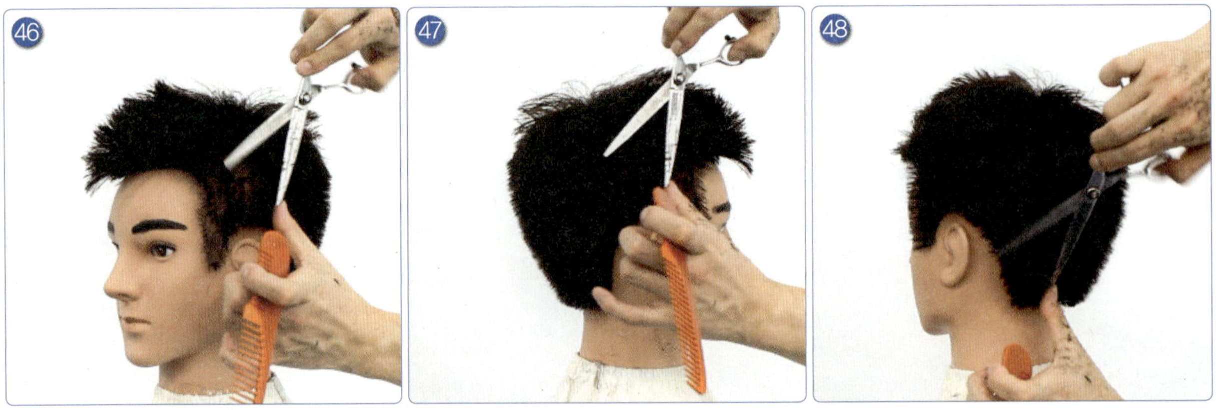

㊻, ㊼, ㊽ 세워 깎기로 연결 부분을 깔끔히 정리한다.

㊾, ㊿, (51) 테이퍼링 Tapering 기법으로 전체 질감 처리를 한다.

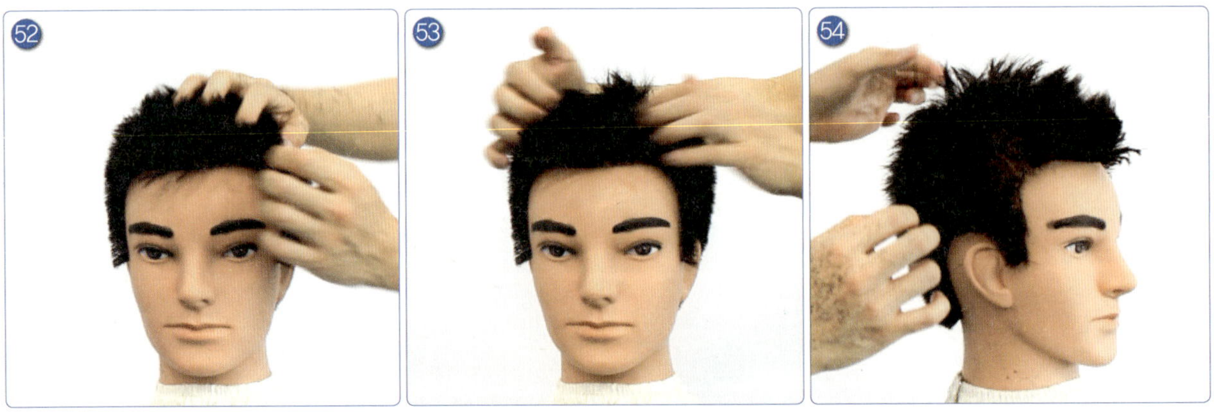

(52), (53), (54) 제품을 사용하여 스타일링 Styling 한다.

3. 모히칸 커트 헤어 스타일 마무리하기

앞 Front

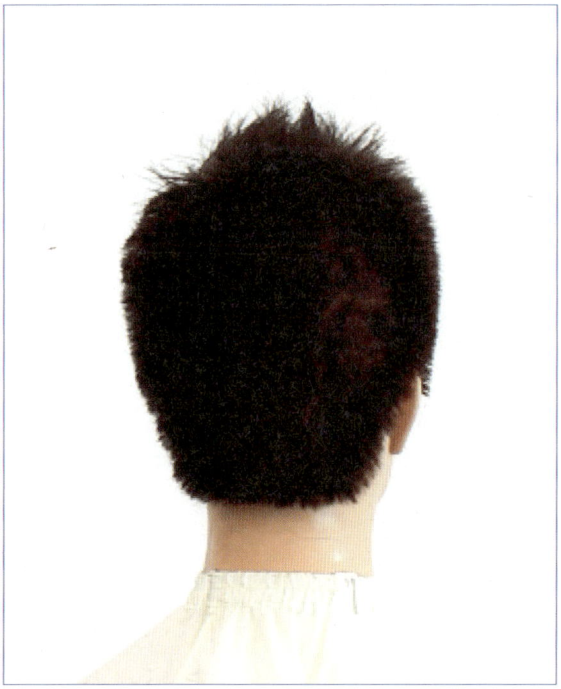

뒤 Back

우측 Right side

좌측 Left side

실습과정 사진	
사진	설명

실습결과 사진	
앞 Front	뒤 Back
좌측 Left Side	우측 Right Side

[교수 학습방법]

교수 방법
① 이용사는 기술로서 표현하지 못한 것을 도구를 통해 사고나 감정을 표현하는 사람임을 상기시킨다.
② 전개도를 활용해 헤어 커트 형태선의 방향과 특성을 분석할 수 있음을 설명한다.
③ 디자인 결정 시 고객의 요구사항을 파악하여 디자인할 수 있도록 상기시킨다.
④ 디자인 결정 시 고객의 외형적 특성을 파악하여 디자인할 수 있음을 설명한다.
⑤ 다양한 스타일의 형태 선, 특징 등을 도식화하여 디자인할 수 있도록 설명한다.
⑥ 혼합형 이발을 할 수 있도록 계획하는 방법을 설명한다.
⑦ 비대칭, 대칭, 커넥션, 디스커넥션의 스타일의 형태선과 특징을 설명한다.
⑧ 레이저를 이용한 에칭, 아킹, 로테이션, 테이퍼링 기법을 설명한다.
⑨ 가위를 이용한 롱, 미디엄, 쇼트 스트로크 기법을 설명한다.
⑩ 마무리 샴푸 후 타월 및 드라이기를 사용하여 수분 제거 방법을 설명한다.
⑪ 헤어 커트 보정 작업 후 잔여 머리카락을 털어 내는 방법을 설명한다.
⑫ 헤어 커트 유형별 적합한 스타일링 도구 선택 방법, 스타일링 기법, 제품 사용 방법을 설명한다.
⑬ 홈 케어를 위한 조언 및 차후 방문 시기와 중요성에 대해 알리는 방법을 설명한다.
⑭ 고객 배웅 시 적절한 인사말에 대해서 설명한다.

학습 방법
① 이용사로서 자신의 일에 자부심을 갖고 예술 정신과 훌륭한 기술을 연마하기 위해서 노력과 인내가 필요함을 학습한다.
② 전개도를 활용해 형태 분석과 외형적 변화에 따라 디자인의 결정이 변화됨을 학습한다.
③ 고객의 요구사항을 파악하여 디자인을 하는 방법을 학습한다.
④ 고객의 외형적 특성을 파악하여 디자인을 하는 방법을 학습한다.
⑤ 다양한 스타일의 형태 선과 특징을 이해하여 스케치북에 도해도를 그려 본다.
⑥ 혼합형 이발을 할 수 있는 계획서를 세워 본다.
⑦ 비대칭, 대칭, 커넥션, 디스커넥션의 스타일의 형태 선과 특징을 정리한다.
⑧ 레이저를 이용한 에칭, 아킹, 로테이션, 테이퍼링 기법에 대해 숙지한다.
⑨ 가위를 이용한 롱, 미디엄, 쇼트 스트로크 기법에 대해 숙지한다.
⑩ 마무리 샴푸 후 타월 및 드라이기를 사용하여 수분 제거 방법을 정리한다.
⑪ 헤어 커트 보정 작업 후 잔여 머리카락 제거 및 스타일링 도구 선택 방법, 스타일링을 위한 기법, 제품 사용 방법을 정리한다.

[평가 준거]

학습 내용	평가 항목	성취 수준		
		상	중	하
헤어 커트 디자인의 분석	이발에 요구되는 기본 지식인 이용사로서 관찰, 사고, 형의 특성, 형태 분석, 디자인 결정 등을 설명할 수 있다.			
혼합형 이발 계획	다양한 스타일의 형태 선, 특징 등을 도식화하여 디자인에 접목시킬 수 있다.			
혼합형 이발 작업	1. 비대칭, 대칭, 커넥션, 디스커넥션 스타일의 형태 선, 특징 등을 도식화하여 자르거나 깎을 수 있다.			
	2. 레이저를 이용한 에칭, 아킹, 로테이션, 테이퍼링 기법으로 자를 수 있다.			
	3. 가위를 이용한 롱, 미디엄, 쇼트 스트로크 기법으로 자를 수 있다.			
혼합형 이발 마무리	이발 작업 후 고객 만족도를 파악하기 위해 필요한 경우 수정, 보완하며 홈 케어를 위한 조언할 수 있다.			

[평가 방법]

<table>
<tr><th rowspan="2">학습 내용</th><th rowspan="2">평가 항목</th><th colspan="3">성취 수준</th></tr>
<tr><th>상</th><th>중</th><th>하</th></tr>
<tr><td rowspan="6">헤어 커트 디자인의 분석</td><td>1. 이용사의 관찰과 사고에 대해 이해하고 설명할 수 있는 능력</td><td></td><td></td><td></td></tr>
<tr><td>2. 디자인에 따른 형의 특성을 이해하고 설명할 수 있는 능력</td><td></td><td></td><td></td></tr>
<tr><td>3. 머리 형태를 분석할 수 있는 능력</td><td></td><td></td><td></td></tr>
<tr><td>4. 디자인 결정에 관해 분석할 수 있는 능력</td><td></td><td></td><td></td></tr>
<tr><td>5. 이용사로서 관찰할 수 있는 능력</td><td></td><td></td><td></td></tr>
<tr><td>6. 다양한 형태와 특성을 관찰하고 분석할 수 있는 능력</td><td></td><td></td><td></td></tr>
<tr><td rowspan="4">혼합형 이발 계획</td><td>1. 도해도를 작성할 수 있는 능력</td><td></td><td></td><td></td></tr>
<tr><td>2. 디자인 결정 시 고객의 요구사항을 반영하여 디자인할 수 있는 능력</td><td></td><td></td><td></td></tr>
<tr><td>3. 다양한 스타일의 형태 선과 특징을 도식화하여 이해하고 디자인에 접목시킬 수 있는 능력</td><td></td><td></td><td></td></tr>
<tr><td>4. 디자인 결정 시 고객의 요구사항을 파악할 수 있는 능력</td><td></td><td></td><td></td></tr>
<tr><td rowspan="4">혼합형 이발 작업</td><td>1. 비대칭, 대칭, 커넥션, 디스커넥션 스타일의 형태선과 특징을 접목한 도식화된 디자인으로 커트할 수 있는 능력</td><td></td><td></td><td></td></tr>
<tr><td>2. 혼합형 이발 형태의 작업 완성도</td><td></td><td></td><td></td></tr>
<tr><td>3. 레이저를 사용하여 에칭, 아킹, 로테이션, 테이퍼링 기법을 할 수 있는 능력</td><td></td><td></td><td></td></tr>
<tr><td>4. 가위를 이용하여 롱, 미디엄, 쇼트 스트로크 기법을 할 수 있는 능력</td><td></td><td></td><td></td></tr>
<tr><td rowspan="3">혼합형 이발 마무리</td><td>1. 커트 종료 후 고객의 만족도를 파악할 수 있는 의사소통 능력</td><td></td><td></td><td></td></tr>
<tr><td>2. 헤어 커트 보정 작업 후 잔여 머리카락을 제거할 수 있는 능력</td><td></td><td></td><td></td></tr>
<tr><td>3. 홈 케어를 위한 조언 및 고객 배웅 시 적절한 인사말을 건넬 수 있는 능력</td><td></td><td></td><td></td></tr>
</table>

[평가자 체크 리스트]

학습 내용	평가 항목	성취 수준		
		상	중	하
헤어 커트 디자인의 분석	1. 이용사의 관찰과 사고에 관한 이해 여부			
	2. 디자인에 따른 형의 특성을 파악하고 분석할 수 있는지 여부			
	3. 머리 형태를 파악하고 분석할 수 있는지 여부			
	4. 디자인 결정에 외형적 특징을 파악하고 분석할 수 있는지 여부			
혼합형 이발 계획	1. 도해도에 관한 지식을 알 수 있는지 여부			
	2. 디자인 결정 시 고객의 요구사항을 반영하여 디자인할 수 있는지 여부			
	3. 다양한 스타일의 형태 선과 특징을 도식화하여 이해하고 디자인에 접목시킬 수 있는지 여부			
	4. 디자인 결정 시 고객의 요구사항을 파악하기 위해 노력하는지 여부			
혼합형 이발 작업	1. 비대칭, 대칭, 커넥션, 디스커넥션 스타일의 형태선과 특징을 접목한 도식화된 디자인으로 커트할 수 있는지 여부			
	2. 혼합형 이발 형태 작업의 완성도 여부			
	3. 레이저를 사용하여 에칭, 아킹, 로테이션, 테이퍼링 기법을 할 수 있는지 여부			
	4. 가위를 이용하여 롱, 미디엄, 쇼트 스트로크 기법을 할 수 있는지 여부			
혼합형 이발 마무리	1. 커트 종료 후 고객의 만족도를 파악할 수 있는 의사소통을 하였는지 여부			
	2. 헤어 커트 보정 작업 후 잔여 머리카락을 제거하였는지 여부			
	3. 홈 케어를 위한 조언 및 고객 배웅 시 적절한 인사말을 하였는지 여부			

<table>
<tr><th colspan="6">작업 포토폴리오</th></tr>
<tr><td colspan="6"></td></tr>
<tr><td>능력단위명</td><td colspan="5">혼합형 이발</td></tr>
<tr><td>평가 일시</td><td colspan="2">년 월 일</td><td>담당 교수</td><td></td><td>확인</td></tr>
<tr><td>학 번</td><td colspan="2"></td><td>평가자</td><td></td><td>확인</td></tr>
<tr><td>학습 주제
(주차)</td><td colspan="5"></td></tr>
<tr><td>준비하기
(실습재료)</td><td colspan="5"></td></tr>
<tr><td>커트 도해도</td><td colspan="5">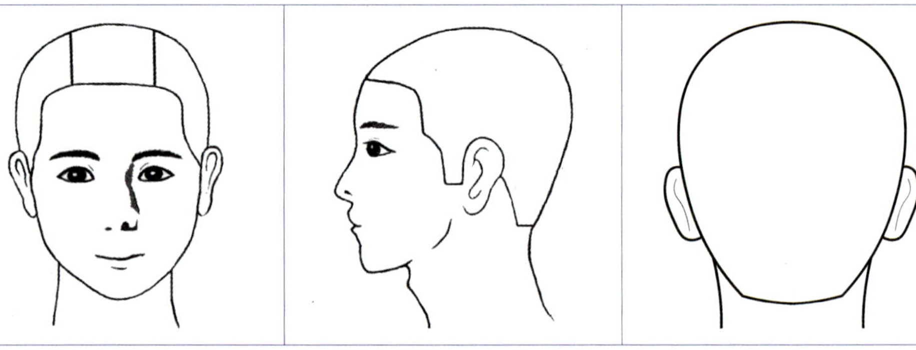</td></tr>
<tr><td>실습 과정 설명</td><td colspan="5">1.
2.
3.
4.
5.</td></tr>
<tr><td rowspan="2">사진</td><td>실습 전 사진</td><td colspan="2">실습 과정 사진</td><td colspan="2">실습 완료 사진</td></tr>
<tr><td></td><td colspan="2"></td><td colspan="2"></td></tr>
<tr><td rowspan="2">평가 과제</td><td colspan="2">학습자 소감</td><td colspan="3">교수 평가</td></tr>
<tr><td colspan="2"></td><td colspan="3"></td></tr>
</table>

<table>
<tr><th colspan="6">문제 출제</th></tr>
<tr><td colspan="6"></td></tr>
<tr><td>능력단위명</td><td colspan="5">혼합형 이발</td></tr>
<tr><td>작성 일시</td><td>년 월 일</td><td>담당 교수</td><td></td><td>확인</td></tr>
<tr><td>학 번</td><td></td><td>학습자</td><td></td><td>확인</td></tr>
<tr><td>진단 형식</td><td colspan="5">평가 문항</td></tr>
<tr><td rowspan="3">서술형</td><td colspan="5">1. 이용사의 관찰 3단계를 서술하시오.</td></tr>
<tr><td colspan="5">2. 이용사의 사고 중 좌뇌와 우뇌의 사고력의 차이점을 서술하시오.</td></tr>
<tr><td colspan="5">3. 일반 시술각과 자연 시술각에 대해 서술하시오.</td></tr>
<tr><td>택일형</td><td colspan="5">다음 사진에서 제시된 기법끼리 바르게 묶은 것은?

① 에칭, 아킹 ② 아킹, 테이퍼링 ③ 아킹, 로테이션 ④ 에칭, 로테이션</td></tr>
<tr><td>약술형</td><td colspan="5">다음은 커트 기법에 관한 설명이다. 빈칸을 채우시오.
( )은 끝을 가늘게 한다는 뜻으로 모발 끝으로 갈수록 점차적으로 붓처럼 가늘고 자연스럽게 모발의 양을 조절하기 위해 머릿결의 흐름을 불규칙하게 커트하는 과정으로 ( ), ( ), ( ) 테이퍼링이 있다.</td></tr>
<tr><td>연결형</td><td colspan="5">다음은 커트 기법에 대한 설명을 바르게 연결하시오
① 틴닝 • • 모발의 길이는 줄이지 않고 모량에 대해 부피감을 줄여 생동감을 만들 때 사용된다.
② 포인팅 • • 가위를 사용하여 마른 모발에 테이퍼링하는 기법이다. 손가락으로 모발의 패널을 잡고 가위가 비스듬하게 모발 끝에서 두개피 쪽으로 들어가면서 모량을 줄인다.
③ 시저스 오버 콤 • • 모발 끝에서 스트랜드를 잡고 손가락 쪽으로 가위를 세로로 나칭보다 더 깊게 넣어 커트하는 기법이다. 질감은 가위가 들어가는 깊이와 횟수에 따라 달라진다.
④ 스트로크 • • 모발이 짧아서 손으로 잡기 힘들 때 주로 사용하는 방법으로 빗을 모발에 대고 위로 이동하면서 가위를 개폐하여 빗살 위에 튀어나온 모발을 제거한다.</td></tr>
</table>

<table>
<tr><th colspan="7">평가자 체크리스트</th></tr>
<tr><td colspan="7"></td></tr>
<tr><td>능력단위명</td><td colspan="6">혼합형 이발</td></tr>
<tr><td>작성 일시</td><td>년 월 일</td><td>담당 교수</td><td colspan="3"></td><td>확인</td></tr>
<tr><td>학 번</td><td></td><td>학습자</td><td colspan="3"></td><td>확인</td></tr>
<tr><td rowspan="2">진단 영역</td><td rowspan="2">평가 문항</td><td colspan="5">성취 수준</td></tr>
<tr><td>매우 부족</td><td>부족</td><td>보통</td><td>우수</td><td>매우 우수</td></tr>
<tr><td>헤어 커트 디자인의 분석하기</td><td>이발에 요구되는 기본 지식인 이용사로서 관찰, 사고, 형의 특성, 형태 분석, 디자인 결정 등을 설명할 수 있다.</td><td></td><td></td><td></td><td></td><td></td></tr>
<tr><td>혼합형 이발 계획</td><td>다양한 스타일의 형태 선, 특징 등을 도식화 하여 디자인에 접목시킬 수 있다.</td><td></td><td></td><td></td><td></td><td></td></tr>
<tr><td rowspan="3">혼합형 이발 작업</td><td>비대칭, 대칭, 커넥션, 디스커넥션 스타일의 형태 선, 특징 등을 도식화하여 자르거나 깎을 수 있다.</td><td></td><td></td><td></td><td></td><td></td></tr>
<tr><td>레이저를 이용한 에칭, 아킹, 로테이션, 테이퍼링 기법으로 자를 수 있다.</td><td></td><td></td><td></td><td></td><td></td></tr>
<tr><td>가위를 이용한 롱, 미디엄, 쇼트 스트로크 기법으로 자를 수 있다.</td><td></td><td></td><td></td><td></td><td></td></tr>
<tr><td>혼합형 이발 마무리</td><td>이발 작업 후 고객 만족도를 파악하기 위해 필요한 경우 수정, 보완하며 홈 케어를 위한 조언할 수 있다.</td><td></td><td></td><td></td><td></td><td></td></tr>
</table>

[미용 응용 강의 계획서]

주차	학습 내용 단원명	수업수행 목표	수업 방식	수업 매체 및 자료	평가
1	이·미용 역사	• 문화사에 따른 이용 발전 과정을 설명할 수 있다. • 남자 머리의 변천사를 형태와 기법으로 설명할 수 있다. • 남자 커트의 발달에 따른 이발 도구의 변천사를 설명할 수 있다.	강의	교재	
2	남성 커트 기초 이론 및 도구	• 남성 커트 작업에 필요한 기초 이론 지식을 적용할 수 있다. • 남성 커트의 기본 절차를 수행할 수 있다. • 남성 커트 도구인 가위, 틴닝 가위, 레이저, 이발기, 빗 등의 구조와 사용 방법을 설명할 수 있다.	강의	교재	
3	헤어 커트 디자인의 분석	• 남성 커트에 요구되는 기본 지식으로 관찰, 사고, 형의 특성, 형태 분석, 디자인 결정 등을 설명할 수 있다. • 얼굴형, 신체, 모류 방향 등을 파악 후 디자인을 할 수 있다.	강의	교재	
4	남성 기본 커트 1 하중발	• 형태 분석에 따른 남성 기본 스타일 1의 종류 및 형태선, 특징 등을 도식화하여 설명할 수 있다. • 남성 기본 스타일 1을 이발하기 위한 커트 절차를 설명할 수 있다. • 남성 기본 스타일 1을 이발하기 위한 이발 기법을 수행할 수 있다.	강의	교재	
5	남성 기본 커트 2 중상고	• 천정부와 상단부의 두발을 지간 깎기를 할 수 있다. • 상단부 아래 영역의 두발을 거칠게 깎기를 할 수 있다. • 이발기를 이용하여 측면과 후면의 발제선부터 하단부까지 그라데이션하여 깎을 수 있다. • 이발기로 깎은 후 싱글링하여 상단부의 두발과 자연스럽게 연결할 수 있다. • 틴닝 가위를 사용하여 질감 처리를 할 수 있다. • 장가위를 사용하여 수정·보완할 수 있다. • 높은 그레쥬에이션의 도해도와 커트 절차를 수행할 수 있다.	강의	교재	

주차	학습 내용 단원명	수업수행 목표	수업 방식	수업 매체 및 자료	평가
6	울프 스타일	• 남성 울프 스타일 커트 실습을 수행할 수 있다. • 커넥션, 디스커넥션 스타일의 형태 선, 특징 등을 도식화하여 자르거나 깎을 수 있다. • 고객의 얼굴형과 모류의 방향, 두상의 형태를 고려하여 작업을 수행할 수 있다. • 혼합형 이발 형태 작업의 완성도 여부를 수행할 수 있다. • 헤어 커트 유형별 적합한 스타일링 도구 선택 방법, 스타일링 기법, 제품 사용 방법을 수행할 수 있다.	강의	교재	
7	샤기 스타일	• 남성 샤기 스타일 커트 실습을 수행할 수 있다. • 커넥션, 디스커넥션 스타일의 형태 선, 특징 등을 도식화하여 자르거나 깎을 수 있다. • 고객의 얼굴형과 모류의 방향, 두상의 형태를 고려하여 작업을 수행할 수 있다. • 혼합형 이발 형태 작업의 완성도 여부를 수행할 수 있다. • 헤어 커트 유형별 적합한 스타일링 도구 선택 방법, 스타일링 기법, 제품 사용 방법을 수행할 수 있다.	강의	교재	
8	댄디 스타일	• 남성 댄디 스타일 커트 실습을 수행할 수 있다. • 비대칭, 대칭, 커넥션, 디스커넥션 스타일의 형태 선, 특징 등을 도식화하여 자르거나 깎을 수 있다. • 고객의 얼굴형과 모류의 방향, 두상의 형태를 고려하여 작업을 수행할 수 있다. • 혼합형 이발 형태 작업의 완성도 여부를 수행할 수 있다. • 헤어 커트 유형별 적합한 스타일링 도구 선택 방법, 스타일링 기법, 제품 사용 방법을 수행할 수 있다.	강의	교재	1차 (서술형 시험)
9	비대칭 스타일	• 남성 비대칭 스타일 커트 실습을 수행할 수 있다. • 커넥션, 디스커넥션 스타일의 형태 선, 특징 등을 도식화하여 자르거나 깎을 수 있다. • 고객의 얼굴형과 모류의 방향, 두상의 형태를 고려하여 작업을 수행할 수 있다. • 혼합형 이발 형태 작업의 완성도 여부를 수행할 수 있다. • 헤어 커트 유형별 적합한 스타일링 도구 선택 방법, 스타일링 기법, 제품 사용 방법을 수행할 수 있다.	강의	교재	

주차	학습 내용 단원명	수업수행 목표	수업 방식	수업 매체 및 자료	평가
10	리젠트 스타일	• 남성 리젠트 스타일 커트 실습을 수행할 수 있다. • 커넥션, 디스커넥션 스타일의 형태 선, 특징 등을 도식화하여 자르거나 깎을 수 있다. • 고객의 얼굴형과 모류의 방향, 두상의 형태를 고려하여 작업을 수행할 수 있다. • 혼합형 이발 형태 작업의 완성도 여부를 수행할 수 있다. • 헤어 커트 유형별 적합한 스타일링 도구 선택 방법, 스타일링 기법, 제품 사용 방법을 수행할 수 있다.	강의	교재	
11	스왓 스타일	• 남성 스왓 스타일 커트 실습을 수행할 수 있다. • 커넥션, 디스커넥션 스타일의 형태 선, 특징 등을 도식화하여 자르거나 깎을 수 있다. • 고객의 얼굴형과 모류의 방향, 두상의 형태를 고려하여 작업을 수행할 수 있다. • 혼합형 이발 형태 작업의 완성도 여부를 수행할 수 있다. • 헤어 커트 유형별 적합한 스타일링 도구 선택 방법, 스타일링 기법, 제품 사용 방법을 수행할 수 있다.	강의	교재	
12	인디 스타일	• 남성 인디 스타일 커트 실습을 수행할 수 있다. • 커넥션, 디스커넥션 스타일의 형태 선, 특징 등을 도식화하여 자르거나 깎을 수 있다. • 고객의 얼굴형과 모류의 방향, 두상의 형태를 고려하여 작업을 수행할 수 있다. • 혼합형 이발 형태 작업의 완성도 여부를 수행할 수 있다. • 헤어 커트 유형별 적합한 스타일링 도구 선택 방법, 스타일링 기법, 제품 사용 방법을 수행할 수 있다.	강의	교재	
13	투 블럭 스타일	• 남성 투 블럭 스타일 커트 실습을 수행할 수 있다. • 커넥션, 디스커넥션 스타일의 형태 선, 특징 등을 도식화하여 자르거나 깎을 수 있다. • 고객의 얼굴형과 모류의 방향, 두상의 형태를 고려하여 작업을 수행할 수 있다. • 혼합형 이발 형태 작업의 완성도 여부를 수행할 수 있다. • 헤어 커트 유형별 적합한 스타일링 도구 선택 방법, 스타일링 기법, 제품 사용 방법을 수행할 수 있다.	강의	교재	

주차	학습 내용 단원명	수업수행 목표	수업 방식	수업 매체 및 자료	평가
14	포마드 스타일	• 남성 포마드 스타일 커트 실습을 수행할 수 있다. • 커넥션, 디스커넥션 스타일의 형태 선, 특징 등을 도식화하여 자르거나 깎을 수 있다. • 고객의 얼굴형과 모류의 방향, 두상의 형태를 고려하여 작업을 수행할 수 있다. • 혼합형 이발 형태 작업의 완성도 여부를 수행할 수 있다. • 헤어 커트 유형별 적합한 스타일링 도구 선택 방법, 스타일링 기법, 제품 사용 방법을 수행할 수 있다.	강의	교재	3차 (포트폴리오)
15	모히칸 스타일	• 남성 모히칸 스타일 커트 실습을 수행할 수 있다. • 커넥션, 디스커넥션 스타일의 형태 선, 특징 등을 도식화하여 자르거나 깎을 수 있다. • 고객의 얼굴형과 모류의 방향, 두상의 형태를 고려하여 작업을 수행할 수 있다. • 혼합형 이발 형태 작업의 완성도 여부를 수행할 수 있다. • 헤어 커트 유형별 적합한 스타일링 도구 선택 방법, 스타일링 기법, 제품 사용 방법을 수행할 수 있다.	강의	교재	2차 (평가자 체크리스트)

PART Ⅲ

남성 미용 응용 커트 실기

9. 남성 미용 응용 커트 스타일

Chapter 9

남성 미용 응용 커트 스타일

1. 울프 스타일 Wolf Hair Style

학습내용 단원명	수업 목표
남성 미용 응용 스타일 울프 커트 헤어 스타일	남성 커트 미용 응용 울프 커트 헤어 스타일 실습을 수행할 수 있다.

울프 스타일 Wolf Style 의 울프는 늑대, 이리를 뜻하는 단어로 샤기컷의 일종으로 옆머리를 짧게 치고 윗머리와 뒷머리를 길러 목덜미를 길게 남긴 아주 가벼운 질감 Texture 의 스타일로 맥가이버 컷이라고 부르기도 한다.

1. 울프 헤어 커트 준비하기

(1) 재료

① 커트 빗

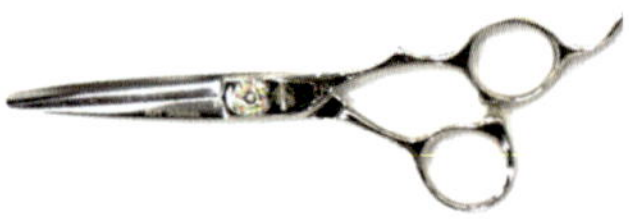

② 블런트 가위

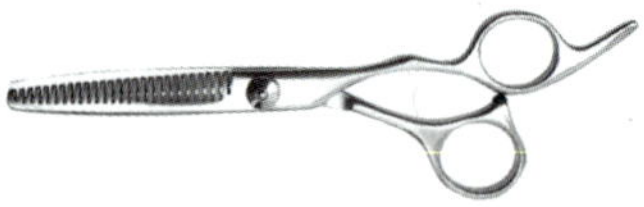

③ 틴닝 가위

④ 핀셋

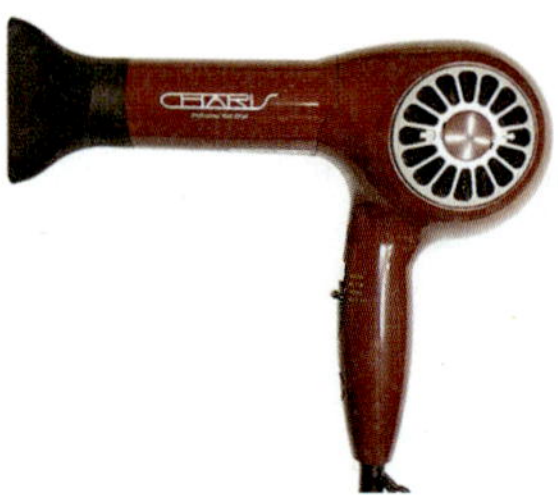

⑤ 드라이기

⑥ 스타일링 제품

(2) 도해도 및 시술 개요

① 도해도

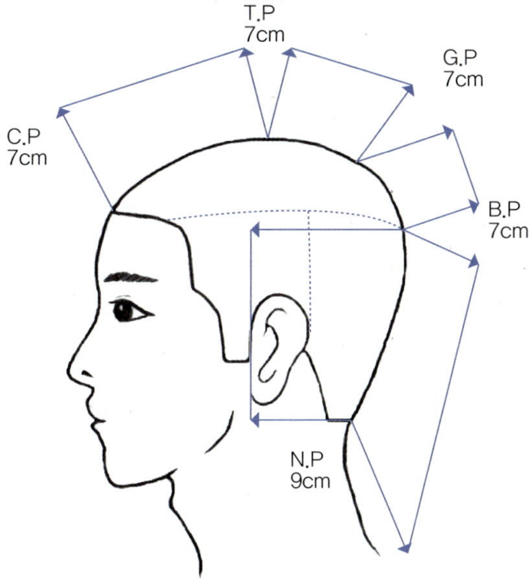

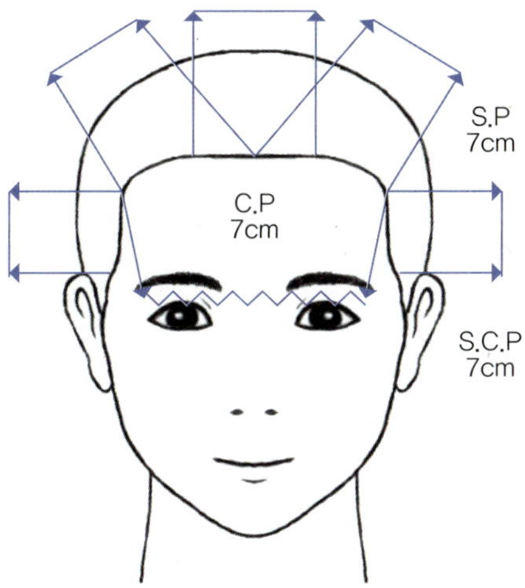

② 시술개요

블로킹 Blocking	U라인 U-Line, 후대각 Diagonal Back
섹션 Section	수평 Horizontal, 세로 Vertical, 후대각 Diagonal Back, 피봇팅 Pivoting
분배 Distribution	Top, Side–직각 분배 Perpendicular Distribution, Back–직각 분배 Perpendicular Distribution, 방향 분배 Shifted Distribution
각도 Angle	Top, Side–일반 시술 각 Normal Projection 90°, Back–일반 시술 각 Normal Projection 0~90°
베이스 Base	온 더 베이스 On The Base, 오프 더 베이스 Off The Base
커트 Cut	블런트 커트 Blunt Cut, 나칭 커트 Notching Cut, 슬라이싱 Slicing
질감 처리 Texturerising	루트 틴닝 Root Thinning, 이너 틴닝 Inner Thinning, 라인 틴닝 Line Thinning

(3) 미용 남성 커트 시술 방법

시술 전

시술 후

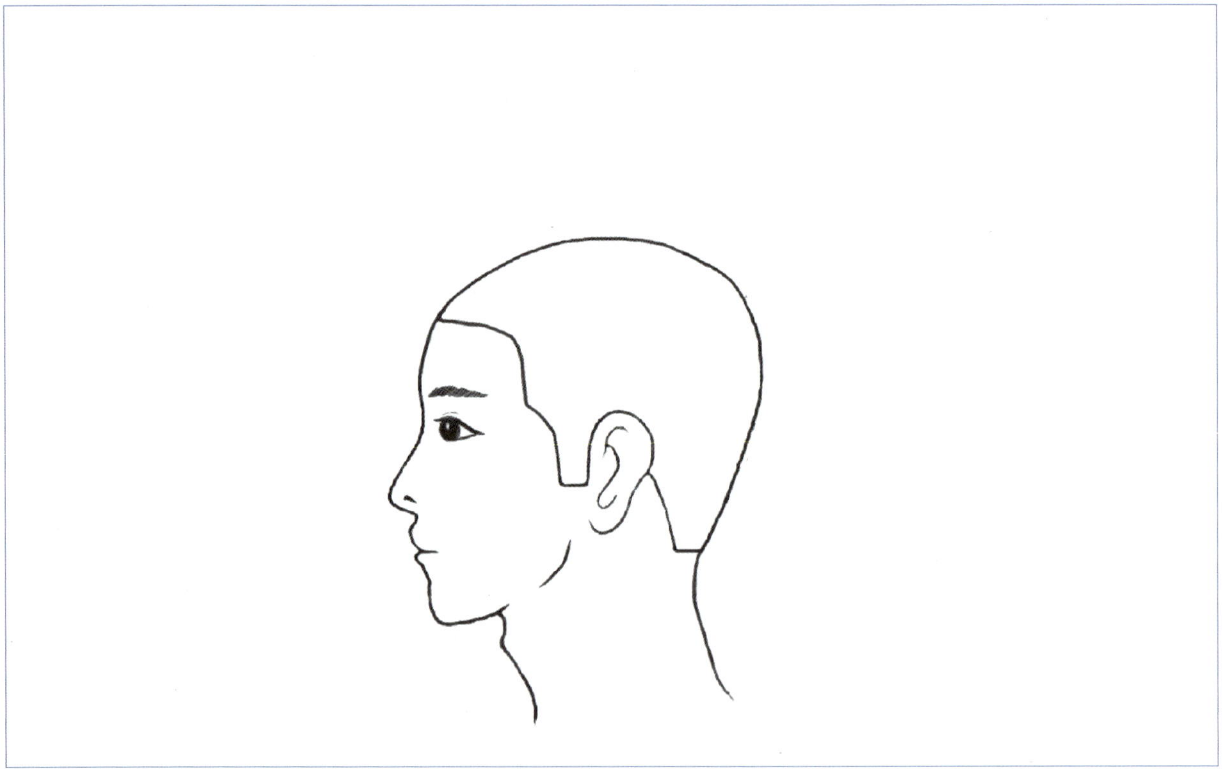

도해도 그려보기

2. 울프 헤어 스타일 시술하기

①, ②, ③ 사이드 포인트S.P : Side Point를 기준으로 백 포인트B.P : Back Point까지 U라인U-Line으로 블로킹Blocking 한다.

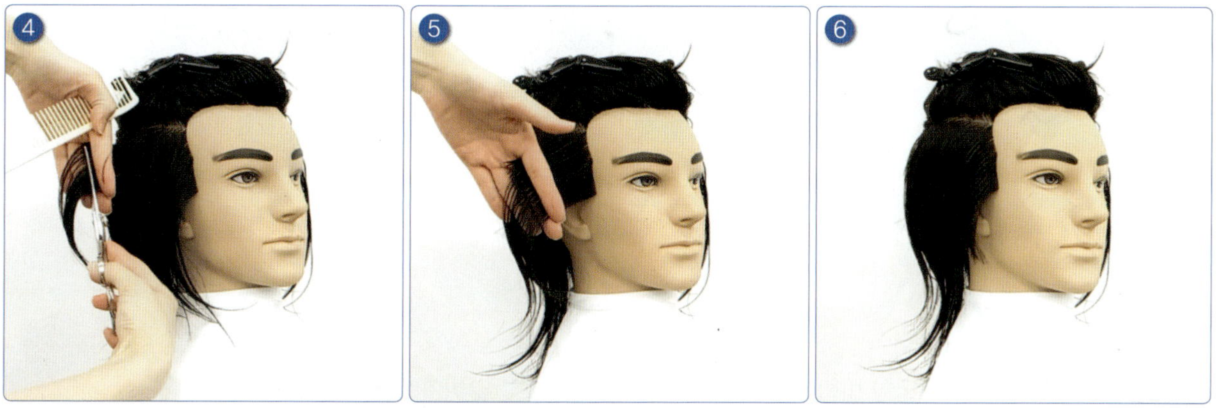

④, ⑤, ⑥ 사이드Side에서 커트Cut를 시작하며 버티컬 섹션Vertical Section으로 온 더 베이스On the Base하여 유니폼 레이어Uniform Layer 형태로 커트를 진행한다.

⑦, ⑧, ⑨ 우측 백 사이드B.S : Back Side에서 네이프Nape까지 이어 백 포인트E.B.P : Ear Back Point를 가이드Guide로 버티컬 섹션하여 오프 더 베이스Off the Base로 일반 시술 각 0° 스퀘어 라인Square Line으로 나칭 커트Notching Cut를 진행한다.

⑩, ⑪, ⑫ 좌측도 우측과 동일한 방법으로 진행하며 양 옆 밸런스Balance를 맞춰가며 커트를 진행한다.

⑬, ⑭, ⑮ 좌측도 우측과 동일한 방법으로 진행하며 양 옆 밸런스를 맞춰가며 커트를 진행한다.

⑯, ⑰, ⑱ 블로킹을 풀어준 뒤, 센터 포인트C.P : Center Point에서 탑 포인트T.P : Top Point를 연결하여 섹션Section을 나눈다.

※ 탑Top 부분의 양이 많을 경우 섹션을 두 번에 나누어 커트를 진행한다.

⑲, ⑳, ㉑ 우측 사이드의 커트된 모발을 가이드로 버티컬 섹션으로 온 더 베이스하여 유니폼 레이어 형태로 커트한다. 아래쪽 커트된 모발을 가이드로 상단부도 동일한 방법으로 커트를 진행한다.

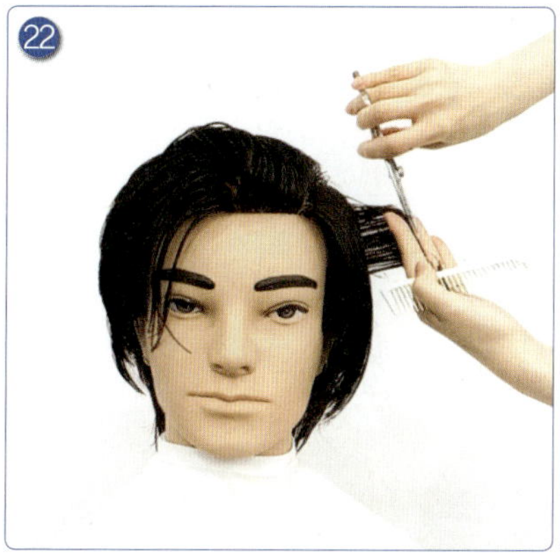

㉒, ㉓, ㉔ 좌측도 우측과 동일한 방법으로 진행하며 양 옆 밸런스를 맞춰가며 커트를 진행한다.

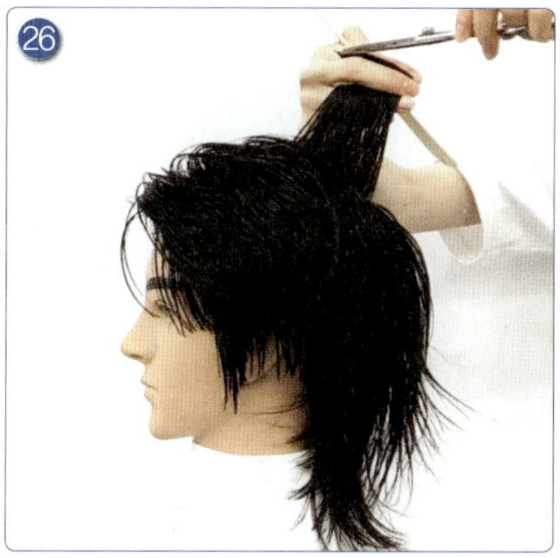

㉕, ㉖, ㉗ 크라운Crown은 피봇 섹션Pivot Section으로 나눈 후, 탑 포인트와 골든 포인트G.P : Golden Point를 연결하여 유니폼 레이어 형태로 커트를 진행한다.

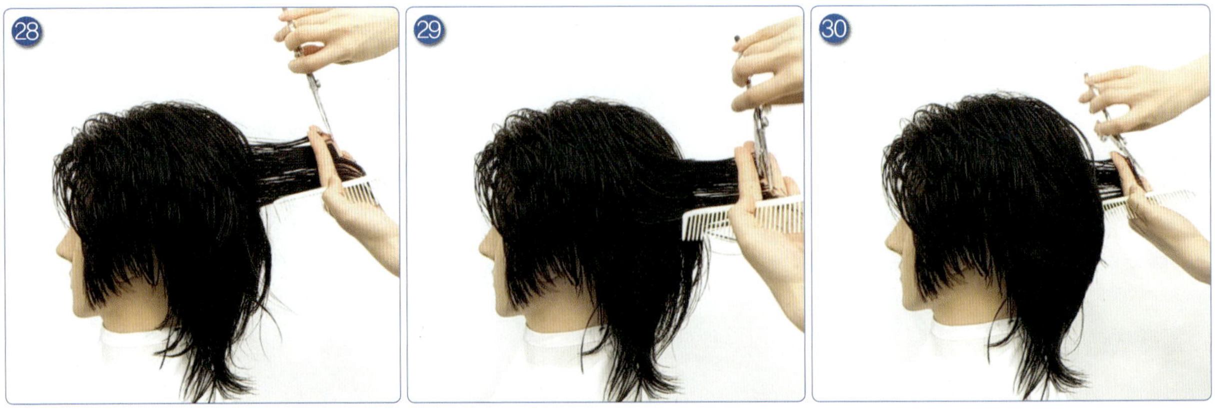

㉘, ㉙, ㉚ 골든 포인트에서 백 포인트까지 버티컬 섹션으로 연결하여 이를 가이드로 오프 더 베이스하여 양쪽 이어 백 포인트까지 유니폼 레이어 형태로 커트를 진행한다.

㉛, ㉜, ㉝ 백 포인트와 네이프 포인트N.P : Nape Point를 연결하여 이를 가이드로 오프 더 베이스하여 양쪽 네이프 사이드 포인트N.S.P : Nape Side Point까지 인크리스 레이어Increase Layer 형태로 커트를 진행한다.

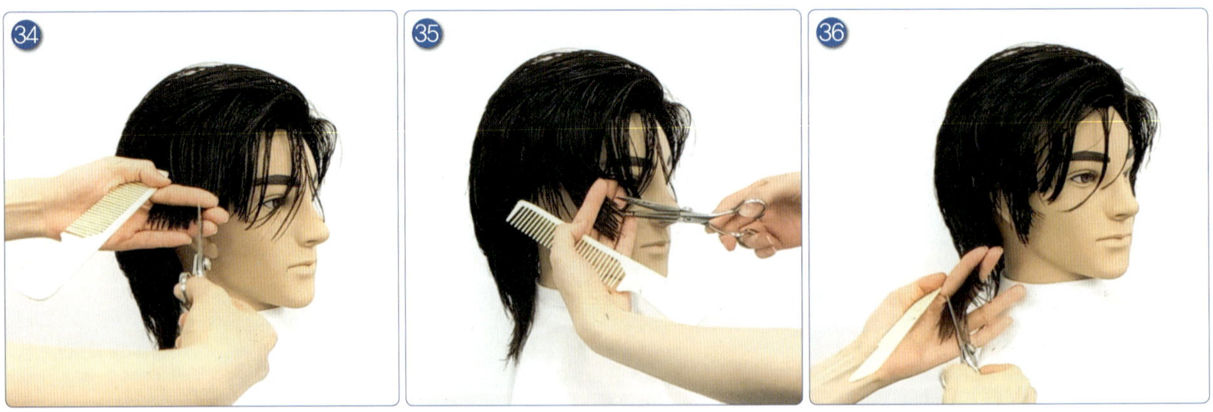

㉞, ㉟, ㊱ 우측 사이드에서 시작하며 백Back까지 헤어 라인Hair Line과 평행한 섹션으로 나칭 커트하여 헤어 라인을 정리한다.

㊲, ㊳, ㊴ 좌측도 우측과 동일한 방법으로 진행하며 양 옆 밸런스를 맞춰가며 커트를 진행한다.

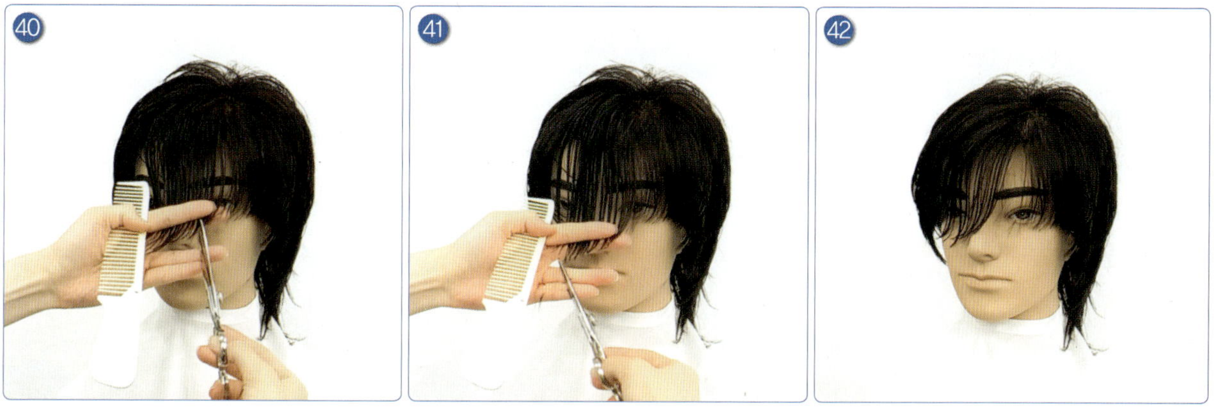

㊵, ㊶, ㊷ 프린지Fringe는 좌측 사이드 포인트를 가이드로 우측 사이드 포인트까지 페이스 라인Face Line을 따라 텐션Tension을 주지 않고 나칭 커트를 진행한다.

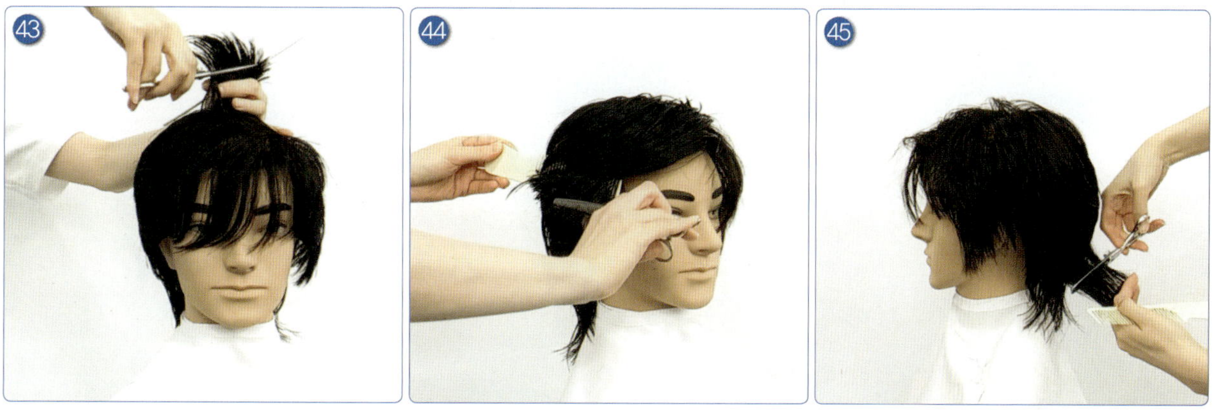

㊸, ㊹, ㊺ 엑티베이트Activate한 질감 표현을 위해 젖은 상태에서 루트Root에서 라인Line까지 연속적인 틴닝Thinning 기법으로 모발의 양감과 생동감을 준다.

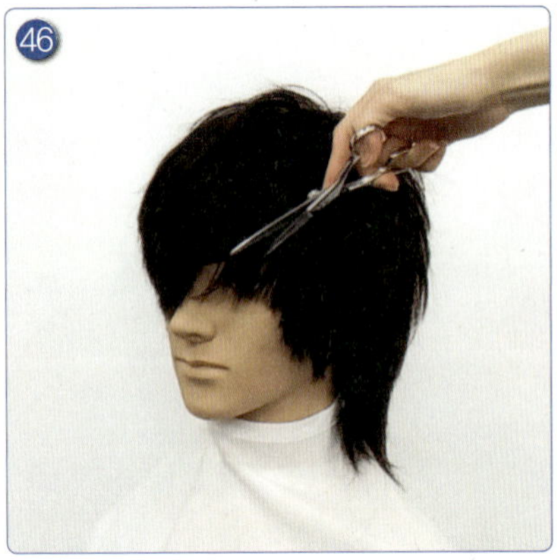

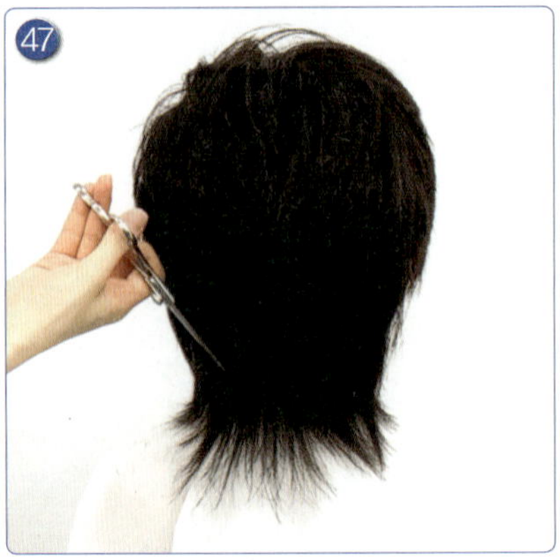

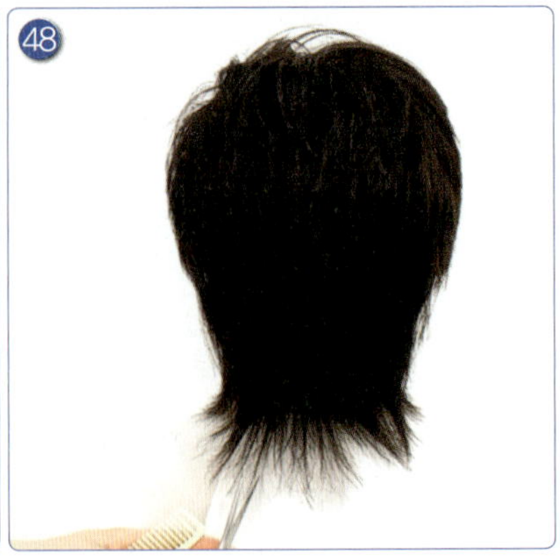

㊻, ㊼, ㊽ 슬라이싱Slicing 기법으로 방향감과 모발 끝의 생동감을 준다.

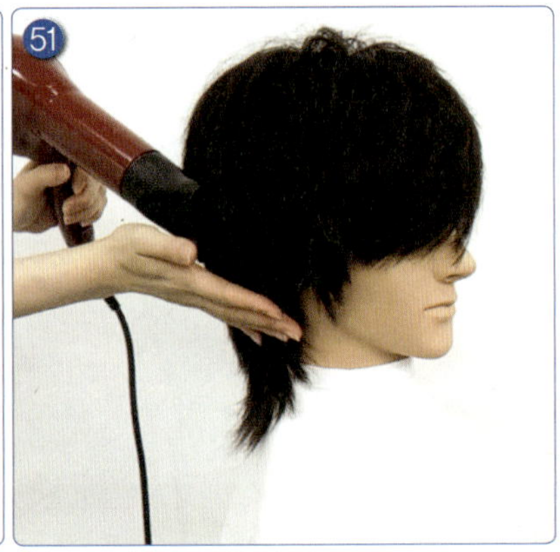

㊾, ㊿, (51) 핸드 드라이Hand Dry 기법으로 C컬C-Curl의 흐름과 볼륨을 넣어 형태를 만들고, 사이드와 네이프는 뜨지 않게 눌러준다.

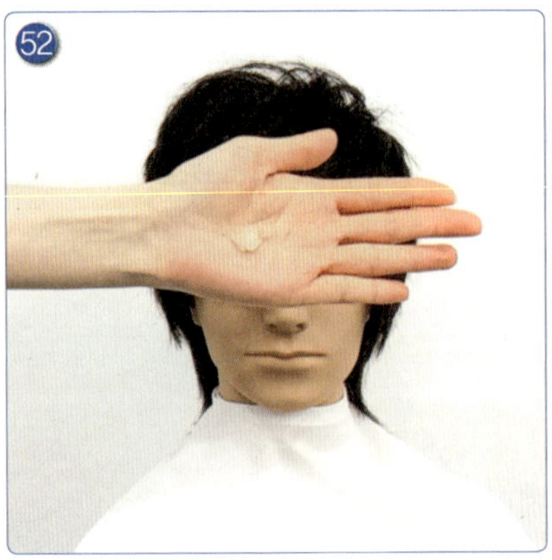

(52), (53), (54) 제품을 사용하여 스타일링Styling 한다.

3. 울프 헤어 스타일 마무리하기

앞 Front

뒤 Back

우측 Right side

좌측 Left side

실습과정 사진	
사진	설명

실습결과 사진	
앞 Front	뒤 Back
좌측 Left Side	우측 Right Side

[교수 학습방법]

교수 방법
① 비대칭, 대칭, 커넥션, 디스커넥션 스타일의 형태선과 특징을 설명한다.
② 레이저를 이용한 에칭, 아킹, 로테이션, 테이퍼링 기법을 설명한다.
③ 가위를 이용한 롱, 미디엄, 쇼트 스트로크 기법을 설명한다.
④ 마무리 샴푸 후 타월 및 드라이기를 사용하여 수분 제거 방법을 설명한다.
⑤ 헤어 커트 보정 작업 후 잔여 머리카락을 털어 내는 방법을 설명한다.
⑥ 헤어 커트 유형별 적합한 스타일링 도구 선택 방법, 스타일링 기법, 제품 사용 방법을 설명한다.
⑦ 홈 케어를 위한 조언 및 차후 방문 시기와 중요성에 대해 알리는 방법을 설명한다.
⑧ 고객 배웅 시 적절한 인사말에 대해서 설명한다.

학습 방법
① 비대칭, 대칭, 커넥션, 디스커넥션 스타일의 형태 선과 특징을 정리한다.
② 레이저를 이용한 에칭, 아킹, 로테이션, 테이퍼링 기법에 대해 숙지한다.
③ 가위를 이용한 롱, 미디엄, 쇼트 스트로크 기법에 대해 숙지한다.
④ 마무리 샴푸 후 타월 및 드라이기를 사용하여 수분 제거 방법을 정리한다.
⑤ 헤어 커트 보정 작업 후 잔여 머리카락 제거 및 스타일링 도구 선택 방법, 스타일링을 위한 기법, 제품 사용 방법을 정리한다.
⑥ 홈 케어를 위한 조언 및 차후 방문 시기와 중요성에 대해 정리한다.
⑦ 고객 배웅 시 적절한 인사말에 대해서 정리한다.

[평가 준거]

학습 내용	평가 항목	성취 수준		
		상	중	하
혼합형 이발 작업	1. 비대칭, 대칭, 커넥션, 디스커넥션 스타일의 형태 선, 특징 등을 도식화하여 자르거나 깎을 수 있다.			
	2. 레이저를 이용한 에칭, 아킹, 로테이션, 테이퍼링 기법으로 자를 수 있다.			
	3. 가위를 이용한 롱, 미디엄, 쇼트 스트로크 기법으로 자를 수 있다.			
혼합형 이발 마무리	이발 작업 후 고객 만족도를 파악하기 위해 필요한 경우 수정, 보완하며 홈 케어를 위한 조언할 수 있다.			

[평가 방법]

학습 내용	평가 항목	성취 수준		
		상	중	하
혼합형 이발 작업	1. 비대칭, 대칭, 커넥션, 디스커넥션 스타일의 형태선과 특징을 접목한 도식화된 디자인으로 커트할 수 있는 능력			
	2. 혼합형 이발 형태의 작업 완성도			
	3. 레이저를 사용하여 에칭, 아킹, 로테이션, 테이퍼링 기법을 할 수 있는 능력			
	4. 가위를 이용하여 롱, 미디엄, 쇼트 스트로크 기법을 할 수 있는 능력			
혼합형 이발 마무리	1. 커트 종료 후 고객의 만족도를 파악할 수 있는 의사소통 능력			
	2. 헤어 커트 보정 작업 후 잔여 머리카락을 제거할 수 있는 능력			
	3. 홈 케어를 위한 조언 및 고객 배웅 시 적절한 인사말을 건넬 수 있는 능력			

[평가자 체크 리스트]

학습 내용	평가 항목	성취 수준		
		상	중	하
혼합형 이발 작업	1. 비대칭, 대칭, 커넥션, 디스커넥션 스타일의 형태선과 특징을 접목한 도식화된 디자인으로 커트할 수 있는지 여부			
	2. 혼합형 이발 형태 작업의 완성도 여부			
	3. 레이저를 사용하여 에칭, 아킹, 로테이션, 테이퍼링 기법을 할 수 있는지 여부			
	4. 가위를 이용하여 롱, 미디엄, 쇼트 스트로크 기법을 할 수 있는지 여부			
혼합형 이발 마무리	1. 커트 종료 후 고객의 만족도를 파악할 수 있는 의사소통을 하였는지 여부			
	2. 헤어 커트 보정 작업 후 잔여 머리카락을 제거하였는지 여부			
	3. 홈 케어를 위한 조언 및 고객 배웅 시 적절한 인사말을 하였는지 여부			

2. 샤기 스타일Shaggy Hair Style

학습내용 단원명	수업 목표
남성 미용 응용 스타일 샤기 커트 헤어 스타일	남성 커트 미용 응용 샤기 커트 헤어 스타일 실습을 수행할 수 있다.

샤기 스타일Shaggy Style은 머리카락을 자를 때 칼로 머리카락 끝을 뾰족하게 깎는 커트의 일종으로 울프 커트Wolf Cut과 유사하지만 약간 다르며, 일반적으로 섀기 커트Shaggy Cut로 표기하지만 섀그 커트Shag Cut로 불리기도 한다.

1. 샤기 헤어 커트 준비하기

(1) 재료

① 커트 빗

② 블런트 가위

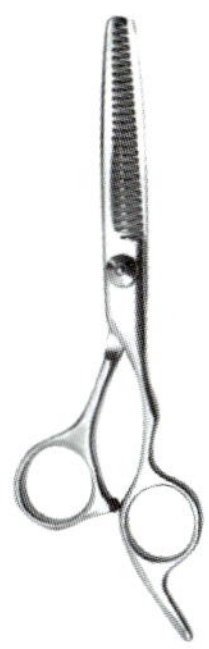

③ 틴닝 가위

④ 핀셋

⑤ 드라이기

⑥ 롤 브러시

⑦ 스타일링 제품

(2) 도해도 및 시술 개요

① 도해도

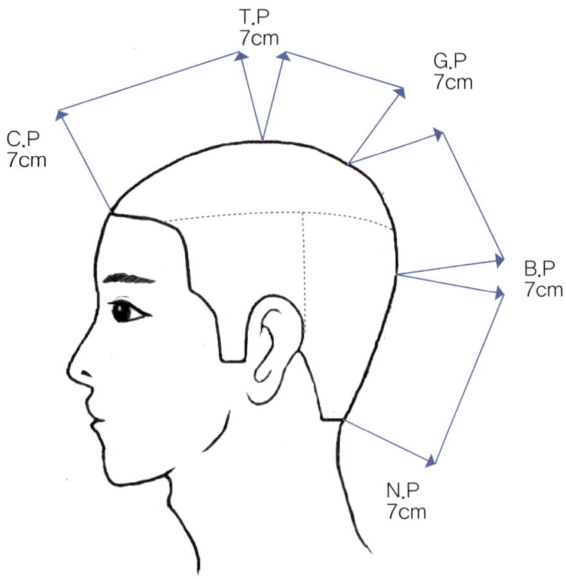

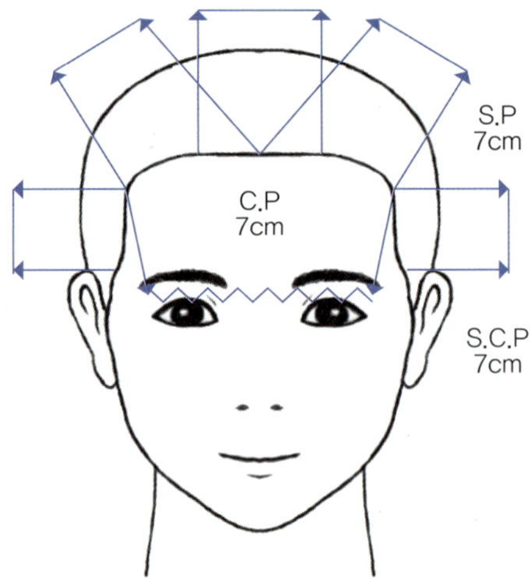

② 시술개요

블로킹 Blocking	U 라인 U-Line, 후대각 Diagonal Back
섹션 Section	수평 Horizontal, 세로 Vertical, 후대각 Diagonal Back, 피봇팅 Pivoting
분배 Distribution	직각 분배 Perpendicular Distribution
각도 Angle	Top, Side, Back-일반 시술 각 Normal Projection 90°
베이스 Base	온 더 베이스 On The Base
커트 Cut	블런트 커트 Blunt Cut, 시저스 오버 콤 Scissors Over Comb
질감 처리 Texturerising	루트 틴닝 Root Thinning, 이너 틴닝 Inner Thinning, 라인 틴닝 Line Thinning

(3) 미용 남성 커트 시술 방법

시술 전

시술 후

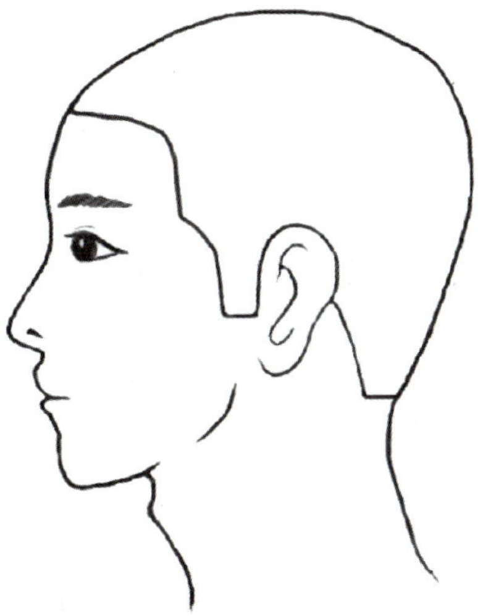

도해도 그려보기

2. 샤기 헤어 스타일 시술하기

①, ②, ③ 사이드 포인트S.P : Side Point를 기준으로 백 포인트B.P : Back Point까지 U 라인U-Line으로 블로킹Blocking한다.

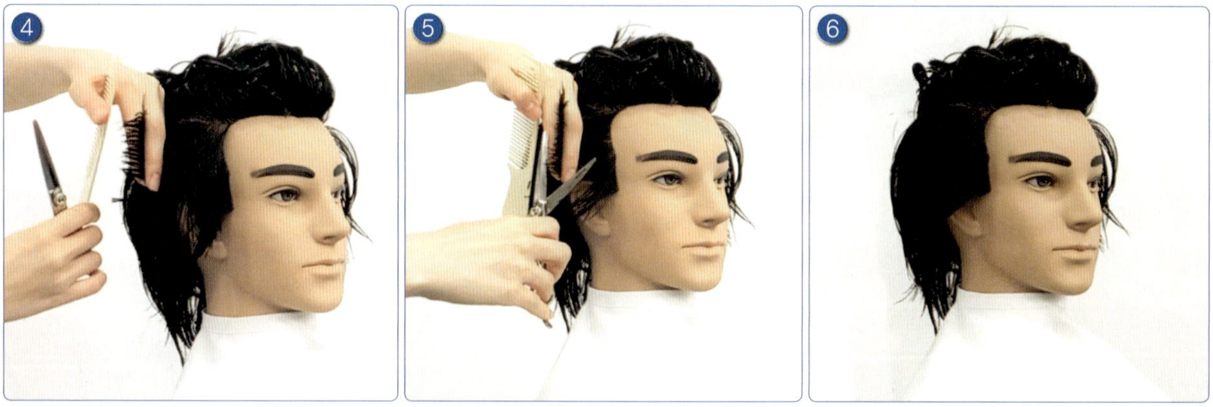

④, ⑤, ⑥ 사이드Side에서 커트Cut를 시작하며 버티컬 섹션Vertical Section으로 온 더 베이스On The Base하여 유니폼 레이어Uniform Layer 형태로 커트를 진행한다.

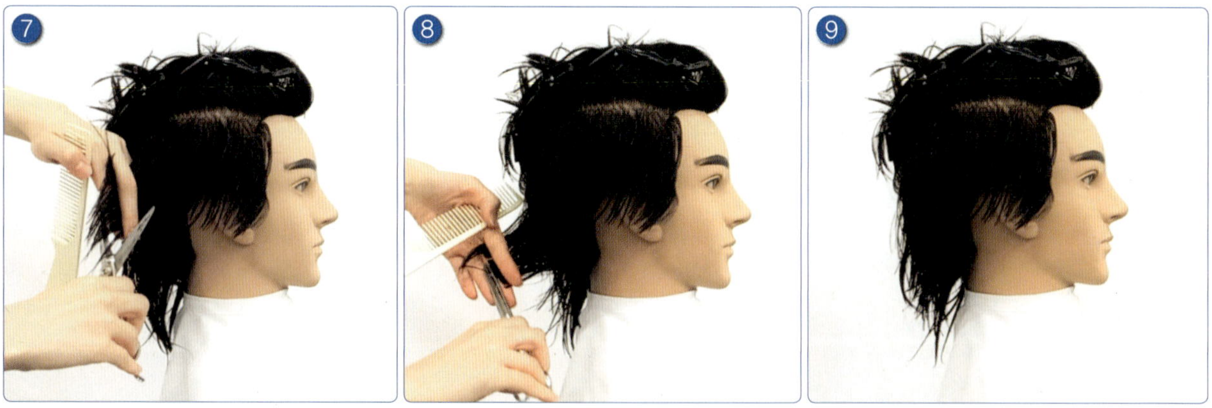

⑦, ⑧, ⑨ 백 사이드B.S : Back Side에서 네이프Nape까지 사이드의 가이드Guide와 연결하여 온 더 베이스로 유니폼 레이어 형태로 커트를 진행한다.

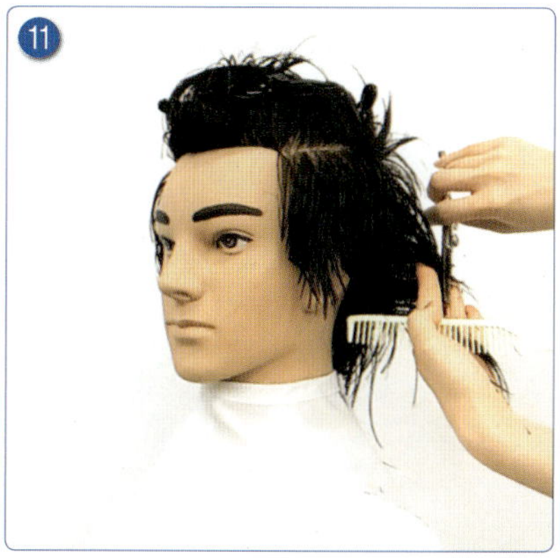

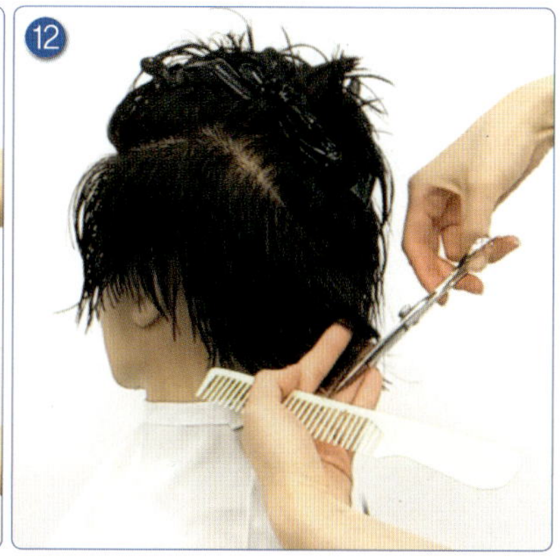

⑩, ⑪, ⑫ 좌측도 우측과 동일한 방법으로 진행하며 양 옆 밸런스Balance를 맞추며 커트를 진행한다.

⑬, ⑭, ⑮ 블로킹을 풀어준 뒤, 센터 포인트C.P : Center Point에서 탑 포인트T.P : Top Point를 연결하여 섹션Section을 나눈다.

※ 탑Top 부분의 양이 많을 경우 섹션을 두 번에 나누어 진행한다.

⑯, ⑰, ⑱ 좌측 사이드의 가이드를 기준으로 버티컬 섹션으로 온 더 베이스하여 유니폼 레이어 형태로 커트를 진행한다.

⑲, ⑳, ㉑ 블로킹을 풀어준 뒤, 아래쪽 커트된 모발을 가이드로 버티컬 섹션으로 온 더 베이스하여 유니폼 레이어 형태로 커트를 진행한다.

㉒, ㉓, ㉔ 우측도 좌측과 동일한 방법으로 진행하며 양 옆 밸런스를 맞추며 커트를 진행한다.

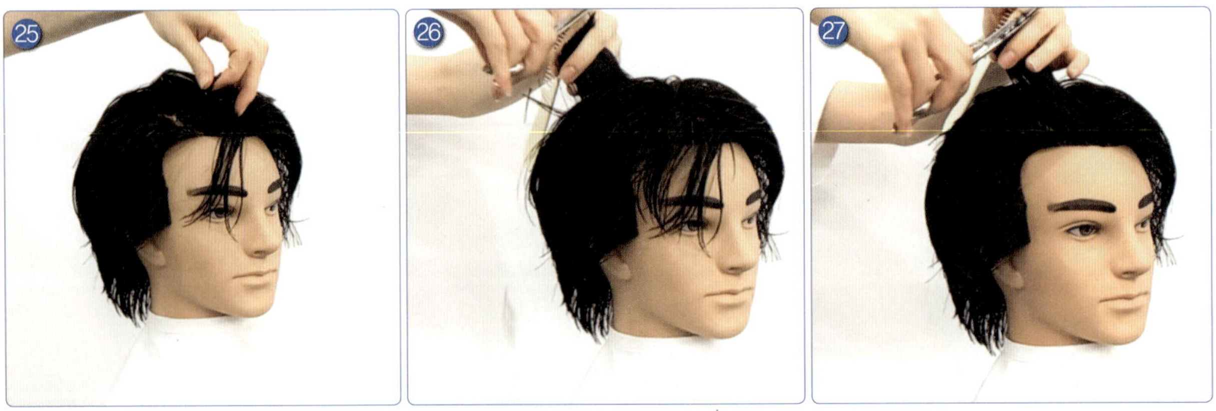

㉕, ㉖, ㉗ 블로킹을 풀어준 뒤, 좌측과 동일한 방법으로 진행하며 양 옆 밸런스를 맞추며 커트를 진행한다.

㉘, ㉙, ㉚ 크라운Crown은 피봇 섹션Pivot Section으로 나눈 후 탑 포인트의 가이드와 연결하여 유니폼 레이어로 커트를 진행한다.

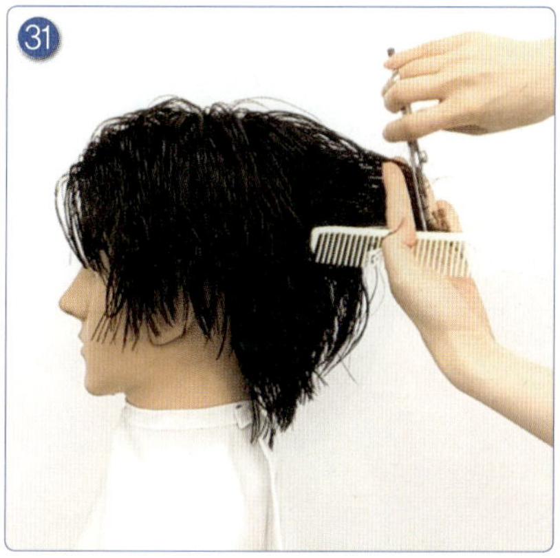

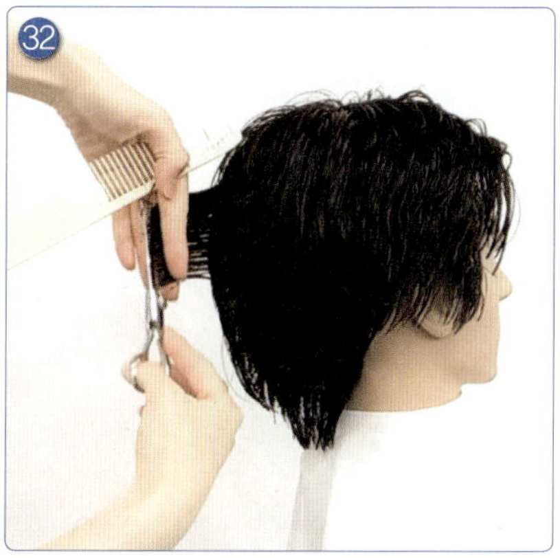

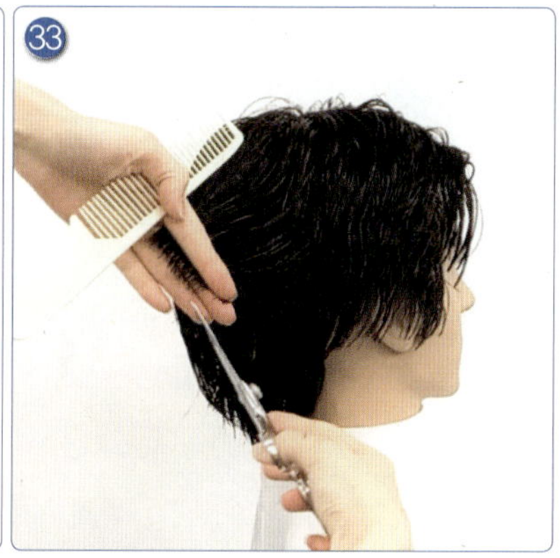

㉛, ㉜, ㉝ 골든 포인트G.P : Golden Point를 가이드로 버티컬 섹션으로 온 더 베이스하여 양쪽 이어 백 포인트E.B.P : Ear Back Point까지 유니폼 레이어 형태로 커트를 진행한다.

㉞, ㉟, ㊱ 백 포인트와 네이프 포인트N.P : Nape Point를 연결하여 버티컬 섹션으로 온 더 베이스하여 유니폼 레이어 형태로 커트하며, 길이가 짧은 경우 호리존탈 섹션Horizontal Section으로 나칭 커트Notching Cut를 진행한다.

㊲, ㊳, ㊴ 프린지Fringe는 좌측 사이드 포인트를 가이드로 우측 사이드 포인트까지 페이스 라인Face Line을 따라 텐션Tension을 주지않고 나칭 커트를 진행한다.

㊵, ㊶, ㊷ 모발의 흐름에 따라 드라이기를 이용하여 핸드 드라이Hand Dry 한다.

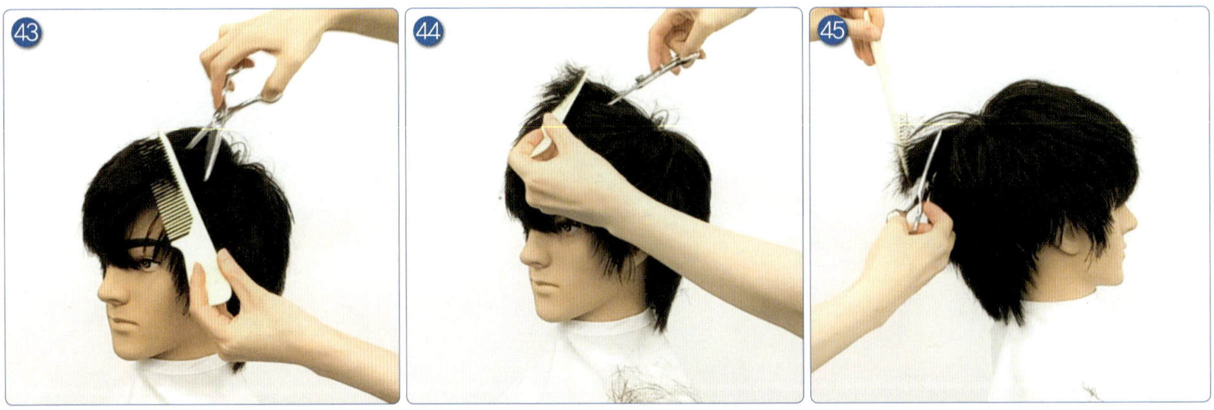

㊸, ㊹, ㊺ 루트 틴닝Root Thinning으로 양감 조절을 한다.

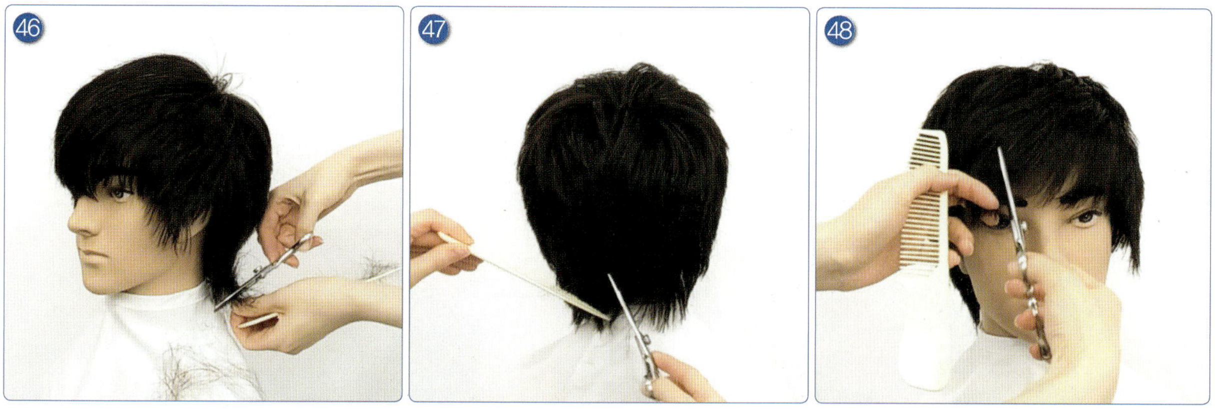

㊻, ㊼, ㊽ 이너Inner에서 라인Line까지 연속적인 틴닝Thinning 기법으로 모발의 방향감과 생동감을 준다.

㊾, ㊿, 51 핸드 드라이 기법과 롤 브러시Roll Brush를 이용하여 C컬C-Curl의 흐름과 볼륨을 넣어 형태를 만들고, 사이드는 뜨지 않게 누른다.

52, 53, 54 제품을 사용하여 스타일링Styling한다.

3. 샤기 헤어 스타일 마무리하기

앞 Front

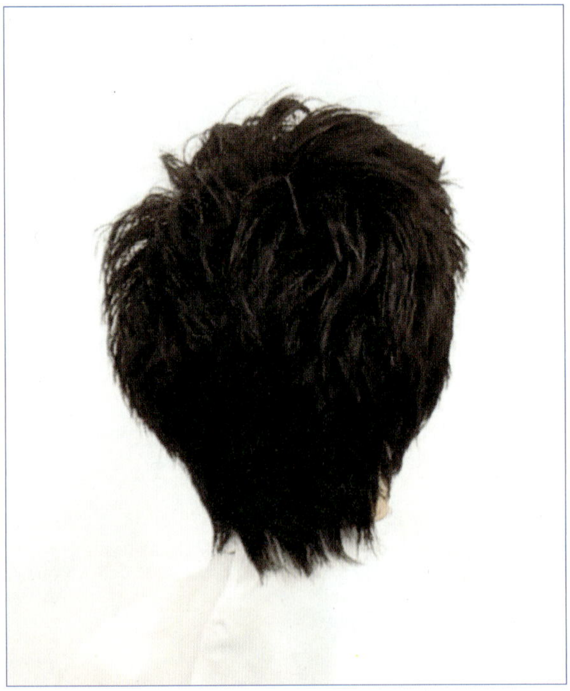

뒤 Back

우측 Right side

좌측 Left side

실습과정 사진	
사진	설명

실습결과 사진	
앞 Front	뒤 Back
좌측 Left Side	우측 Right Side

[교수 학습방법]

교수 방법
① 비대칭, 대칭, 커넥션, 디스커넥션 스타일의 형태선과 특징을 설명한다.
② 레이저를 이용한 에칭, 아킹, 로테이션, 테이퍼링 기법을 설명한다.
③ 가위를 이용한 롱, 미디엄, 쇼트 스트로크 기법을 설명한다.
④ 마무리 샴푸 후 타월 및 드라이기를 사용하여 수분 제거 방법을 설명한다.
⑤ 헤어 커트 보정 작업 후 잔여 머리카락을 털어 내는 방법을 설명한다.
⑥ 헤어 커트 유형별 적합한 스타일링 도구 선택 방법, 스타일링 기법, 제품 사용 방법을 설명한다.
⑦ 홈 케어를 위한 조언 및 차후 방문 시기와 중요성에 대해 알리는 방법을 설명한다.
⑧ 고객 배웅 시 적절한 인사말에 대해서 설명한다.

학습 방법
① 비대칭, 대칭, 커넥션, 디스커넥션 스타일의 형태 선과 특징을 정리한다.
② 레이저를 이용한 에칭, 아킹, 로테이션, 테이퍼링 기법에 대해 숙지한다.
③ 가위를 이용한 롱, 미디엄, 쇼트 스트로크 기법에 대해 숙지한다.
④ 마무리 샴푸 후 타월 및 드라이기를 사용하여 수분 제거 방법을 정리한다.
⑤ 헤어 커트 보정 작업 후 잔여 머리카락 제거 및 스타일링 도구 선택 방법, 스타일링을 위한 기법; 제품 사용 방법을 정리한다.
⑥ 홈 케어를 위한 조언 및 차후 방문 시기와 중요성에 대해 정리한다.
⑦ 고객 배웅 시 적절한 인사말에 대해서 정리한다.

[평가 준거]

<table>
<tr><th rowspan="2">학습 내용</th><th rowspan="2">평가 항목</th><th colspan="3">성취 수준</th></tr>
<tr><th>상</th><th>중</th><th>하</th></tr>
<tr><td rowspan="3">혼합형 이발 작업</td><td>1. 비대칭, 대칭, 커넥션, 디스커넥션 스타일의 형태 선, 특징 등을 도식화하여 자르거나 깎을 수 있다.</td><td></td><td></td><td></td></tr>
<tr><td>2. 레이저를 이용한 에칭, 아킹, 로테이션, 테이퍼링 기법으로 자를 수 있다.</td><td></td><td></td><td></td></tr>
<tr><td>3. 가위를 이용한 롱, 미디엄, 쇼트 스트로크 기법으로 자를 수 있다.</td><td></td><td></td><td></td></tr>
<tr><td>혼합형 이발 마무리</td><td>이발 작업 후 고객 만족도를 파악하기 위해 필요한 경우 수정, 보완하며 홈 케어를 위한 조언할 수 있다.</td><td></td><td></td><td></td></tr>
</table>

[평가 방법]

<table>
<tr><th rowspan="2">학습 내용</th><th rowspan="2">평가 항목</th><th colspan="3">성취 수준</th></tr>
<tr><th>상</th><th>중</th><th>하</th></tr>
<tr><td rowspan="4">혼합형 이발 작업</td><td>1. 비대칭, 대칭, 커넥션, 디스커넥션 스타일의 형태선과 특징을 접목한 도식화된 디자인으로 커트할 수 있는 능력</td><td></td><td></td><td></td></tr>
<tr><td>2. 혼합형 이발 형태의 작업 완성도</td><td></td><td></td><td></td></tr>
<tr><td>3. 레이저를 사용하여 에칭, 아킹, 로테이션, 테이퍼링 기법을 할 수 있는 능력</td><td></td><td></td><td></td></tr>
<tr><td>4. 가위를 이용하여 롱, 미디엄, 쇼트 스트로크 기법을 할 수 있는 능력</td><td></td><td></td><td></td></tr>
<tr><td rowspan="3">혼합형 이발 마무리</td><td>1. 커트 종료 후 고객의 만족도를 파악할 수 있는 의사소통 능력</td><td></td><td></td><td></td></tr>
<tr><td>2. 헤어 커트 보정 작업 후 잔여 머리카락을 제거할 수 있는 능력</td><td></td><td></td><td></td></tr>
<tr><td>3. 홈 케어를 위한 조언 및 고객 배웅 시 적절한 인사말을 건넬 수 있는 능력</td><td></td><td></td><td></td></tr>
</table>

[평가자 체크 리스트]

학습 내용	평가 항목	성취 수준		
		상	중	하
혼합형 이발 작업	1. 비대칭, 대칭, 커넥션, 디스커넥션 스타일의 형태선과 특징을 접목한 도식화된 디자인으로 커트할 수 있는지 여부			
	2. 혼합형 이발 형태 작업의 완성도 여부			
	3. 레이저를 사용하여 에칭, 아킹, 로테이션, 테이퍼링 기법을 할 수 있는지 여부			
	4. 가위를 이용하여 롱, 미디엄, 쇼트 스트로크 기법을 할 수 있는지 여부			
혼합형 이발 마무리	1. 커트 종료 후 고객의 만족도를 파악할 수 있는 의사소통을 하였는지 여부			
	2. 헤어 커트 보정 작업 후 잔여 머리카락을 제거하였는지 여부			
	3. 홈 케어를 위한 조언 및 고객 배웅 시 적절한 인사말을 하였는지 여부			

3. 댄디 스타일Dandy Hair Style

학습내용 단원명	수업 목표
남성 미용 응용 스타일 댄디 커트 헤어 스타일	남성 커트 미용 응용 댄디 커트 헤어 스타일 실습을 수행할 수 있다.

댄디 스타일Dandy Style의 '댄디'는 사전적으로 '멋쟁이'라는 의미를 가지고 있다. 윗머리는 볼륨을 살짝 넣고 옆 라인은 펴주는 형태로 자연스럽고 맵시 있는 스타일이며 직선적이고 부드러운 클래식한 느낌의 스타일이다.

1. 댄디 헤어 커트 준비하기

(1) 재료

① 커트 빗

② 블런트 가위

③ 틴닝 가위

④ 핀셋

⑤ 핀컬 핀

⑥ 드라이기

⑦ 롤 브러시

⑦ 스타일링 제품

(2) 도해도 및 시술 개요

① 도해도

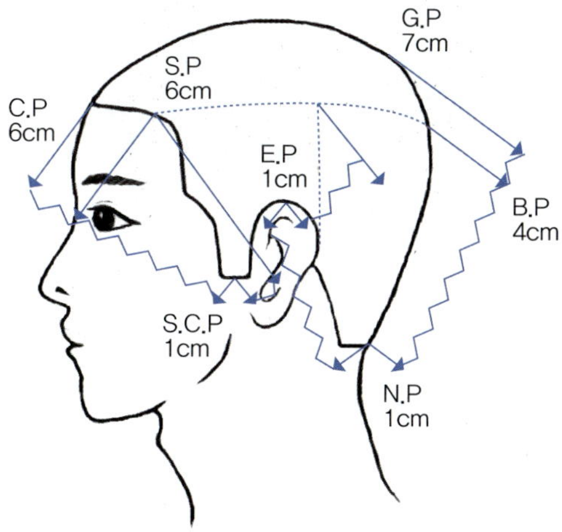

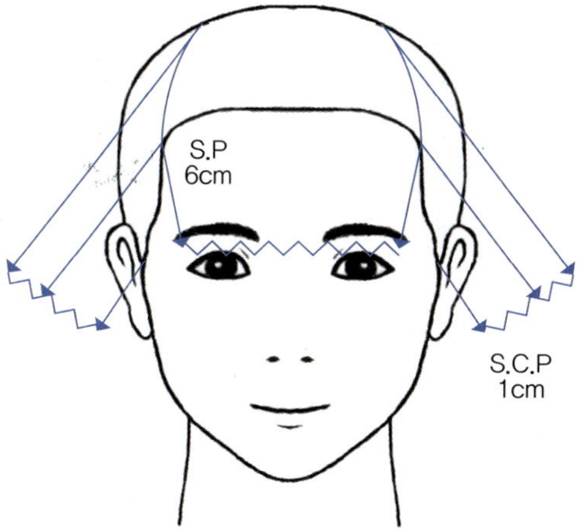

② 시술개요

블로킹 Blocking	U 라인 U-Line, 후대각 Diagonal Back
섹션 Section	수평 Horizontal, 세로 Vertical, 후대각 Diagonal Back
분배 Distribution	Side-변이 분배 Shifted Distribution, Back-직각 분배 Perpendicular Distribution
각도 Angle	Side, Back-자연 시술 각 Natural Fall 60°
베이스 Base	온 더 베이스 On The Base
커트 Cut	블런트 커트 Blunt Cut, 나칭 커트 Notching Cut
질감 처리 Texturerising	이너 틴닝 Inner Thinning, 라인 틴닝 Line Thinning

(3) 미용 남성 커트 시술 방법

시술 전

시술 후

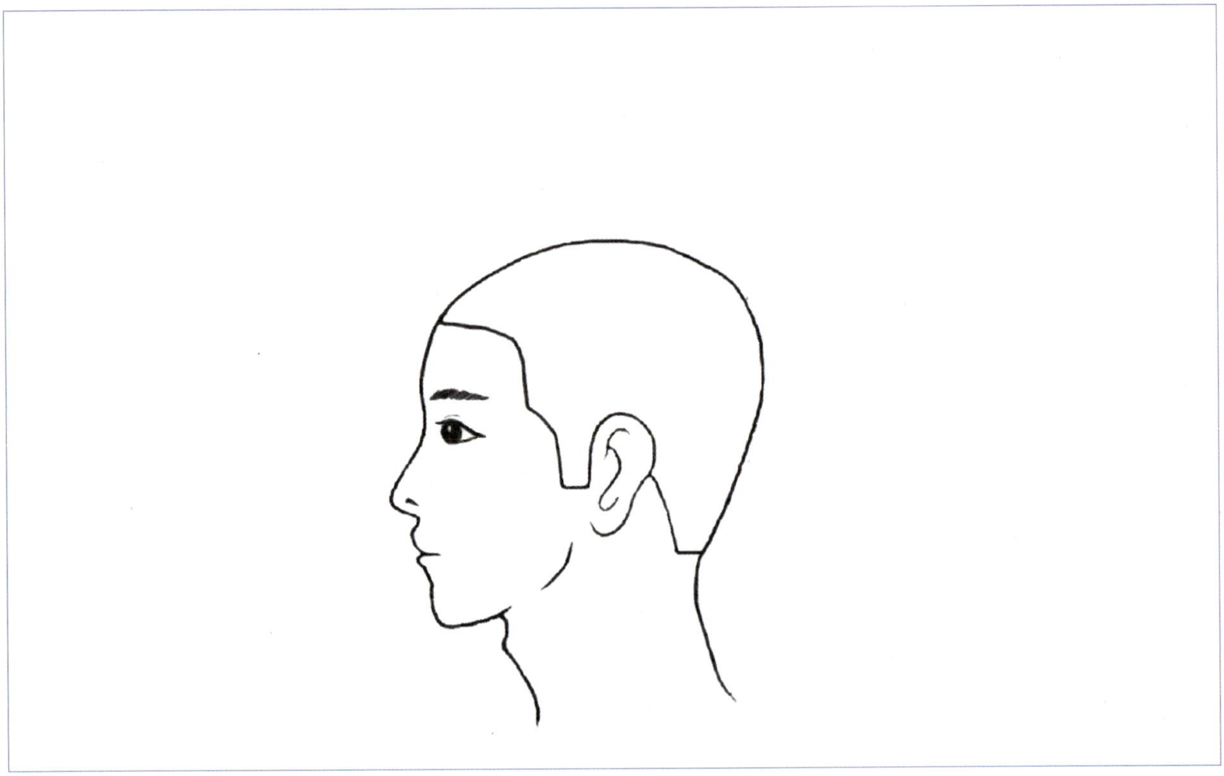

도해도 그려보기

2. 댄디 헤어 스타일 시술하기

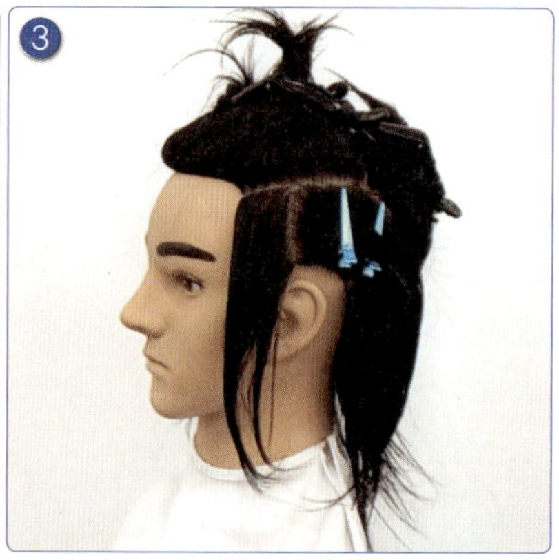

①, ②, ③ 사이드 포인트S.P : Side Point를 기준으로 백 포인트B.P : Back Point까지 U라인U-Line으로 연결되게 블로킹Blocking한 후, 이어 백 포인트E.B.P : Ear Back Point와 이어 포인트E.P : Ear Point를 기준으로 버티컬 섹션Vertical Section으로 블로킹Blocking한다.

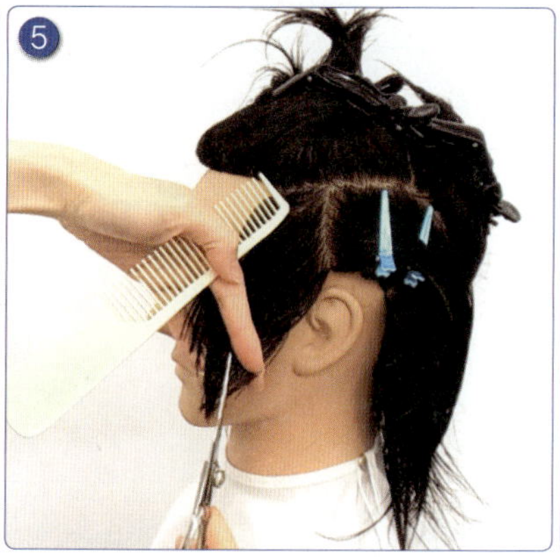

④, ⑤, ⑥ 사이드 코너 포인트S.C.P : Side Corner Point와 이어 포인트를 연결하여 이어 라인Ear Line을 따라 나칭 커트Notching Cut한다. 이어서 사이드 포인트와 사이드 코너 포인트를 연결하여 페이스 라인Face Line을 따라 나칭 커트를 진행한다.

⑦, ⑧, ⑨ 핀컬 핀을 풀어준 뒤, 이어 포인트와 이어 백 포인트를 연결하여 이어 라인을 따라 나칭 커트를 진행한다.

⑩, ⑪, ⑫ 핀컬 핀을 풀어준 뒤, 이어 백 포인트의 가이드Guide를 기준으로 네이프 사이드 포인트N.S.P : Nape Side Point까지 헤어 라인Hair Line과 평행하게 나칭 커트를 진행한다.

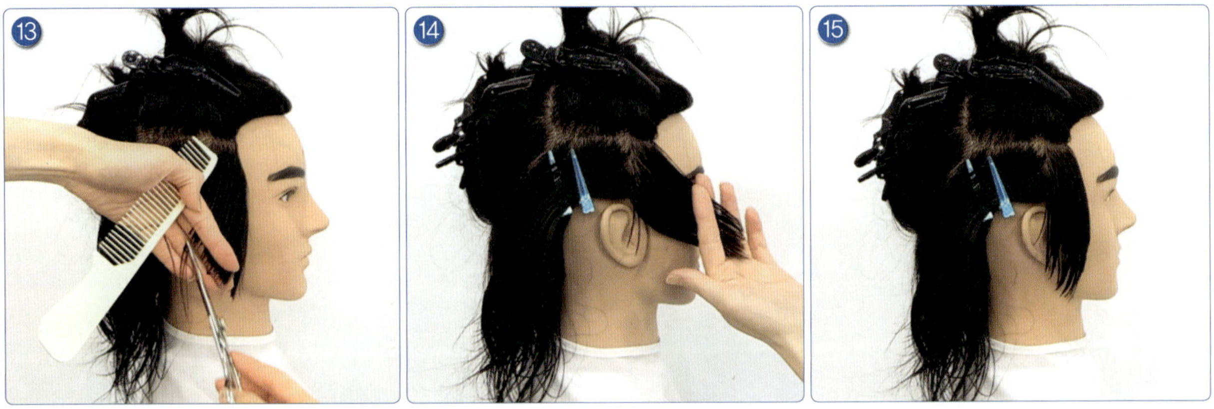

⑬, ⑭, ⑮ 우측도 좌측과 동일한 방법으로 진행하며 양 옆 밸런스Balance를 맞추며 커트Cut를 진행한다.

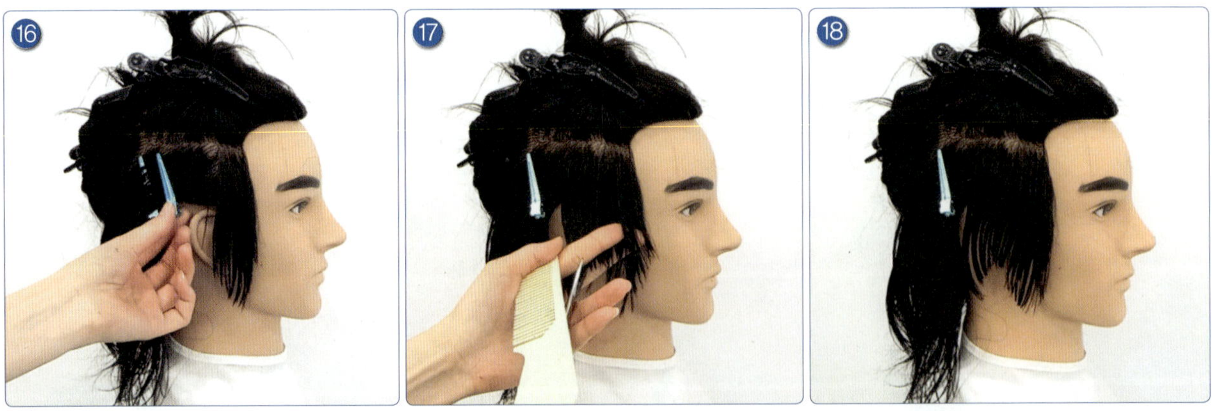

⑯, ⑰, ⑱ 우측도 좌측과 동일한 방법으로 진행하며 양 옆 밸런스를 맞추며 커트를 진행한다.

⑲, ⑳, ㉑ 우측도 좌측과 동일한 방법으로 진행하며 양 옆 밸런스를 맞추며 커트를 진행한다.

㉒, ㉓, ㉔ 양쪽 네이프 사이드 포인트를 가이드로 헤어 라인과 평행하게 나칭 커트를 진행한다.

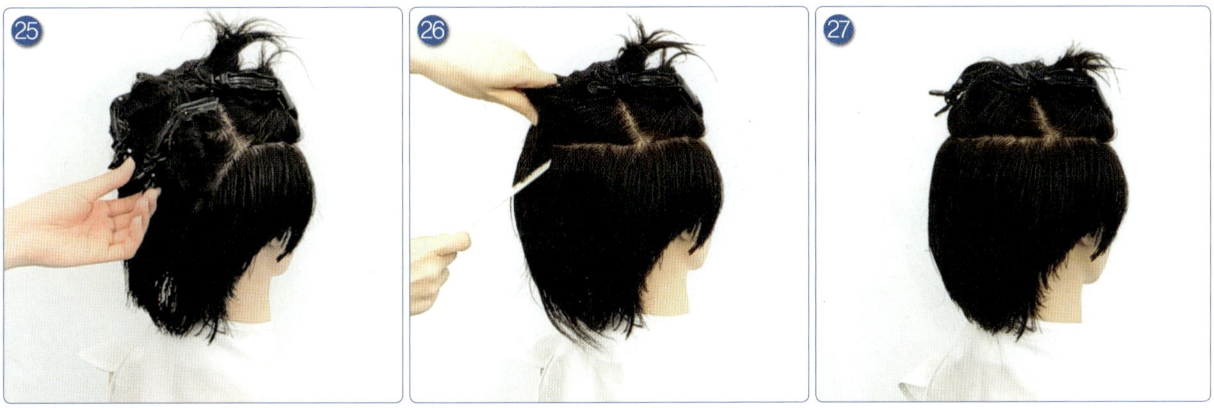

㉕, ㉖, ㉗ 백 포인트까지 수평 섹션Horizontal Section으로 블로킹한다.

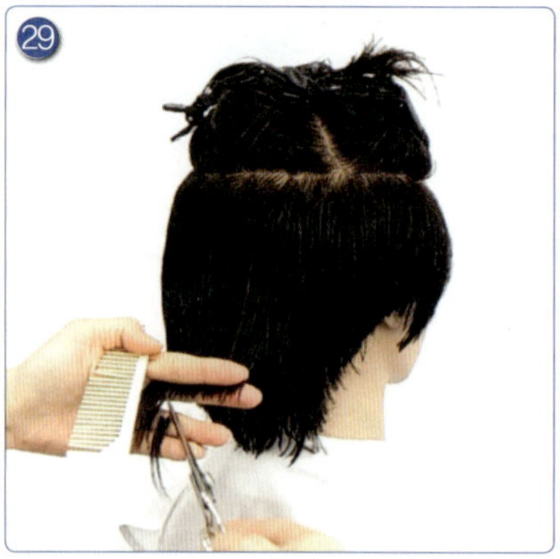

㉘, ㉙, ㉚ 백 포인트까지 자연 시술 각 60°로 온 더 베이스On The Base하여 그래쥬에이션Graduation 형태로 나칭 커트를 진행한다.

㉛, ㉜, ㉝ 크라운Crown의 블로킹을 풀어준 뒤 피봇 섹션Pivot Section으로 뒤쪽 커트가 된 모발과 연결하여 자연 시술 각 60°로 온 더 베이스하여 그래쥬에이션 형태로 나칭 커트를 진행한다.

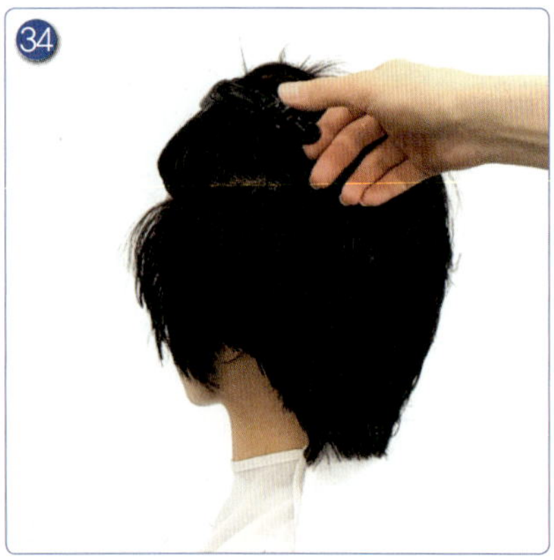

㉞, ㉟, ㊱ 탑Top의 블로킹을 풀어준 뒤, 좌측 사이드Side 부분의 커트가 된 모발을 가이드로 가져와 자연 시술 각 30° 그래쥬에이션 형태로 커트하고, 우측도 동일한 방법으로 양 옆 밸런스를 맞추며 나칭 커트를 진행한다.

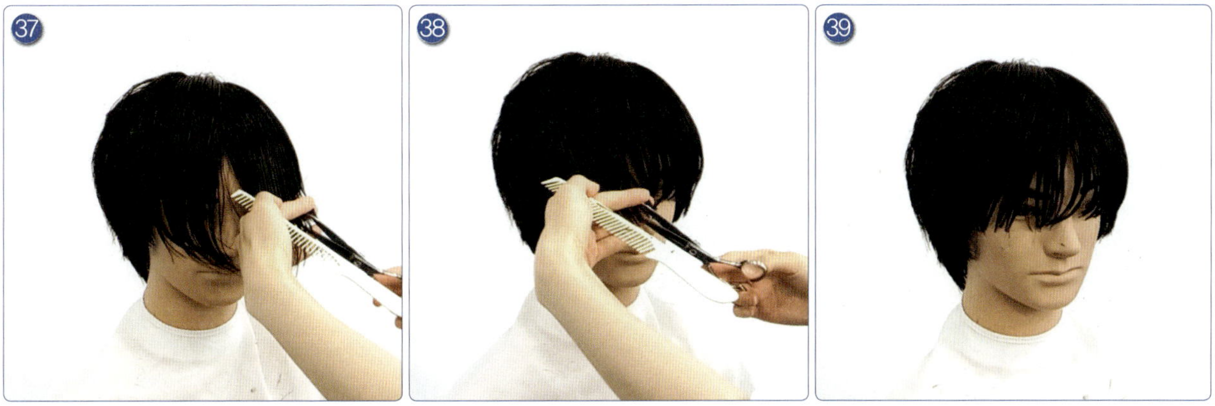

㊲, ㊳, ㊴ 프린지Fringe는 좌측 사이드 포인트를 가이드로 우측 사이드 포인트까지 페이스 라인을 따라 텐션Tension을 주지 않고 나칭 커트를 진행한다.

㊵, ㊶, ㊷ 모발의 흐름에 따라 드라이기를 이용하여 핸드 드라이Hand Dry 한다.

㊸, ㊹, ㊺ 이너 틴닝Inner Thinning과 라인 틴닝Line Thinning을 이용하여 질감 처리를 한다.

㊻, ㊼, ㊽ 이너 틴닝과 라인 틴닝을 이용하여 커트를 진행한다.

㊾, ㊿, 51 롤 브러쉬Roll Brush를 이용하여 C컬C-Curl의 흐름과 볼륨을 넣어 형태를 만들고, 사이드는 뜨지 않게 눌러주며 부족한 부분은 핸드 드라이를 한다.

52, 53, 54 제품을 사용하여 스타일링Styling 한다.

3. 댄디 헤어 스타일 마무리하기

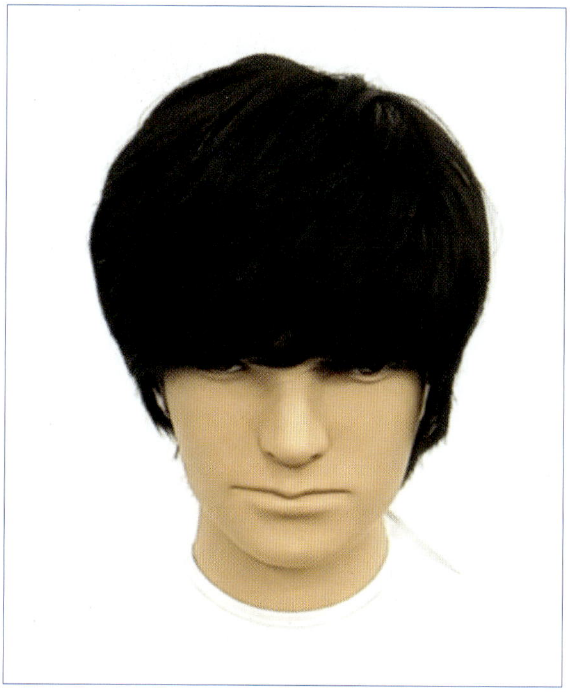

앞 Front

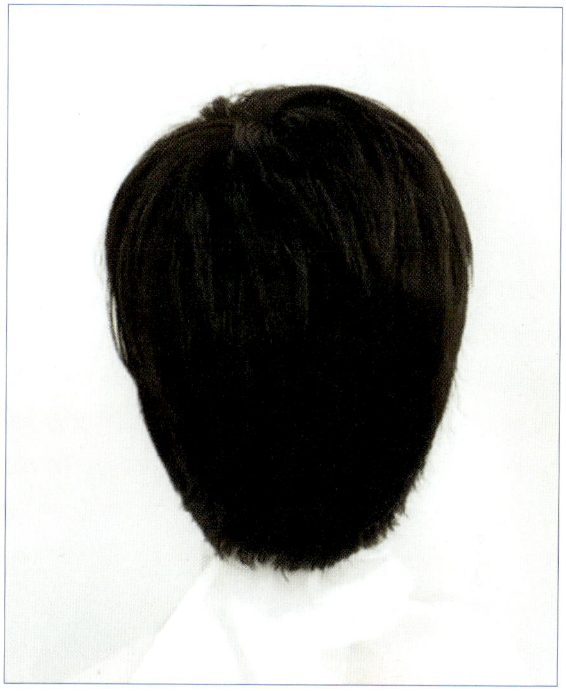

뒤 Back

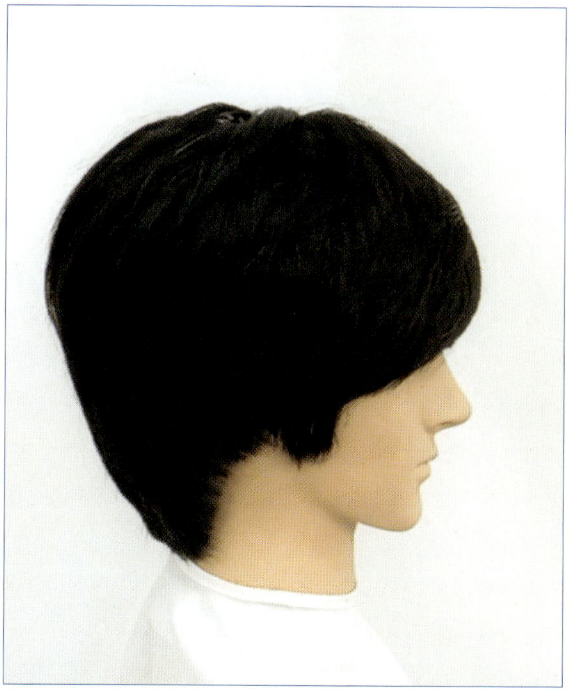

우측 Right side

좌측 Left side

실습과정 사진	
사진	설명

실습결과 사진	
앞 Front	뒤 Back
좌측 Left Side	우측 Right Side

[교수 학습방법]

교수 방법
① 비대칭, 대칭, 커넥션, 디스커넥션 스타일의 형태선과 특징을 설명한다.
② 레이저를 이용한 에칭, 아킹, 로테이션, 테이퍼링 기법을 설명한다.
③ 가위를 이용한 롱, 미디엄, 쇼트 스트로크 기법을 설명한다.
④ 마무리 샴푸 후 타월 및 드라이기를 사용하여 수분 제거 방법을 설명한다.
⑤ 헤어 커트 보정 작업 후 잔여 머리카락을 털어 내는 방법을 설명한다.
⑥ 헤어 커트 유형별 적합한 스타일링 도구 선택 방법, 스타일링 기법, 제품 사용 방법을 설명한다.
⑦ 홈 케어를 위한 조언 및 차후 방문 시기와 중요성에 대해 알리는 방법을 설명한다.
⑧ 고객 배웅 시 적절한 인사말에 대해서 설명한다.

학습 방법
① 비대칭, 대칭, 커넥션, 디스커넥션 스타일의 형태 선과 특징을 정리한다.
② 레이저를 이용한 에칭, 아킹, 로테이션, 테이퍼링 기법에 대해 숙지한다.
③ 가위를 이용한 롱, 미디엄, 쇼트 스트로크 기법에 대해 숙지한다.
④ 마무리 샴푸 후 타월 및 드라이기를 사용하여 수분 제거 방법을 정리한다.
⑤ 헤어 커트 보정 작업 후 잔여 머리카락 제거 및 스타일링 도구 선택 방법, 스타일링을 위한 기법, 제품 사용 방법을 정리한다.
⑥ 홈 케어를 위한 조언 및 차후 방문 시기와 중요성에 대해 정리한다.
⑦ 고객 배웅 시 적절한 인사말에 대해서 정리한다.

[평가 준거]

학습 내용	평가 항목	성취 수준		
		상	중	하
혼합형 이발 작업	1. 비대칭, 대칭, 커넥션, 디스커넥션 스타일의 형태 선, 특징 등을 도식화하여 자르거나 깎을 수 있다.			
	2. 레이저를 이용한 에칭, 아킹, 로테이션, 테이퍼링 기법으로 자를 수 있다.			
	3. 가위를 이용한 롱, 미디엄, 쇼트 스트로크 기법으로 자를 수 있다.			
혼합형 이발 마무리	이발 작업 후 고객 만족도를 파악하기 위해 필요한 경우 수정, 보완하며 홈 케어를 위한 조언할 수 있다.			

[평가 방법]

학습 내용	평가 항목	성취 수준		
		상	중	하
혼합형 이발 작업	1. 비대칭, 대칭, 커넥션, 디스커넥션 스타일의 형태선과 특징을 접목한 도식화된 디자인으로 커트할 수 있는 능력			
	2. 혼합형 이발 형태의 작업 완성도			
	3. 레이저를 사용하여 에칭, 아킹, 로테이션, 테이퍼링 기법을 할 수 있는 능력			
	4. 가위를 이용하여 롱, 미디엄, 쇼트 스트로크 기법을 할 수 있는 능력			
혼합형 이발 마무리	1. 커트 종료 후 고객의 만족도를 파악할 수 있는 의사소통 능력			
	2. 헤어 커트 보정 작업 후 잔여 머리카락을 제거할 수 있는 능력			
	3. 홈 케어를 위한 조언 및 고객 배웅 시 적절한 인사말을 건넬 수 있는 능력			

[평가자 체크 리스트]

학습 내용	평가 항목	성취 수준		
		상	중	하
혼합형 이발 작업	1. 비대칭, 대칭, 커넥션, 디스커넥션 스타일의 형태선과 특징을 접목한 도식화된 디자인으로 커트할 수 있는지 여부			
	2. 혼합형 이발 형태 작업의 완성도 여부			
	3. 레이저를 사용하여 에칭, 아킹, 로테이션, 테이퍼링 기법을 할 수 있는지 여부			
	4. 가위를 이용하여 롱, 미디엄, 쇼트 스트로크 기법을 할 수 있는지 여부			
혼합형 이발 마무리	1. 커트 종료 후 고객의 만족도를 파악할 수 있는 의사소통을 하였는지 여부			
	2. 헤어 커트 보정 작업 후 잔여 머리카락을 제거하였는지 여부			
	3. 홈 케어를 위한 조언 및 고객 배웅 시 적절한 인사말을 하였는지 여부			

4. 비대칭 스타일Asymmetry Hair Style

학습내용 단원명	수업 목표
남성 미용 응용 스타일 비대칭 커트 헤어 스타일	남성 커트 미용 응용 비대칭 커트 헤어 스타일 실습을 수행할 수 있다.

비대칭 스타일Asymmetry Style은 사전적으로 머리카락을 한쪽은 짧고 한쪽은 길게 자르는 일 또는 그렇게 자른 머리 모양을 뜻하며 어쉬메트리 커트Asymmetry Cut이라고도 불리며 앞머리나 옆머리 혹은 뒷머리를 한쪽은 짧게 한쪽은 길게 비대칭적 구조로 자르는 것으로 개성있는 스타일을 연출할 수 있다.

1. 비대칭 헤어 커트 준비하기

(1) 재료

① 커트 빗

② 블런트 가위

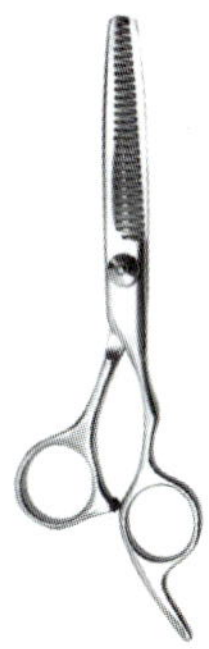

③ 틴닝 가위

④ 핀셋

⑤ 핀컬 핀

⑥ 드라이기

⑦ 롤 브러시

⑦ 스타일링 제품

(2) 도해도 및 시술 개요

① 도해도

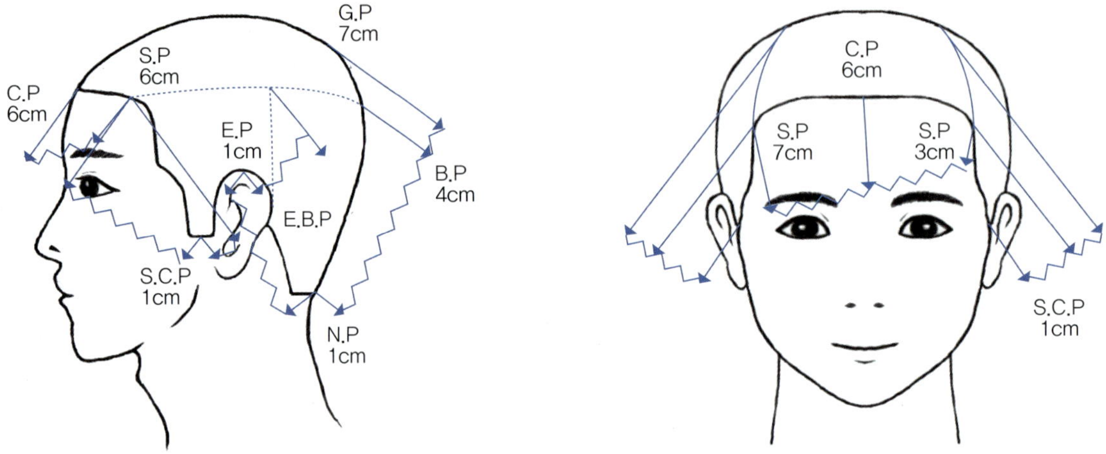

② 시술개요

블로킹 Blocking	U라인 U-Line, 후대각 Diagonal Back
섹션 Section	수평 Horizontal, 세로 Vertical, 후대각 Diagonal Back
분배 Distribution	Side-변이 분배 Shifted Distribution, Back-직각 분배 Perpendicular Distribution
각도 Angle	Side, Back-자연 시술 각 Natural Fall 60°
베이스 Base	온 더 베이스 On The Base
커트 Cut	블런트 커트 Blunt Cut, 나칭 커트 Notching Cut
질감 처리 Texturerising	이너 틴닝 Inner Thinning, 라인 틴닝 Line Thinning

(3) 미용 남성 커트 시술 방법

시술 전

시술 후

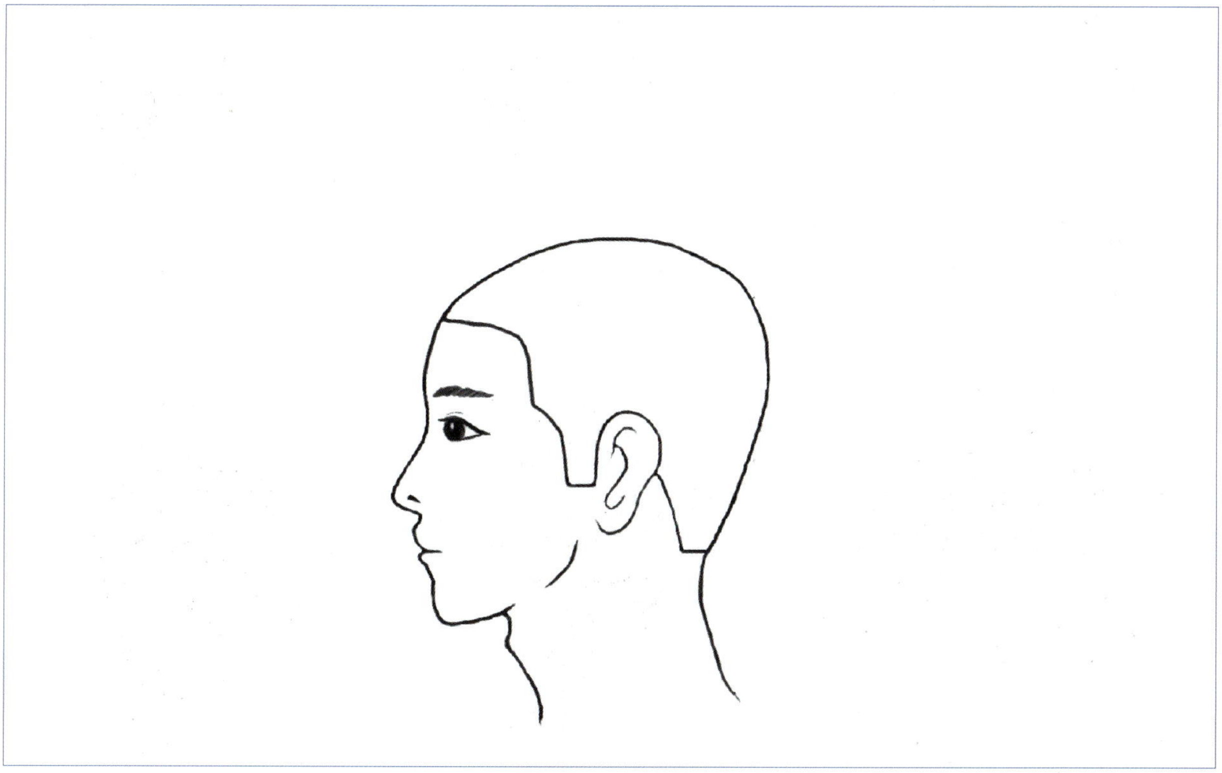

도해도 그려보기

2. 비대칭 헤어 스타일 시술하기

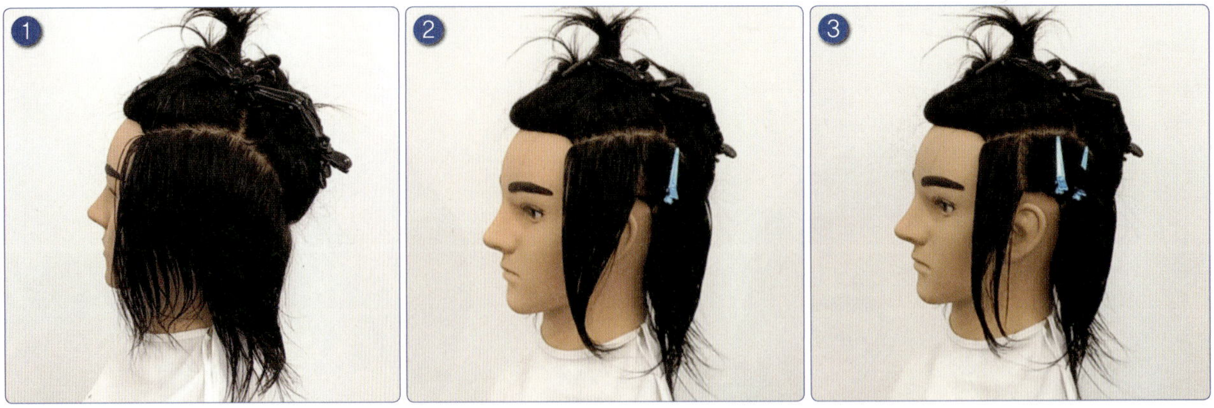

①, ②, ③ 사이드 포인트S.P : Side Point를 기준으로 백 포인트B.P : Back Point까지 U라인U-Line으로 연결되게 블로킹Blocking한 후, 이어 백 포인트E.B.P : Ear Back Point와 이어 포인트E.P : Ear Point를 기준으로 버티컬 섹션Vertical Section으로 블로킹한다.

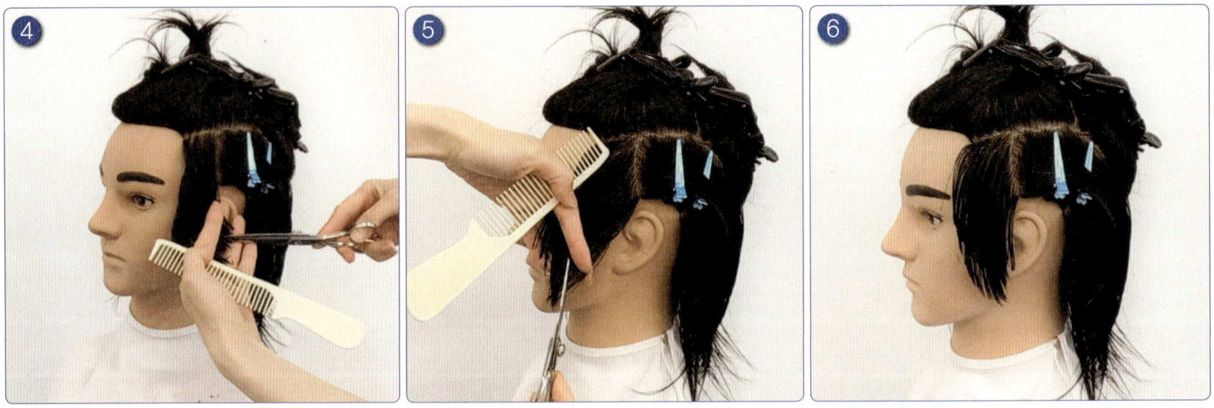

④, ⑤, ⑥ 사이드 코너 포인트S.C.P : Side Corner Point와 이어 포인트를 연결하여 이어 라인Ear Line을 따라 나칭 커트Notching Cut한다. 이어서 사이드 포인트와 사이드 코너 포인트를 연결하여 페이스 라인Face Line을 따라 나칭 커트를 진행한다.

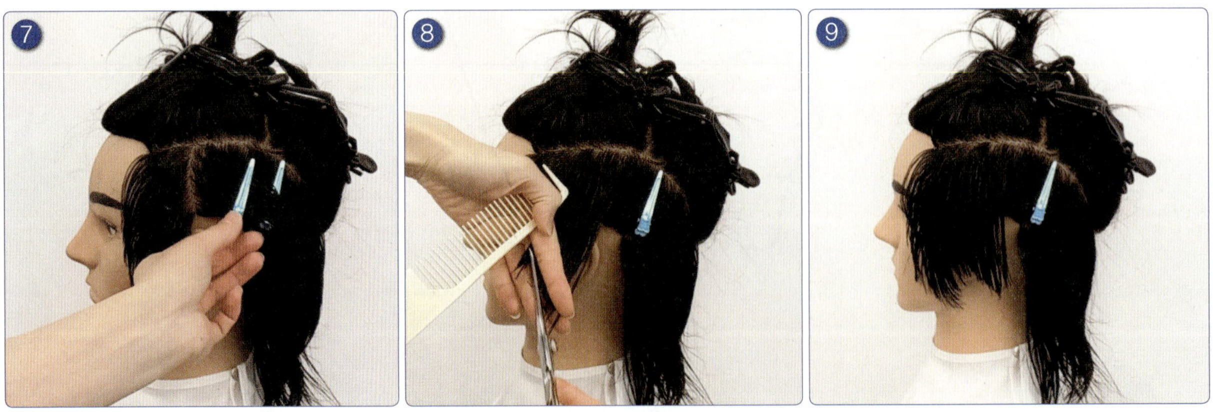

⑦, ⑧, ⑨ 핀컬 핀을 풀어준 뒤, 이어 포인트와 이어 백 포인트를 연결하여 이어 라인을 따라 나칭 커트를 진행한다.

⑩, ⑪, ⑫ 핀컬 핀을 풀어준 뒤, 이어 백 포인트의 가이드Guide를 기준으로 네이프 사이드 포인트N.S.P : Nape Side Point까지 헤어 라인Hair Line과 평행하게 나칭 커트를 진행한다.

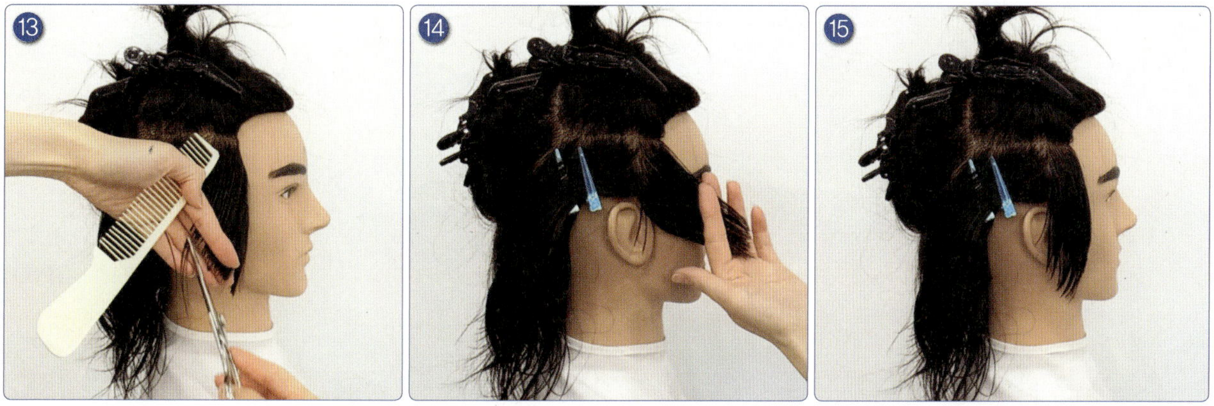

⑬, ⑭, ⑮ 우측도 좌측과 동일한 방법으로 양 옆 밸런스Balance를 맞추며 이용하여 커트Cut를 진행한다.

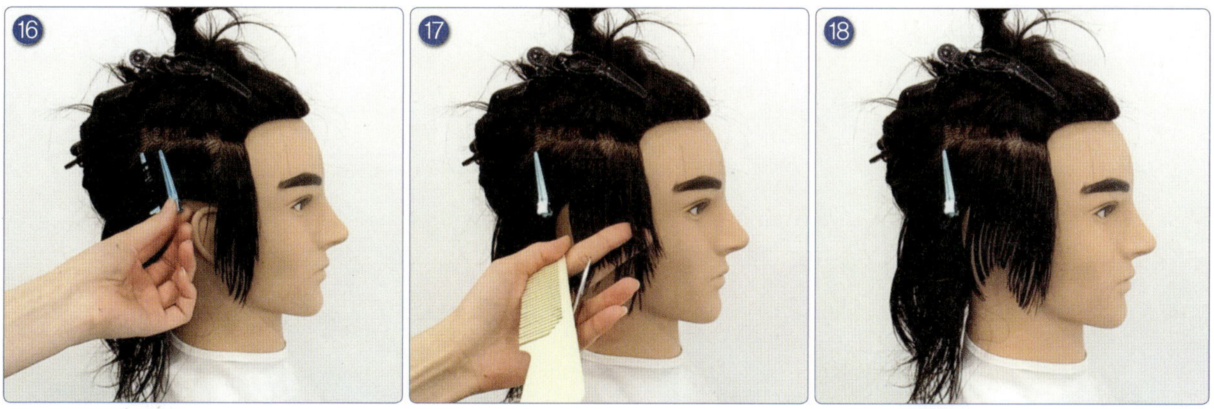

⑯, ⑰, ⑱ 우측도 좌측과 동일한 방법으로 양 옆 밸런스를 맞추며 이용하여 커트를 진행한다.

⑲, ⑳, ㉑ 우측도 좌측과 동일한 방법으로 진행하며 양 옆 밸런스를 맞추며 커트를 진행한다.

㉒, ㉓, ㉔ 양쪽 네이프 사이드 포인트를 가이드로 헤어 라인과 평행하게 나칭 커트를 진행한다.

㉕, ㉖, ㉗ 백 포인트까지 수평 섹션Horizontal Section으로 블로킹한다.

㉘, ㉙, ㉚ 백 포인트까지 자연 시술 각 60°로 온 더 베이스On The Base하여 그래쥬에이션Graduation 형태로 나칭 커트를 진행한다.

㉛, ㉜, ㉝ 크라운Crown의 블로킹을 풀어준 뒤, 피봇 섹션Pivot Section으로 뒤쪽 커트가 된 모발과 연결하여 자연 시술 각 60°로 온 더 베이스하여 그래쥬에이션 형태로 커트를 진행한다.

㉞, ㉟, ㊱ 탑Top의 블로킹을 풀어준 뒤, 좌측 사이드Side 부분의 커트가 된 모발을 가이드로 가져와 자연 시술 각 30°로 그래쥬에이션 형태로 커트한 후, 우측도 동일한 방법으로 양 옆 밸런스를 맞추며 나칭 커트를 진행한다.

㊲, ㊳, ㊴ 프린지Fringe는 좌측 사이드 포인트를 가이드로 우측 사이드 포인트까지 다이어거널 섹션Diagonal Section으로 사이드 베이스Side Base하여 페이스 라인을 따라 텐션Tension을 주지 않고 나칭 커트를 진행한다.

㊵, ㊶, ㊷ 모발의 흐름에 따라 드라이기를 이용하여 핸드 드라이Hand Dry한다.

㊸, ㊹, ㊺ 이너 틴닝Inner Thinning과 라인 틴닝Line Thinning을 이용하여 질감 처리를 진행한다.

㊻, ㊼, ㊽ 이너 틴닝과 라인 틴닝으로 질감 처리를 한다.

㊾, ㊿, 51 롤 브러쉬Roll Brush를 이용하여 C컬C-Curl의 흐름과 볼륨을 넣어 형태를 만들고, 사이드는 뜨지 않게 눌러주며 부족한 부분은 핸드 드라이를 한다.

52, 53, 54 제품을 사용하여 스타일링Styling 한다.

3. 비대칭 헤어 스타일 마무리하기

앞 Front

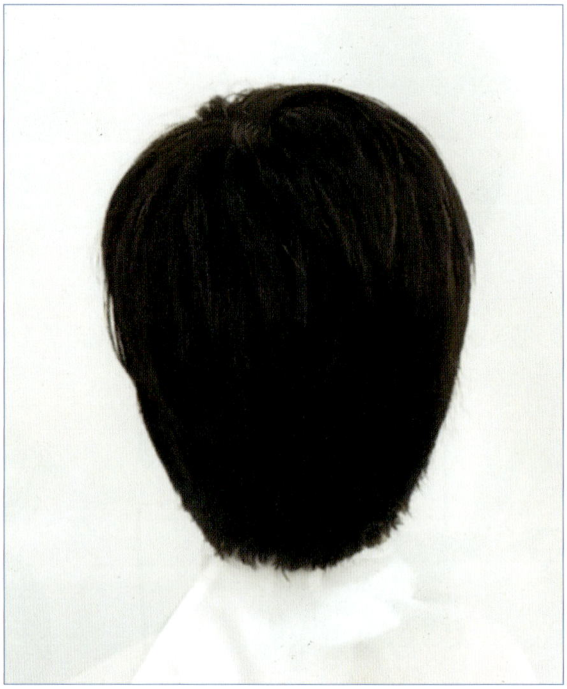

뒤 Back

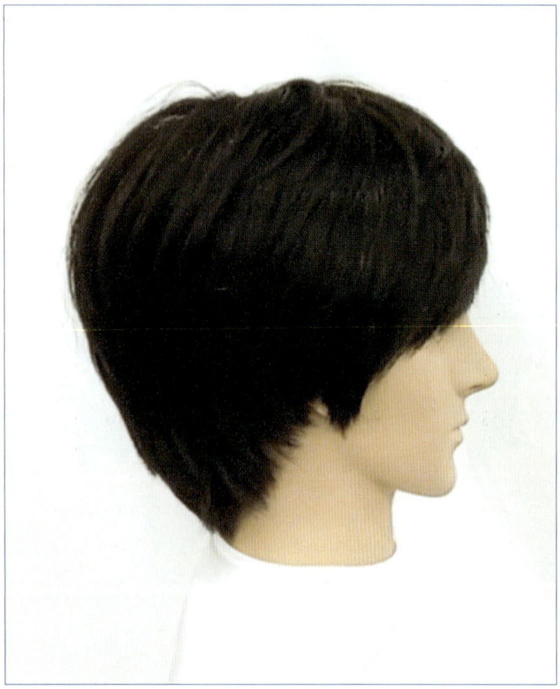

우측 Right side

좌측 Left side

실습과정 사진

사진	설명

실습결과 사진

앞 Front	뒤 Back
좌측 Left Side	우측 Right Side

[교수 학습방법]

교수 방법
① 비대칭, 대칭, 커넥션, 디스커넥션 스타일의 형태선과 특징을 설명한다.
② 레이저를 이용한 에칭, 아킹, 로테이션, 테이퍼링 기법을 설명한다.
③ 가위를 이용한 롱, 미디엄, 쇼트 스트로크 기법을 설명한다.
④ 마무리 샴푸 후 타월 및 드라이기를 사용하여 수분 제거 방법을 설명한다.
⑤ 헤어 커트 보정 작업 후 잔여 머리카락을 털어 내는 방법을 설명한다.
⑥ 헤어 커트 유형별 적합한 스타일링 도구 선택 방법, 스타일링 기법, 제품 사용 방법을 설명한다.
⑦ 홈 케어를 위한 조언 및 차후 방문 시기와 중요성에 대해 알리는 방법을 설명한다.
⑧ 고객 배웅 시 적절한 인사말에 대해서 설명한다.

학습 방법
① 비대칭, 대칭, 커넥션, 디스커넥션 스타일의 형태 선과 특징을 정리한다.
② 레이저를 이용한 에칭, 아킹, 로테이션, 테이퍼링 기법에 대해 숙지한다.
③ 가위를 이용한 롱, 미디엄, 쇼트 스트로크 기법에 대해 숙지한다.
④ 마무리 샴푸 후 타월 및 드라이기를 사용하여 수분 제거 방법을 정리한다.
⑤ 헤어 커트 보정 작업 후 잔여 머리카락 제거 및 스타일링 도구 선택 방법, 스타일링을 위한 기법, 제품 사용 방법을 정리한다.
⑥ 홈 케어를 위한 조언 및 차후 방문 시기와 중요성에 대해 정리한다.
⑦ 고객 배웅 시 적절한 인사말에 대해서 정리한다.

[평가 준거]

학습 내용	평가 항목	성취 수준		
		상	중	하
혼합형 이발 작업	1. 비대칭, 대칭, 커넥션, 디스커넥션 스타일의 형태 선, 특징 등을 도식화하여 자르거나 깎을 수 있다.			
	2. 레이저를 이용한 에칭, 아킹, 로테이션, 테이퍼링 기법으로 자를 수 있다.			
	3. 가위를 이용한 롱, 미디엄, 쇼트 스트로크 기법으로 자를 수 있다.			
혼합형 이발 마무리	이발 작업 후 고객 만족도를 파악하기 위해 필요한 경우 수정, 보완하며 홈 케어를 위한 조언할 수 있다.			

[평가 방법]

학습 내용	평가 항목	성취 수준		
		상	중	하
혼합형 이발 작업	1. 비대칭, 대칭, 커넥션, 디스커넥션 스타일의 형태선과 특징을 접목한 도식화된 디자인으로 커트할 수 있는 능력			
	2. 혼합형 이발 형태의 작업 완성도			
	3. 레이저를 사용하여 에칭, 아킹, 로테이션, 테이퍼링 기법을 할 수 있는 능력			
	4. 가위를 이용하여 롱, 미디엄, 쇼트 스트로크 기법을 할 수 있는 능력			
혼합형 이발 마무리	1. 커트 종료 후 고객의 만족도를 파악할 수 있는 의사소통 능력			
	2. 헤어 커트 보정 작업 후 잔여 머리카락을 제거할 수 있는 능력			
	3. 홈 케어를 위한 조언 및 고객 배웅 시 적절한 인사말을 건넬 수 있는 능력			

[평가자 체크 리스트]

학습 내용	평가 항목	성취 수준		
		상	중	하
혼합형 이발 작업	1. 비대칭, 대칭, 커넥션, 디스커넥션 스타일의 형태선과 특징을 접목한 도식화된 디자인으로 커트할 수 있는지 여부			
	2. 혼합형 이발 형태 작업의 완성도 여부			
	3. 레이저를 사용하여 에칭, 아킹, 로테이션, 테이퍼링 기법을 할 수 있는지 여부			
	4. 가위를 이용하여 롱, 미디엄, 쇼트 스트로크 기법을 할 수 있는지 여부			
혼합형 이발 마무리	1. 커트 종료 후 고객의 만족도를 파악할 수 있는 의사소통을 하였는지 여부			
	2. 헤어 커트 보정 작업 후 잔여 머리카락을 제거하였는지 여부			
	3. 홈 케어를 위한 조언 및 고객 배웅 시 적절한 인사말을 하였는지 여부			

5. 리젠트 스타일Regent Hair Style

학습내용 단원명	수업 목표
남성 미용 응용 스타일 리젠트 커트 헤어 스타일	남성 커트 미용 응용 리젠트 커트 헤어 스타일 실습을 수행할 수 있다.

리젠트 스타일Regent Style은 사전적으로 앞 머리카락을 높이 위로 빗어 넘기고, 옆 머리카락을 뒤로 빗어 붙인 남자 머리 모양을 말하며, 전체적인 라인이 짧고 탑과 앞머리는 길게 해서 반 올백으로 올려주는 스타일이다.

1. 리젠트 헤어 커트 준비하기

(1) 재료

① 커트 빗

② 블런트 가위

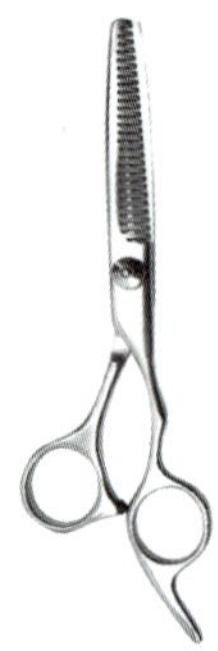

③ 틴닝 가위

④ 핀셋

⑤ 드라이기

⑥ 스타일링 제품

(2) 도해도 및 시술 개요

① 도해도

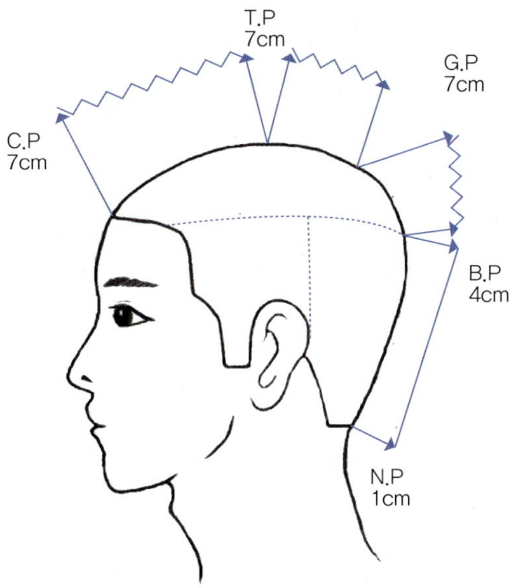

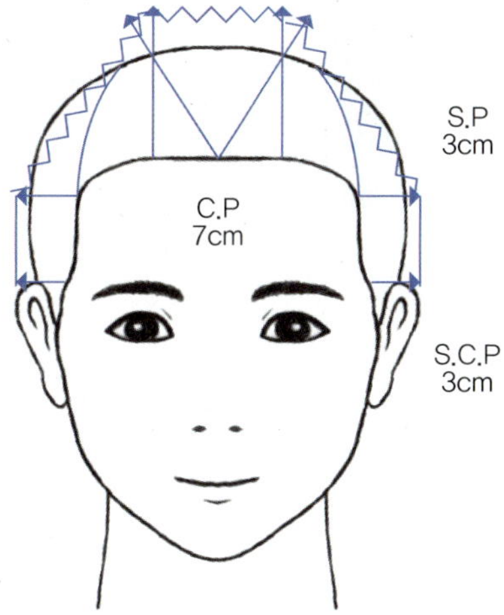

② 시술개요

블로킹 Blocking	노 파팅 No Parting
섹션 Section	수평 Horizontal, 세로 Vertical, 피봇팅 Pivoting
분배 Distribution	직각 분배 Perpendicular Distribution
각도 Angle	Top, Side–일반 시술 각 Normal Projection 90°, Back–자연 시술 각 Natural Fall 60~90°
베이스 Base	온 더 베이스 On The Base
커트 Cut	나칭 커트 Notching Cut, 클리퍼 오버 콤 Clipper Over Comb
질감 처리 Texturerising	이너 틴닝 Inner Thinning, 라인 틴닝 Line Thinning

(3) 미용 남성 커트 시술 방법

시술 전

시술 후

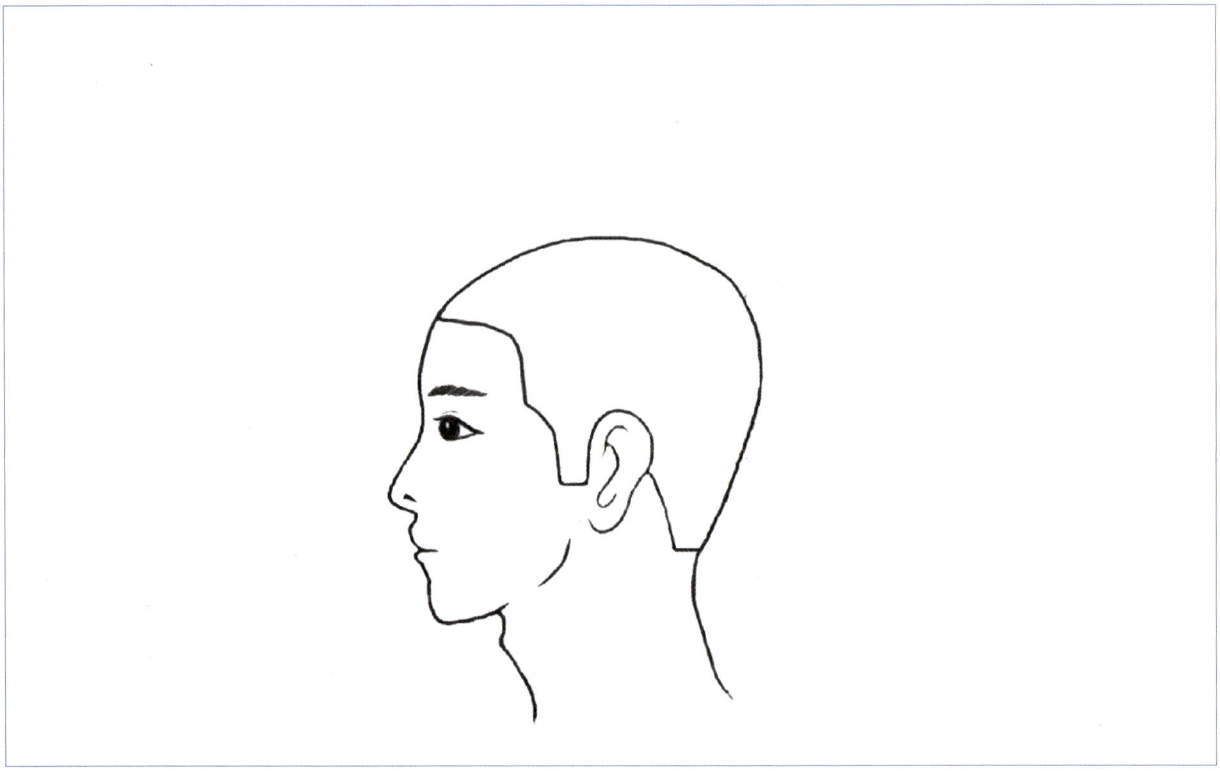

도해도 그려보기

2. 리젠트 헤어 스타일 시술하기

①, ②, ③ 탑 포인트T.P : Top Point에서 시작하여 센터 포인트C.P : Center Point까지 버티컬 섹션Vertical Section으로 온 더 베이스On The Base하여 유니폼 레이어Uniform Layer 형태로 나칭 커트Notching Cut를 진행한다.

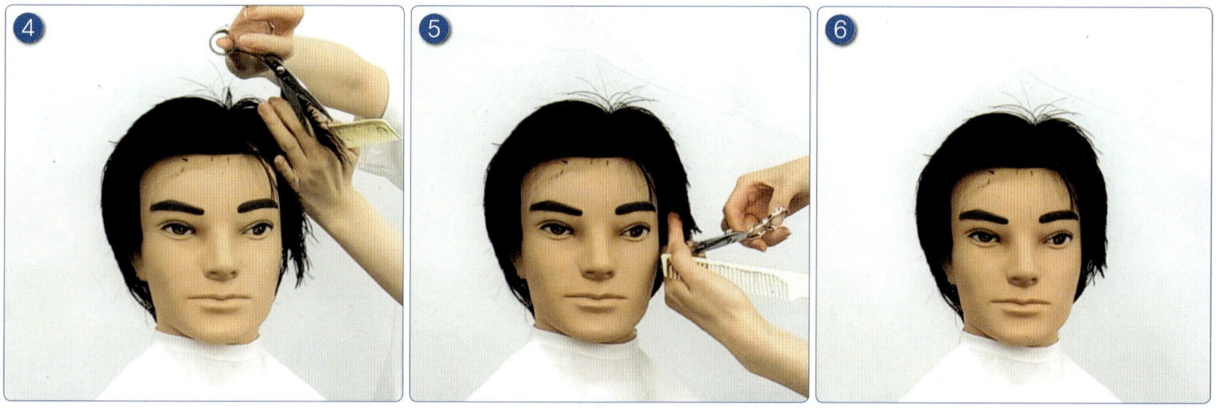

④, ⑤, ⑥ 좌측 사이드Side부터 탑Top부분의 커트Cut된 모발을 가이드Guide로 버티컬 섹션으로 온 더 베이스하여 사이드 포인트S.P : Side Point까지 유니폼 레이어 형태로 나칭 커트를 진행한다.

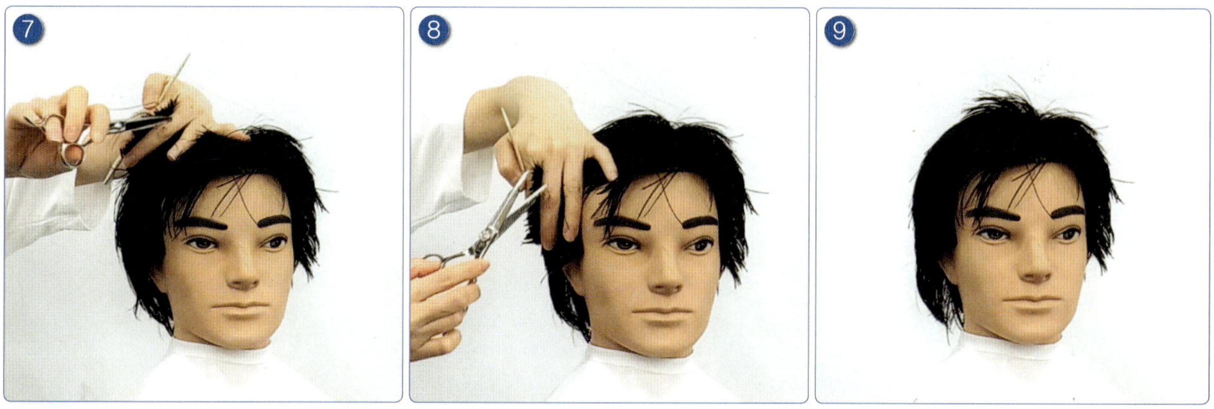

⑦, ⑧, ⑨ 우측도 좌측과 동일한 방법으로 양 옆 밸런스Balance를 맞추며 나칭 커트를 진행한다.

⑩, ⑪, ⑫ 크라운Crown은 피봇 섹션Pivot Section으로 탑 포인트와 골든 포인트G.P : Golden Point를 연결하여 유니폼 레이어 형태로 나칭 커트를 진행한다.

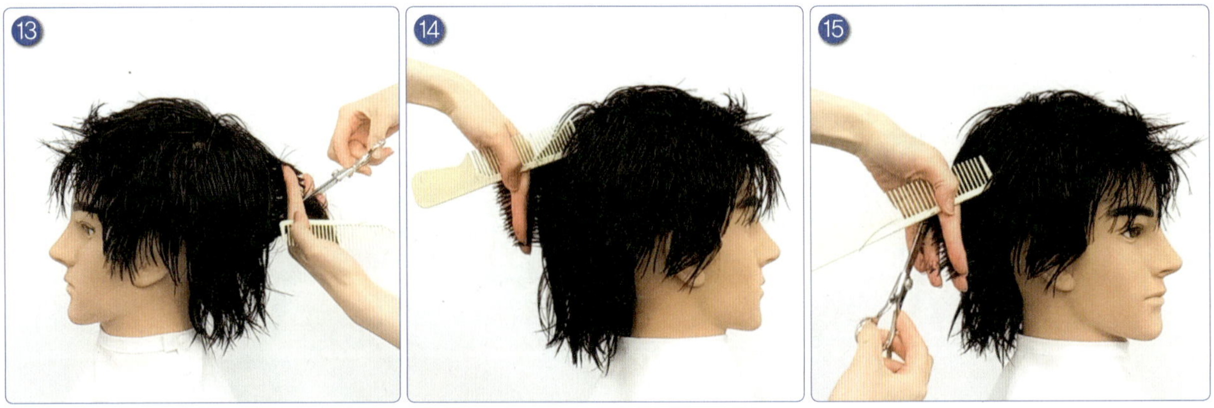

⑬, ⑭, ⑮ 골든 포인트를 가이드로 버티컬 섹션으로 온 더 베이스하여 양쪽 이어 백 포인트E.B.P : Ear Back Point까지 그래쥬에이션Graduation 형태로 나칭 커트를 진행한다.

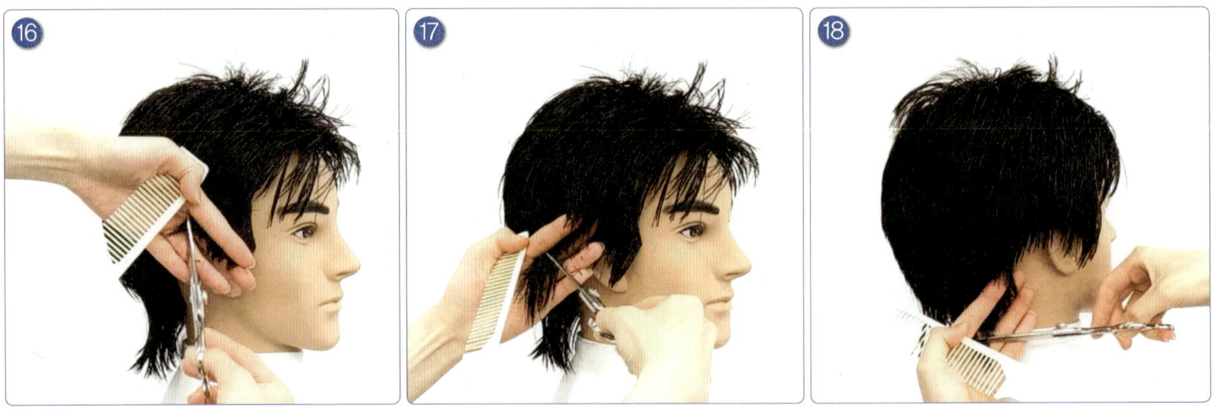

⑯, ⑰, ⑱ 사이드 코너 포인트S.C.P : Side Corner Point에서 네이프 코너 포인트N.C.P : Nape Corner Point까지 헤어 라인Hair Line과 평행하게 자연 시술 각 0°로 나칭 커트하여 헤어 라인을 정리한다.

⑲, ⑳, ㉑ 우측도 좌측과 동일한 방법으로 양 옆 밸런스를 맞추며 나칭 커트를 진행한다.

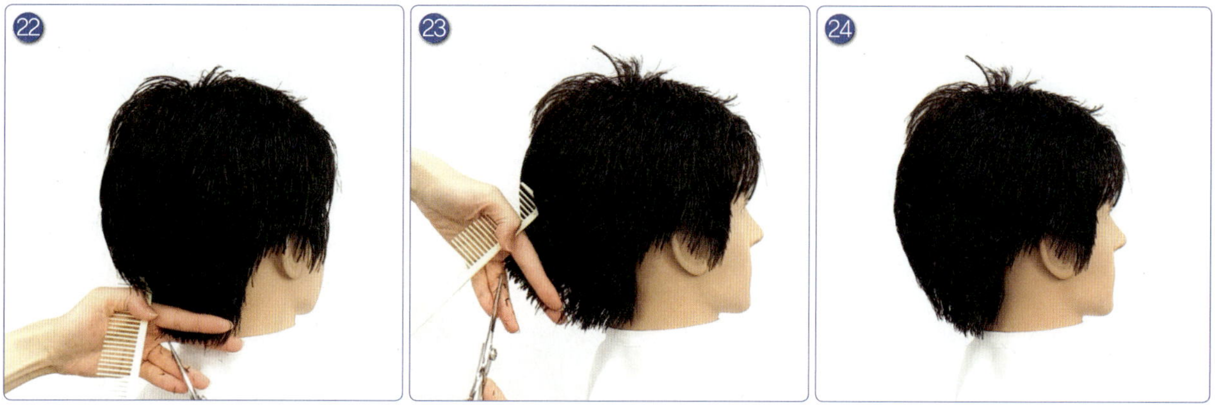

㉒, ㉓, ㉔ 양쪽 네이프 사이드 포인트N.S.P : Nape Side Point를 연결하여 자연 시술 각 0°로 네이프 라인Nape Line에 가이드를 설정한 후, 백 포인트B.P : Back Point의 가이드와 연결하여 온 더 베이스로 그래쥬에이션 형태로 나칭 커트를 진행한다.

㉕, ㉖, ㉗ 탑Top 부분을 크로스 체크Cross Check하여 라운드Round 형태인지 확인한다.

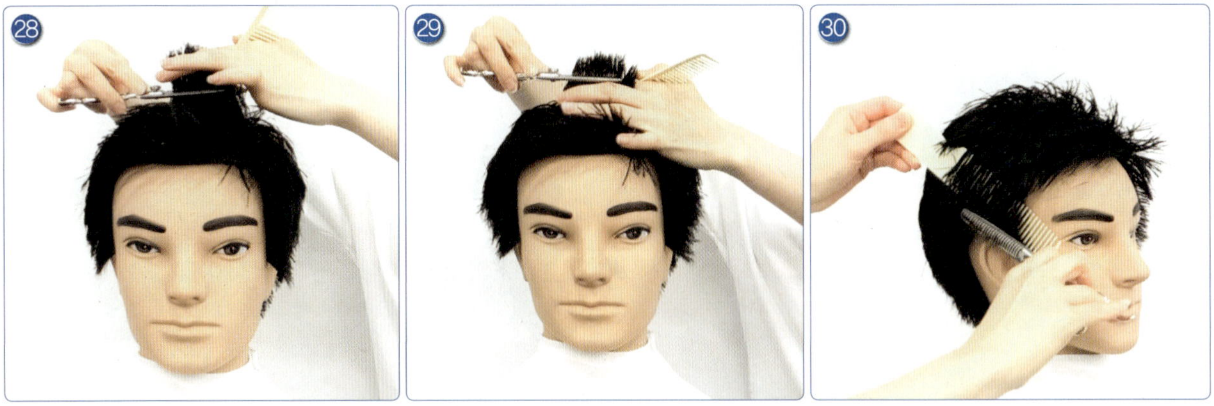

㉘, ㉙, ㉚ 엑티베이트 Activate 한 질감 표현을 위해 젖은 상태에서 이너 틴닝 Inner Thinning 과 라인 틴닝 Line Thinning 을 한다.

㉛, ㉜, ㉝ 핸드 드라이 Hand Dry 기법으로 C컬 C-Curl 의 흐름과 볼륨을 넣어 형태를 만들고, 사이드는 뜨지 않게 눌러준다.

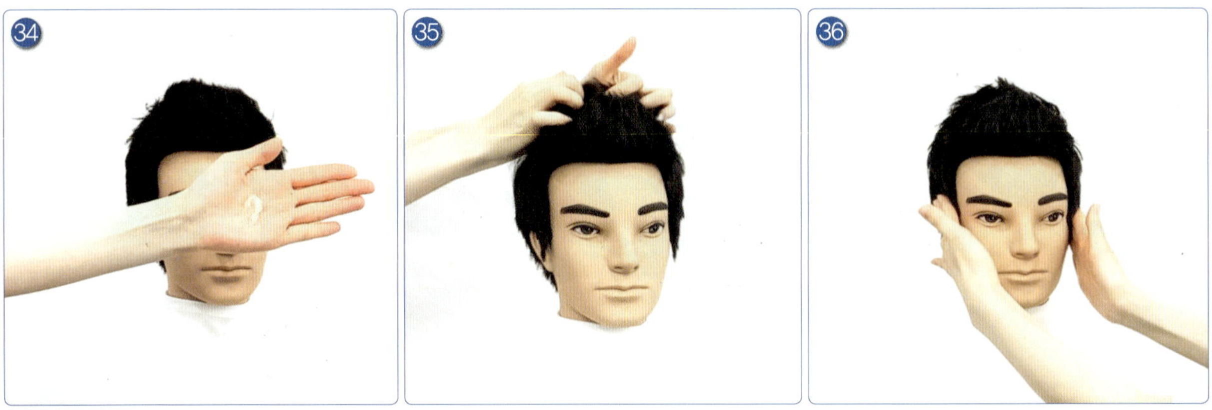

㉞, ㉟, ㊱ 제품을 사용하여 스타일링 Styling 한다.

3. 리젠트 헤어 스타일 마무리하기

앞 Front

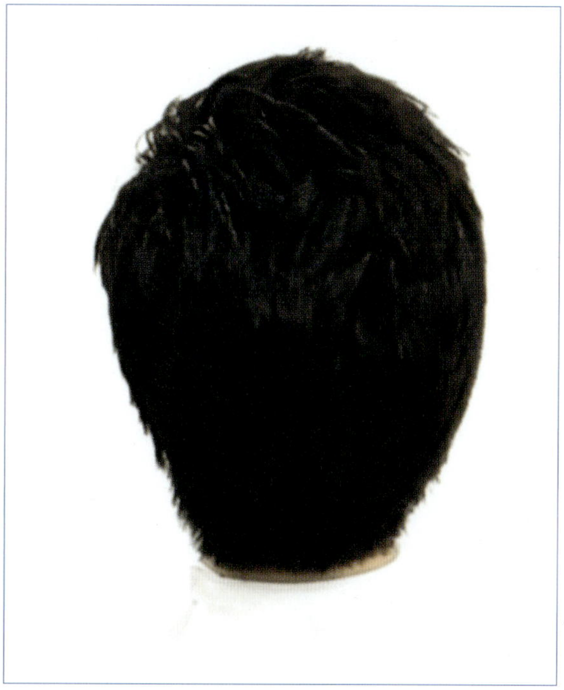

뒤 Back

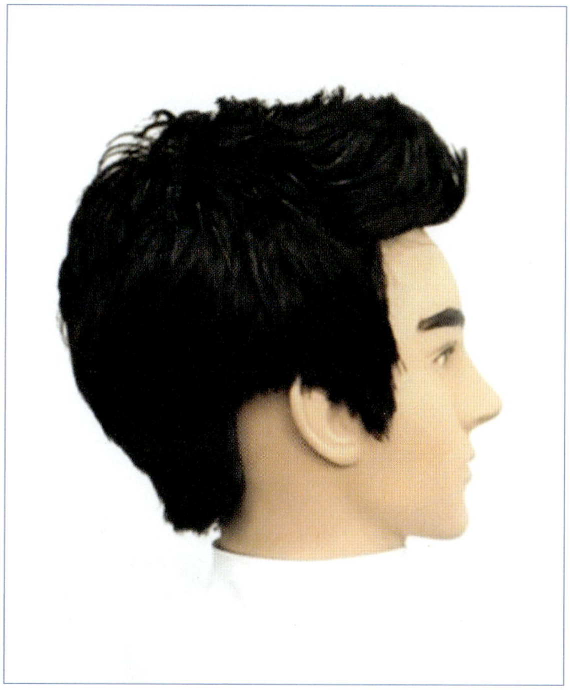

우측 Right side

좌측 Left side

실습과정 사진	
사진	설명

실습결과 사진	
앞 Front	뒤 Back
좌측 Left Side	우측 Right Side

[교수 학습방법]

교수 방법
① 비대칭, 대칭, 커넥션, 디스커넥션 스타일의 형태선과 특징을 설명한다.
② 레이저를 이용한 에칭, 아킹, 로테이션, 테이퍼링 기법을 설명한다.
③ 가위를 이용한 롱, 미디엄, 쇼트 스트로크 기법을 설명한다.
④ 마무리 샴푸 후 타월 및 드라이기를 사용하여 수분 제거 방법을 설명한다.
⑤ 헤어 커트 보정 작업 후 잔여 머리카락을 털어 내는 방법을 설명한다.
⑥ 헤어 커트 유형별 적합한 스타일링 도구 선택 방법, 스타일링 기법, 제품 사용 방법을 설명한다.
⑦ 홈 케어를 위한 조언 및 차후 방문 시기와 중요성에 대해 알리는 방법을 설명한다.
⑧ 고객 배웅 시 적절한 인사말에 대해서 설명한다.

학습 방법
① 비대칭, 대칭, 커넥션, 디스커넥션 스타일의 형태 선과 특징을 정리한다.
② 레이저를 이용한 에칭, 아킹, 로테이션, 테이퍼링 기법에 대해 숙지한다.
③ 가위를 이용한 롱, 미디엄, 쇼트 스트로크 기법에 대해 숙지한다.
④ 마무리 샴푸 후 타월 및 드라이기를 사용하여 수분 제거 방법을 정리한다.
⑤ 헤어 커트 보정 작업 후 잔여 머리카락 제거 및 스타일링 도구 선택 방법, 스타일링을 위한 기법, 제품 사용 방법을 정리한다.
⑥ 홈 케어를 위한 조언 및 차후 방문 시기와 중요성에 대해 정리한다.
⑦ 고객 배웅 시 적절한 인사말에 대해서 정리한다.

[평가 준거]

학습 내용	평가 항목	성취 수준		
		상	중	하
혼합형 이발 작업	1. 비대칭, 대칭, 커넥션, 디스커넥션 스타일의 형태 선, 특징 등을 도식화하여 자르거나 깎을 수 있다.			
	2. 레이저를 이용한 에칭, 아킹, 로테이션, 테이퍼링 기법으로 자를 수 있다.			
	3. 가위를 이용한 롱, 미디엄, 쇼트 스트로크 기법으로 자를 수 있다.			
혼합형 이발 마무리	이발 작업 후 고객 만족도를 파악하기 위해 필요한 경우 수정, 보완하며 홈 케어를 위한 조언할 수 있다.			

[평가 방법]

학습 내용	평가 항목	성취 수준		
		상	중	하
혼합형 이발 작업	1. 비대칭, 대칭, 커넥션, 디스커넥션 스타일의 형태선과 특징을 접목한 도식화된 디자인으로 커트할 수 있는 능력			
	2. 혼합형 이발 형태의 작업 완성도			
	3. 레이저를 사용하여 에칭, 아킹, 로테이션, 테이퍼링 기법을 할 수 있는 능력			
	4. 가위를 이용하여 롱, 미디엄, 쇼트 스트로크 기법을 할 수 있는 능력			
혼합형 이발 마무리	1. 커트 종료 후 고객의 만족도를 파악할 수 있는 의사소통 능력			
	2. 헤어 커트 보정 작업 후 잔여 머리카락을 제거할 수 있는 능력			
	3. 홈 케어를 위한 조언 및 고객 배웅 시 적절한 인사말을 건넬 수 있는 능력			

[평가자 체크 리스트]

학습 내용	평가 항목	성취 수준		
		상	중	하
혼합형 이발 작업	1. 비대칭, 대칭, 커넥션, 디스커넥션 스타일의 형태선과 특징을 접목한 도식화된 디자인으로 커트할 수 있는지 여부			
	2. 혼합형 이발 형태 작업의 완성도 여부			
	3. 레이저를 사용하여 에칭, 아킹, 로테이션, 테이퍼링 기법을 할 수 있는지 여부			
	4. 가위를 이용하여 롱, 미디엄, 쇼트 스트로크 기법을 할 수 있는지 여부			
혼합형 이발 마무리	1. 커트 종료 후 고객의 만족도를 파악할 수 있는 의사소통을 하였는지 여부			
	2. 헤어 커트 보정 작업 후 잔여 머리카락을 제거하였는지 여부			
	3. 홈 케어를 위한 조언 및 고객 배웅 시 적절한 인사말을 하였는지 여부			

6. 스왓 스타일 Swat Hair Style

학습내용 단원명	수업 목표
남성 미용 응용 스타일 스왓 커트 헤어 스타일	남성 커트 미용 응용 스왓 커트 헤어 스타일 실습을 수행할 수 있다.

스왓 스타일 Swat Style은 보통 전체 기장 5cm 혹은 3cm로 전체적으로 파격적이면서도 깔끔한 스타일로 클리퍼 Clipper 반삭이 깔끔한 느낌이 포인트라면 스왓 커트 Swat Cut는 자연스러움 속의 깔끔함이라고 할 수 있다.

1. 스왓 헤어 커트 준비하기

(1) 재료

① 커트 빗

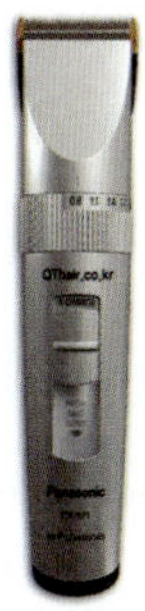

② 클리퍼

③ 블런트 가위

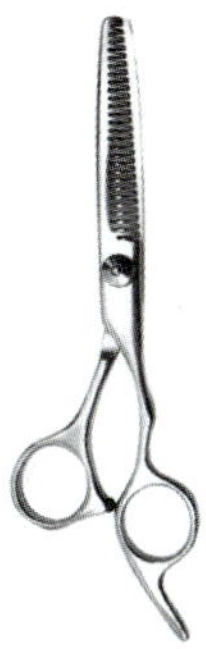

④ 틴닝 가위

⑤ 드라이기

⑥ 스타일링 제품

(2) 도해도 및 시술 개요

① 도해도

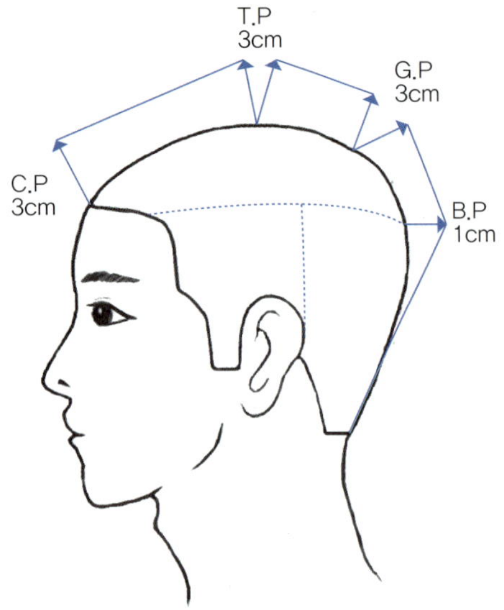

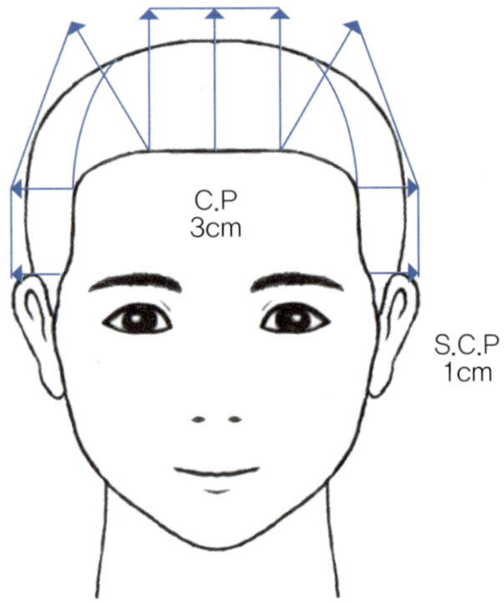

② 시술개요

블로킹Blocking	U 라인U-Line, 후대각Diagonal Back
섹션Section	수평Horizontal, 세로Vertical, 후대각Diagonal Back
분배Distribution	직각 분배Perpendicular Distribution
각도Angle	Top, Side-일반 시술 각 90°, Back-자연 시술 각Natural Fall 80~90°
베이스Base	온 더 베이스On The Base
커트Cut	블런트 커트Blunt Cut, 나칭 커트Notching Cut, 클리퍼 오버 콤Clipper Over Comb
질감 처리Texturerising	루트 틴닝Root Thinning, 이너 틴닝Inner Thinning, 라인 틴닝Line Thinning

(3) 미용 남성 커트 시술 방법

시술 전

시술 후

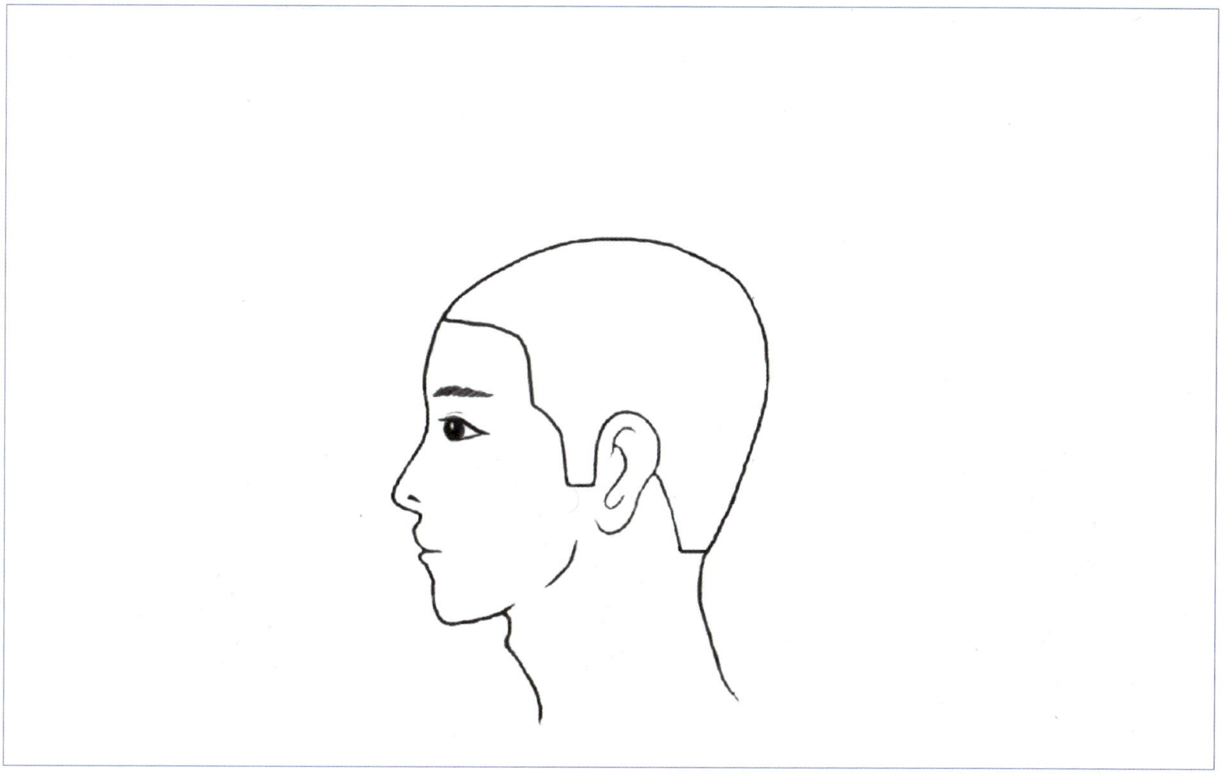

도해도 그려보기

2. 스왓 헤어 스타일 시술하기

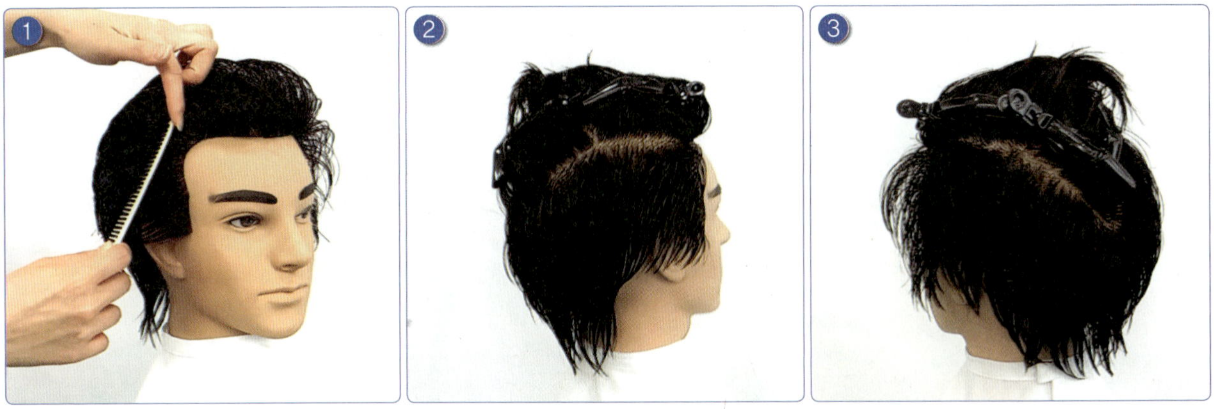

①, ②, ③ 사이드 포인트S.P : Side Point를 기준으로 백 포인트B.P : Back Point까지 U 라인U-Line으로 블로킹Blocking 한다.

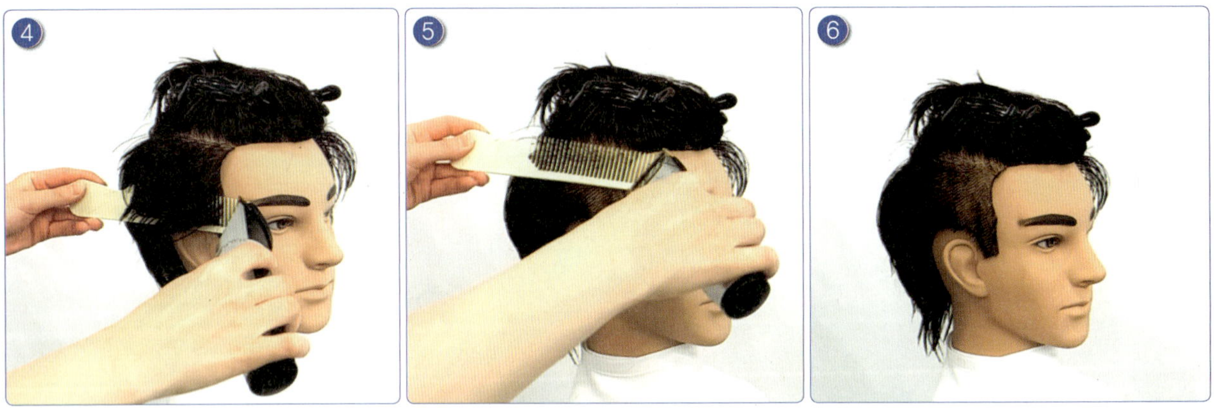

④, ⑤, ⑥ 사이드 코너 포인트S.C.P : Side Corner Point에서 시작하며 클리퍼Clipper를 이용하여 호리존탈 섹션Horizontal Section으로 사이드 포인트까지 온 더 베이스On The Base로 커트Cut를 진행한다.

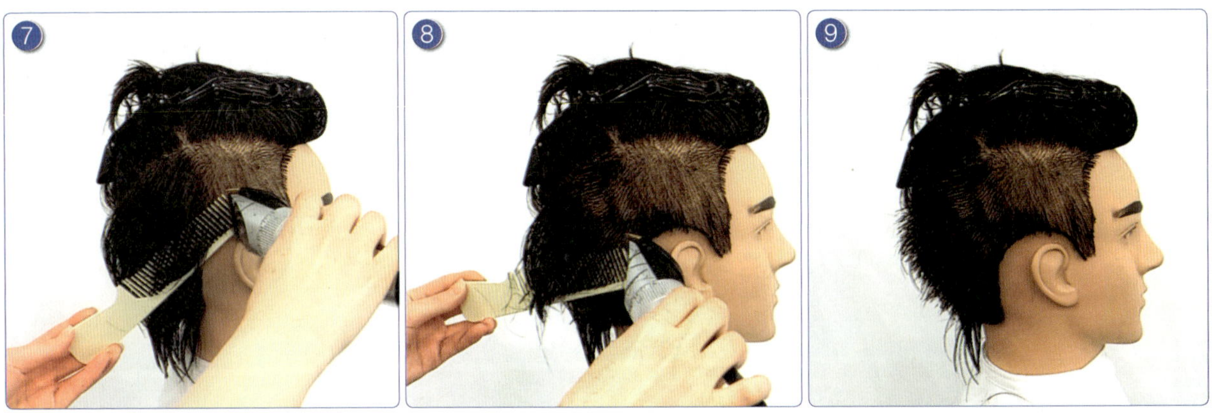

⑦, ⑧, ⑨ 백 사이드B.S : Back Side는 다이애거널 백 섹션Diagonal Back Section으로 사이드Side의 가이드Guide와 연결하여 온 더 베이스로 커트를 진행한다.

⑩, ⑪, ⑫ 좌측도 우측과 동일한 방법으로 진행하며, 네이프Nape는 호리존탈 섹션으로 백 포인트까지 그래쥬에이션Graduation 형태로 커트를 진행한다.

⑬, ⑭, ⑮ 블로킹을 풀어준 뒤, 탑 포인트T.P : Top Point에서 시작하여 센터 포인트C.P : Center Point까지 버티컬 섹션Vertical Section으로 온 더 베이스하여 유니폼 레이어Uniform Layer 형태로 커트를 진행한다.

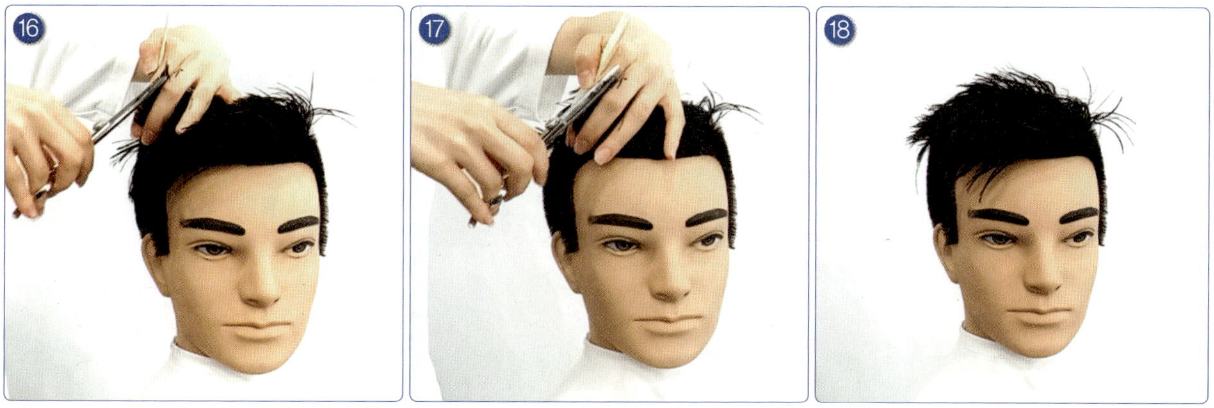

⑯, ⑰, ⑱ 탑Top 부분과 사이드 부분의 커트된 모발을 버티컬 섹션으로 연결하여 온 더 베이스로 커트를 진행한다.

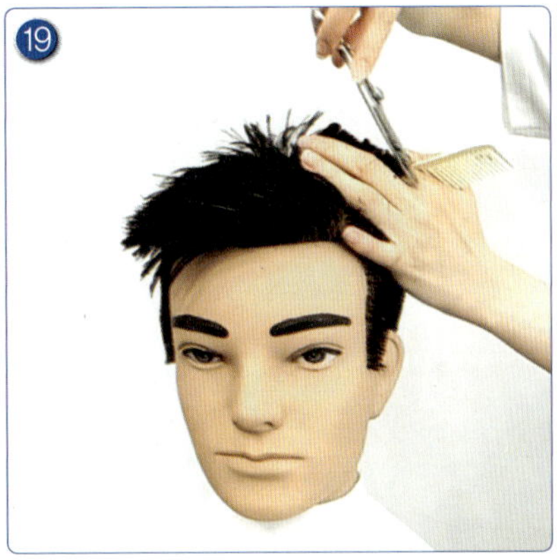
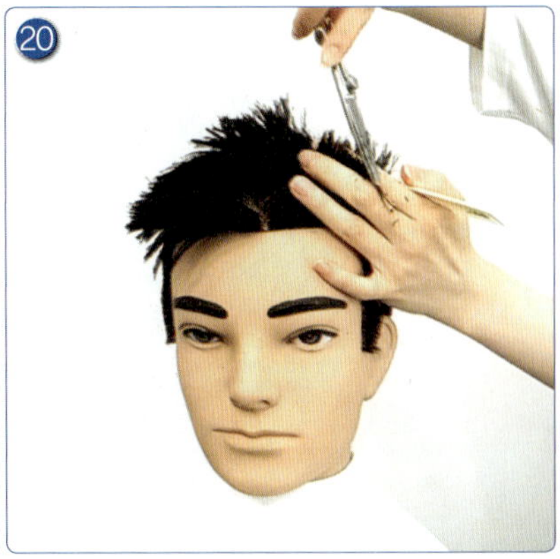

⑲, ⑳, ㉑ 좌측도 우측과 동일한 방법으로 양 옆 밸런스를 맞추며 커트를 진행한다.

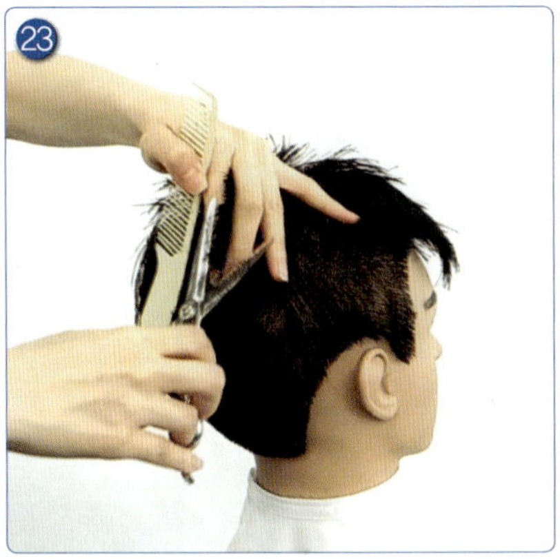

㉒, ㉓, ㉔ 크라운Crown은 피봇 섹션Pivot Section으로 나눈 후, 탑 포인트의 가이드와 연결하여 그래쥬에이션 형태로 커트를 진행한다.

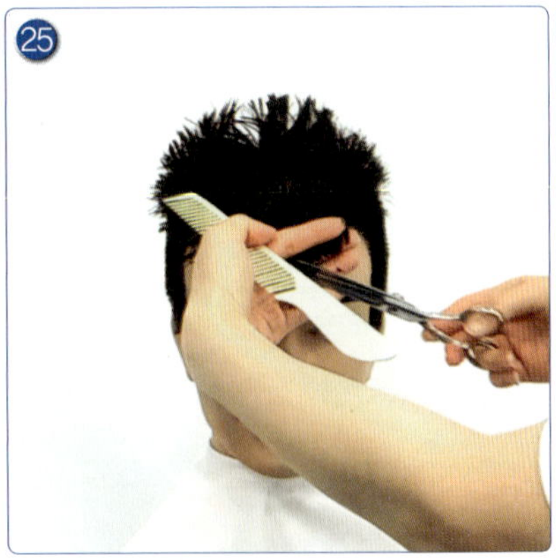

㉕, ㉖, ㉗ 프린지Fringe는 좌측 사이드 포인트를 가이드로 우측 사이드 포인트까지 페이스 라인Face Line을 따라 텐션Tension을 주지 않고 나칭 커트Notching Cut를 진행한다.

㉘, ㉙, ㉚ 인테리어Interior와 익스테리어Exterior 연결 부분의 자연스러움을 위해 호리존탈 섹션으로 연결선을 정리한다.

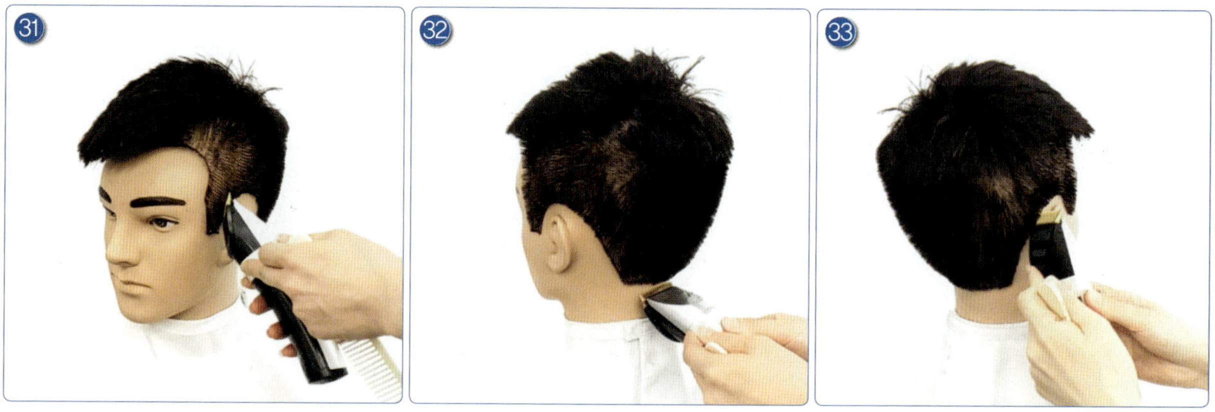

㉛, ㉜, ㉝ 좌측에서부터 우측까지 클리퍼를 이용하여 C-스트로크C-stroke 기법으로 헤어 라인Hair Line의 음영을 고르게 정리한다.

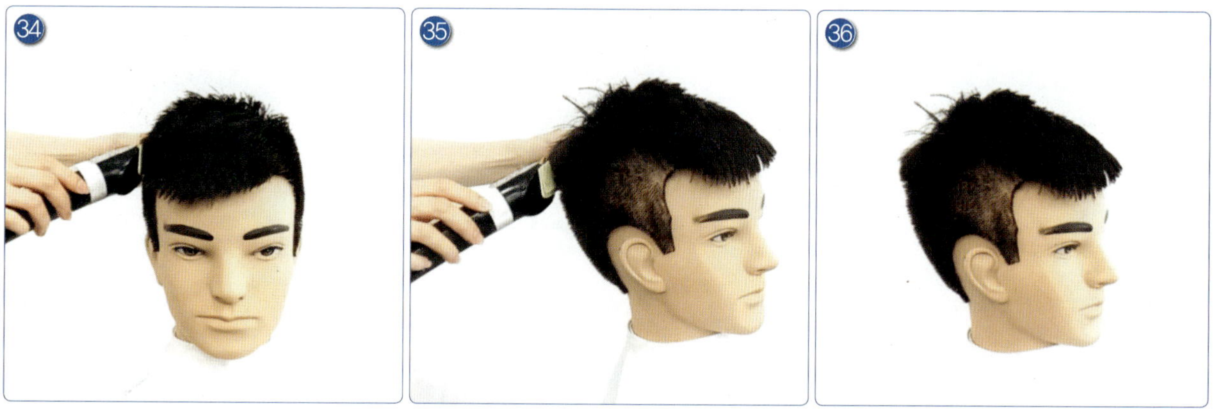

㉞, ㉟, ㊱ 우측도 좌측과 동일한 방법으로 양 옆 밸런스를 맞추며 커트를 진행한다.

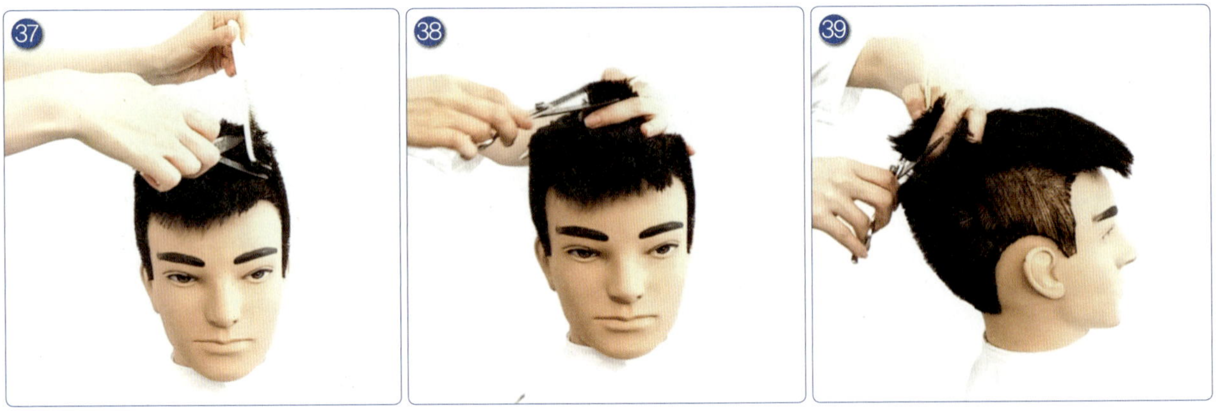

㊲, ㊳, ㊴ 엑티베이트Activate한 질감 표현을 위해 젖은 상태에서 루트Root에서 라인Line까지 연속적인 틴닝Thinning 기법으로 모발의 양감과 생동감을 준다.

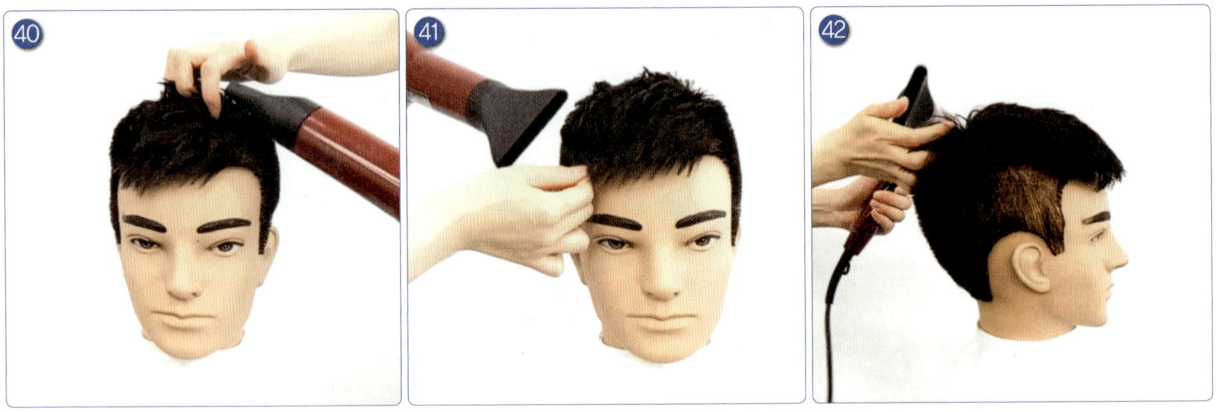

㊵, ㊶, ㊷ 핸드 드라이Hand Dry 기법으로 C컬C-Curl의 흐름과 볼륨을 넣어 형태를 만든다.

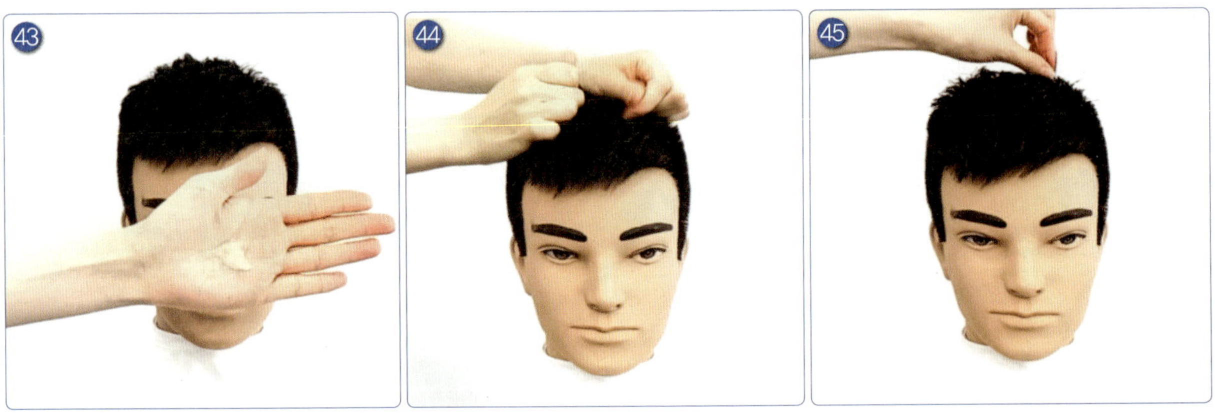

㊸, ㊹, ㊺ 제품을 사용하여 스타일링Styling한다.

3. 스왓 헤어 스타일 마무리하기

앞(Front)

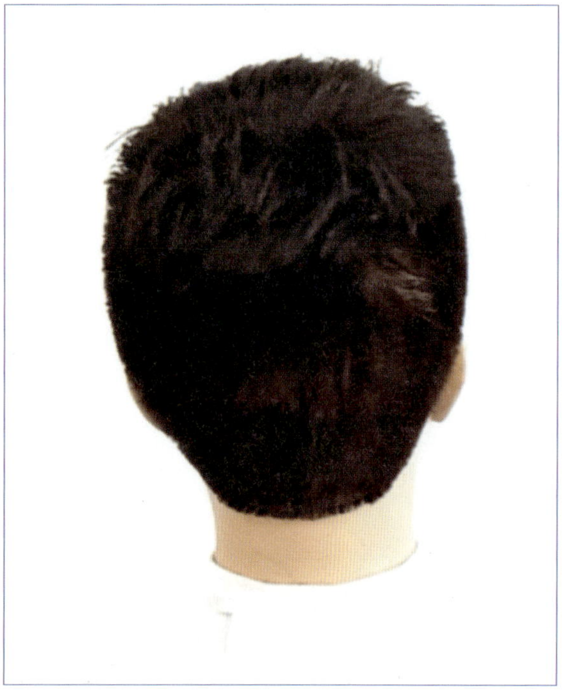

뒤(Back)

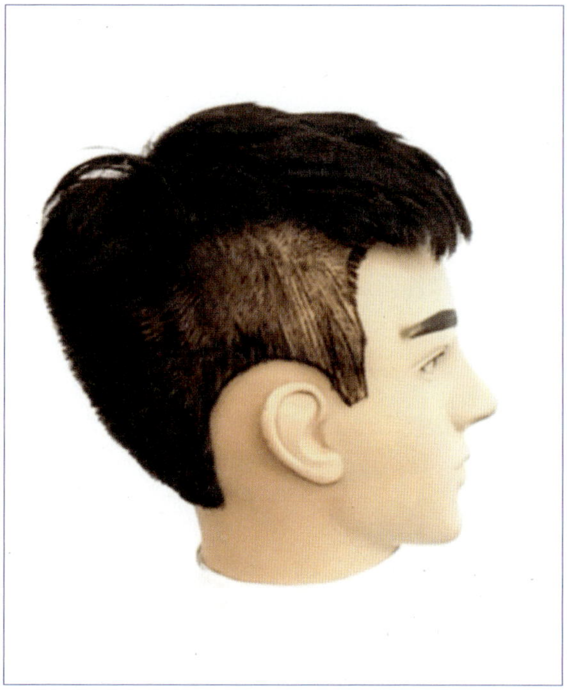

우측(Right side)

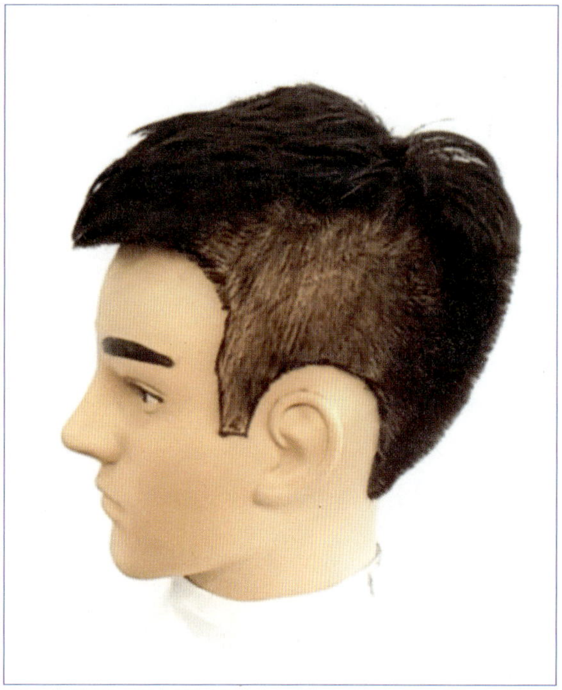

좌측(Left side)

실습과정 사진	
사진	설명

실습결과 사진	
앞 Front	뒤 Back
좌측 Left Side	우측 Right Side

[교수 학습방법]

교수 방법
① 비대칭, 대칭, 커넥션, 디스커넥션 스타일의 형태선과 특징을 설명한다.
② 레이저를 이용한 에칭, 아킹, 로테이션, 테이퍼링 기법을 설명한다.
③ 가위를 이용한 롱, 미디엄, 쇼트 스트로크 기법을 설명한다.
④ 마무리 샴푸 후 타월 및 드라이기를 사용하여 수분 제거 방법을 설명한다.
⑤ 헤어 커트 보정 작업 후 잔여 머리카락을 털어 내는 방법을 설명한다.
⑥ 헤어 커트 유형별 적합한 스타일링 도구 선택 방법, 스타일링 기법, 제품 사용 방법을 설명한다.
⑦ 홈 케어를 위한 조언 및 차후 방문 시기와 중요성에 대해 알리는 방법을 설명한다.
⑧ 고객 배웅 시 적절한 인사말에 대해서 설명한다.

학습 방법
① 비대칭, 대칭, 커넥션, 디스커넥션 스타일의 형태 선과 특징을 정리한다.
② 레이저를 이용한 에칭, 아킹, 로테이션, 테이퍼링 기법에 대해 숙지한다.
③ 가위를 이용한 롱, 미디엄, 쇼트 스트로크 기법에 대해 숙지한다.
④ 마무리 샴푸 후 타월 및 드라이기를 사용하여 수분 제거 방법을 정리한다.
⑤ 헤어 커트 보정 작업 후 잔여 머리카락 제거 및 스타일링 도구 선택 방법, 스타일링을 위한 기법, 제품 사용 방법을 정리한다.
⑥ 홈 케어를 위한 조언 및 차후 방문 시기와 중요성에 대해 정리한다.
⑦ 고객 배웅 시 적절한 인사말에 대해서 정리한다.

[평가 준거]

학습 내용	평가 항목	성취 수준		
		상	중	하
혼합형 이발 작업	1. 비대칭, 대칭, 커넥션, 디스커넥션 스타일의 형태 선, 특징 등을 도식화하여 자르거나 깎을 수 있다.			
	2. 레이저를 이용한 에칭, 아킹, 로테이션, 테이퍼링 기법으로 자를 수 있다.			
	3. 가위를 이용한 롱, 미디엄, 쇼트 스트로크 기법으로 자를 수 있다.			
혼합형 이발 마무리	이발 작업 후 고객 만족도를 파악하기 위해 필요한 경우 수정, 보완하며 홈 케어를 위한 조언할 수 있다.			

[평가 방법]

학습 내용	평가 항목	성취 수준		
		상	중	하
혼합형 이발 작업	1. 비대칭, 대칭, 커넥션, 디스커넥션 스타일의 형태선과 특징을 접목한 도식화된 디자인으로 커트할 수 있는 능력			
	2. 혼합형 이발 형태의 작업 완성도			
	3. 레이저를 사용하여 에칭, 아킹, 로테이션, 테이퍼링 기법을 할 수 있는 능력			
	4. 가위를 이용하여 롱, 미디엄, 쇼트 스트로크 기법을 할 수 있는 능력			
혼합형 이발 마무리	1. 커트 종료 후 고객의 만족도를 파악할 수 있는 의사소통 능력			
	2. 헤어 커트 보정 작업 후 잔여 머리카락을 제거할 수 있는 능력			
	3. 홈 케어를 위한 조언 및 고객 배웅 시 적절한 인사말을 건넬 수 있는 능력			

[평가자 체크 리스트]

학습 내용	평가 항목	성취 수준		
		상	중	하
혼합형 이발 작업	1. 비대칭, 대칭, 커넥션, 디스커넥션 스타일의 형태선과 특징을 접목한 도식화된 디자인으로 커트할 수 있는지 여부			
	2. 혼합형 이발 형태 작업의 완성도 여부			
	3. 레이저를 사용하여 에칭, 아킹, 로테이션, 테이퍼링 기법을 할 수 있는지 여부			
	4. 가위를 이용하여 롱, 미디엄, 쇼트 스트로크 기법을 할 수 있는지 여부			
혼합형 이발 마무리	1. 커트 종료 후 고객의 만족도를 파악할 수 있는 의사소통을 하였는지 여부			
	2. 헤어 커트 보정 작업 후 잔여 머리카락을 제거하였는지 여부			
	3. 홈 케어를 위한 조언 및 고객 배웅 시 적절한 인사말을 하였는지 여부			

7. 인디 스타일Indie Hair Style

학습내용 단원명	수업 목표
남성 미용 응용 스타일 인디 커트 헤어 스타일	남성 커트 미용 응용 인디 커트 헤어 스타일 실습을 수행할 수 있다.

인디 스타일Indi Style은 앞머리는 짧고 위쪽으로 갈수록 점점 길어지며 양쪽 옆머리도 짧게 시작해서 위쪽으로 갈수록 점점 길어지게 잘라주며 후두부 위쪽은 길게 둔 스타일로 전체적인 스타일이 뒤쪽으로 쏠리는 스타일이다.

1. 인디 헤어 커트 준비하기

(1) 재료

① 커트 빗

② 클리퍼

③ 블런트 가위

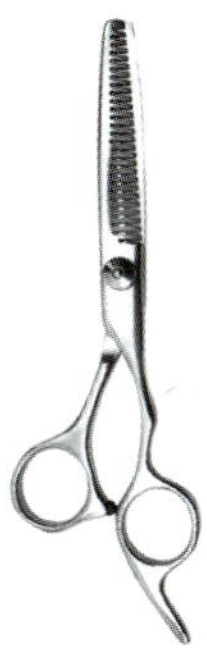

④ 틴닝 가위

⑤ 드라이기

⑥ 스타일링 제품

(2) 도해도 및 시술 개요

① 도해도

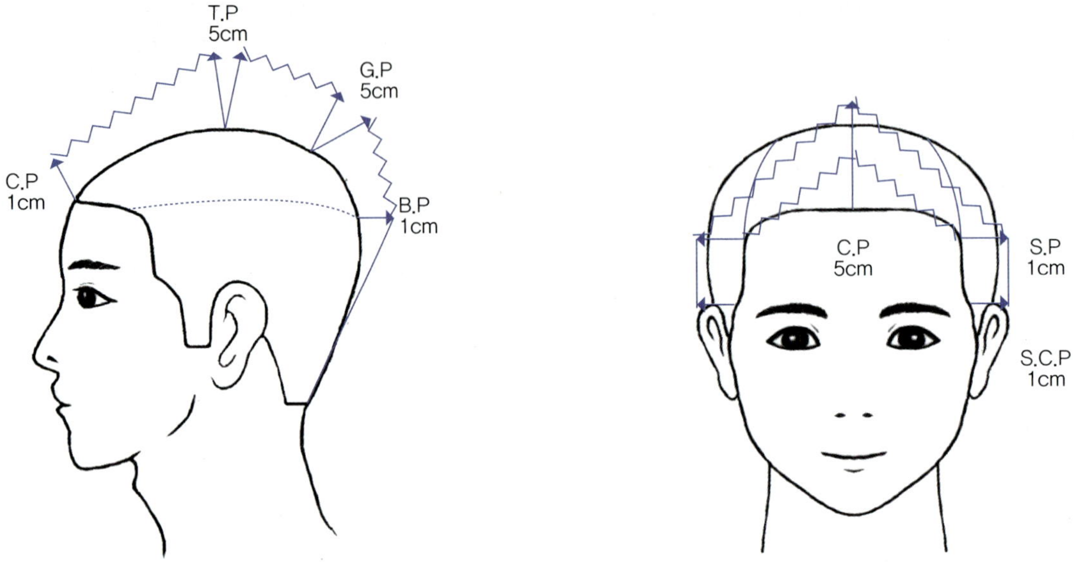

② 시술개요

블로킹 Blocking	노 파팅 No Parting
섹션 Section	수평 Horizontal, 세로 Vertical, 후대각 Diagonal Back
분배 Distribution	직각 분배 Perpendicular Distribution
각도 Angle	Top, Side−일반 시술 각 90°, Back−80~90°
베이스 Base	온 더 베이스 On The Base
커트 Cut	블런트 커트 Blunt Cut, 나칭 커트 Notching Cut, 클리퍼 오버 콤 Clipper Over Comb
질감 처리 Texturerising	루트 틴닝 Root Thinning, 라인 틴닝 Line Thinning

(3) 미용 남성 커트 시술 방법

시술 전

시술 후

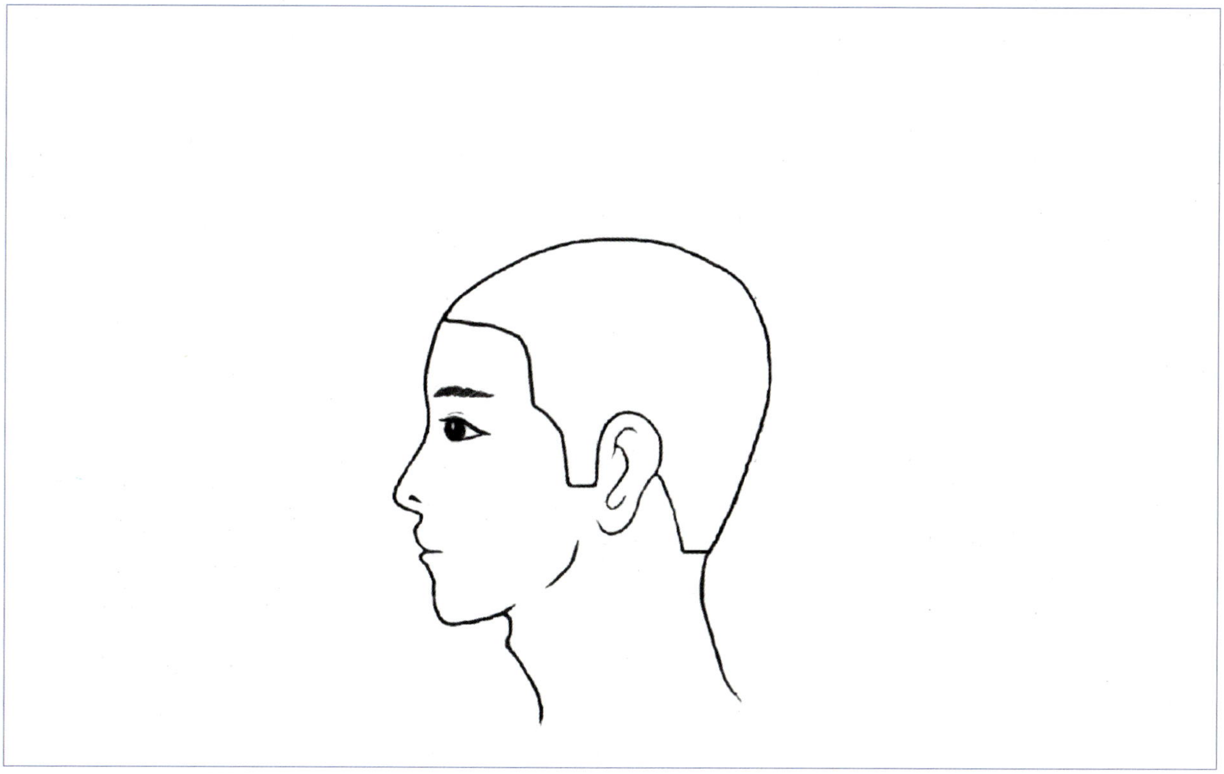

도해도 그려보기

2. 인디 헤어 스타일 시술하기

①, ②, ③ 사이드 코너 포인트 S.C.P : Side Corner Point에서 시작하며 클리퍼Clipper를 이용하여 호리존탈 섹션Horizontal Section으로 사이드 포인트S.P : Side Point까지 온 더 베이스On The Base로 커트Cut를 진행한다.

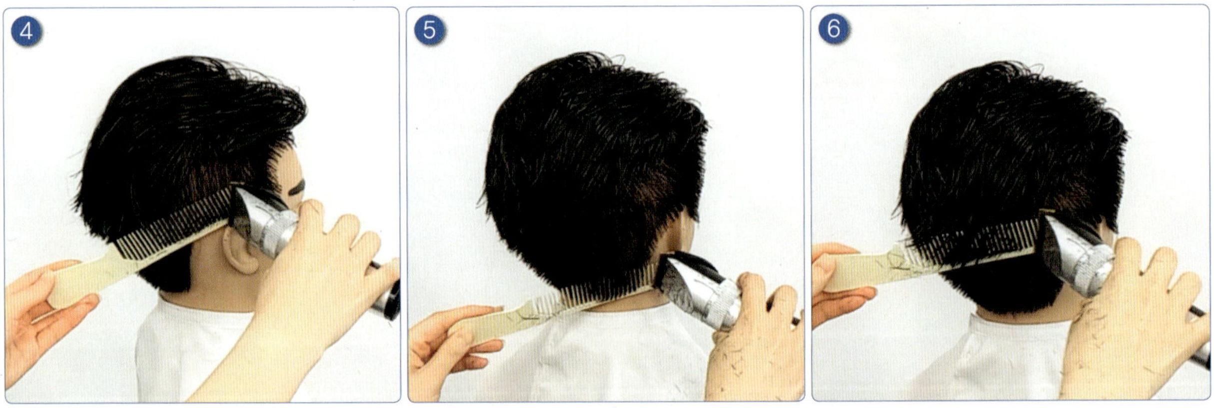

④, ⑤, ⑥ 백 사이드B.S : Back Side는 다이애거널 백 섹션Diagonal Back Section으로 사이드Side의 가이드Guide와 연결하여 온 더 베이스로 커트하며, 네이프Nape는 호리존탈 섹션으로 백 포인트B.P : Back Point까지 그래쥬에이션Graduation 형태로 커트를 진행한다.

⑦, ⑧, ⑨ 좌측도 우측과 동일한 방법으로 진행하며 양 옆 밸런스Balance를 맞추면서 커트를 진행한다.

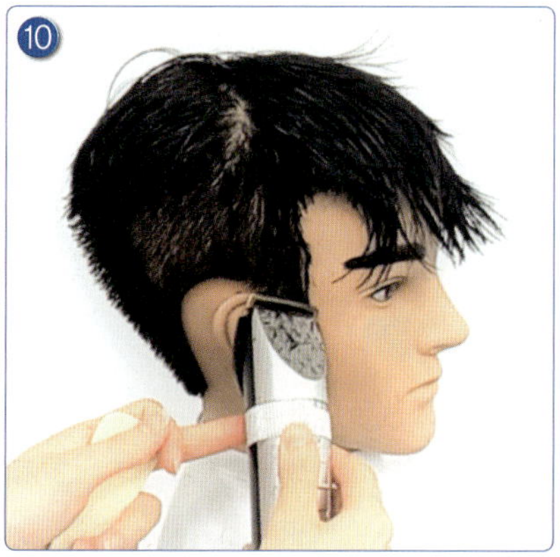

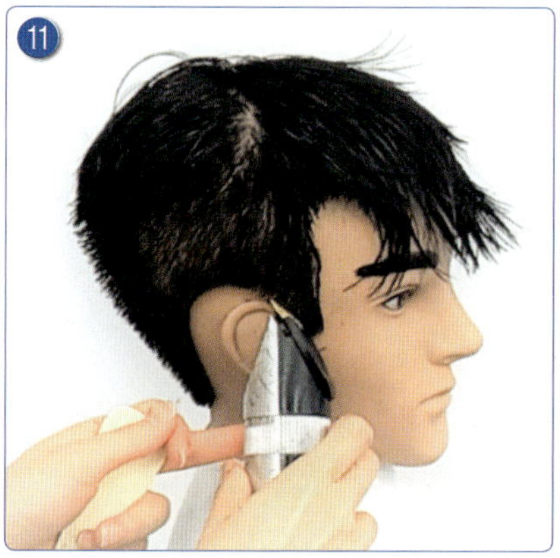

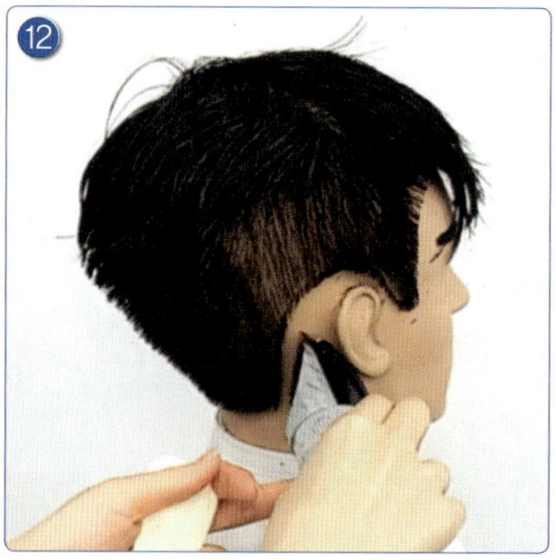

⑩, ⑪, ⑫ 클리퍼를 이용하여 C-스트로크C-Stroke 기법으로 헤어 라인Hair Line의 음영을 고르게 정리한다.

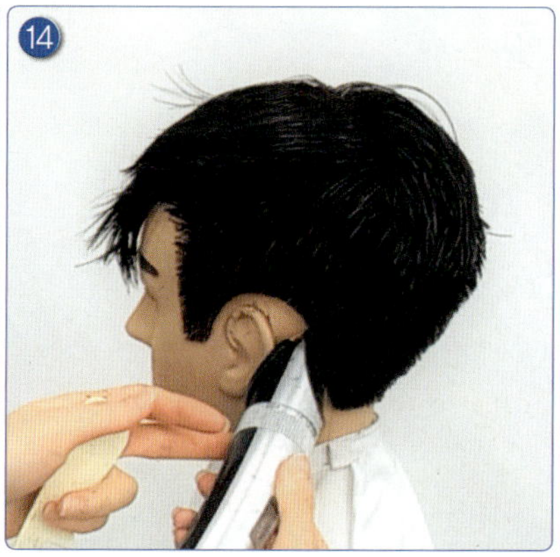

⑬, ⑭, ⑮ 좌측도 우측과 동일한 방법으로 진행하며 양 옆 밸런스를 맞추면서 커트를 진행한다.

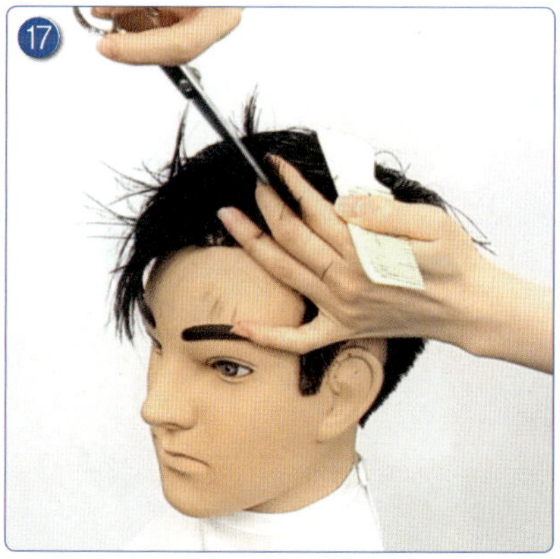

⑯, ⑰, ⑱ 탑 포인트T.P : Top Point에서 센터 포인트C.P : Center Point까지, 탑 포인트와 좌측 사이드의 커트된 모발을 연결하여 버티컬 섹션Vertical Section으로 나칭 커트Notching Cut를 진행한다.

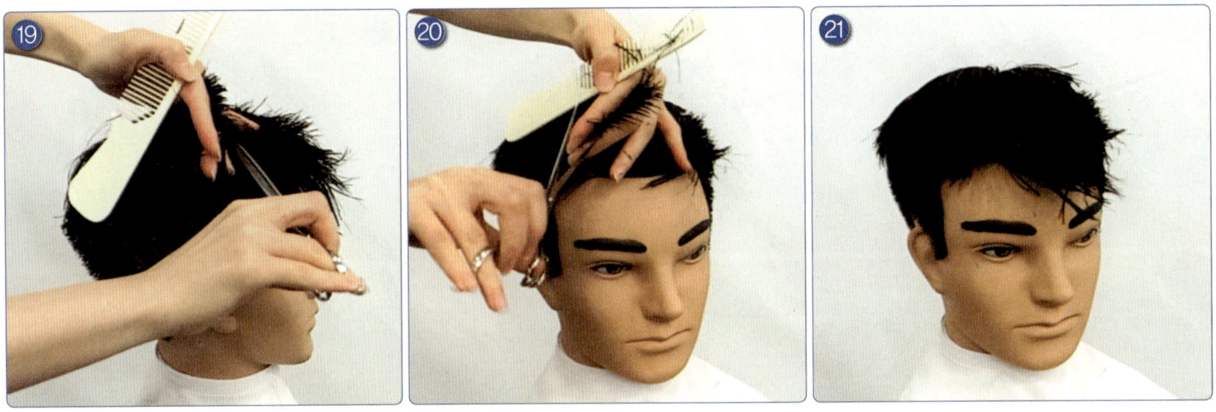

⑲, ⑳, ㉑ 우측도 좌측과 동일한 방법으로 진행하며 양 옆 밸런스를 맞추면서 나칭 커트를 진행한다.

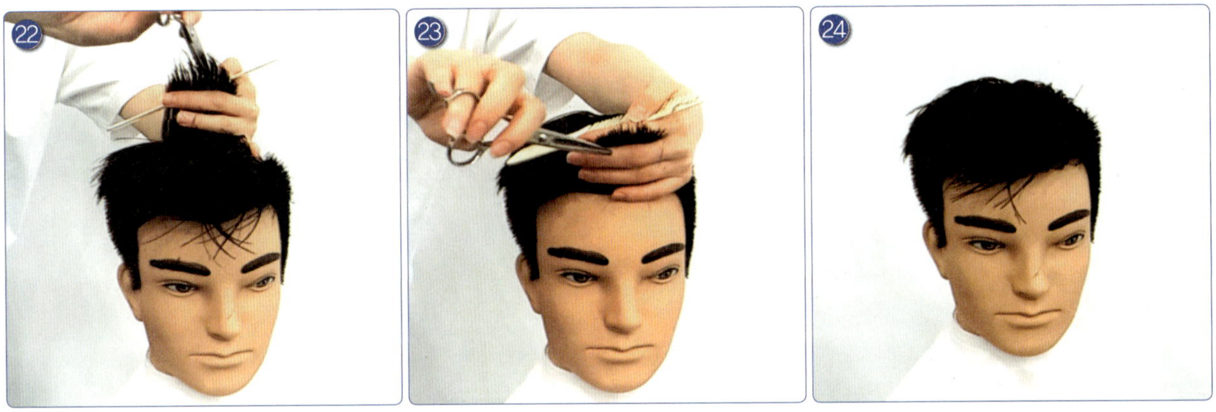

㉒, ㉓, ㉔ 센터 라인Center Line의 가이드를 중심으로 좌·우 밸런스 체크Balance Check를 통해 삼각형 모양이 나오는지 확인하며 나칭 커트로 정리한다.

㉕, ㉖, ㉗ 인테리어Interior와 익스테리어Exterior 연결 부분의 자연스러움을 위해 클리퍼를 이용하여 연결선을 정리한다.

㉘, ㉙, ㉚ 프린지Fringe의 센터 포인트에 짧은 가이드를 설정하여 좌, 우측 사이드 포인트S.P : Side Point와 연결하여 커트를 진행한다.

㉛, ㉜, ㉝ 모발의 흐름에 따라 드라이기를 이용하여 핸드 드라이Hand Dry한다.

㉞, ㉟, ㊱ 루트 틴닝Root Thinning으로 양감 조절을 한다.

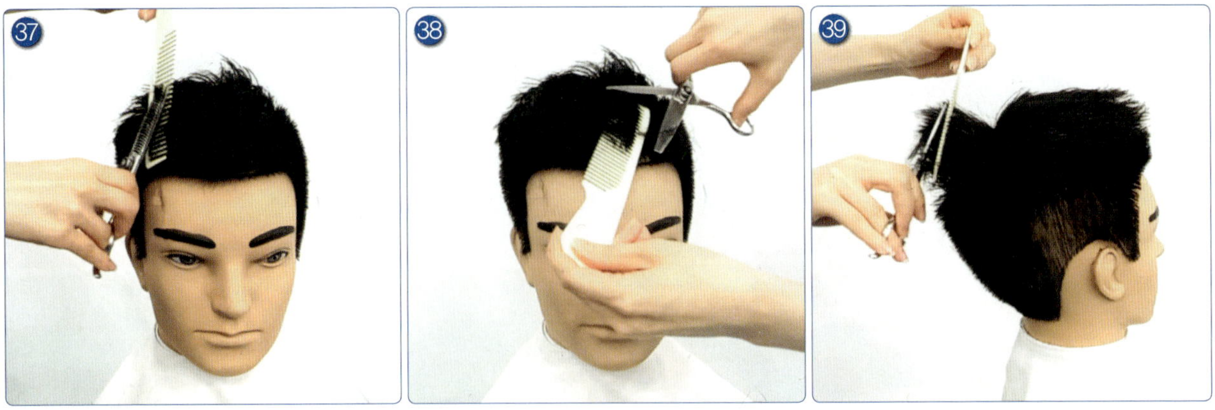

㊲, ㊳, ㊴ 라인 틴닝Line Thinning으로 모발 끝에 생동감을 더해준다.

㊵, ㊶, ㊷ 핸드 드라이 기법으로 C컬C-Curl의 흐름과 볼륨을 넣어 형태를 만든다.

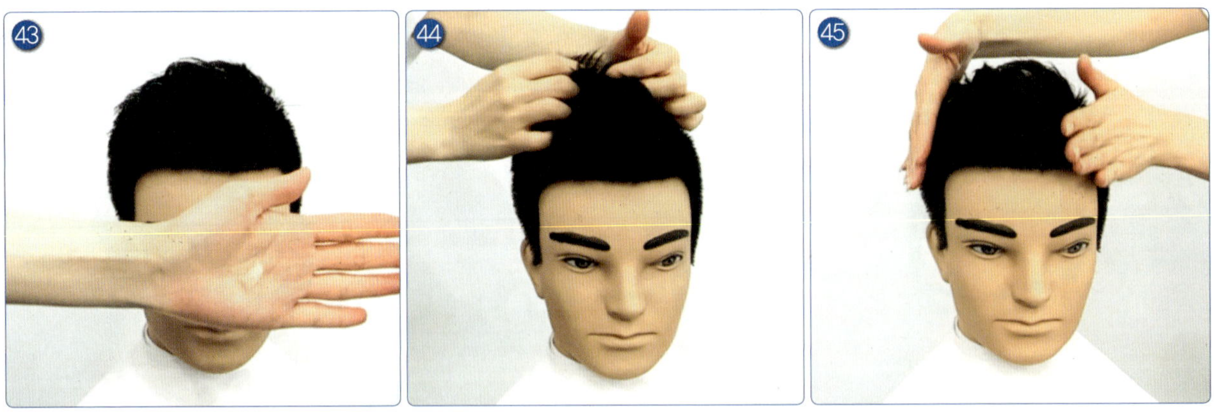

㊸, ㊹, ㊺ 제품을 사용하여 스타일링Styling 한다.

3. 인디 헤어 스타일 마무리하기

앞 Front

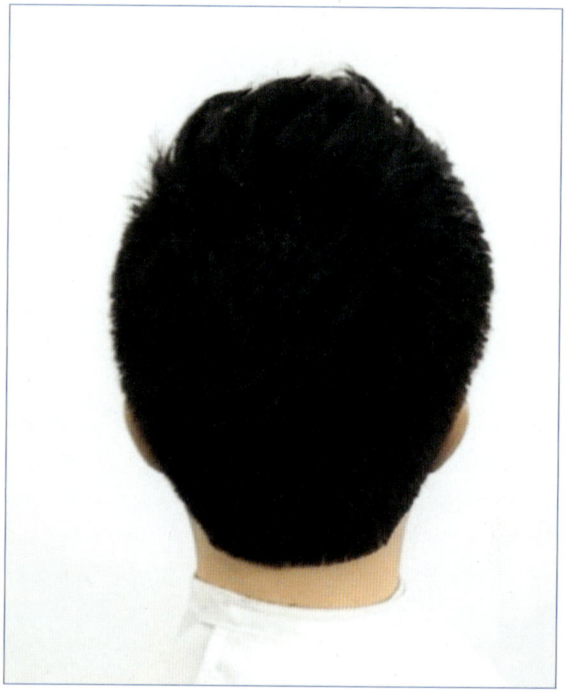

뒤 Back

우측 Right side

좌측 Left side

실습과정 사진	
사진	설명

실습결과 사진	
앞 Front	뒤 Back
좌측 Left Side	우측 Right Side

[교수 학습방법]

교수 방법
① 비대칭, 대칭, 커넥션, 디스커넥션 스타일의 형태선과 특징을 설명한다.
② 레이저를 이용한 에칭, 아킹, 로테이션, 테이퍼링 기법을 설명한다.
③ 가위를 이용한 롱, 미디엄, 쇼트 스트로크 기법을 설명한다.
④ 마무리 샴푸 후 타월 및 드라이기를 사용하여 수분 제거 방법을 설명한다.
⑤ 헤어 커트 보정 작업 후 잔여 머리카락을 털어 내는 방법을 설명한다.
⑥ 헤어 커트 유형별 적합한 스타일링 도구 선택 방법, 스타일링 기법, 제품 사용 방법을 설명한다.
⑦ 홈 케어를 위한 조언 및 차후 방문 시기와 중요성에 대해 알리는 방법을 설명한다.
⑧ 고객 배웅 시 적절한 인사말에 대해서 설명한다.

학습 방법
① 비대칭, 대칭, 커넥션, 디스커넥션 스타일의 형태 선과 특징을 정리한다.
② 레이저를 이용한 에칭, 아킹, 로테이션, 테이퍼링 기법에 대해 숙지한다.
③ 가위를 이용한 롱, 미디엄, 쇼트 스트로크 기법에 대해 숙지한다.
④ 마무리 샴푸 후 타월 및 드라이기를 사용하여 수분 제거 방법을 정리한다.
⑤ 헤어 커트 보정 작업 후 잔여 머리카락 제거 및 스타일링 도구 선택 방법, 스타일링을 위한 기법, 제품 사용 방법을 정리한다.
⑥ 홈 케어를 위한 조언 및 차후 방문 시기와 중요성에 대해 정리한다.
⑦ 고객 배웅 시 적절한 인사말에 대해서 정리한다.

[평가 준거]

<table>
<tr><th rowspan="2">학습 내용</th><th rowspan="2">평가 항목</th><th colspan="3">성취 수준</th></tr>
<tr><th>상</th><th>중</th><th>하</th></tr>
<tr><td rowspan="3">혼합형 이발 작업</td><td>1. 비대칭, 대칭, 커넥션, 디스커넥션 스타일의 형태 선, 특징 등을 도식화하여 자르거나 깎을 수 있다.</td><td></td><td></td><td></td></tr>
<tr><td>2. 레이저를 이용한 에칭, 아킹, 로테이션, 테이퍼링 기법으로 자를 수 있다.</td><td></td><td></td><td></td></tr>
<tr><td>3. 가위를 이용한 롱, 미디엄, 쇼트 스트로크 기법으로 자를 수 있다.</td><td></td><td></td><td></td></tr>
<tr><td>혼합형 이발 마무리</td><td>이발 작업 후 고객 만족도를 파악하기 위해 필요한 경우 수정, 보완하며 홈 케어를 위한 조언할 수 있다.</td><td></td><td></td><td></td></tr>
</table>

[평가 방법]

<table>
<tr><th rowspan="2">학습 내용</th><th rowspan="2">평가 항목</th><th colspan="3">성취 수준</th></tr>
<tr><th>상</th><th>중</th><th>하</th></tr>
<tr><td rowspan="4">혼합형 이발 작업</td><td>1. 비대칭, 대칭, 커넥션, 디스커넥션 스타일의 형태선과 특징을 접목한 도식화된 디자인으로 커트할 수 있는 능력</td><td></td><td></td><td></td></tr>
<tr><td>2. 혼합형 이발 형태의 작업 완성도</td><td></td><td></td><td></td></tr>
<tr><td>3. 레이저를 사용하여 에칭, 아킹, 로테이션, 테이퍼링 기법을 할 수 있는 능력</td><td></td><td></td><td></td></tr>
<tr><td>4. 가위를 이용하여 롱, 미디엄, 쇼트 스트로크 기법을 할 수 있는 능력</td><td></td><td></td><td></td></tr>
<tr><td rowspan="3">혼합형 이발 마무리</td><td>1. 커트 종료 후 고객의 만족도를 파악할 수 있는 의사소통 능력</td><td></td><td></td><td></td></tr>
<tr><td>2. 헤어 커트 보정 작업 후 잔여 머리카락을 제거할 수 있는 능력</td><td></td><td></td><td></td></tr>
<tr><td>3. 홈 케어를 위한 조언 및 고객 배웅 시 적절한 인사말을 건넬 수 있는 능력</td><td></td><td></td><td></td></tr>
</table>

[평가자 체크 리스트]

<table>
<tr><th rowspan="2">학습 내용</th><th rowspan="2">평가 항목</th><th colspan="3">성취 수준</th></tr>
<tr><th>상</th><th>중</th><th>하</th></tr>
<tr><td rowspan="4">혼합형 이발 작업</td><td>1. 비대칭, 대칭, 커넥션, 디스커넥션 스타일의 형태선과 특징을 접목한 도식화된 디자인으로 커트할 수 있는지 여부</td><td></td><td></td><td></td></tr>
<tr><td>2. 혼합형 이발 형태 작업의 완성도 여부</td><td></td><td></td><td></td></tr>
<tr><td>3. 레이저를 사용하여 에칭, 아킹, 로테이션, 테이퍼링 기법을 할 수 있는지 여부</td><td></td><td></td><td></td></tr>
<tr><td>4. 가위를 이용하여 롱, 미디엄, 쇼트 스트로크 기법을 할 수 있는지 여부</td><td></td><td></td><td></td></tr>
<tr><td rowspan="3">혼합형 이발 마무리</td><td>1. 커트 종료 후 고객의 만족도를 파악할 수 있는 의사소통을 하였는지 여부</td><td></td><td></td><td></td></tr>
<tr><td>2. 헤어 커트 보정 작업 후 잔여 머리카락을 제거하였는지 여부</td><td></td><td></td><td></td></tr>
<tr><td>3. 홈 케어를 위한 조언 및 고객 배웅 시 적절한 인사말을 하였는지 여부</td><td></td><td></td><td></td></tr>
</table>

8. 투 블럭 스타일 Two Block Hair Style

학습내용 단원명	수업 목표
남성 미용 응용 스타일 투 블럭 커트 헤어 스타일	남성 커트 미용 응용 투 블럭 커트 헤어 스타일 실습을 수행할 수 있다.

투 블럭 스타일 Two Block Style은 옆머리와 뒷머리의 뻗치는 머리는 짧게 커트하고 윗머리는 옆/뒷머리와 길이의 차이를 두어 다양한 스타일 연출이 가능하며, 스타일링의 범위가 넓어 다양한 응용이 가능하다.

1. 투 블럭 헤어 커트 준비하기

(1) 재료

① 커트 빗

② 클리퍼

③ 블런트 가위

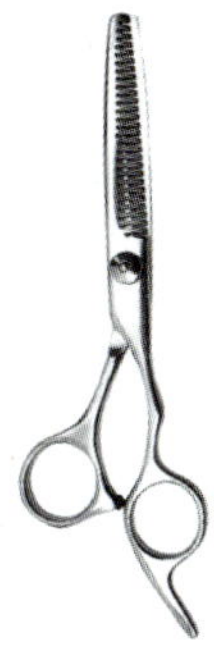

④ 틴닝 가위

⑤ 핀셋

⑥ 드라이기

⑦ 롤 브러시

⑦ 스타일링 제품

(2) 도해도 및 시술 개요

① 도해도

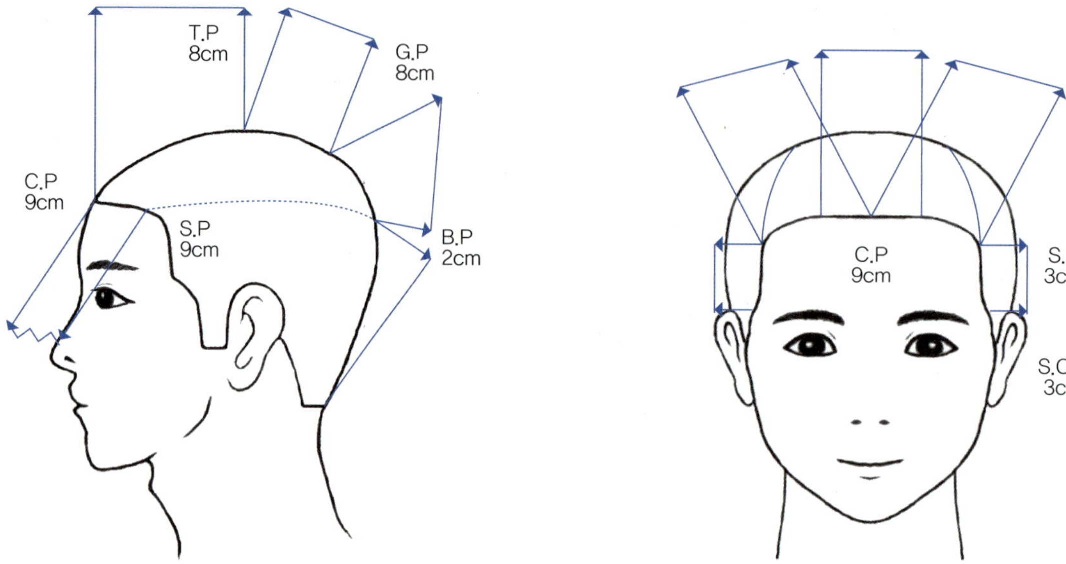

② 시술개요

블로킹 Blocking	U 라인 U–Line, 후대각 Diagonal Back
섹션 Section	수평 Horizontal, 세로 Vertical, 후대각 Diagonal Back, 피봇팅 Pivoting
분배 Distribution	직각 분배 Perpendicular Distribution
각도 Angle	Top, Side–일반 시술 각 Normal Projection 90°, Back–자연 시술 각 Natural Fall 60~90°
베이스 Base	온 더 베이스 On The Base, 사이드 베이스 Side Base
커트 Cut	블런트 커트 Blunt Cut, 나칭 커트 Notching Cut, 클리퍼 오버 콤 Clipper Over Comb, 시저스 오버 콤 Scissors Over Comb
질감 처리 Texturerising	루트 틴닝 Root Thinning, 이너 틴닝 Inner Thinning, 라인 틴닝 Line Thinning

(3) 미용 남성 커트 시술 방법

시술 전

시술 후

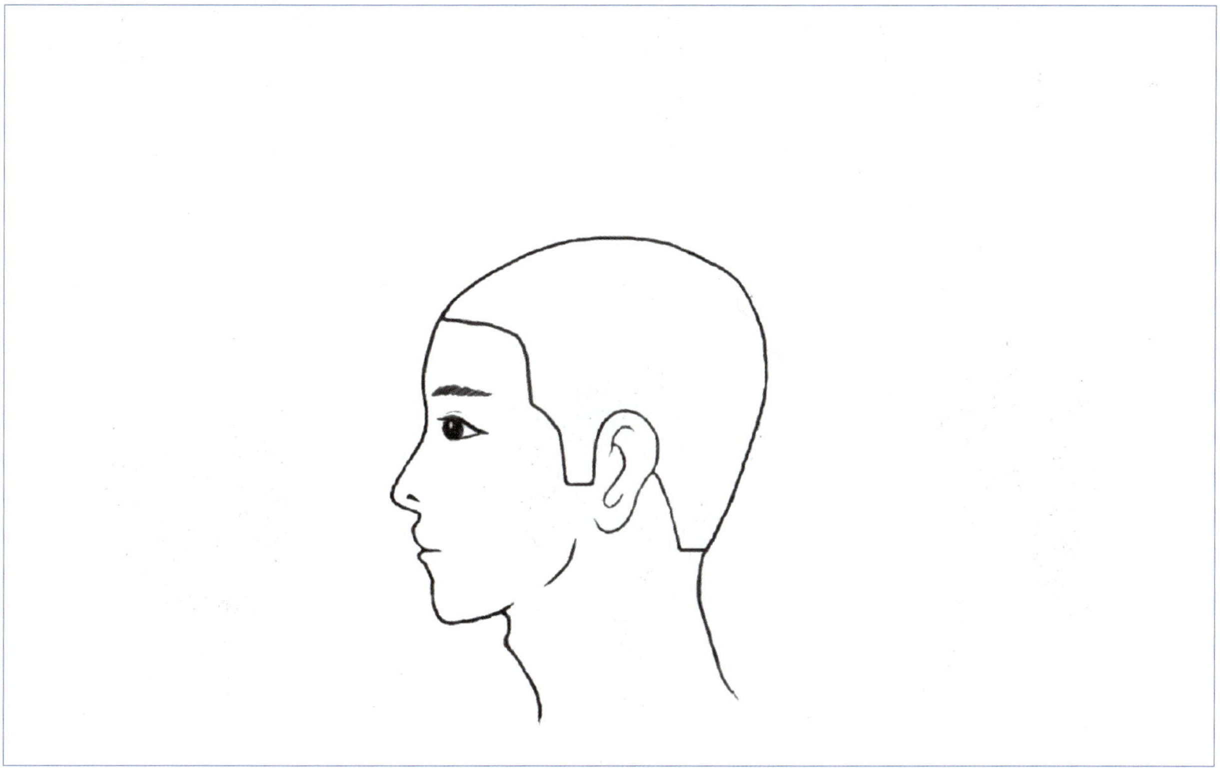

도해도 그려보기

2. 투 블럭 헤어 스타일 시술하기

①, ②, ③ 사이드 포인트S.P : Side Point를 기준으로 백 포인트B.P : Back Point까지 U라인U-Line으로 블로킹Blocking 한다.

④, ⑤, ⑥ 사이드 코너 포인트S.C.P : Side Corner Point에서 시작하며 클리퍼Clipper를 이용하여 호리존탈 섹션Horizontal Section으로 사이드 포인트까지 온 더 베이스On The Base로 커트Cut를 진행한다.

⑦, ⑧, ⑨ 백 사이드B.S : Back Side는 다이애거널 백 섹션Diagonal Back Section으로 사이드Side의 가이드Guide와 연결하여 온 더 베이스로 그래쥬에이션Graduation 형태로 커트를 진행한다.

⑩, ⑪, ⑫ 네이프Nape를 지나 좌측까지 우측과 동일한 방법으로 진행하며 양 옆 밸런스Balance를 맞추며 커트를 진행한다.

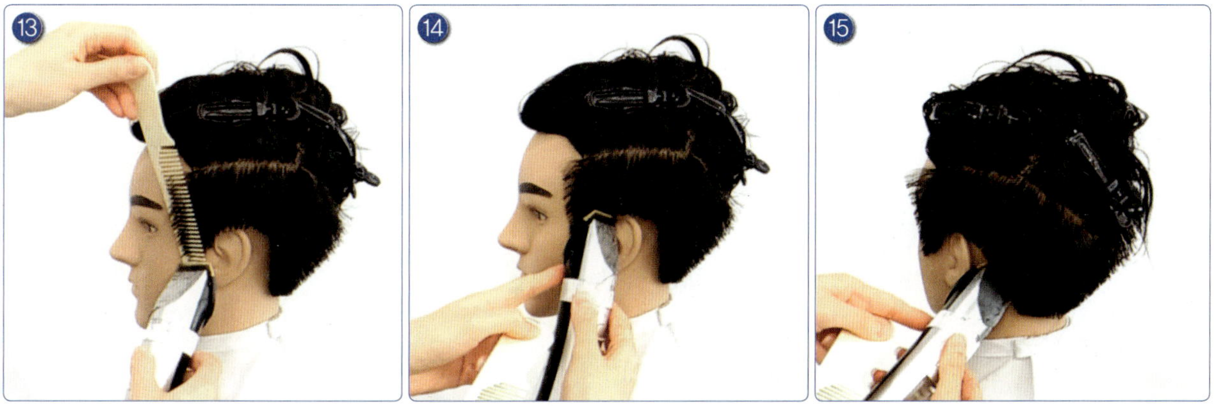

⑬, ⑭, ⑮ 사이드 포인트에서 시작하여 네이프 포인트N.P : Nape Point까지 헤어 라인Hair Line을 따라 클리퍼를 이용하여 헤어 라인을 정리한다.

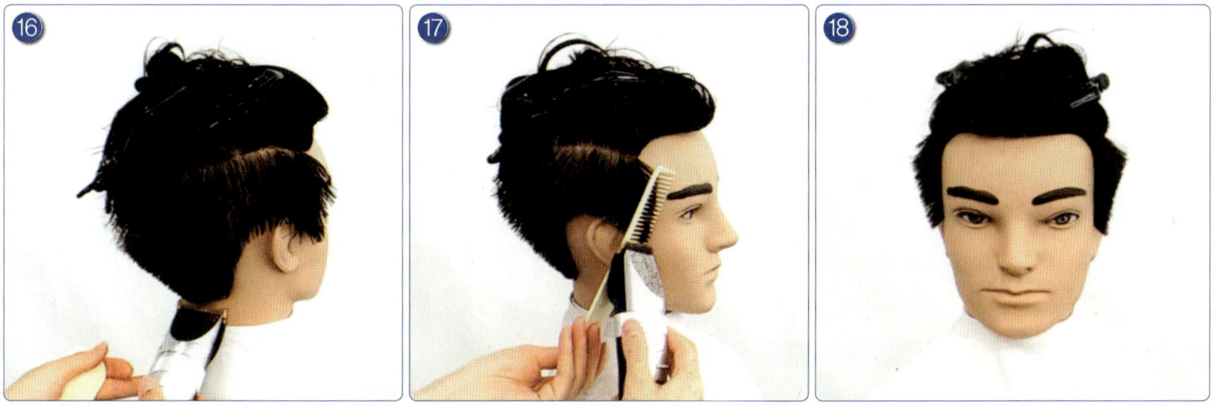

⑯, ⑰, ⑱ 우측도 좌측과 동일한 방법으로 진행하며 양 옆 밸런스를 맞추며 커트를 진행한다.

⑲, ⑳, ㉑ 블로킹을 풀어준 뒤, 탑Top 부분은 탑 포인트T.P : Top Point에서 시작하여 센터 포인트C.P : Center Point까지 버티컬 섹션Vertical Section으로 사이드 베이스Side Base하여 유니폼 레이어Uniform Layer 형태로 커트를 진행한다.

㉒, ㉓, ㉔ 우측 사이드부터 탑 부분의 커트된 모발을 가이드로 버티컬 섹션으로 사이드 베이스하여 사이드 포인트까지 유니폼 레이어 형태로 커트를 진행한다.

㉕, ㉖, ㉗ 좌측도 우측과 동일한 방법으로 진행하며 양 옆 밸런스를 맞추며 커트를 진행한다.

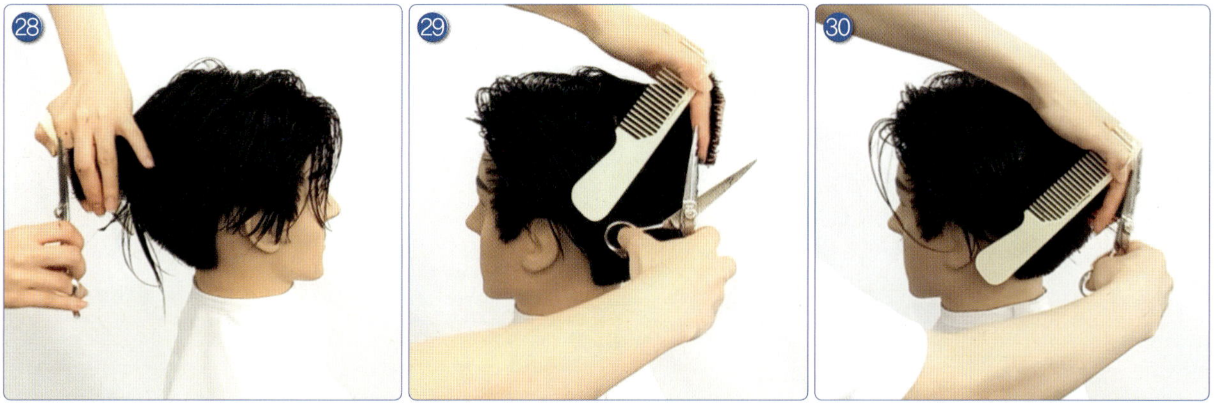

㉘, ㉙, ㉚ 크라운Crown은 피봇 섹션Pivot Section으로 뒤쪽 커트된 모발과 연결하여 자연 시술 각 60°로 온 더 베이스하여 그래쥬에이션 형태로 커트를 진행한다.

㉛, ㉜, ㉝ 인테리어Interior와 익스테리어Exterior 연결 부분의 자연스러움을 위해 호리존탈 섹션으로 나칭 커트Notching Cut하여 연결선을 정리한다.

㉞, ㉟, ㊱ 프린지Fringe는 좌측 사이드 포인트를 가이드로 우측 사이드 포인트까지 페이스 라인Face Line을 따라 텐션Tension을 주지 않고 나칭 커트를 진행한다.

㊲, ㊳, ㊴ 모발의 흐름에 따라 드라이기를 이용하여 핸드 드라이Hand Dry 한다.

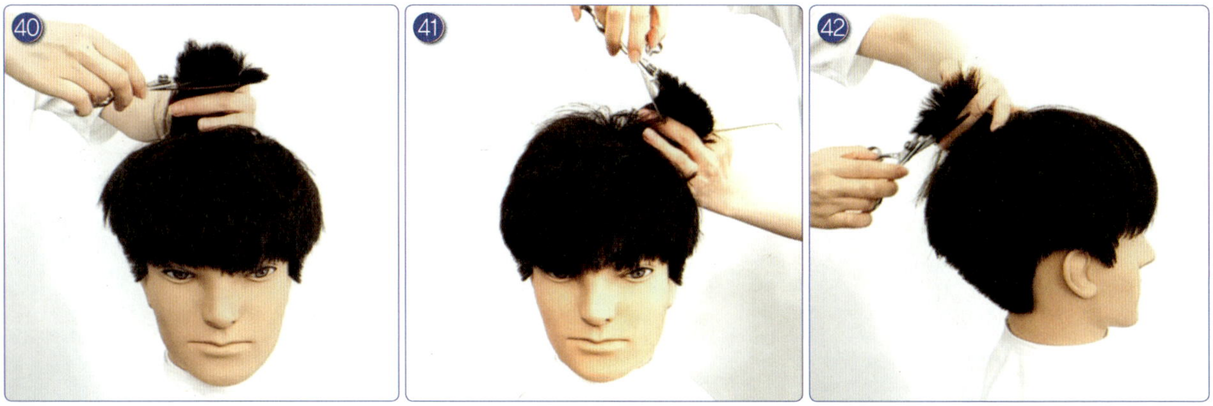

㊵, ㊶, ㊷ 이너Inner에서 라인Line까지 연속적인 틴닝Thinning 기법으로 모발의 방향감과 생동감을 준다.

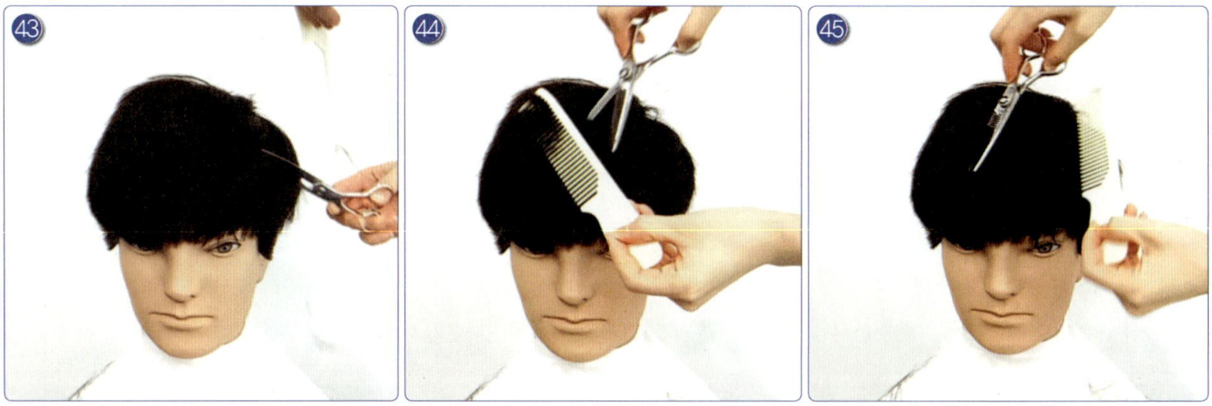

㊸, ㊹, ㊺ 루트 틴닝Root Thinning으로 양감 조절을 한다.

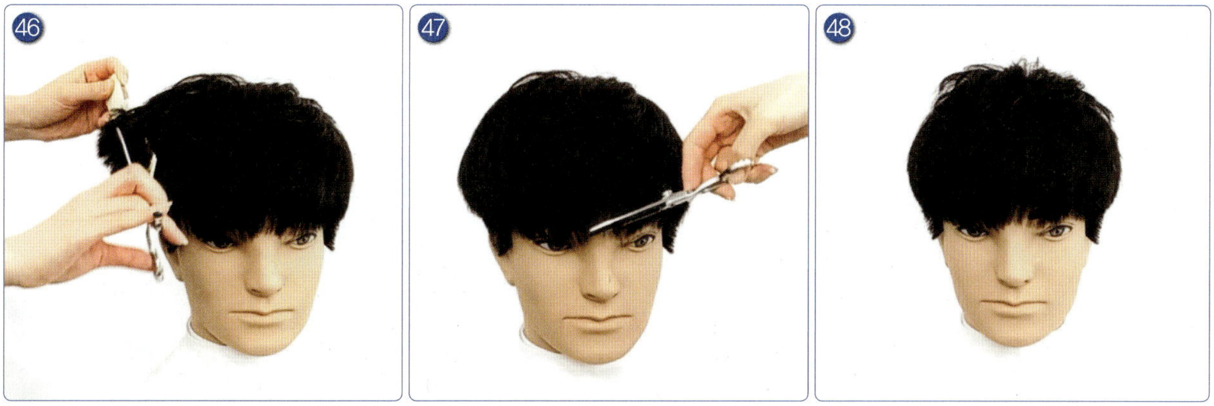

㊻, ㊼, ㊽ 싱글링 Shingling 과 슬라이싱 Slicing 기법으로 질감 처리 한다.

㊾, ㊿, 51 핸드 드라이와 롤 브러시 Roll Brush 를 이용하여 C컬 C-Curl 의 흐름과 볼륨을 넣어 형태를 만들고, 사이드는 뜨지 않게 눌러 준다.

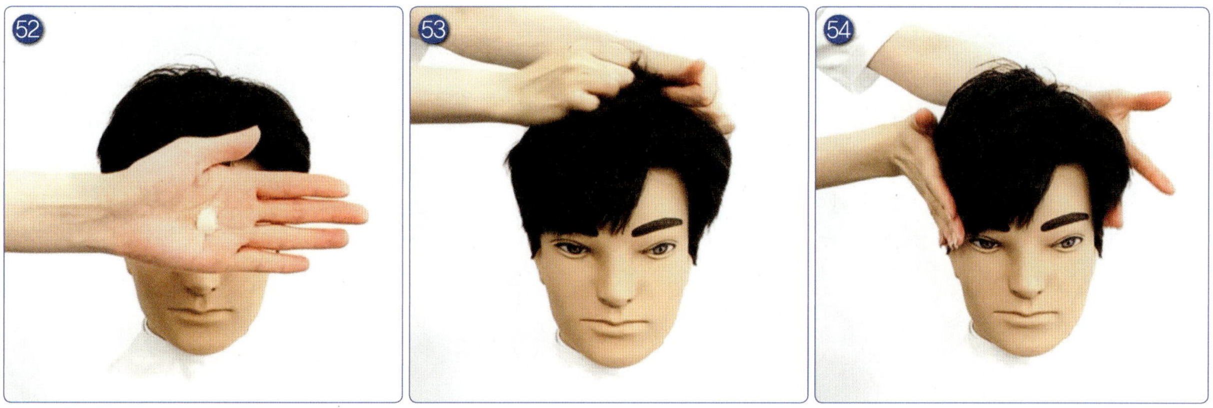

52, 53, 54 제품을 사용하여 스타일링 Styling 을 한다.

3. 투 블럭 헤어 스타일 마무리하기

앞 Front

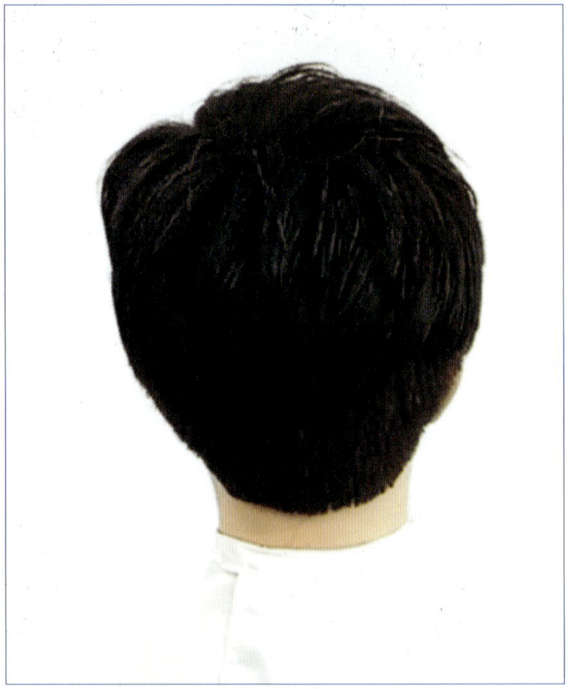

뒤 Back

우측 Right side

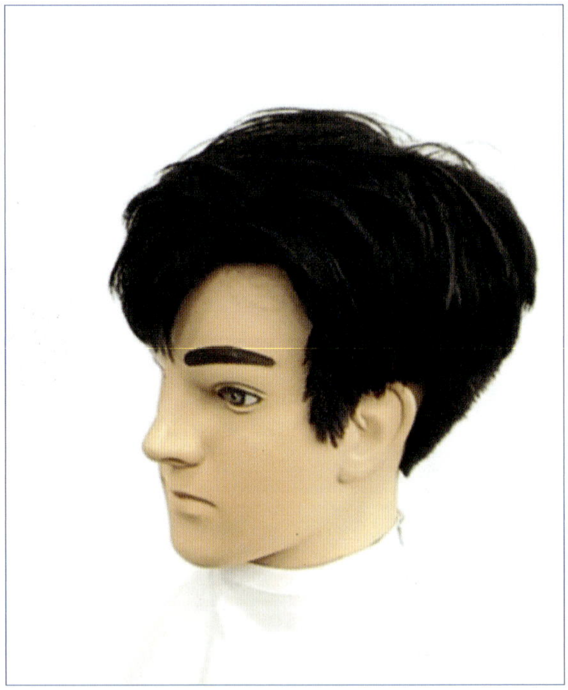

좌측 Left side

실습과정 사진

사진	설명

실습결과 사진	
앞 Front	뒤 Back
좌측 Left Side	우측 Right Side

[교수 학습방법]

교수 방법
① 비대칭, 대칭, 커넥션, 디스커넥션 스타일의 형태선과 특징을 설명한다.
② 레이저를 이용한 에칭, 아킹, 로테이션, 테이퍼링 기법을 설명한다.
③ 가위를 이용한 롱, 미디엄, 쇼트 스트로크 기법을 설명한다.
④ 마무리 샴푸 후 타월 및 드라이기를 사용하여 수분 제거 방법을 설명한다.
⑤ 헤어 커트 보정 작업 후 잔여 머리카락을 털어 내는 방법을 설명한다.
⑥ 헤어 커트 유형별 적합한 스타일링 도구 선택 방법, 스타일링 기법, 제품 사용 방법을 설명한다.
⑦ 홈 케어를 위한 조언 및 차후 방문 시기와 중요성에 대해 알리는 방법을 설명한다.
⑧ 고객 배웅 시 적절한 인사말에 대해서 설명한다.

학습 방법
① 비대칭, 대칭, 커넥션, 디스커넥션 스타일의 형태 선과 특징을 정리한다.
② 레이저를 이용한 에칭, 아킹, 로테이션, 테이퍼링 기법에 대해 숙지한다.
③ 가위를 이용한 롱, 미디엄, 쇼트 스트로크 기법에 대해 숙지한다.
④ 마무리 샴푸 후 타월 및 드라이기를 사용하여 수분 제거 방법을 정리한다.
⑤ 헤어 커트 보정 작업 후 잔여 머리카락 제거 및 스타일링 도구 선택 방법, 스타일링을 위한 기법, 제품 사용 방법을 정리한다.
⑥ 홈 케어를 위한 조언 및 차후 방문 시기와 중요성에 대해 정리한다.
⑦ 고객 배웅 시 적절한 인사말에 대해서 정리한다.

[평가 준거]

학습 내용	평가 항목	성취 수준		
		상	중	하
혼합형 이발 작업	1. 비대칭, 대칭, 커넥션, 디스커넥션 스타일의 형태 선, 특징 등을 도식화하여 자르거나 깎을 수 있다.			
	2. 레이저를 이용한 에칭, 아킹, 로테이션, 테이퍼링 기법으로 자를 수 있다.			
	3. 가위를 이용한 롱, 미디엄, 쇼트 스트로크 기법으로 자를 수 있다.			
혼합형 이발 마무리	이발 작업 후 고객 만족도를 파악하기 위해 필요한 경우 수정, 보완하며 홈 케어를 위한 조언할 수 있다.			

[평가 방법]

학습 내용	평가 항목	성취 수준		
		상	중	하
혼합형 이발 작업	1. 비대칭, 대칭, 커넥션, 디스커넥션 스타일의 형태선과 특징을 접목한 도식화된 디자인으로 커트할 수 있는 능력			
	2. 혼합형 이발 형태의 작업 완성도			
	3. 레이저를 사용하여 에칭, 아킹, 로테이션, 테이퍼링 기법을 할 수 있는 능력			
	4. 가위를 이용하여 롱, 미디엄, 쇼트 스트로크 기법을 할 수 있는 능력			
혼합형 이발 마무리	1. 커트 종료 후 고객의 만족도를 파악할 수 있는 의사소통 능력			
	2. 헤어 커트 보정 작업 후 잔여 머리카락을 제거할 수 있는 능력			
	3. 홈 케어를 위한 조언 및 고객 배웅 시 적절한 인사말을 건넬 수 있는 능력			

[평가자 체크 리스트]

학습 내용	평가 항목	성취 수준		
		상	중	하
혼합형 이발 작업	1. 비대칭, 대칭, 커넥션, 디스커넥션 스타일의 형태선과 특징을 접목한 도식화된 디자인으로 커트할 수 있는지 여부			
	2. 혼합형 이발 형태 작업의 완성도 여부			
	3. 레이저를 사용하여 에칭, 아킹, 로테이션, 테이퍼링 기법을 할 수 있는지 여부			
	4. 가위를 이용하여 롱, 미디엄, 쇼트 스트로크 기법을 할 수 있는지 여부			
혼합형 이발 마무리	1. 커트 종료 후 고객의 만족도를 파악할 수 있는 의사소통을 하였는지 여부			
	2. 헤어 커트 보정 작업 후 잔여 머리카락을 제거하였는지 여부			
	3. 홈 케어를 위한 조언 및 고객 배웅 시 적절한 인사말을 하였는지 여부			

9. 포마드 스타일 Pomade Hair Style

학습내용 단원명	수업 목표
남성 미용 응용 스타일 포마드 커트 헤어 스타일	남성 커트 미용 응용 포마드 커트 헤어 스타일 실습을 수행할 수 있다.

포마드 스타일 Pomade Style은 유분을 사용한 스타일링제를 모발에 발라 깔끔하게 빗어 넘기는 스타일링으로 굉장히 남성적인 이미지를 연출할 수 있으며 정장과 같이 클래식한 스타일에 잘 어울리는 특징이 있다.

1. 포마드 헤어 커트 준비하기

(1) 재료

① 커트 빗

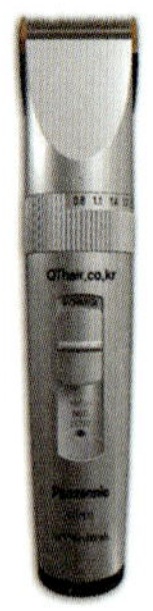

② 클리퍼

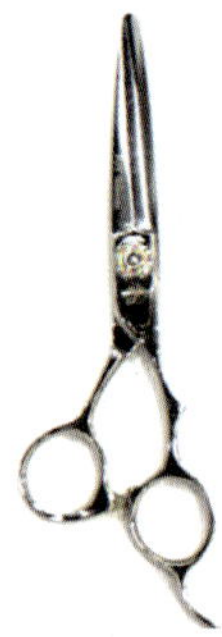

③ 블런트 가위

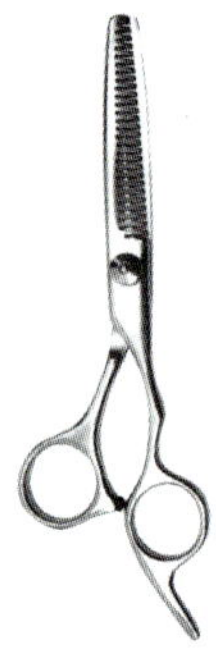

④ 틴닝 가위

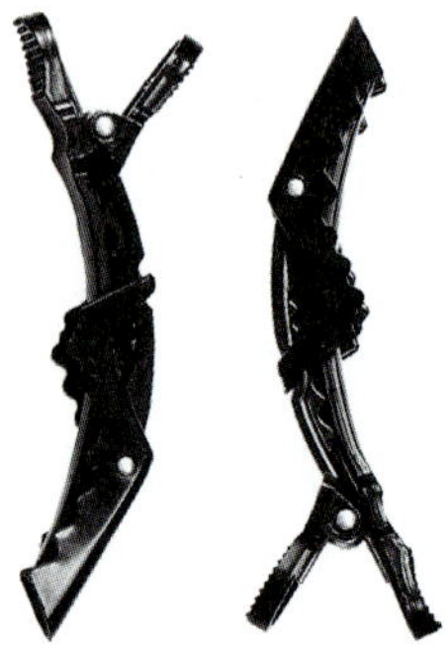

⑤ 핀셋

⑥ 드라이기

⑦ 롤 브러시

⑦ 스타일링 제품

(2) 도해도 및 시술 개요

① 도해도

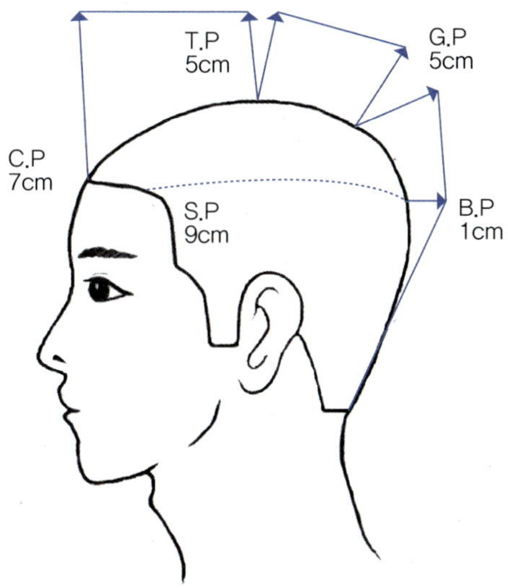

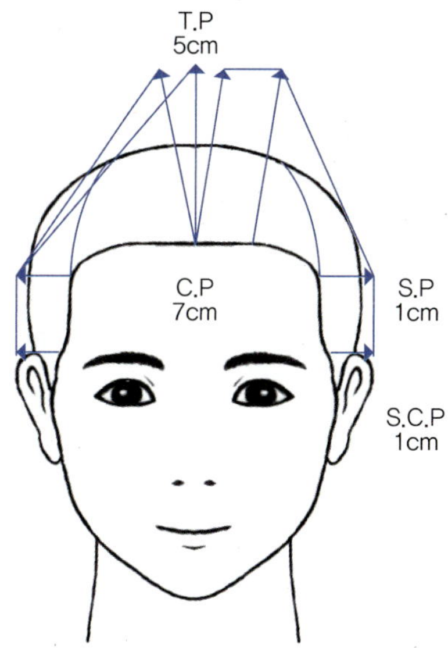

② 시술개요

블로킹 Blocking	U 라인 U-Line, 후대각 Diagonal Back
섹션 Section	수평 Horizontal, 세로 Vertical, 후대각 Diagonal Back
분배 Distribution	직각 분배 Perpendicular Distribution
각도 Angle	Top, Side-일반 시술 각 Normal Projection 90°, Back-자연 시술 각 Natural Fall 70~90°
베이스 Base	온 더 베이스 On The Base, 사이드 베이스 Side Base
커트 Cut	블런트 커트 Blunt Cut, 나칭 커트 Notching Cut, 클리퍼 오버 콤 Clipper Over Comb, 시저스 오버 콤 Scissors Over Comb
질감 처리 Texturerising	이너 틴닝 Inner Thinning, 라인 틴닝 Line Thinning

(3) 미용 남성 커트 시술 방법

시술 전

시술 후

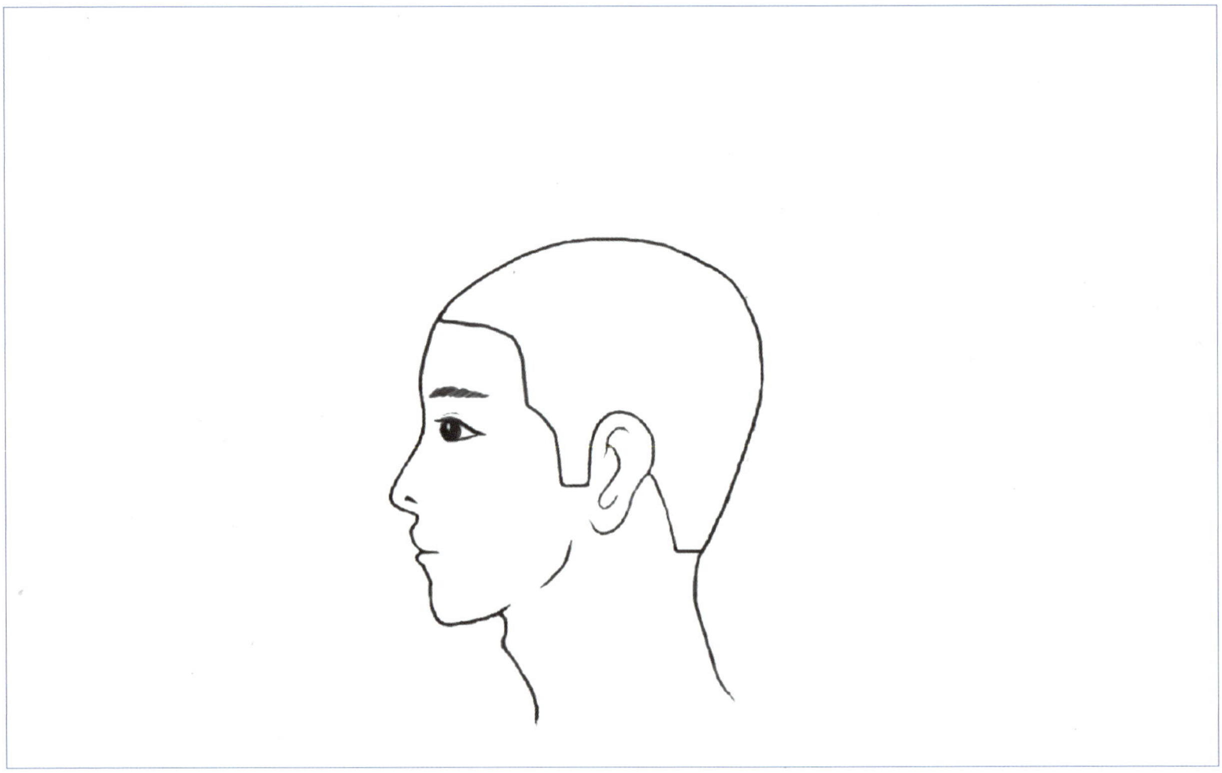

도해도 그려보기

2. 포마드 헤어 스타일 시술하기

①, ②, ③ 사이드 포인트S.P : Side Point를 기준으로 백 포인트B.P : Back Point까지 U라인U–Line으로 블로킹Blocking 한다.

④, ⑤, ⑥ 사이드 코너 포인트 S.C.P : Side Corner Point에서 시작하며 클리퍼Clipper를 이용하여 호리존탈 섹션Horizontal Section으로 사이드 포인트까지 온 더 베이스On The Base로 커트Cut를 진행한다.

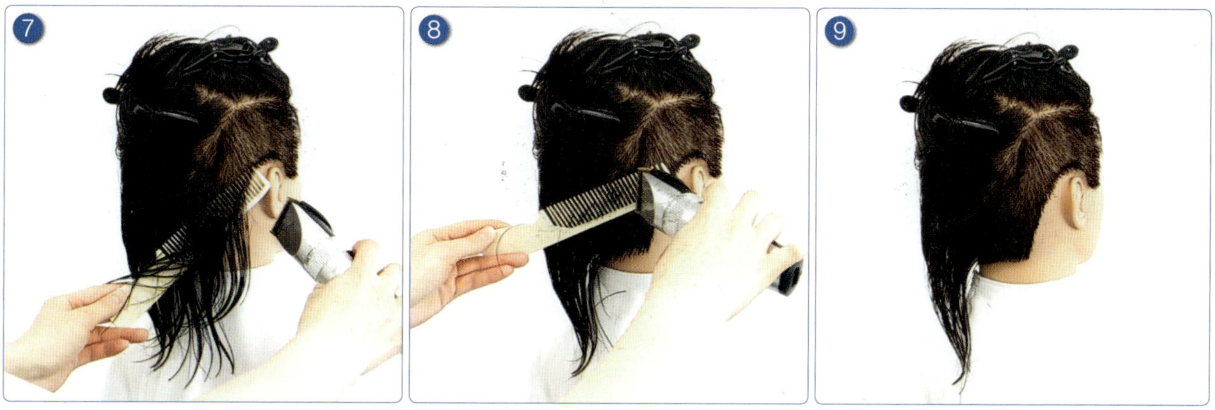

⑦, ⑧, ⑨ 백 사이드B.S : Back Side는 다이애거널 백 섹션Diagonal Back Section으로 사이드Side의 가이드Guide와 연결하여 온 더 베이스로 커트를 진행한다.

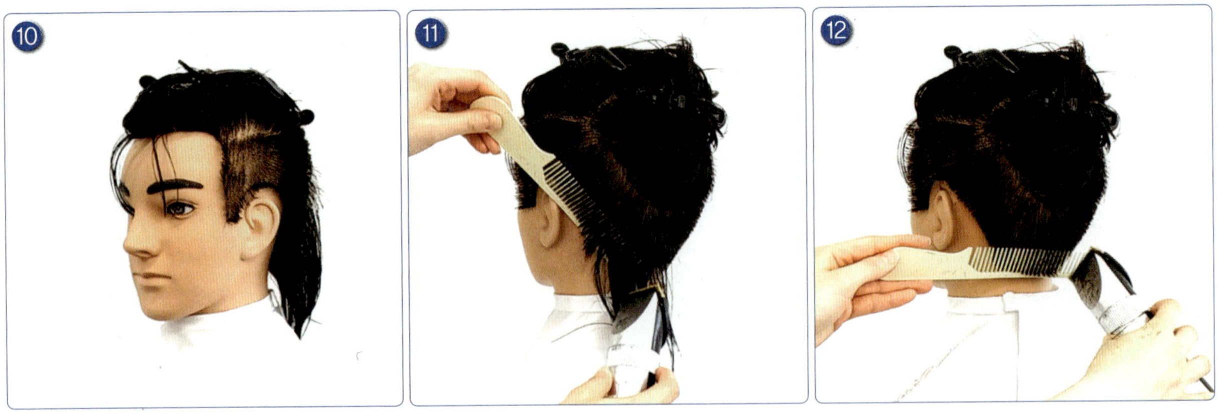

⑩, ⑪, ⑫ 좌측도 우측과 동일한 방법으로 진행하며 양 옆 밸런스Balance를 맞추며 커트를 진행한다.

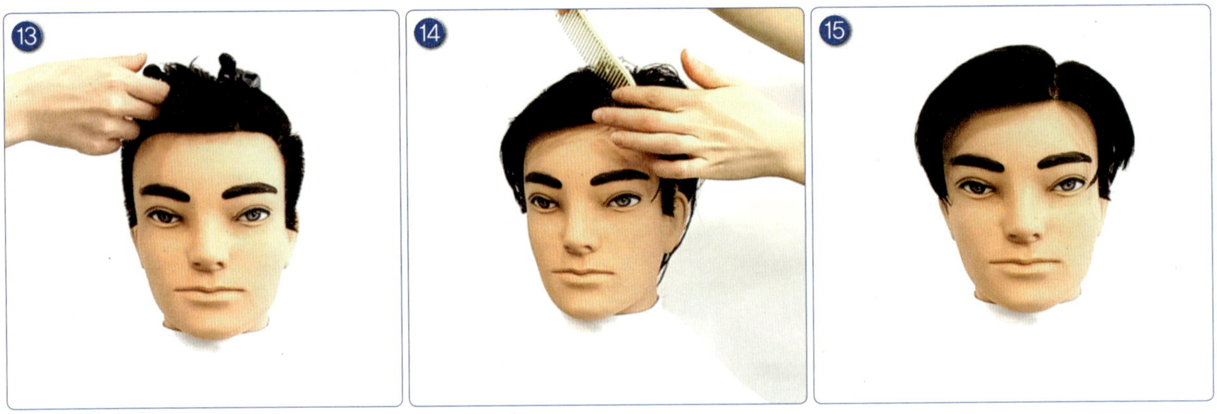

⑬, ⑭, ⑮ 블로킹을 풀어준 뒤 좌측 가르마를 설정한다.

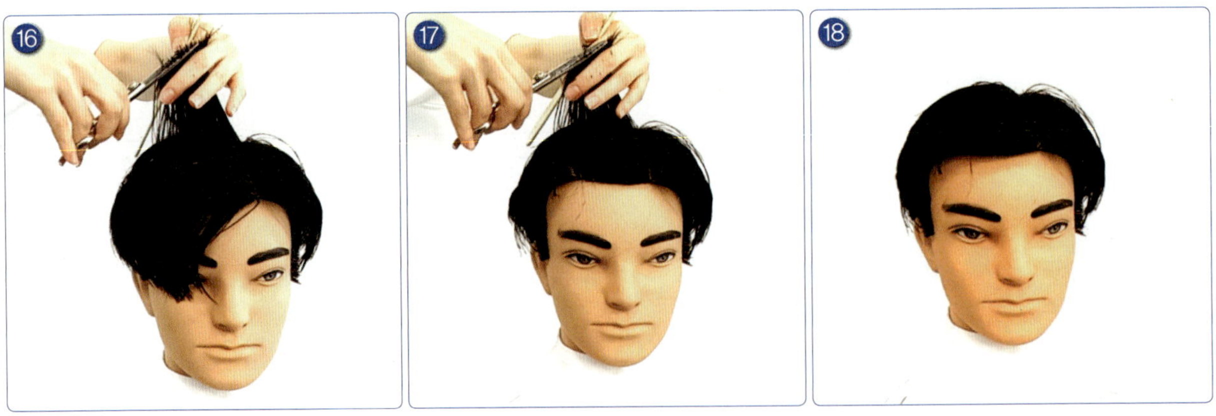

⑯, ⑰, ⑱ 가르마 기준 우측부터 탑 포인트T.P : Top Point에서 시작하여 센터 포인트C.P : Center Point까지 버티컬 섹션Vertical Section으로 사이드 베이스Side Base하여 유니폼 레이어Uniform Layer 형태로 커트를 진행한다.

⑲, ⑳, ㉑ 우측 사이드는 탑Top부분과 사이드의 커트된 모발을 연결하여 버티컬 섹션으로 사이드 베이스하여 사이드 포인트까지 커트를 진행한다.

㉒, ㉓, ㉔ 좌측도 우측과 동일한 방법으로 진행하며 양 옆 밸런스를 맞추면서 커트를 진행한다.

㉕, ㉖, ㉗ 크라운Crown은 피봇 섹션Pivot Section으로 나눈 후 탑 포인트의 가이드와 연결하여 유니폼 레이어로 커트를 진행한다.

㉘, ㉙, ㉚ 골든 포인트G.P : Golden Point와 네이프Nape의 커트된 모발을 연결하여 버티컬 섹션으로 온 더 베이스하여 양쪽 이어 백 포인트E.B.P : Ear Back Point까지 그래쥬에이션Graduation 형태로 커트를 진행한다. 길이가 짧은 경우 호리존탈 섹션Horizontal Section으로 나칭 커트Notching Cut를 진행한다.

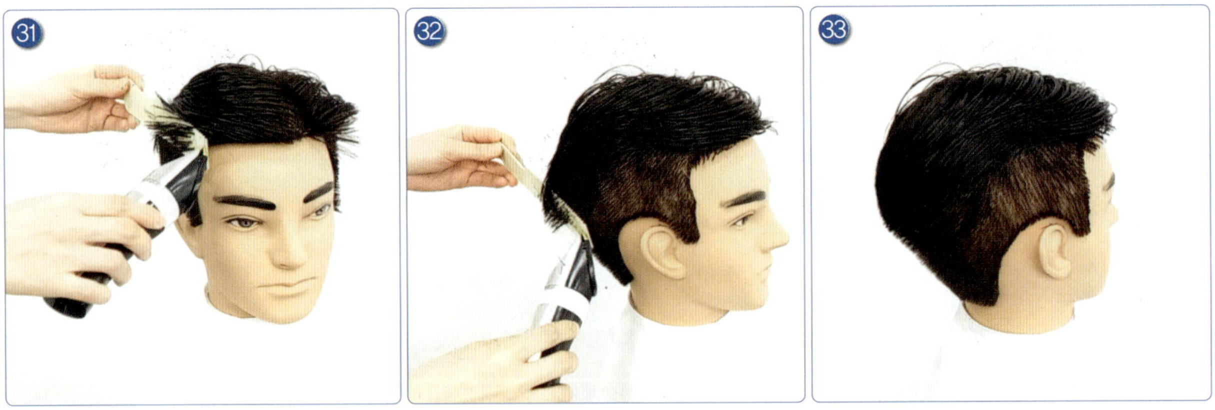

㉛, ㉜, ㉝ 인테리어Interior와 익스테리어Exterior 연결 부분의 자연스러움을 위해 호리존탈 섹션으로 연결선을 정리한다.

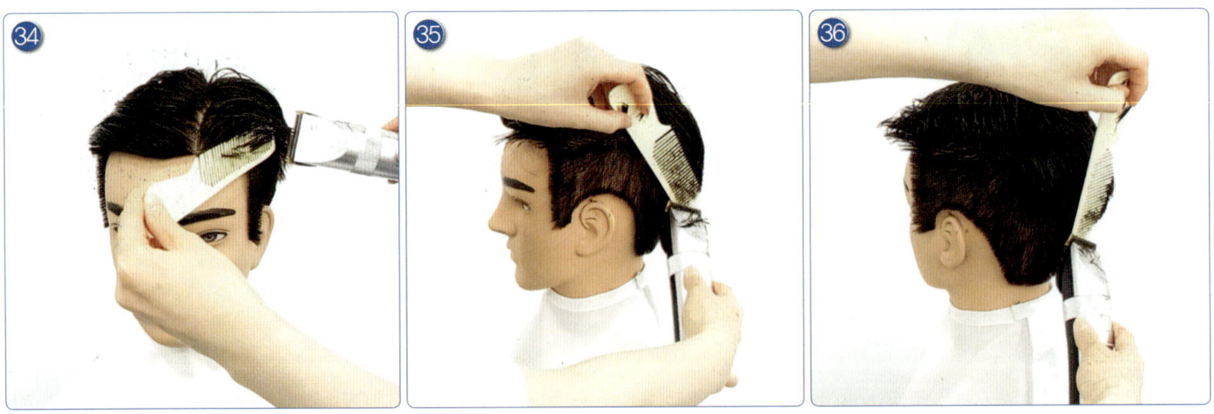

㉞, ㉟, ㊱ 좌측도 우측과 동일한 방법으로 진행하며 양 옆 밸런스를 맞추면서 커트를 진행한다.

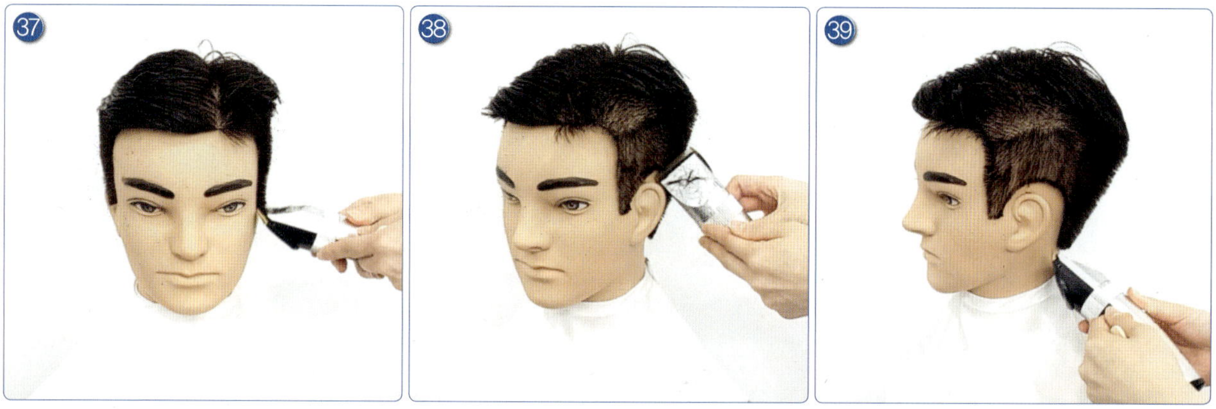

㊲, ㊳, ㊴ 클리퍼를 이용하여 C-스트로크C-stroke 기법으로 헤어 라인Hair Line의 음영을 고르게 정리한다.

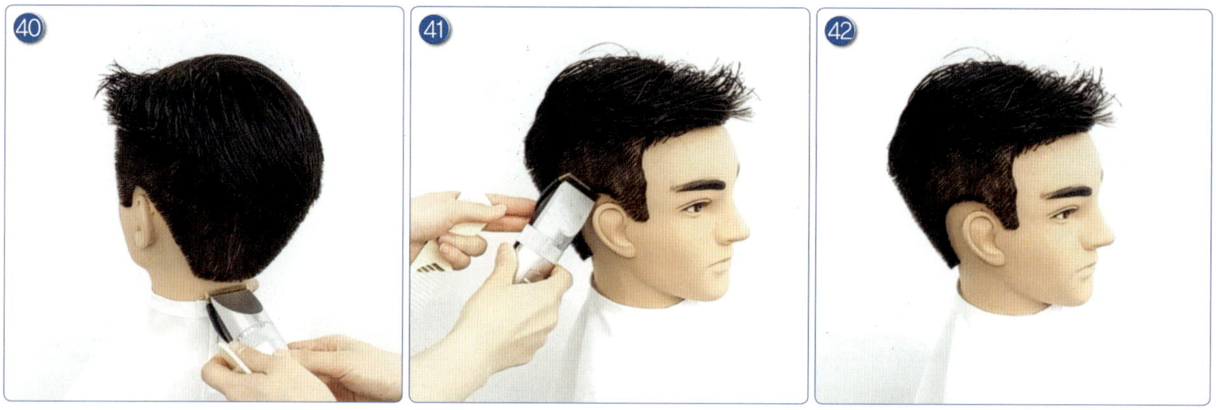

㊵, ㊶, ㊷ 우측도 좌측과 동일한 방법으로 진행하며 양 옆 밸런스를 맞추면서 커트를 진행한다.

㊸, ㊹, ㊺ 라인 틴닝Line Thinning으로 모발 끝에 생동감을 더해준다.

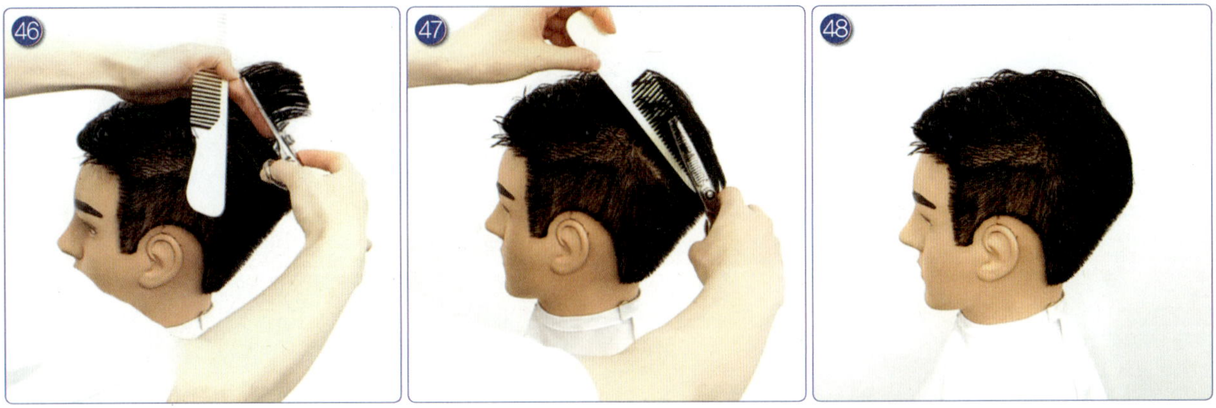

㊻, ㊼, ㊽ 이너Inner에서 라인Line까지 연속적인 틴닝Thinning 동작으로 모발의 방향감과 생동감을 준다.

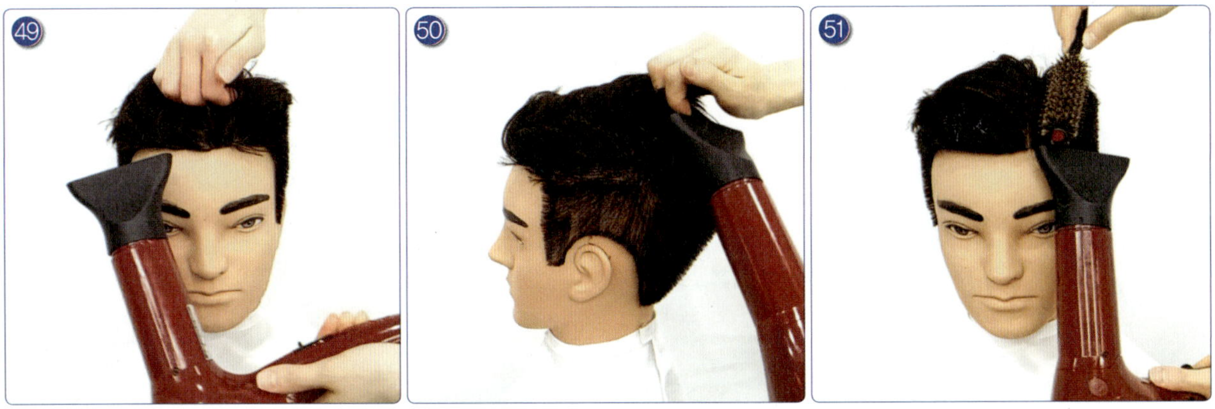

㊾, ㊿, 51 핸드 드라이Hand Dry와 롤 브러시Roll Brush를 이용하여 C컬C-Curl의 흐름과 볼륨을 넣어 형태를 만들고 사이드는 뜨지 않게 눌러준다.

52, 53, 54 제품을 사용하여 스타일링Styling한다.

3. 포마드 헤어 스타일 마무리 하기

앞 Front

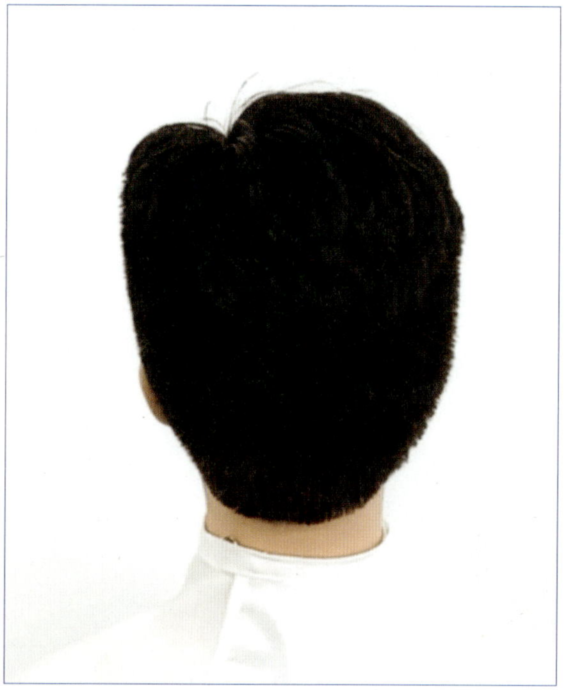

뒤 Back

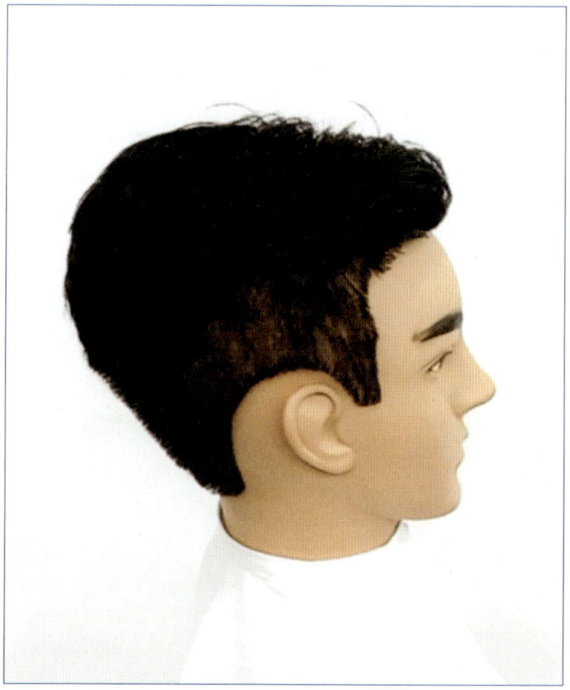

우측 Right side

좌측 Left side

실습과정 사진	
사진	설명

실습결과 사진	
앞 Front	뒤 Back
좌측 Left Side	우측 Right Side

[교수 학습방법]

교수 방법
① 비대칭, 대칭, 커넥션, 디스커넥션 스타일의 형태선과 특징을 설명한다.
② 레이저를 이용한 에칭, 아킹, 로테이션, 테이퍼링 기법을 설명한다.
③ 가위를 이용한 롱, 미디엄, 쇼트 스트로크 기법을 설명한다.
④ 마무리 샴푸 후 타월 및 드라이기를 사용하여 수분 제거 방법을 설명한다.
⑤ 헤어 커트 보정 작업 후 잔여 머리카락을 털어 내는 방법을 설명한다.
⑥ 헤어 커트 유형별 적합한 스타일링 도구 선택 방법, 스타일링 기법, 제품 사용 방법을 설명한다.
⑦ 홈 케어를 위한 조언 및 차후 방문 시기와 중요성에 대해 알리는 방법을 설명한다.
⑧ 고객 배웅 시 적절한 인사말에 대해서 설명한다.

학습 방법
① 비대칭, 대칭, 커넥션, 디스커넥션 스타일의 형태 선과 특징을 정리한다.
② 레이저를 이용한 에칭, 아킹, 로테이션, 테이퍼링 기법에 대해 숙지한다.
③ 가위를 이용한 롱, 미디엄, 쇼트 스트로크 기법에 대해 숙지한다.
④ 마무리 샴푸 후 타월 및 드라이기를 사용하여 수분 제거방법을 정리한다.
⑤ 헤어 커트 보정 작업 후 잔여 머리카락 제거 및 스타일링 도구 선택 방법, 스타일링을 위한 기법, 제품 사용 방법을 정리한다.
⑥ 홈 케어를 위한 조언 및 차후 방문 시기와 중요성에 대해 정리한다.
⑦ 고객 배웅 시 적절한 인사말에 대해서 정리한다.

[평가 준거]

학습 내용	평가 항목	성취 수준		
		상	중	하
혼합형 이발 작업	1. 비대칭, 대칭, 커넥션, 디스커넥션 스타일의 형태 선, 특징 등을 도식화하여 자르거나 깎을 수 있다.			
	2. 레이저를 이용한 에칭, 아킹, 로테이션, 테이퍼링 기법으로 자를 수 있다.			
	3. 가위를 이용한 롱, 미디엄, 쇼트 스트로크 기법으로 자를 수 있다.			
혼합형 이발 마무리	이발 작업 후 고객 만족도를 파악하기 위해 필요한 경우 수정, 보완하며 홈 케어를 위한 조언할 수 있다.			

[평가 방법]

학습 내용	평가 항목	성취 수준		
		상	중	하
혼합형 이발 작업	1. 비대칭, 대칭, 커넥션, 디스커넥션 스타일의 형태선과 특징을 접목한 도식화된 디자인으로 커트할 수 있는 능력			
	2. 혼합형 이발 형태의 작업 완성도			
	3. 레이저를 사용하여 에칭, 아킹, 로테이션, 테이퍼링 기법을 할 수 있는 능력			
	4. 가위를 이용하여 롱, 미디엄, 쇼트 스트로크 기법을 할 수 있는 능력			
혼합형 이발 마무리	1. 커트 종료 후 고객의 만족도를 파악할 수 있는 의사소통 능력			
	2. 헤어 커트 보정 작업 후 잔여 머리카락을 제거 할 수 있는 능력			
	3. 홈 케어를 위한 조언 및 고객 배웅 시 적절한 인사말을 건넬 수 있는 능력			

[평가자 체크 리스트]

학습 내용	평가 항목	성취 수준		
		상	중	하
혼합형 이발 작업	1. 비대칭, 대칭, 커넥션, 디스커넥션 스타일의 형태선과 특징을 접목한 도식화된 디자인으로 커트할 수 있는지 여부			
	2. 혼합형 이발 형태 작업의 완성도 여부			
	3. 레이저를 사용하여 에칭, 아킹, 로테이션, 테이퍼링 기법을 할 수 있는지 여부			
	4. 가위를 이용하여 롱, 미디엄, 쇼트 스트로크 기법을 할 수 있는지 여부			
혼합형 이발 마무리	1. 커트 종료 후 고객의 만족도를 파악할 수 있는 의사소통을 하였는지 여부			
	2. 헤어 커트 보정 작업 후 잔여 머리카락을 제거하였는지 여부			
	3. 홈 케어를 위한 조언 및 고객 배웅 시 적절한 인사말을 하였는지 여부			

10. 모히칸 스타일Mohican Hair Style

학습내용 단원명	수업 목표
남성 미용 응용 스타일 모히칸 커트 헤어 스타일	남성 커트 미용 응용 모히칸 커트 헤어 스타일 실습을 수행할 수 있다.

모히칸 스타일Mochican Style은 인디언의 헤어 스타일로 수탉의 벼슬 모양과 유사하며 좌우가 짧아 두피가 드러나고 가운데로 갈수록 길어지는 형태로 옆머리가 뜨는 경우 적용하기 좋은 개성있는 스타일이다.

1. 모히칸 헤어 커트 준비하기

(1) 재료

① 커트 빗

② 클리퍼

③ 블런트 가위

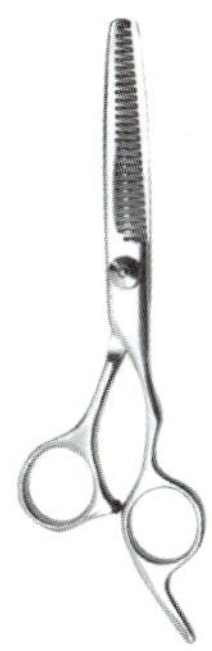

④ 틴닝 가위

⑤ 드라이기

⑥ 스타일링 제품

(2) 도해도 및 시술 개요

① 도해도

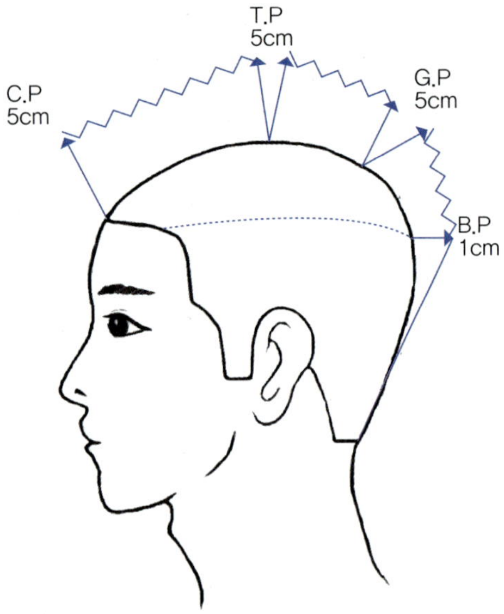

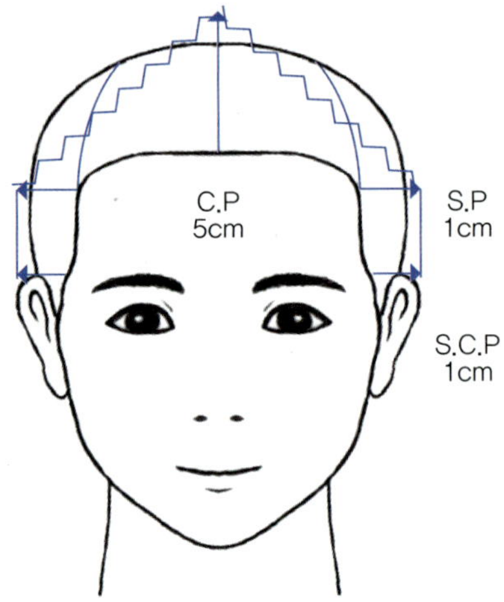

② 시술개요

블로킹 Blocking	노 파팅 No Parting
섹션 Section	수평 Horizontal, 세로 Vertical, 후대각 Diagonal Back
분배 Distribution	직각 분배 Perpendicular Distribution
각도 Angle	Top, Side–일반 시술 각 Normal Projection 90°, Back–자연 시술 각 Natural Fall 80~90°
베이스 Base	온 더 베이스 On The Base
커트 Cut	블런트 커트 Blunt Cut, 나칭 커트 Notching Cut, 클리퍼 오버 콤 Clipper Over Comb, 시저스 오버 콤 Scissors Over Comb
질감 처리 Texturerising	루트 틴닝 Root Thinning, 이너 틴닝 Inner Thinning, 라인 틴닝 Line Thinning

(3) 미용 남성 커트 시술 방법

시술 전

시술 후

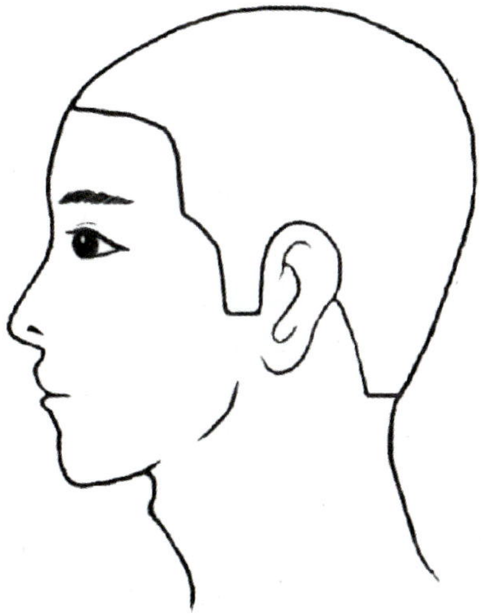

도해도 그려보기

2. 모히칸 헤어 스타일 시술하기

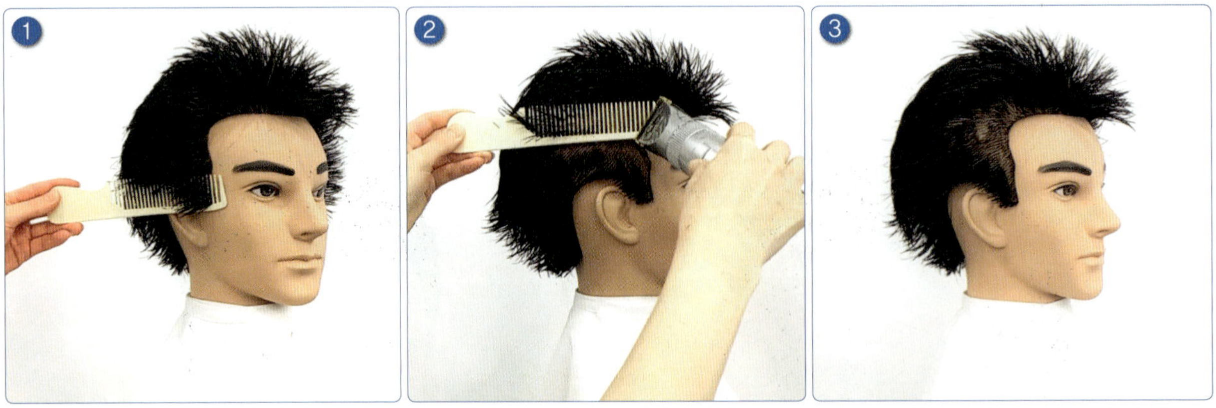

①, ②, ③ 사이드 코너 포인트S.C.P : Side Corner Point에서 시작하며 클리퍼Clipper를 이용하여 호리존탈 섹션Horizontal Section으로 사이드 포인트S.P : Side Point까지 온 더 베이스On The Base로 커트Cut를 진행한다.

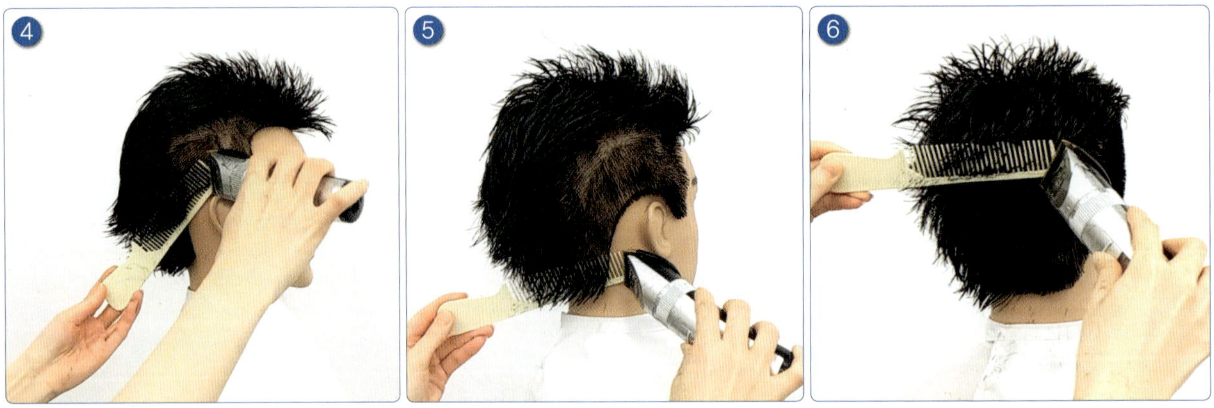

④, ⑤, ⑥ 백 사이드B.S : Back Side는 다이애거널 백 섹션Diagonal Back Section으로 사이드Side의 가이드Guide와 연결하여 온 더 베이스로 커트하며, 네이프Nape는 호리존탈 섹션으로 백 포인트B.P : Back Point까지 그래쥬에이션Graduation 형태로 커트를 진행한다.

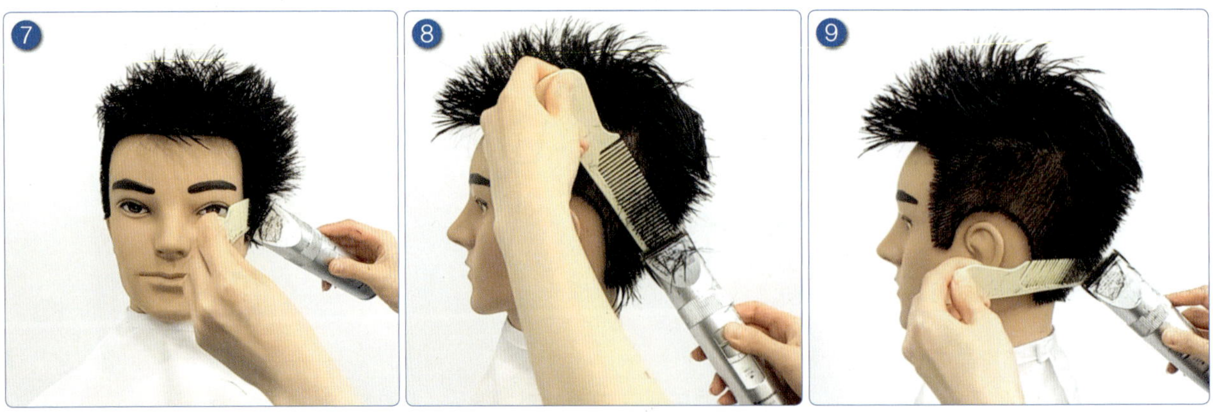

⑦, ⑧, ⑨ 좌측도 우측과 동일한 방법으로 진행하며 양 옆 밸런스Balance를 맞추면서 커트를 진행한다.

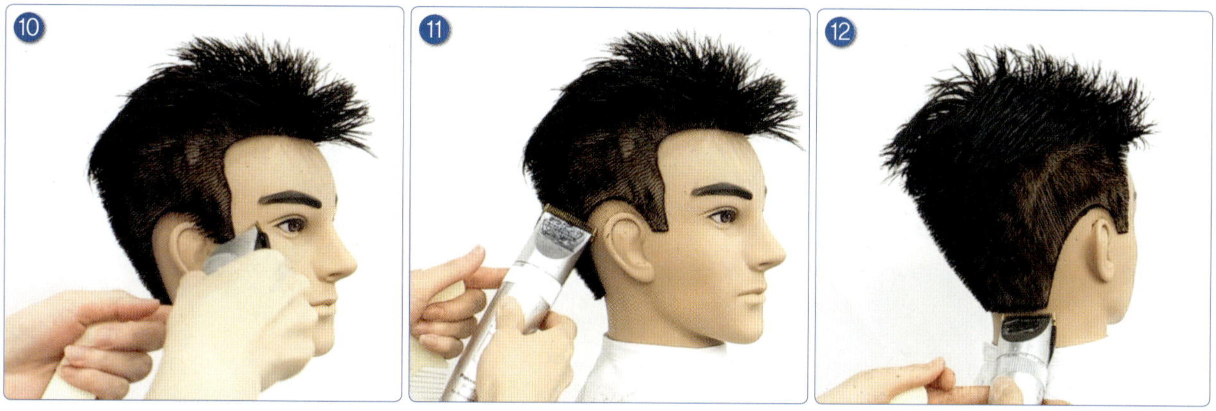

⑩, ⑪, ⑫ 클리퍼를 이용하여 C-스트로크C-stroke 기법으로 헤어 라인Hair Line의 음영을 고르게 정리한다.

⑬, ⑭, ⑮ 좌측도 우측과 동일한 방법으로 진행하며 양 옆 밸런스를 맞추면서 커트를 진행한다.

⑯, ⑰, ⑱ 센터 라인Center Line을 가이드로 사이드에서 탑Top으로 갈수록 길어지게 다이애거널 백 섹션으로 연결하여 나칭 커트Notching Cut를 진행한다.

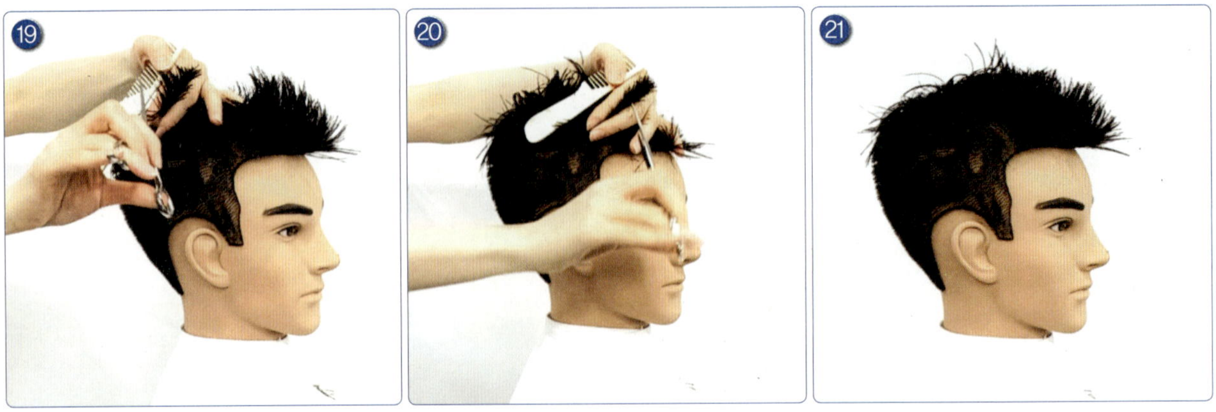

⑲, ⑳, ㉑ 우측도 좌측과 동일한 방법으로 진행하며 양 옆 밸런스를 맞추면서 나칭 커트를 진행한다.

㉒, ㉓, ㉔ 크라운Crown은 피봇 섹션Pivot Section으로 나눈 후 탑 포인트T.P : Top Point와 백 포인트의 가이드를 연결하여 그래쥬에이션 형태로 나칭 커트를 진행한다.

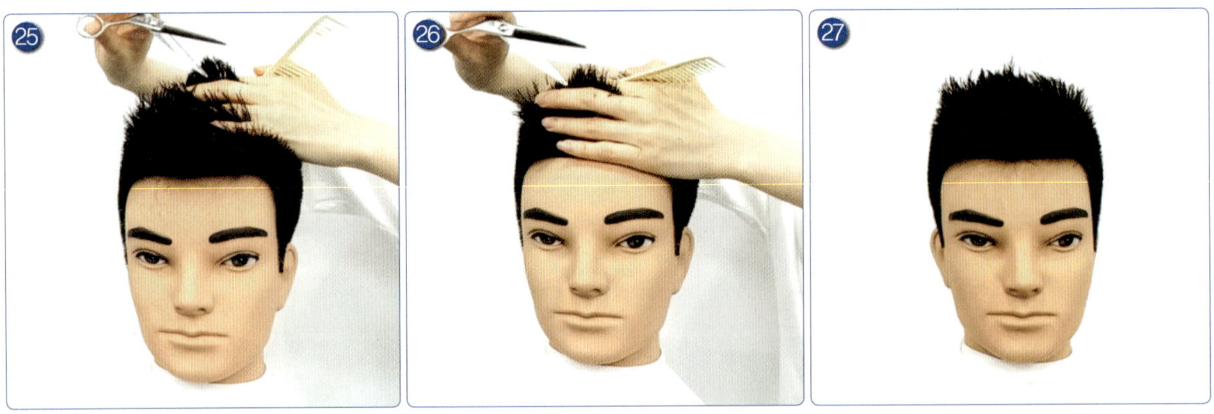

㉕, ㉖, ㉗ 센터 라인Center Line의 가이드를 중심으로 좌·우 밸런스 체크Balance Check를 통해 삼각형 모양이 나오는지 확인하며 나칭 커트로 정리한다.

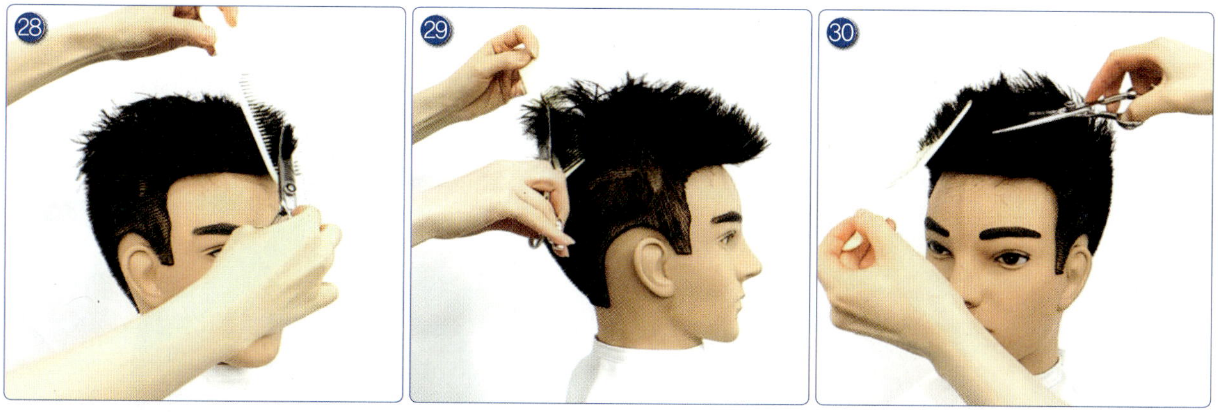

㉘, ㉙, ㉚ 액티베이트 Activate 한 질감 표현을 위해 젖은 상태에서 루트 틴닝 Root Thinning 과 라인 틴닝 Line Thinning 을 이용하여 커트를 진행한다.

㉛, ㉜, ㉝ 핸드 드라이 Hand Dry 로 C컬 C-Curl 의 흐름과 볼륨을 넣어 형태를 만든다.

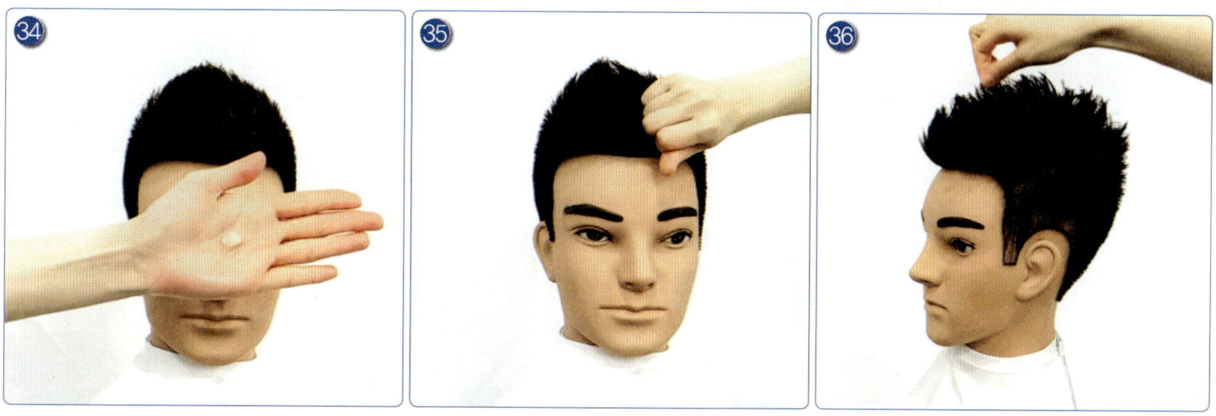

㉞, ㉟, ㊱ 제품을 사용하여 스타일링 Styling 한다.

3. 모히칸 헤어 스타일 마무리하기

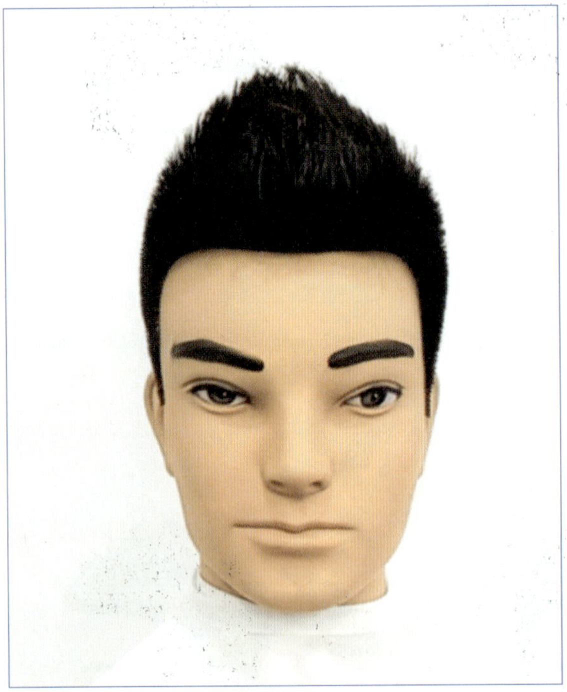

앞 Front

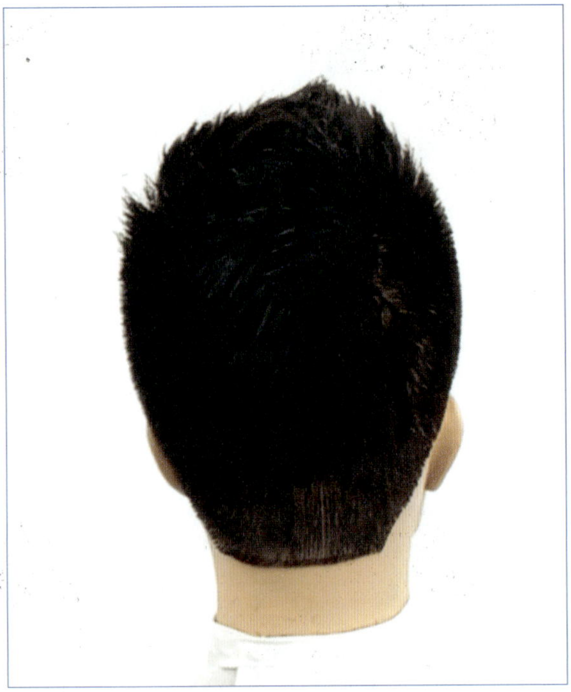

뒤 Back

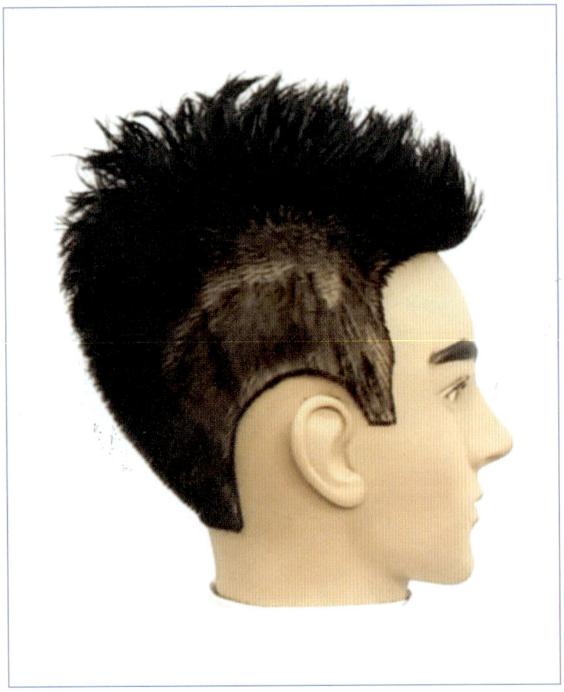

우측 Right side

좌측 Left side

실습과정 사진	
사진	설명

실습결과 사진	
앞 Front	뒤 Back
좌측 Left Side	우측 Right Side

[교수 학습방법]

교수 방법
① 비대칭, 대칭, 커넥션, 디스커넥션 스타일의 형태선과 특징을 설명한다.
② 레이저를 이용한 에칭, 아킹, 로테이션, 테이퍼링 기법을 설명한다.
③ 가위를 이용한 롱, 미디엄, 쇼트 스트로크 기법을 설명한다.
④ 마무리 샴푸 후 타월 및 드라이기를 사용하여 수분 제거 방법을 설명한다.
⑤ 헤어 커트 보정 작업 후 잔여 머리카락을 털어 내는 방법을 설명한다.
⑥ 헤어 커트 유형별 적합한 스타일링 도구 선택 방법, 스타일링 기법, 제품 사용 방법을 설명한다.
⑦ 홈 케어를 위한 조언 및 차후 방문 시기와 중요성에 대해 알리는 방법을 설명한다.
⑧ 고객 배웅 시 적절한 인사말에 대해서 설명한다.

학습 방법
① 비대칭, 대칭, 커넥션, 디스커넥션 스타일의 형태 선과 특징을 정리한다.
② 레이저를 이용한 에칭, 아킹, 로테이션, 테이퍼링 기법에 대해 숙지한다.
③ 가위를 이용한 롱, 미디엄, 쇼트 스트로크 기법에 대해 숙지한다.
④ 마무리 샴푸 후 타월 및 드라이기를 사용하여 수분 제거방법을 정리한다.
⑤ 헤어 커트 보정 작업 후 잔여 머리카락 제거 및 스타일링 도구 선택 방법, 스타일링을 위한 기법, 제품 사용 방법을 정리한다.
⑥ 홈 케어를 위한 조언 및 차후 방문 시기와 중요성에 대해 정리한다.
⑦ 고객 배웅 시 적절한 인사말에 대해서 정리한다.

[평가 준거]

<table>
<tr><th rowspan="2">학습 내용</th><th rowspan="2">평가 항목</th><th colspan="3">성취 수준</th></tr>
<tr><th>상</th><th>중</th><th>하</th></tr>
<tr><td rowspan="3">혼합형 이발 작업</td><td>1. 비대칭, 대칭, 커넥션, 디스커넥션 스타일의 형태 선, 특징 등을 도식화하여 자르거나 깎을 수 있다.</td><td></td><td></td><td></td></tr>
<tr><td>2. 레이저를 이용한 에칭, 아킹, 로테이션, 테이퍼링 기법으로 자를 수 있다.</td><td></td><td></td><td></td></tr>
<tr><td>3. 가위를 이용한 롱, 미디엄, 쇼트 스트로크 기법으로 자를 수 있다.</td><td></td><td></td><td></td></tr>
<tr><td>혼합형 이발 마무리</td><td>이발 작업 후 고객 만족도를 파악하기 위해 필요한 경우 수정, 보완하며 홈 케어를 위한 조언할 수 있다.</td><td></td><td></td><td></td></tr>
</table>

[평가 방법]

<table>
<tr><th rowspan="2">학습 내용</th><th rowspan="2">평가 항목</th><th colspan="3">성취 수준</th></tr>
<tr><th>상</th><th>중</th><th>하</th></tr>
<tr><td rowspan="4">혼합형 이발 작업</td><td>1. 비대칭, 대칭, 커넥션, 디스커넥션 스타일의 형태선과 특징을 접목한 도식화된 디자인으로 커트할 수 있는 능력</td><td></td><td></td><td></td></tr>
<tr><td>2. 혼합형 이발 형태의 작업 완성도</td><td></td><td></td><td></td></tr>
<tr><td>3. 레이저를 사용하여 에칭, 아킹, 로테이션, 테이퍼링 기법을 할 수 있는 능력</td><td></td><td></td><td></td></tr>
<tr><td>4. 가위를 이용하여 롱, 미디엄, 쇼트 스트로크 기법을 할 수 있는 능력</td><td></td><td></td><td></td></tr>
<tr><td rowspan="3">혼합형 이발 마무리</td><td>1. 커트 종료 후 고객의 만족도를 파악할 수 있는 의사소통 능력</td><td></td><td></td><td></td></tr>
<tr><td>2. 헤어 커트 보정 작업 후 잔여 머리카락을 제거할 수 있는 능력</td><td></td><td></td><td></td></tr>
<tr><td>3. 홈 케어를 위한 조언 및 고객 배웅 시 적절한 인사말을 건넬 수 있는 능력</td><td></td><td></td><td></td></tr>
</table>

[평가자 체크 리스트]

학습 내용	평가 항목	성취 수준		
		상	중	하
혼합형 이발 작업	1. 비대칭, 대칭, 커넥션, 디스커넥션 스타일의 형태선과 특징을 접목한 도식화된 디자인으로 커트할 수 있는지 여부			
	2. 혼합형 이발 형태 작업의 완성도 여부			
	3. 레이저를 사용하여 에칭, 아킹, 로테이션, 테이퍼링 기법을 할 수 있는지 여부			
	4. 가위를 이용하여 롱, 미디엄, 쇼트 스트로크 기법을 할 수 있는지 여부			
혼합형 이발 마무리	1. 커트 종료 후 고객의 만족도를 파악할 수 있는 의사소통을 하였는지 여부			
	2. 헤어 커트 보정 작업 후 잔여 머리카락을 제거하였는지 여부			
	3. 홈 케어를 위한 조언 및 고객 배웅 시 적절한 인사말을 하였는지 여부			

<table>
<tr><th colspan="7">작업 포토폴리오</th></tr>
<tr><td colspan="7"></td></tr>
<tr><td>능력단위명</td><td colspan="6">혼합형 이발</td></tr>
<tr><td>평가 일시</td><td colspan="2">년 월 일</td><td>담당 교수</td><td colspan="2"></td><td>확인</td></tr>
<tr><td>학 번</td><td colspan="2"></td><td>평가자</td><td colspan="2"></td><td>확인</td></tr>
<tr><td>학습 주제
(주차)</td><td colspan="6"></td></tr>
<tr><td>준비하기
(실습재료)</td><td colspan="6"></td></tr>
<tr><td>커트 도해도</td><td colspan="6">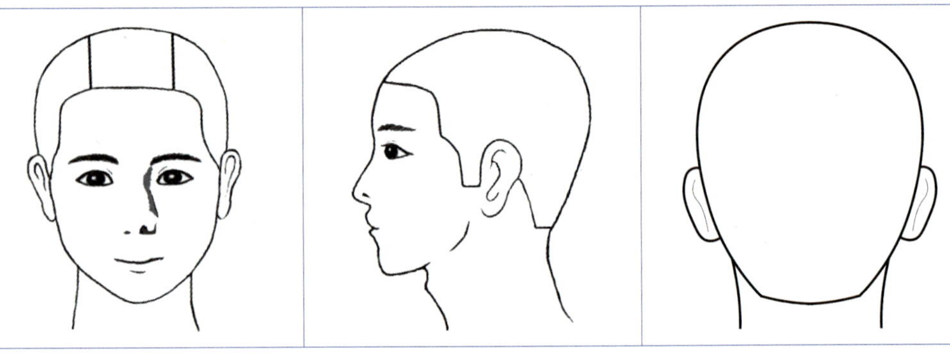</td></tr>
<tr><td>실습 과정 설명</td><td colspan="6">1.
2.
3.
4.
5.</td></tr>
<tr><td rowspan="2">사진</td><td colspan="2">실습 전 사진</td><td colspan="2">실습 과정 사진</td><td colspan="2">실습 완료 사진</td></tr>
<tr><td colspan="2"></td><td colspan="2"></td><td colspan="2"></td></tr>
<tr><td rowspan="2">평가 과제</td><td colspan="3">학습자 소감</td><td colspan="3">교수 평가</td></tr>
<tr><td colspan="3"></td><td colspan="3"></td></tr>
</table>

문제 출제				
능력단위명	혼합형 이발			
작성 일시	년 월 일	담당 교수		확인
학 번		학습자		확인
진단 형식	평가 문항			
서술형	1. 이용사의 관찰 3단계를 서술하시오.			
	2. 이용사의 사고 중 좌뇌와 우뇌의 사고력의 차이점을 서술하시오.			
	3. 일반 시술각과 자연 시술각에 대해 서술하시오.			
택일형	다음 사진에서 제시된 기법끼리 바르게 묶은 것은?  ① 에칭, 아킹 ② 아킹, 테이퍼링 ③ 아킹, 로테이션 ④ 에칭, 로테이션			
약술형	다음은 커트 기법에 관한 설명이다. 빈칸을 채우시오. ( )은 끝을 가늘게 한다는 뜻으로 모발 끝으로 갈수록 점차적으로 붓처럼 가늘고 자연스럽게 모발의 양을 조절하기 위해 머릿결의 흐름을 불규칙하게 커트하는 과정으로 ( ), ( ), ( ) 테이퍼링이 있다.			
연결형	다음은 커트 기법에 대한 설명을 바르게 연결하시오 ① 틴닝 • • 모발의 길이는 줄이지 않고 모량에 대해 부피감을 줄여 생동감을 만들 때 사용된다. ② 포인팅 • • 가위를 사용하여 마른 모발에 테이퍼링하는 기법이다. 손가락으로 모발의 패널을 잡고 가위가 비스듬하게 모발 끝에서 두개피 쪽으로 들어가면서 모량을 줄인다. ③ 시저스 오버 콤 • • 모발 끝에서 스트랜드를 잡고 손가락 쪽으로 가위를 세로로 나칭보다 더 깊게 넣어 커트하는 기법이다. 질감은 가위가 들어가는 깊이와 횟수에 따라 달라진다. ④ 스트로크 • • 모발이 짧아서 손으로 잡기 힘들 때 주로 사용하는 방법으로 빗을 모발에 대고 위로 이동하면서 가위를 개폐하여 빗살 위에 튀어나온 모발을 제거한다.			

<table>
<tr><th colspan="8">평가자 체크리스트</th></tr>
<tr><td colspan="8"></td></tr>
<tr><td>능력단위명</td><td colspan="7">혼합형 이발</td></tr>
<tr><td>작성 일시</td><td colspan="2">년 월 일</td><td>담당 교수</td><td colspan="3"></td><td>확인</td></tr>
<tr><td>학 번</td><td colspan="2"></td><td>학습자</td><td colspan="3"></td><td>확인</td></tr>
<tr><td rowspan="2">진단 영역</td><td rowspan="2">평가 문항</td><td colspan="5">성취 수준</td></tr>
<tr><td>매우 부족</td><td>부족</td><td>보통</td><td>우수</td><td>매우 우수</td></tr>
<tr><td>헤어 커트 디자인의 분석하기</td><td>이발에 요구되는 기본 지식인 이용사로서 관찰, 사고, 형의 특성, 형태 분석, 디자인 결정 등을 설명할 수 있다.</td><td></td><td></td><td></td><td></td><td></td></tr>
<tr><td>혼합형 이발 계획</td><td>다양한 스타일의 형태 선, 특징 등을 도식화 하여 디자인에 접목시킬 수 있다.</td><td></td><td></td><td></td><td></td><td></td></tr>
<tr><td rowspan="3">혼합형 이발 작업</td><td>비대칭, 대칭, 커넥션, 디스커넥션 스타일의 형태 선, 특징 등을 도식화하여 자르거나 깎을 수 있다.</td><td></td><td></td><td></td><td></td><td></td></tr>
<tr><td>레이저를 이용한 에칭, 아킹, 로테이션, 테이퍼링 기법으로 자를 수 있다.</td><td></td><td></td><td></td><td></td><td></td></tr>
<tr><td>가위를 이용한 롱, 미디엄, 쇼트 스트로크 기법으로 자를 수 있다.</td><td></td><td></td><td></td><td></td><td></td></tr>
<tr><td>혼합형 이발 마무리</td><td>이발 작업 후 고객 만족도를 파악하기 위해 필요한 경우 수정, 보완하며 홈 케어를 위한 조언할 수 있다.</td><td></td><td></td><td></td><td></td><td></td></tr>
</table>

이·미용 용어 정리

명 칭	설 명
Reference points of the head shape	두상의 포인트와 관련된 명칭
이어 포인트 Ear Point	양쪽 귀의 정중앙 부분의 선
센터 포인트 Center Point	앞머리 부분
탑 포인트 Top Point	가장 윗머리 부분
골든 포인트 Golden Point	뒷머리 중앙 약간 윗부분
백 포인트 Back Point	뒷머리 아래 부분
네이프 포인트 Nape Point	뒷머리의 가장 아래 부분
프론트 사이드 포인트 Front Side Point	페이스 라인의 양쪽 관자놀이 부분
사이드 포인트 Side Point	양쪽 옆머리 부분
사이드 코너 포인트 Side Corner Point	양쪽 관자놀이와 옆머리의 코너 부분
이어 백 포인트 Ear Back Point	양쪽 귀의 정중앙 부분의 뒤쪽 선
네이프 사이드 포인트 Nape Side Point	뒷머리 아래쪽의 좌·우 양쪽의 코너 부분
센터 탑 미디움 포인트 Center Top Medium Point	센터와 탑 사이의 부분
탑 골든 미디움 포인트 Top Golden Medium Point	탑과 골덴 사이의 부분, 가장 윗머리 바로 뒷 부분
골든 백 미디움 포인트 Golden Back Medium Point	골덴과 백 사이의 부분, 뒷머리 중앙 부분
백 네이프 미디움 포인트 Back Nape Medium Point	백과 네이프의 사이의 부분, 뒷머리 아래쪽 부분
크라운 Crown	일반적으로 두상의 가장 높은 부분에서 가마가 생기는 부분을 말하지만 사람마다 모류방향 및 가마가 다르기 때문에 센터 포 헤드에서 센터 네이프 사이의 가장 중심이 되는 부분
네이프 Nape	후두부에서 가장 낮은 부분
그로스 패턴 Growth Pattern	모류 방향 모발이 자라나는 방향

명 칭	설 명
프린지Fringe	어떤 디자인에서 이마를 부분적으로 또는 완전히 덮는 머리. 가장 다양한 스타일 연출이 가능한 부분 중 하나
옥시피탈Occipital	후두부에서 가장 튀어나온 부분
백 사이드Back Side	두상의 옆면과 뒷면의 중간지점
후두하부	네이프 포인트N.P : Nape Point 하단의 영역, 그라데이션Gradation을 표현하거나 아웃 라인Out Line의 질감 및 무게감을 표현
천정부	프론트 사이드 포인트F.S.P : Front Side Point와 골든 포인트G.P : Golden Point를 이은 선으로 안쪽 영역, 윗머리의 길이, 층, 볼륨Volume을 표현
후두부	커트의 형태를 결정 짓는 영역으로 두상에서 가장 낮은 곳에 위치하고 있으며, 두상의 아웃 라인Out Line이나 길이를 결정하는 곳
Partings & Sections	파팅과 섹션
블로킹Blocking	헤어 시술을 위하여 두상을 큰 구획으로 나누는 것
홀슈Horseshoe	양쪽 리세션Recession을 연결하여 만드는 파팅
섹셔닝Sectioning	섹션Section 나누기 조절을 위하여 두상을 시술하기 편한 구역으로 나누는 것
파팅Parting	머리를 나누어 분배하고 조절해주기 위해 소 섹션으로 나누어주는 선
피봇팅Pivoting	한 점을 중심으로 회전하는 선으로 수박 섹션, 또는 방사선 섹션
프로파일Profile	센터 파트Center Part에서 센터 네이프Center Nape까지 이어진 선으로 정중선, 가운데 가르마
래디얼Radial	크라운Crown에서 헤어 라인Hair Line을 연결하는 선. 우리는 일반적으로 이어 투 이어Ear To Ear로 사용
Line & Distribution	선과 분배
천체축Celestial Axis	위, 아래, 좌, 우로 움직일 수 있는 곡선과 직선
라인Line	선
센터 라인Center Line	센터 포인트C.P : Center Point에서 네이프 포인트까지 좌우로 분할하는 선=정중선
이어 투 이어 라인Ear To Ear Line	양쪽 이어 백 포인트E.B.P : Ear Back Point에서 탑 포인트T.P : Top Point를 지나는 선=측중선
수평선Horizontal Line	이어 포인트E.P : Ear point의 높이를 가로로 이어주고 두상 부위 측면을 상·하로 2등분하는 선
유 라인U-Line	프론트 사이드 포인트에서 골든 포인트, 반대편 프론트 사이드 포인트를 잇는 둥근 선=측두선
스퀘어 라인Square Line	사각형의 커트 형태

명 칭	설 명
페이스 라인Face Line	얼굴과 모발이 나 있는 두피의 경계선
헤어라인Hair Line	피부와 모발이 난 부분의 경계선
이어 라인Ear Line	사이드 코너 포인트S.C.P : Side Corner Point에서 이어 백 포인트E.B.P : Ear Back Point를 연결한 라인
인테리어Interior	두상의 크레스트Crest 윗 부분의 명칭
엑스테리어Exterior	두상의 크레스트Crest 아랫 부분의 명칭
크레스트Crest	인테리어Interior와 엑스테리어Exterior의 분할선 명칭
호리존탈Horizontal	평면에 대해서 평행한 선
버티컬Vertical	평면에 대해서 수직인 선
다이애거널Diagonal	대각선
컨케이브Concave	구의 내부인테리어 : Interiror와 같이 휘어진 표면=오목곡선
컨벡스Convex	구의 외부익스테리어 : Exterior처럼 바깥쪽으로 휘어진 표면=볼록곡선
다이애거널 포워드Diagonal Forward	전대각, 얼굴을 방향으로 흐르는 대각선
다이애거널 백Diagonal Back	후대각, 머리가 뒤쪽으로 흐르는 대각선
다이애거널 레프트Diagonal Left	좌대각, 왼쪽으로 향하는 대각선
다이애거널 라이트Diagonal Right	우대각, 오른쪽으로 향하는 대각선
웨이트 라인Weight Line	무게선 감을 나타내는 선
디렉셔널 디스트리뷰션 Directional Distribution	방향분배, 천체축을 따라 수평, 수직, 대각 방향으로 분배
자연분배Natural Distribution	모발이 두상에서 자연스럽게 떨어지는 그대로의 방향
직각분배Perpendicular Distribution	모발을 베이스 파팅에서 90°직각으로 빗어질 때의 방향
변이분배Shifted Distribution	모발이 베이스 파팅에서 직각분배나 자연분배 이외의 다른 방향으로 빗질되는 방향. 일반적으로 급격한 길이차를 보이거나 각 부분들 간의 길이를 연결할 때 사용
방향분배Directional Distribution	파팅과 관계없이 한 방향으로 빗는 것
Base	**베이스**
온 더 베이스On The Base	베이스 중심 부분에 모발이 두피로부터 일반 시술 각 90°로 들어 올려 앞쪽과 뒤쪽의 모발을 가운데로 모아진 접점에서 커트

명 칭	설 명
사이드 베이스Side Base	한 섹션의 폭에서 양쪽 끝점 중 어느 한쪽으로 각을 이루어 모발의 길이가 점차적으로 길어지게 하거나 짧아지게 하기 위해 베이스 폭의 가장자리 접점에서 커트
오프 더 베이스 Off The Base	패널의 한 변이 90° 이상으로 베이스를 벗어나 밖으로 벗어나는 것
프리 베이스Free Base	온 더 베이스On The Base와 사이드 베이스Side Base의 중간 베이스Base를 말하며, 모발 길이가 두상에서 자연스럽게 길어지거나 짧아지는 효과
트위스트 베이스Twist Base	모발 길이의 장단이 좌·우, 위·아래에 급격한 길이 변화가 필요할 때 사용
Elevation	각도
45°	0°에서 90° 사이의 모든 각을 말하며 일반적으로 사용하는 그래쥬에이션Graduation의 각도
90°	천체축 90° 혹은 두상 90°
자연 시술 각Natural Fall	모발이 두상 곡면 위에서 아래로 자연스럽게 떨어질 때 보이는 모습이 자연 시술 각 천체축 각도
일반 시술 각	두상의 곡면에 따라 둥글게 굴려져 들어지는 90°
하이High	60°보다 크고 90°보다 작은 각
미디움Medium	30°보다 크고 60°보다 작은 각
로우Low	0°보다 크고 30° 보다 작은 각
엘리베이션Elevation	두상으로부터 모발을 들어올리는 정도
커팅 앵글Cutting Angle	커트Cut가 행해지는 각도
Cut	커트
커트Cut	블런트Blent Cut, 싱글링Shingling, 질감 처리Texture, 포인트 컷Point Cut
블런트 커트Blunt Cut	모발의 단면을 가위로 자르는 커트
텍스춰Texture	질감
틴닝Thinning	모발의 길이는 변화를 주지 않으면서 전체적으로 숱만 감소시키는 기법
텍스춰 라이징Texturerising	질감 만들기 모질, 디자인의 생동감 또는 확장감을 만들기 위해 가장자리나 형태 내의 모발을 커트하는 것
포인팅Pointing	가위의 끝이 손가락에서 머리끝을 향해서 움직이는 질감 만드는 기법
크로스 체크Cross Check	원래 파팅 패턴의 반대패턴을 사용하여 정확도를 점검하는 커팅의 마지막 단계, 수직과 수평의 분배에서 교차하여 커트=크로스 커트Cross Cut
클리퍼 오버 콤 Clipper-Over-Comb	두상의 아주 가까이에서 커트하기 위한 기법, 빗 사이로 튀어나온 모발을 클리퍼로 커트

명 칭	설 명
싱글링 Shingling	빗 밖으로 나온 모발을 가위로 목 부분이나 사이드를 매우 짧게 자르는 것
나칭 컷 Notching Cut	가위를 45°로 세워 커트 된 단면이 불규칙하게 커트 하는 것
테이퍼링 Tapering	겉 마름 기법 bevel up은 스트랜드 바깥쪽 부분에 레이저를 이용하여 질감 처리하는 방법으로 에칭 기법을 한층 더 효과 있게 표현하고자 할 때 사용, 레이저 날을 모발 표면에 놓고 곡선을 그리듯이 움직임
	안 마름 기법 bevel under은 스트랜드 안쪽 부분에 레이저를 이용하여 질감 처리하는 방법으로 레이저 날을 모발 뒷면에 놓고 곡선을 그리듯이 움직이고, 테이퍼되는 숱의 양을 볼 수 있기 때문에 원하는 만큼의 질감 처리
시저스 오버 콤 Scissors–Over–Comb	두상의 아주 가까이에서 커트하기 위한 기법, 빗사이로 튀어나온 모발을 가위로 커트, 싱글링이라고도 함
그라데이션 커트 Gradation Cut	모발 길이를 발제선 hair line에서부터 내측 interior으로 갈수록 아주 짧은 길이에서부터 점점 길어지게 깎는 것을 의미 때때로 '테이퍼링 커트 tapering cut'라고도 함
C–스트로크 C–Stroke	클리퍼를 'C' 모양의 곡선으로 들어올려 모발 길이를 점차적으로 길어지게 깎는 기법, 곡선을 그리지 않고 두상면에 밀착하여 그대로 깎으면 영역 간의 블렌딩이 잘 이뤄지지 않아 점차적으로 어두워지는 섬세한 명암 표현이 어려움
프리 핸드 Free Hand	손 또는 빗으로 모발을 쥐지 않고 깎는 도구만을 사용해서 커트하는 기법을 말함, 발제선 부분을 짧은 길이로 커트할 때 클리퍼를 두상에 밀착해서 깎는 경우를 예로 들 수 있음
노멀 테이퍼 Normal Taper	모발 중간의 모량을 줄이고 끝족의 모발의 질감도 가늘어지게 연출하여 형태선을 부드럽게 함
노 텍스쳐 No Texture	질감처리를 하지 않는것
엔드 테이퍼링 End Tapering	모발 끝의 모량을 붓 끝처럼 가늘어지게 연출하여 형태 선을 부드럽게 함
딥 테이퍼링 Deep Tapering	모다발의 가장 깊은 곳에 짧은 길이의 모발을 형성함으로써 받쳐 주는 역할을 하기도 하고, 베이스 부분에서 모량을 많이 감소하기 때문에 부피감을 줄여 줌
슬라이싱 Slicing	생동감을 주기 위해 머리의 표면을 따라서 가위를 벌려 미끄러지듯이 움직여 머리 질감을 만드는 기법
루트 틴닝 Root Thinning	뿌리 부분에 모발의 밀도가 높은 경우와 모류가 강한 부분의 모류 방향을 보정하기 위해, 또는 밀도가 높은 모량을 줄이기 위해 모발의 뿌리 부분을 솎아내는 테크닉. 모발의 길이 0.5cm 이하에서 모류를 보정
이너 틴닝 Inner Thinning	모발의 길이 3~12cm 안에서 하는 양감조절 테크닉
라인 틴닝 Line Thinning	모발의 끝부분에서 공간을 만들어 볼륨감과 율동감 조절을 통해 움직임을 표현하는 테크닉

<table>
<tr><th>명 칭</th><th colspan="2">설 명</th></tr>
<tr><td>애칭Etching</td><td colspan="2">레이저로 긁듯이 머리를 커트하는 레이저 커팅기법</td></tr>
<tr><td>지간 깎기</td><td colspan="2">헤어 커트 시술의 기본기법으로 빗질된 모발 다발을 왼손 검지와 중지 사이에 끼우고 일정하게 자르는 방법</td></tr>
<tr><td>떠올려 깎기</td><td colspan="2">아래서부터 빗으로 두발을 떠내어 빗살 밖으로 나온 긴 두발을 잘라 형태를 만들며 상향으로 커트</td></tr>
<tr><td>연속 깎기</td><td colspan="2">연속 깎기는 떠내려 깎기나 떠올려 깎기의 적용되는 기법으로 빗 등에 가위의 정날을 일자로 밀착시켜 커트 된 형태면에 따라 연속적으로 이루어지는 작업. 싱글링이라고도 함</td></tr>
<tr><td>수정 깎기</td><td colspan="2">마무리 작업으로써 형태와 질감이 완성된 후에 최종 검토 후 수정 및 보완 작업이 필요한 곳에 작업, 좁은 의미로는 형태 작업을 하면서 자른 곳을 다시 확인하여 수정하는 기법크로스 체킹 : Cross Checking이라고도 볼 수 있음</td></tr>
<tr><td>떠내 깎기</td><td colspan="2">빗을 두피 면에 대고 수직으로 들어 올려 커트하는 방법</td></tr>
<tr><td rowspan="2">세워 깎기</td><td>밀어 깎기</td><td>시계방향 즉, 오른쪽 측두면에서 왼쪽 측두면을 향하여 모류 방향을 향해 엄지에 정인의 가윗날 끝을 지지하여 개폐 작동은 빠르게 하며 미는 듯한 느낌으로 섬세하게 작업</td></tr>
<tr><td>당겨 깎기</td><td>끌어 깎기는 시계 반대 방향으로 검지에 동인의 가위 날 끝을 지지하여 당기는 듯한 느낌으로 섬세하게 작업</td></tr>
<tr><th>Form</th><th colspan="2">형태</th></tr>
<tr><td>솔리드Solid</td><td colspan="2">겉면의 모발과 안쪽의 모발을 동일 선상에서 자른 것으로 원 랭스One Length 형태</td></tr>
<tr><td>스파니엘Spaniel</td><td colspan="2">머리카락의 길이가 앞으로 길어지는 형태</td></tr>
<tr><td>이사도라Isadora</td><td colspan="2">머리카락의 길이가 앞으로 짧아지는 형태</td></tr>
<tr><td>그래쥬에이션Graduation</td><td colspan="2">무게감을 쌓는 테크닉. 무게감의 양은 엘리베이션에 따라 결정</td></tr>
<tr><td>유니폼 레이어Uniform Layer</td><td colspan="2">전체적으로 길이가 균일하여 무게선이 나타나지 않는 형태로 두상의 곡면과 평행되는 스타일</td></tr>
<tr><td>인크리스 레이어Increase Layer</td><td colspan="2">모발의 단차를 내는 위치와 각도에 따라 아래로 갈수록 모발의 길이가 길어지는 스타일</td></tr>
<tr><td>스퀘어Square</td><td colspan="2">두상에 코너를 주며 전면과 뒷면의 밸런스를 맞게 디자인한 형태</td></tr>
<tr><td>라운드Round</td><td colspan="2">두상을 따른 형태. 앞쪽에서 뒤쪽으로 길어지는 형태</td></tr>
<tr><td>트라이앵글Triangular</td><td colspan="2">뒤쪽에서 앞쪽으로 점진적으로 길어지는 형태</td></tr>
<tr><td>비대칭Asymmetry</td><td colspan="2">크기, 형태 등 균형이 중심축을 기준으로 양쪽이 상반된 상태를 의미, 좌·우 또는 상·하가 동일하지 않은 형태</td></tr>
<tr><td>대칭Symmetry</td><td colspan="2">축을 중심으로 양쪽의 모양이 같은 것, 좌·우 또는 상·하가 동일한 형태</td></tr>
</table>

명 칭	설 명
기타	
텐션 Tension	잡아당기는 행위 또는 잡아당겨진 상태
밸런스 Balance	균형, 중앙 축 둘레 부분의 조화로운 배치
블로우 드라이 Blow Dry	헤어 컷 시술 후 형태를 알 수 있게 모발을 말리는 것
콤 Comb	빗
콤 아웃 Comb Out	빗으로 모발을 빗는 것
클리퍼 Clipper	두 날의 교차로 커트하는 전동 기기
네추럴 Natural	자연스러운
밸런스 Balance	균형
포마드 Pomade	반고체의 젤리형의 제품으로 광택과 두발을 정리하는 데 사용. 식물성 포마드의 주원료는 피마자 오일과 목납이고, 광물성 포마드는 바세린을 주원료로 하여 식물성보다 끈적임이 적음
핸드 드라이 Hand Dry	드라이기와 손을 이용하여 스타일링 함
존 Zone	머리의 길이의 해부학적, 공간적 레벨

참고 문헌

001) 국제헤어디자인연구회(2008). “C.C.C 남성커트”. 청구문화사. pp. 7–8

002) 하상중(2011). “남성커트 14일에 완전정복하기”. 프로방스. p. 15

003) 김민정(2003). 개화기 이후 남성 머리 양식의 변천과 재현에 관한 연구. 한성대학교 예 술대학원 패션예술학과 문장예술전공 석사학위논문. pp. 14–15

004) 박은준, 김영래, 김우빈, 권은실(2018). “NCS 적용 교육 남성 헤어 커트”. 메디시언. pp. 26–27

005) 최은정, 진영모, 김광희(2020). “NCS 기반 남성헤어커트 & 캡스톤 디자인”. 광문각. pp. 14–25

006) https://blog.naver.com/namubit/110024189136

007) http://news.imaeil.com/inc/photos/2007/09/26/2007092607470757134_m.jpg

008) https://postfiles.pstatic.net/20140402_173/wheofh12_1396434300569f0B8Y_JPEG/%B0%ED%B4%EB%C0%C-C%C1%FD%C6%AE%C0%C7%BB%F35.jpg?type=w2

009) https://postfiles.pstatic.net/20140402_289/wheofh12_1396434299944laI05_JPEG/%B0%ED%B4%EB%C0%C-C%C1%FD%C6%AE%C0%C7%BB%F31.jpg?type=w2

010) https://blog.naver.com/theharu22/221144497319

011) https://blog.naver.com/babydoll03/50124177135

012) https://blog.naver.com/opazizi/221999427929

013) https://blogfiles.pstatic.net/20140710_34/cjs11112_1404967030538Mc6w9_PNG/3.png?type=w2

014) https://blog.naver.com/citrain64/100172463326

015) https://post-phinf.pstatic.net/MjAyMTA0MjhfMjAw/MDAxNjE5NTk0MTg3NzE2.XE0JPeKanVR5nP9X0E-aC-cZGOxaGD5Kvt37ierKiwVcg.ORttLGhKEqvszaw-NJfmHBkBA_lwPkPx3XG7tdrCAVIg.JPEG/%EC%82%AC%EC%A7%842_%EC%86%8C%ED%81%AC%EB%9D%BC%ED%85%8C%EC%8A%A4_%EC%B6%9C%EC%B2%98_%EC%9C%84%ED%82%A4%EB%AF%B8%EB%94%94%EC%96%B4%EC%BB%A4%EB%A8%BC%EC%A6%88.jpg?type=w1200

016) https://blog.naver.com/ysunnylee/2201565337500

017) 018) https://blog.naver.com/aboutking/221684367054

019) https://blog.naver.com/chanwoolee/222169343684

020) 021) https://blog.naver.com/horong95/130029812831

022) https://blog.naver.com/ebsstory/50185588975

023) https://blog.naver.com/ziumpost/222280709557

024) https://blog.naver.com/partlycloudy/220679717948

025) https://blog.naver.com/hansaramu/222357545014

026) https://blog.naver.com/qkraudcns98/222145229433

027) https://i.pinimg.com/564x/6a/c5/41/6ac541614c5813a25e1633922edb4bec.jpg

028) https://cafe.naver.com/michinchin/2637

029) https://blog.naver.com/qkraudcns98/222145229433

030) https://blog.naver.com/joytea12/220316599220

031) 032) https://blog.naver.com/view_rikok/221580578911

033) https://blog.naver.com/royamad/222301733318

034) 035) https://blog.naver.com/wjrc1858/221199357739

036) https://blog.naver.com/jjj_1/222198519947

037) https://blog.naver.com/janet7711/140110981518

038) https://postfiles.pstatic.net/20121024_299/interohrigin_1351064452823JnYez_JPEG/2012-10-24_16%3B16%3B24.jpg?type=w2

039) https://postfiles.pstatic.net/MjAyMTAzMThfMTY3/MDAxNjE2MDU1MjgxMTIy.MoqsL2SLpsJKMIttFOnxWv5rPx-WSY462xlKh8amLarUg.1Vi7t49cEztDgt_YPSMHLIKhynsPYLtUBQF7KTPMwD8g.JPEG.lolipoi123/Hals_Frans_The_Laughing_Cavalier_1624.jpg?type=w773

040) https://cafe.naver.com/conceptartworkshop/3013

041) https://blog.naver.com/gkakni/220252697213

042) https://postfiles.pstatic.net/MjAyMTAxMjRfMyAg/MDAxNjExNDM3NTMzNDkz.VDwAPHPKKWs-OaHZ5gLq-5FI_gLpNyDyz75t3r9_1QfAg.FFeweQQLUYXcFTgETLC0Oz1eOOUERMxF5khpXOb6rD4g.JPEG.skdud7986/output_2848371293.jpg?type=w773

043) https://postfiles.pstatic.net/20150811_184/jiwoo245_1439282459891wIjOk_JPEG/naver_com_20121228_152051.jpg?type=w2

044) https://cafe.naver.com/mercury26466/402

045) https://postfiles.pstatic.net/MjAxNzA4MDhfMTA0/MDAxNTAyMTkwMzE0MTc0.5Ko89Wj8D-rr-9lLLx-NMf-DRl3eye0zoKyGohfJCi6Yg.YtqsogyNGPEJf4f7CQ0QB80d5nTNcLBy5iljmP5Isv8g.JPEG.cocoelli/%ED%81%AC%EA%B8%B0%EB%B3%80%ED%99%98_IMG_2755.JPG?type=w2

046) https://postfiles.pstatic.net/data33/2008/2/16/261/%B7%CE%C4%DA%C4%DA-%B3%B2%C0%FC%B9%D-D%B0%A1%B9%DF_nulbooda2.jpg?type=w2

047) https://blog.naver.com/ksydiva/220267731335

048) https://imgnews.pstatic.net/image/021/2020/02/03/0002415827_004_20200203103102180.jpg?type=w647

049) https://blog.naver.com/kongga7/222209664661

050) https://blog.naver.com/koeyoung/88919324

051) https://blog.naver.com/goldstar10041/222325896802

052) https://img.theqoo.net/img/HWRGC.jpg

053) https://blog.naver.com/cocoro1119/222352060979

054) https://cafe.naver.com/booheong/25808

055) https://d3d00swyhr67nd.cloudfront.net/w1200h1200/collection/NTII/SUNY/NTII_SUNY_1319350-001.jpg

056) https://64.media.tumblr.com/tumblr_lth10i5OPW1qga5wno1_500.jpg

057) https://i.etsystatic.com/5842899/r/il/d249d0/353053012/il_794xN.353053012_euxw.jpg

058) 059) https://blog.naver.com/returntonow/70160619967

060) https://dbscthumb-phinf.pstatic.net/3329_000_2/20140913194042796_4747U9O4F.jpg/09-577768.jpg?-type=m2000_2000_fst_n&wm=Y

061) 062) https://cafe.naver.com/booheong/25808

063) https://blog.naver.com/kkotgilhanbok/222259442737

064) https://blog.naver.com/ebsstory/50182773198

065) https://search.pstatic.net/common/?src=http%3A%2F%2Fshop1.phinf.naver.net%2F20190610_56%2Fjoyposter_1560157753556gOtoS_JPEG%2FAMQ-135.jpg&type=a340
066) https://blog.naver.com/lifeship36/222125721984
067) https://postfiles.pstatic.net/MjAyMTAzMDdfMTMg/MDAxNjE1MTA1MDg0MDUx.UnZ2xe4VzGNgKeFIp19_gqyLC5p2y0zaYS7K9uecXNMg.0opoTRTzfwvn4G5HA8M0m6QMzoDgzBwMKWrYxEi9sb4g.PNG.baroques/%EC%83%9D%EA%B0%80%EC%99%80_%EC%98%B4%EB%A7%88.png?type=w773
068) https://cafe.naver.com/booheong/25808
069) 070) https://postfiles.pstatic.net/20160607_3/uaah__1465272780112vdEmm_JPEG/attachImage_1964626412.jpeg?type=w773
071) https://postfiles.pstatic.net/20141114_168/stthesuit_1415946640857 0ofrh_JPEG/a0048039_4ea59a798e7eb.jpg?type=w2
072) https://postfiles.pstatic.net/MjAyMDAxMzFfMTc3/MDAxNTgwNDY1MDE2NDQ4.X_UuZeQ3vaYo2tGK8hmo8EHc00kkyssLscs3RCzx2MMg.uL_yYIrkERn7gwX8UNvzXifVHjw5xmiUWQPneIzEPE4g.PNG.fotton051/1910%ED%8C%A8%EC%85%98.png?type=w773
073) https://cafe.naver.com/skulec/109
074) 075) https://postfiles.pstatic.net/MjAxOTAzMDZfNTUg/MDAxNTUxODYyNTM5MDkz.rI6IwjdXCs2ON7Gc82hmBEJ76tDLKGS5NmTI01kMhFIg.7O37vf_sGAcMARfhKKvSFx4pgsjlCejPqX0Qvlvujvwg.JPEG.busdriver23/1920%EB%85%84%EB%8C%80_%EB%A8%B8%EB%A6%AC.jpg?type=w773
076) https://postfiles.pstatic.net/MjAyMTAyMDdfMjIz/MDAxNjEyNzA4ODgwNzAz.e6rs1lhsRg2n2MNA1TxSzqEPfKU_dVD2KIhUrYq_dZwg.kdmp_-VKicgIU6d6JI8e_D4CvUt9bilFFnqTYUIggCsg.PNG.psjjoayo/image.png?type=w966
077) https://cafe.naver.com/skulec/109
078) https://blog.naver.com/holo3/220407705684
079) 080) https://postfiles.pstatic.net/MjAxOTAzMTNfNjQg/MDAxNTUyNDUyOTcwMDg2.7ZAicYzR-cBpweKgSTlBwHtYNDB-tiizkatdE41q7dsg.MvJHXApRWu41Tau-6Reoyst_9vjJ_uRql7yHzp8FaBYg.JPEG.busdriver23/%EB%8D%95%ED%85%8C%EC%9D%BC.jpg?type=w773
081) https://postfiles.pstatic.net/MjAxOTA0MDRfMjA3/MDAxNTU0MzU5MDExMzk5.JZtmCSNj74HQm5UnzgA9Jzzt3AaCPYW8m-3anS-aDT8g.RDNrd-Plz-_nqupMk6K41LCN-vpt64UKw-c1rP25GrYg.JPEG.busdriver23/%EB%A7%81%EA%B3%A0_%EC%8A%A4%ED%83%80.jpg?type=w773
082) https://blog.naver.com/in_veronique/100148393737
083) https://cafeptthumb-phinf.pstatic.net/20150803_2/huhu1938_1438594827827L3qrv_JPEG/%A4%BB.jpg?type=w740
084) https://blog.naver.com/lulu4796/50140944533
085) https://blog.naver.com/hana_yoon/20173095703
086) https://postfiles.pstatic.net/20160606_52/dansp11_1465217540425 1uEsl_JPEG/attachImage_2903934632.jpeg?type=w966
087) https://blog.naver.com/designpress2016/221192376463
088) https://postfiles.pstatic.net/20151019_270/tkwldk_1445195930092LeIwQ_PNG/%BC%AD%B0%E6%B4%EB_%C6%D0%BC%C7%B5%F0%C0%DA%C0%CE_%C6%F2%BB%FD%B1%B3%C0%B0%BF%F8_%C6%E3%C5%A9_%BD%BA%C5%B8%C0%CF3.png?type=w1
089) 090) https://postfiles.pstatic.net/MjAyMTAxMDdfMjA5/MDAxNjA5OTk1OTA4MDcx.r_BPbCV9xHw9IshzvSSxisncLdlH65AgBD71_CSBbgkg.VELPlCiX0hWcSmZVkidyi2JHgK0nwAVtTKQJfBwv4JQg.JPEG.naimfloral/men%27s_

hairstyle_1970_(2).jpg?type=w773

091) https://postfiles.pstatic.net/MjAyMTAxMDdfMjYg/MDAxNjA5OTk1OTA4MDQ3._VonO9suZTV3FSNMCyg-TFf-PuUfiY9oRr6LEA8oizrYg.3adGmN7HboWeKAVN1OaD-Rksnb_3u1xUBBHpmefbfJUg.JPEG.naimfloral/Charlies-Angels.jpg?type=w773

092) https://postfiles.pstatic.net/MjAxNzAyMTZfMTcx/MDAxNDg3MjEyODAzMjQy.SlFnU5Y0cO8mKSADA-2mURezX7vIGE-gsvmYKACI6docg.I-DX1Wy6Ect7-gawX7m0p0hIFbLMn8MX01Po_7KlXEYg.JPEG.sastar777/%EB%A7%A5%EA%B0%80%EC%9D%B4%EB%B2%84%EB%A8%B8%EB%A6%AC2.PNG?type=w1

093) https://blog.naver.com/artistravi/20188249632

094) https://blog.naver.com/wonhwahan/220591957058

095) 096) 097) https://blog.naver.com/rl88ks7dq/220618553269

098) https://blog.naver.com/felia5550/220313808208

099) https://postfiles.pstatic.net/MjAxOTA0MjlfMjQ2/MDAxNTU2NDY4MjI2MTA2.UXwxrIqgYYWy2XX3zM-1VD7LoB_HUgfEDRizqy0zCVUAg.FiVAPKnj2yJoq8sIzv5qS1Bbo3p6eyPJdTDuT2uOUyYg.JPEG.fogh1234zz/IMG_6483.JPG?type=w966

100) https://postfiles.pstatic.net/MjAxODA4MTdfMjg4/MDAxNTM0NDQ1ODE3ODc4.KIe1LlCwRdjxC_ts9CCENcU-goIVgM7sKzubvGfuvrpQg.waqPqK0_2frIiSrQBUCxXAslFin4ecRjefqlwvJw9LYg.JPEG.hyw3426/6.jpg?type=w966

101) https://blog.naver.com/nkxhsqmlc/220268371020

102) https://postfiles.pstatic.net/MjAyMDA3MzBfMjAz/MDAxNTk2MDQ5NzIyMjAx.pSbxRMy_cqG_jyugmmVB-bJj-hgW2ztARce_deTbG_Hsg.Pqya3Yc1CU0VT80nJBHIMMTQP9r8p_lRhun5ZVnO7gUg.JPEG.kangbo-keum7654/2020menhair3.jpg?type=w966

103) https://blog.naver.com/designpress2016/222376958902

104) https://postfiles.pstatic.net/MjAxOTA0MTVfODkg/MDAxNTU1MzE1Njk2OTQz.R0wREcdCrUsEQIdT6aIZOtm-sOu_UJI0xj9-YCTDiW9Mg.Jz1wgIOS1aWikp9SzMZxgz8zJtqC_0VnqjgHJlL4Io4g.PNG.busdriver23/2000ss.png?-type=w773

105) 106) https://postfiles.pstatic.net/MjAyMDA5MzBfMjIx/MDAxNjAxNDU0OTc1MDQw.Le8pag9f4ZTjv5pYx-gny2TbCjQYwuuLzN2snzBIlAmcg.KTpYinmPPRgfGJXu6-cbTJd4kBCIWhC74kbDkOuCeL8g.JPEG.da-vid369/1601454974398.jpg?type=w966

107) https://postfiles.pstatic.net/20110628_120/krazycore_1309246879325l SaQh_JPEG/Beck_top.jpg?type=w2

108) https://i.pinimg.com/564x/b8/89/c5/b889c53b5620055779cc84429588e2b7.jpg

109) https://i.pinimg.com/564x/cc/42/ca/cc42ca4d9848b7a91353e84bbcb31315.jpg

110) 김성철(2016). "딱 한권으로 끝내주는 이용사 필기, 실기 시험문제". 크라운 출판사. pp. 24-25

111) 임 린(2005). 한국 가체 양식의 변천에 관한 연구. 전남대학교 대학원 박사 학위 논문. p.8.

112) 홍경옥(2006). 우리나라 여성의 전통머리 모양에 관한연구. 남부대학교 산업정보대학원 석사 학위 논문. p.4

113) 김윤선(2014). 한국 전통머리에 대한 인식 및 선호도와 활용방안. 서경대학교 미용예술대학원 석사 학위 논문. pp. 5-27

114) 교육부(2020). NCS 학습 모듈 기초 이발. 한국 직업 능력 개발원. pp. 6-9

115) 이금숙,이순재. 조형유물에 나타난 한국인의 얼굴과 머리 모양연구-고대사회,삼국시대 중심으로-. 한국의류학회. 2010(1). p. 71

116) 홍경옥(2006). 우리나라 여성의 전통 머리 모양에 관한 연구. 남부대학교 산업정보 대학원. 향장 미용 학과, 석사 학위 논문. pp. 3-40

117) 118) https://blog.naver.com/bnulinxinyou/220211250493
119) https://postfiles.pstatic.net/20120627_205/cmicmicmi_134080054853272vYh_JPEG/%BA%AF%B9%DF3.jpg?-type=w2
120) 121) https://blog.naver.com/leejj0301/150019189721
122) https://blog.naver.com/devilsnake/222092475622
123) https://postfiles.pstatic.net/MjAxNzA5MTRfMzQg/MDAxNTA1MzY3OTE4MjU0.G7bBNppwxSnr9HG7uLexAna-jYqSQzRH4eM8NXGUo3SEg.x9p9Msiy5_Rp5gkqIjuGEqKMYtINkCW1Up_nWpY7OZ0g.JPEG.jumi7414/musi_top_04_05_%EC%82%AC%EB%B3%B8.jpg?type=w966
124) https://blog.naver.com/dibrary1004/30125538694
125) https://i.pinimg.com/564x/fb/78/80/fb78806f061b5e88c007644b42cb9e0f.jpg
126) https://blog.naver.com/ghost0200/221762374998
127) https://imgnews.pstatic.net/image/020/2014/06/17/64338334.2_99_20140812113303.jpg?type=w647
128) https://postfiles.pstatic.net/MjAyMDExMjhfMzQg/MDAxNjA2NTY4MTY1NDUx.0VIbKPlqjKfffeg0LFS7WCwIr-83r63Ud6hStOGWLmwgg.bPDXxpZgSVmY7Yi8-KYCowOrkMQUeA3RkzSUSvknNAYg.JPEG.ej5312/20201128%EF%BC%BF213211.jpg?type=w966
129) https://m.blog.naver.com/dibrary1004/30125538694
130) https://sccdn.chosun.com/news2/html/2010/11/02/2010110301000181400008701.jpg
131) https://mimgnews.pstatic.net/image/003/2011/09/19/NISI20110919_0005162570_web.jpg?type=w540
132) https://postfiles.pstatic.net/20150919_34/kalim5428_14426446245479Uzi3_JPEG/%BC%AD%B5%BF%B-C%B1%C8%AD1.jpg?type=w2
133) https://postfiles.pstatic.net/20110718_219/khs6347_13109569622691ODfQ_JPEG/naver_com_20110718_114108.jpg?type=w2
134) 박효정(2016). 삼국시대 여인의 머리형태 연구: 가야를 중심으로, 창원대학교 보건대학원 향장미용전공 석사학위 논문. pp. 12–14
135) https://terms.naver.com/entry.naver?docId=545680&cid=46671&categoryId=46671
136) https://m.blog.naver.com/snrntpdysp/221450935388
137) https://blog.naver.com/my2000b/120088545731
138) https://ssl.pstatic.net/mimgnews/image/018/2009/06/01/1243820464.419314_PP09060100011.JPG?type=w540
139) https://postfiles.pstatic.net/MjAyMTAxMDRfMTk5/MDAxNjA5NzQ3MjQ4MzU2.REPZnKqiZ0Kk0QHryRTZ-AqiPHIR8qosobna4-lvxo2Ag.uYnQT-R3jbLN2GPSypEzm1S-TDnySxF8S0AnxG_0LSIg.PNG.postitmemo/5.PNG?type=w773
140) https://blog.naver.com/aqkrwldud/30051445384
141) http://cdn.newsinside.kr/news/photo/first/200911/img_67552_1.jpg
142) https://mytema.tistory.com/entry/%ED%97%A4%EC%96%B4%EB%AF%B8%EC%9A%A9%EC%97%AD%EC%82%AC?category=924246
143) https://blog.naver.com/kbn630/90153549736
144) https://mblogthumb-phinf.pstatic.net/20140307_287/sohoja_1394175453078Mm52k_PNG/11gg.PNG?type=w2
145) https://dbscthumb-phinf.pstatic.net/1694_000_8/20130315212435944_25Y0L0568.jpg/z2_cp04130006000.jpg?-type=w300_fst_kocca&wm=Y
146) https://dbscthumb-phinf.pstatic.net/1694_000_8/20130315212425199_SO70L6MEL.jpg/z2_cp04130006000.jpg?-

type=w300_fst_kocca&wm=Y

147) https://postfiles.pstatic.net/MjAyMTA0MTVfOTAg/MDAxNjE4NDU2MDU0MjE5.tOIDkYsLpXkHRdnfwyrmScRB-Fi_yxKqU0L1pYw2TutAg.Ex-VV9a-hnqelOcKTenSlVq8nDi21vaj1G2CbJavboQg.JPEG.ggongji77/1618455916672.jpg?type=w773

148) https://blog.naver.com/hanbok_jjoa/222321919510

149) https://terms.naver.com/entry.naver?docId=545680&cid=46671&categoryId=46671

150) https://postfiles.pstatic.net/MjAyMTA2MjNfMjQw/MDAxNjI0NDI5ODcyODIx.ASvdymJFPf-fLj_3ZVkod180_MWLOdm-8kLY4lSMoFMg.B4-yttAHkV5VLeo7F8oXIGJtXK9hPTzwkUpkv_UdZGcg.PNG.kcdf2010/blogimg3.png?type=w966

151) https://dbscthumb-phinf.pstatic.net/1694_000_8/20130315212822147_727EGCSKQ.jpg/z2_cp04130048000.jpg?-type=w300_fst_kocca&wm=Y

152) https://postfiles.pstatic.net/MjAyMTA1MDdfMjA0/MDAxNjIwMzYwNjU1MzQ5.vGJP5OptEb3ZckzZ5nK0-tEY-hwDvxCGVqxIYjDoB0EMg.CrROGjp0Hn-SRc3WkX6FdJTDm3VjEK4gaCT8DHAPy-0g.PNG.ardlofficial/image.png?type=w966

153) https://blog.naver.com/bu77er/100185179087

154) https://imgnews.pstatic.net/image/469/2019/05/06/0000386169_004_20190507045319070.jpg?type=w647

155) https://postfiles.pstatic.net/MjAyMDA1MTFfMTUy/MDAxNTg5MTgzNzY4ODM2.BURtGAaiVMEHn9Am-Zt6L-njJSEBMVA2Umd1nwAG_Db4g.Juc_WgBHUeYyISoF8muUnO1pa4WdX7tJRPkEcK-obpQg.JPEG.soobinhair-makeup/ADS_2911.jpg?type=w773

156) https://postfiles.pstatic.net/MjAxOTA2MDhfMjg2/MDAxNTU5OTYzNjM3NDcz.8Gl7zL7QZzVBoO5ePGqRmZ2k-mTSLvoGk3mbeEAfHGHYg.iCBaXT1hjQHxM3nwJDFiMU4rV9WajQRKYEyg3EiQgKcg.PNG.foskfnsk/%EC%BA%A1%EC%B2%98_2019_06_08_12_06_42_417.png?type=w966

157) https://blog.naver.com/newheater/220582459403

158) https://postfiles.pstatic.net/MjAxOTAzMjZfMTky/MDAxNTUzNTc5MjUwMjgx.bIFKQ-pd5kjSVHAA24dbhhzC-DaF41NaitwuJ9qb5Rncg.VmeW578bX_exbXDE5DwBVysfueTwB-pChjUZT2oUp9Ig.PNG.min357kr/image.png?-type=w773

159) https://blog.naver.com/trustymk/221681071227

160) https://imgnews.pstatic.net/image/023/2021/02/10/2021021000147_1_20210211000930417.jpg?type=w647

161) https://postfiles.pstatic.net/MjAxODAyMTBfMTU3/MDAxNTE4MjM5MzYyNzgz.RlPt8f0HlfFheJ1SBBcpFz3j5f-b6YuUTJgo1xTZ8eNkg.NkTlNcQ-wWv73-fzPXuJZSmCbbNi50XNxpjD9ViizbIg.JPEG.jiaip/20180210_131359.jpg?type=w580

162) 곽형심, 권대순, 권태신, 김효정, 이수경, 장경옥, 허순득(2006). "미용 문화사". 청구문화사. p. 92

163) https://terms.naver.com/entry.naver?docId=3385396&cid=62045&categoryId=62045

164) http://hbs1000.cafe24.com/product/%EB%82%98%EB%AC%B4-%EC%86%90%EC%9E%A1%EC%9D%B4-%EB%B0%94%EB%A6%AC%EA%B9%A11%EA%B0%9C-%EA%B0%80%EA%B2%A9%EC%9E%85%EB%8B%88%EB%8B%A4-%EC%9D%B4%EB%B0%9C%EA%B8%B0%EA%B5%AC%EC%88%98%EB%8F%99%EB%B0%94%EB%A6%AC%EA%B9%A1%EC%9D%B4%EB%B0%9C%EB%B0%94%EB%A6%AC%EA%B9%A1%EC%98%9B%EB%82%A0%EB%B0%94%EB%A6%AC%EA%B9%A1%EB%B0%94%EB%A6%AC%EA%B9%A1/15414/

165) https://www.yeongnam.com/mnt/file/201104/20110408.010420752160001i3.jpg

166) http://ksinews.co.kr/files/ArticleUpload/editor/%EA%BE%B8%EB%AF%B8%EA%B8%B0_%ED%81%AC%EA%B8%B0%EB%B3%80%ED%99%98_%EC%82%AC%EB%B3%B8%20-%EC%9D%B4%EC%9A%A9%EC%9A%94%EA%B8%88%ED%91%9C(1960%EB%85%84).jpg
167) https://img.seoul.co.kr/img/upload/2015/05/31/SSI_20150531161442_O2.jpg
168) https://blog.naver.com/roripia/50075385032
169) https://search.naver.com/search.naver?sm=tab_hty.top&where=nexearch&query=%EB%B3%B4%EC%82%AC%EB%B6%80&oquery=%EB%B3%B4%EC%82%AC%EB%B6%80&tqi=hMcsFwprvT-VsssXMTIhssssstfh-488780
170) http://www.m-i.kr/news/photo/201910/643718_436024_5839.jpg
171) https://imgnews.pstatic.net/image/003/2014/05/16/NISI20140516_0009682566_web_99_20140516155905.jpg?type=w647
172) https://post-phinf.pstatic.net/MjAyMTAyMjNfMjU4/MDAxNjE0MDM4OTc1NzUw.i9ttMfcnujHAJlU-5oVa8l-8SE9AVxDhwcLH_V1qOlLgg.-xAlmCUyUyO7Pe2BTAFcDdOnfkroG5Ee5MiukCSzkXIg.JPEG/2021021902483_1.jpg?type=w1200
173) https://postfiles.pstatic.net/20151221_191/jiwoo245_1450708335978pyAJf_JPEG/%C1%F6%BF%EC_19301940%B3%E2%B4%EB_%C7%D8%B9%E6%B1%E2_042.jpg?type=w2
174) https://postfiles.pstatic.net/20151221_257/jiwoo245_1450708336636lhgCV_JPEG/%C1%F6%BF%EC_19301940%B3%E2%B4%EB_%C7%D8%B9%E6%B1%E2_041.jpg?type=w2
175) https://ssl.pstatic.net/mimgnews/image/003/2015/07/07/NISI20150707_0011137198_web_99_20150707114105.jpg?type=w540
176) 곽형심, 권대순, 권태신, 김효정, 이수경, 장경옥, 허순득(2006). "미용 문화사". 청구문화사. p.103
177) https://cdn.jjan.kr/news/photo/201406/513420_156982_578.jpg
178) https://blog.naver.com/kkkk8155/220370468813
179) http://www.knnews.co.kr/core_board2007/webnote/upload/_quick/2017/10/09/5953789e8d07 6b5_15075093106715406977.jpg
180) https://post-phinf.pstatic.net/MjAyMTA2MjhfMjgw/MDAxNjI0ODQ5MDY2MjYw.Th779bcMRcI4YZSwC-EX-fvc362W1lBWDcn76lx2y2fAg.OLekCtLnBbKsjZhwVghqYYSyrDz6KTL7V8BhV7EZtkIg.JPEG/05.jpg?type=w1200
181) https://imgnews.pstatic.net/image/079/2020/02/18/0003324078_001_20200218120108148.jpg?type=w647
182) https://imgnews.pstatic.net/image/001/2019/10/28/AKR20191028139500005_02_i_20191028175405091.jpg?type=w647
183) 위의 책. PP. 104-105
184) https://ssl.pstatic.net/mimgnews/image/005/2018/08/15/201808150404_13230923992977_3_20180815040514459.jpg?type=w540
185) https://ssl.pstatic.net/mimgnews/image/020/2010/11/16/32619278.4.jpg?type=w540
186) https://blog.naver.com/oldcine/70182398134
187) https://blog.naver.com/onesally1/222172960715
188) https://blog.naver.com/ho2994/222338922039
189) https://blog.naver.com/dcbusan/221961986340
190) 곽형심, 권대순, 권태신,김효정,이수경,장경옥, 허순득(2006). 미용 문화사. 청구문화사. pp.106-107
191) https://blog.naver.com/70tkfkdgo/221967261502

192) https://blog.naver.com/hanok21c/222177448397
193) https://cafe.naver.com/poetland/31
194) https://cdn.thebk.co.kr/news/photo/201308/164276_8727_1058.jpg
195) http://photo.heraldcorp.com/ptview.php?ud=20170321092428AUI2233_20170321092630_01.jpg
196) https://blogfiles.pstatic.net/MjAyMDA3MDhfMjcx/MDAxNTk0MjEzMTczOTkz.P90ZqikHTirQOBlccFNSx-9fzswxLNlfOhrLuOW4QyWEg.eELBUKlf5q6FstGXsjsA3A5gf-TgQPpY1jGhKTFvGE8g.JPEG.s5we/Screen-shot_2020-07-07_at_23.15.13.jpg?type=w2
197) 위의 책. pp. 108-109
198) http://db.kookje.co.kr/news2000/photo/2012/0120/20120120.22027184644i1.jpg
199) https://postfiles.pstatic.net/20130915_266/cre_m_1379171145773gpsin_JPEG/AKR20110216209300005_02_i.jpg?-type=w1
200) https://blog.naver.com/juderow9/222190204171
201) https://1.bp.blogspot.com/-MtI4QXmjHow/YIuEL0XQUjI/AAAAAAAAOl8/RsyVCYn4IFs2ndi5Qi36_N5_1LN9rg-GTACLcBGAsYHQ/s600/2021-04-30%2B13%253B12%253B56.PNG
202) https://goodinj.tistory.com/entry/1980%EB%85%84%EB%8C%80-%EC%9C%A0%ED%96%89-%ED%97%A4%EC%96%B4-%EC%8A%A4%ED%83%80%EC%9D%BC
203) https://blog.naver.com/da2noso5/10139266335
204) 곽형심, 권대순, 권태신, 김효정, 이수경, 장경옥, 허순득(2006). 미용 문화사. 청구문화사. pp. 110-111
205) 206) https://blog.naver.com/dgcompany_1/221044622356
207) http://image.sportsseoul.com/2017/11/20/news/20171120140722_3_219309.jpg
208) https://blog.naver.com/i-mamttae/222025210890
209) http://news.khan.co.kr/kh_storytelling/2019/genx/
210) http://img.theqoo.net/img/XptmD.jpg
211) 문병옥(2006). 한국 여성 헤어스타일과 미용회보 표지 헤어스타일에 관한 비교 연구 : 1980년대 이후 발행된 미용회보 표지를 중심으로. 남부대학교 산업정보 대학원 석사학위 논문. pp. 52-58
212) 213) https://m.blog.naver.com/tmdgks7231/220583996353
214) https://cdn.thebk.co.kr/news/photo/201311/165535_9966_13.jpg
215) http://img.theqoo.net/img/wmmEU.jpg
216) http://news.tf.co.kr/read/entertain/767951.htm
217) https://imgnews.pstatic.net/image/082/2004/07/03/10190301i1u.jpg?type=w647
218) 박은준, 김영래, 김우빈, 권은실(2018). NCS 적용 교육 남성 헤어 커트. 메디시언. pp. 51-72
219) 김성철(2016). 이발실무 남성 커트의 모든 것. 크라운출판사. pp.12-32
220) 최은정, 진영모, 김광희(2020). NCS 기반 남성헤어커트 & 캡스톤 디자인. 광문각. pp.44-98
221) 채선숙, 박윤미, 전금채, 백순식, 박명희. 김은하, 임우경. 허창호(2020). NCS 기반 남성커트 & 스타일링. 메시디언. pp.16-58
222) 조지훈(2010). 남성헤어커트. 현문사. pp.11-55
223) 김영미 외 39(2011). "C.C.C 디자인 커트". 서울: 청구문화사. p.18
224) 위의 책. p.52
225) 박은준, 박재홍, 권은실, 김우빈, 김경희, 여이주. 강주아. 전소영(2018). NCS적 ADVANCE HAIR CUT. 메시디언. p.29

226) 앞의 책. p. 53
227) 위의 책. p.29
228) 위의 책 pp. 67－72
229) 위의 책. pp. 90－92
230) 교육부(2016). 이발(LM1201010517_16v2, LM1201010518_16v2, LM1201010519_16v2, LM1201010520_16v2, LM1201010550_16v1). 한국직업능력개발원. p.92.
231) NCS 국가 직무능력표준. 이용 학습모듈. 기초이발.pp.37－51
232) 공차숙(2019). 헤어 컷 디자인 맨즈. 구민사. pp.93－94
233) 국제헤어디자인연구회(2008). C.C.C 남성커트. 청구문화사. pp.18－19
234) 국제미용교육포럼학술 위원회(2009). Hair CUT DESIGN. 청구문화사. p.50
235) 236) 박은준, 박재홍, 권은실, 김우빈, 김경희, 여이주, 강주아, 전소영(2018). NCS 적용 교육 ADVANCE HAIR CUT. 메시디언. p.44
237) 최은정, 문금옥, 임선희, 최순옥, 정애라(2017). 응용헤어 디자인 커트. 광문각. p.33
238) 위의 책 pp. 95－99
239) 위의 책. pp.50－52
240) 위의 책. p.51
241) 위의 책. p.78
242) 박은준, 박정은, 이선영, 장용운, 최부경, 박선이, 김민지, 김은하, 장지민(2021). NCS(국가직무능력 표준)를 반영한 미용사(일반)필기. 메디시언. P.45
243) 위의 책. pp.82－83
244) 조지훈(2010). 남성 헤어커트. 현문사. pp.52－55
245) 김용민(2000). 이용 테크닉. 수문사. pp.153－154
246) 위의 책. PP. 110－113
247) 채선숙, 박윤미, 전금채, 백순식, 박명희. 김은하, 임우경. 허창호(2020). NCS 기반 남성커트 & 스타일링. 메시디언. pp.64－67
248) https://blog.naver.com/busdriver23/221514336724
249) https://blog.naver.com/yum2126/220227464811
250) https://blog.naver.com/tnwl901/40161871778
251) https://blog.naver.com/swim2012/70138923524
252) https://blog.naver.com/ohyounaceo/220113990919
253) https://blog.naver.com/blogbookit/40194622828
254) 위의 책. p.156
255) 앞의 책. pp. 114－115
256) 박은준, 진영모, 강주아, 김민, 김혜정, 장미여, 김우빈, 김동표, 성명수, 박명희(2014). 이·미용 남성 헤어스타일. 청구문화사. pp.53－57
257) 김미정(2009). 상황에 따른 남성 헤어스타일 선호도. 경상대학교 대학원 석사학위논문. p.9
258) 앞의 책. PP.99－109
259) https://blog.naver.com/blogbookit/40194622828
260) 261) https://blog.naver.com/booshin1/220421364765
262) https://blog.naver.com/thduddl0102/50192879429

263) 264) 265) https://blog.naver.com/basicman_kr/221164033557
266) https://blog.naver.com/b25118/221215930061
267) https://blog.naver.com/forever415y/220732326582
268) https://blog.naver.com/breackhan2/221230295506
269) https://blog.naver.com/hanilgnt/220810284665
270) https://blog.naver.com/79638/110188270632
271) https://blog.naver.com/ohyounaceo/220113990919
272) https://blog.naver.com/swim2012/70138923524
273) https://blog.naver.com/busdriver23/221514336724
274) https://blog.naver.com/psheur/220626719779
275) 276) https://blog.naver.com/acminn/220815947876
277) https://blog.naver.com/busdriver23/221514336724
278) https://blog.naver.com/anayo1985/221829707339
279) https://blog.naver.com/blackscissors/222023587816
280) https://blog.naver.com/anayo1985/221829707339
281) https://blog.naver.com/busdriver23/221514336724
282) https://blog.naver.com/anayo1985/221829707339
283) 284) https://blog.naver.com/vuddlf90/221887361241
285) https://blog.naver.com/oudemaasbarbershop/222422101210
286) 287) 288) https://blog.naver.com/cherryheary/222260164101
289) https://cafe.naver.com/eshommes/8497
290) https://blog.naver.com/taeng0221/220065583261
291) https://blog.naver.com/minisms1/137364432
292) https://blog.naver.com/tnwl901/40161871778
293) https://blog.naver.com/ds5ljq/220587383959
294) https://blog.naver.com/hyperjjong/220006226552
295) https://blog.naver.com/soojaeng/220430561199
296) https://blog.naver.com/ekcb8689/220240305749
297) https://blog.naver.com/dbekthal5139/221113811971
298) https://blog.naver.com/linanatasha/180831352
299) https://blog.naver.com/ghxpftkf/20120876342
300) https://blog.naver.com/ghkddbstns/30144040195
301) https://blog.naver.com/boboris1/221251447956
302) https://blog.naver.com/woohong0877/221255637058
303) https://blog.naver.com/hosiwig/220743003111
304) https://blog.naver.com/ksj012/140149506075
305) https://blog.naver.com/sisisnsn123/220181453075
306) https://blog.naver.com/tigermetal/130127241829
307) https://blog.naver.com/bishop1705/221449547569
308) https://blog.naver.com/nuyyun/221143004844

309) https://blog.naver.com/leekajaguri/220249976627
310) https://blog.naver.com/kwontae88/220551967966
311) https://blog.naver.com/yum2126/220227464811
312) https://blog.naver.com/linanatasha/180831352
313) https://cafe.naver.com/dieselmania/23403595
314) https://blog.naver.com/tigermetal/130128850256
315) https://blog.naver.com/ekcb8689/220280337598

찾아 보기

응용 남성이·미용 커트

1판 1쇄 인쇄 | 2022년 5월 6일
1판 1쇄 발행 | 2022년 5월 10일

지은이 | 박은준·김우빈·권은실
김경희·이명환·손과희

발행인 | 주병오·주민기

발행처 | 메디시언

경기도 파주시 회동길 209 (파주출판도시)
대표전화 : 031-955-2777, 031-955-7577
팩스 : 031-955-7730
홈페이지 : www.ji-gu.co.kr
E-mail : jigupub@hanmail.net
등록번호 : 2005년 2월 16일
제 406-2005-000045호

ISBN 979-11-90839-63-1 값 30,000원